高等职业院校 “虚拟现实技术应用”专业
精品课程系列教材

3ds Max
+
CINEMA 4D
+
PS
+
ZBrush

贯标教材

虚拟现实
高级模型制作

主　编 | 姚亮　　副主编 | 徐建喜

電子工業出版社
Publishing House of Electronics Industry
北京 • BEIJING

内 容 简 介

本书主要内容为虚拟现实领域的 3D 建模，共分为 5 章，第 1 章为 3D 游戏场景道具制作概述；第 2 章为低模手绘武器道具制作；第 3 章为手绘卡通场景制作；第 4 章为次世代道具制作；第 5 章为次世代场景道具制作。

本书既适用于职业院校及普通高校虚拟现实技术应用相关专业的教师和学生使用，又适用于虚拟现实相关技术人员参考。本书将随书提供课程中相关案例源文件、常用安装软件包及部分视频教程，以便教师和学生操作练习，配套资源请登录华信教育资源网（http://www.hxedu.com.cn）注册后免费下载。

图书在版编目（CIP）数据

虚拟现实高级模型制作 / 姚亮主编．—北京：电子工业出版社，2023.1

ISBN 978-7-121-37986-4

Ⅰ．①虚… Ⅱ．①姚… Ⅲ．①虚拟现实－高等学校－教材 Ⅳ．①TP391.98

中国版本图书馆 CIP 数据核字（2019）第 255803 号

责任编辑：左　雅　　　　特约编辑：田学清

印　　刷：天津千鹤文化传播有限公司

装　　订：天津千鹤文化传播有限公司

出版发行：电子工业出版社

北京市海淀区万寿路 173 信箱　　　邮编：100036

开　　本：787×1092　1/16　印张：14.75　字数：387 千字

版　　次：2023 年 1 月第 1 版

印　　次：2023 年 1 月第 1 次印刷

定　　价：49.00 元

凡所购买电子工业出版社图书有缺损问题，请向购买书店调换。若书店售缺，请与本社发行部联系，联系及邮购电话：（010）88254888，88258888。

质量投诉请发邮件至 zlts@phei.com.cn，盗版侵权举报请发邮件至 dbqq@phei.com.cn。

本书咨询联系方式：（010）88254580，zuoya@phei.com.cn。

Foreword 序

虚拟现实（虚拟仿真）产业的推动和政策的激励，引发了相关行业对虚拟现实人才的强烈需求。调研数据显示，目前国内发展所需的虚拟现实高质量专业技术人才储备严重不足，这种供需不平衡的状况对我国虚拟现实应用技术人才的培养带来了严峻的挑战。

VR 专业是一个多学科、多领域技术交叉，且创新性和实践性都很强的复合型专业，大多数职业院校在专业设置、师资和软/硬件设备的配备上都存在滞后现象，在很长一个阶段内，职业院校没有专门的 VR 专业，以挂靠在其他专业上作为一个方向进行招生和教学。专业的高要求和现实中各个方面的短板，从某种程度上也反映出我国 VR 教育体系的缺失。

为了顺应虚拟现实产业的发展趋势，填补人才缺口，笔者于 2017 年 6 月启动了主持申报“虚拟现实技术应用”专业的工作。面向高职学校、行业企业、毕业生进行调研，根据行业企业发展的最新要求，以及职业标准、岗位群的实际工作内容，多次组织全国性的专业建设论证会，论证归纳出岗位职责和典型工作任务，论证得出职业能力分析表，并对各项工作任务进行分析，提炼出专项能力解析表。2018 年 8 月中旬，笔者参加了教育部高职拟增补专业答辩会，获得了评审专家的认可。2021 年，职业院校新专业目录制（修）订工作启动，笔者担任高职专科“虚拟现实技术应用”专业教学标准研制组组长，完成了专业简介和专业教学标准的研制工作。专业简介于 2022 年 9 月 7 日发布。

全国高等职业教育专业设置备案结果显示，截至 2022 年，约有 200 所院校申报和开设了“虚拟现实技术应用”专业，分布于全国 20 余个省。可以预测，未来申报和开设该专业的院校数量将会持续增多。有媒体评论说：“从长远来看，教育部的新举措为产业的长远发展带来了坚强的后盾，同时也为 VR 和 AR 行业的人才培养和储备带来了信心。”

为了落实配合专业课程建设，近几年笔者撰写了《虚拟现实技术概论》《虚幻引擎（UE4）技术基础》等专业课程教材。本套教材适用于职业院校及普通高校虚拟现实技术应用、虚拟现实技术、影视（数字）动画、动漫制作技术、动漫设计、动漫与游戏设计（制作）、游戏艺术（创意）设计、数字媒体技术（艺术）等专业的学生。

姚　亮

前言

Preface

本书主要内容为虚拟现实领域的 3D 建模。3D 建模是一个总称，按制作方法可以分为两类，即 3D 低模手绘（场景/角色）和次世代高模（场景/角色）。本书中兼具了 3D 低模手绘和次世代高模两种案例，但由于次世代高模案例内容更多，因此取名为《虚拟现实高级模型制作》。虚拟现实模型的制作方法和 3D 游戏模型的制作方法基本一致，下面介绍两种模型的制作流程和方法。

3D 低模手绘就是根据原画设计师的构思，使用 3D 软件制作设计稿，制作出模型和贴图。模型是物体的主要构架，贴图是构架上的颜色和纹理。由于这里的 3D 模型只需要制作低模（面数少），主要是靠手绘贴图来实现最终效果的，因此也有“三分模型，七分贴图”的说法。制作流程主要分为 3 个步骤，分别是 3ds Max 建低模、拆分 UV、制作手绘贴图。

次世代是舶来语，如次世代游戏指和同类游戏相比更加先进的游戏，即下一代游戏。次世代游戏是将高模烘焙的法线贴图贴到低模上，让低模在游戏引擎中可以及时显示高模的视觉效果的游戏。因为模型的面数比较多，所以采用法线贴图描绘物体表面细节的凹凸变化，采用颜色贴图表现物体的颜色和纹理，采用高光贴图表现物体在光线照射下体现出的质感。次世代高模的制作流程分为 7 个步骤：①根据 2D 原画的设定制作中模；②导入 ZBrush 进行高模雕刻；③拓扑低模（即在游戏中的模型）；④拆分 UV；⑤烘焙（将高模细节烘焙到低模上）；⑥绘制贴图；⑦在引擎中调整。

本书共分为 5 章。第 1 章为 3D 游戏场景道具制作概述，主要阐述了场景道具的制作方法，常用的 3ds Max 基础设置。第 2 章为低模手绘武器道具制作，低模手绘从风格上分为写实版和 Q 版，本章案例采用写实版的建模风格，从手绘板的设置到导入参考图，再到分模块基础建模，拆分 UV，绘制纹理整个流程，进而实现道具的制作。第 3 章为手绘卡通场景制作，在制作中，手绘卡通场景使用模型的面数较少，贴图尺寸小，需要制作多张贴图来完成整体效果。第 4 章为次世代道具制作，对次世代道具进行了介绍，并详细阐述了不同种类贴图的作用，详细说明了枪械低模、中模、高模的制作方法，烘焙法线及 AO 贴图的制作方法，以及颜色贴图、法线贴图、高光贴图的制作方法和叠加方式。第 5 章为次世代场景道具制作，使用 Maya 进行建模，使用 ZBrush 进行雕刻，完成柱子场景的制作。

由于笔者水平有限，加之时间仓促，因此本书难免存在一些不足，在此殷切希望读者批评和指正！教学配套资源也在持续完善中。

编　者

作者简介：

主编：姚亮

北京大学数字艺术系 2004 级硕士研究生，北京信息职业技术学院“虚拟现实技术应用”专业带头人、高职专科“虚拟现实技术应用”国家专业教学标准研制组组长，2021、2022 年全国职业院校技能大赛“虚拟现实（VR）制作与应用”赛项专家组组长。

副主编：徐建喜

丝路视觉创新事业部教育中心产品总监，3D 美术资深制作人，曾在韩国 NHN、美国 EPIC 游戏制作中心、火星时代教育等机构工作。代表项目有《王者世界》《精武世界》《2K sports》《NBA》等。

目录

Contents

第 1 章　3D 游戏场景道具制作概述 1

1.1　游戏的开发流程 1

1.2　游戏场景道具概述 2

1.3　游戏场景道具的制作方法 3

1.4　3ds Max 基础设置 7

1.4.1　3ds Max 界面与单位设置 7

1.4.2　常规选项设置 8

1.4.3　文件选项设置 9

1.4.4　视口选项设置 10

1.4.5　自动保存的路径 10

1.4.6　界面方案设置 11

1.4.7　视口背景颜色设置 12

1.4.8　快捷键设置 12

1.4.9　捕捉设置 13

本章小结 14

第 2 章　低模手绘武器道具制作 15

2.1　低模手绘武器道具制作工具和规范 15

2.1.1　数位板设置 15

2.1.2　低模武器道具的制作规范 18

2.2　3ds Max 基础道具模型制作 19

2.2.1　在 3ds Max 界面设置模型原画背景 20

2.2.2　3ds Max 道具模型基本体创建 24

2.2.3　3ds Max 模型对称制作 27

2.2.4　3ds Max 模型结构制作 29

2.3 3ds Max UV 拆分和摆放......47
2.3.1 UV 概述......47
2.3.2 UV 拆分和摆放注意要点......48
2.4 3ds Max UV 及模型导出......54
2.4.1 导出文件类型......54
2.4.2 UV 渲染文件转换成 PSD 文件......56
2.5 CINEMA 4D 基础......57
2.5.1 CINEMA 4D 设置......58
2.5.2 导入贴图到 CINEMA 4D......59
2.6 CINEMA 4D 道具贴图制作......59
2.6.1 绘制武器道具贴图固有色......59
2.6.2 绘制武器道具贴图结构及光影关系......60
2.6.3 绘制武器道具贴图结构纹理......60
2.6.4 武器道具贴图最终整理......63
本章小结......65
第 3 章 手绘卡通场景制作......66
3.1 手绘卡通场景制作概述......66
3.1.1 手绘卡通场景原画分析......66
3.1.2 手绘卡通场景比例分析......67
3.2 手绘卡通场景模型制作......67
3.2.1 手绘卡通场景模型搭建......67
3.2.2 手绘卡通场景比例调整......77
3.2.3 手绘卡通场景结构制作......77
3.3 手绘卡通场景 UV 拆分、摆放和 UV 图导出......93
3.3.1 手绘卡通场景 UV 拆分......93
3.3.2 手绘卡通场景 UV 摆放......100
3.3.3 手绘卡通场景 UV 图导出......102
3.4 手绘卡通场景贴图制作......106
3.4.1 绘制手绘卡通场景固有色和光影......106
3.4.2 绘制手绘卡通场景结构......118
本章小结......123

第 4 章 次世代道具制作 124
4.1 次世代道具概述 124
4.1.1 次世代道具效果欣赏及分析 124
4.1.2 次世代道具和手绘道具制作的区别 125
4.2 次世代道具案例分析 128
4.3 次世代枪械高模制作 136
4.3.1 制作枪械中模的大体结构 136
4.3.2 制作枪械高模的细节及卡线 150
4.3.3 布尔运算的使用方法 158
4.3.4 添加【TurboSmooth】（涡轮平滑）命令 161
4.4 次世代枪械低模制作 162
4.4.1 制作枪械低模 162
4.4.2 对低模进行光滑组和 UV 的合理分配 165
4.4.3 烘焙法线贴图及 AO 贴图 167
4.5 次世代枪械贴图制作 171
4.5.1 制作颜色贴图 171
4.5.2 制作高光贴图和法线贴图 173
4.5.3 在 3ds Max 中查看最终效果 174
本章小结 175
第 5 章 次世代场景道具制作 176
5.1 道具中模制作 176
5.1.1 使用 Maya 制作大体形状比例 176
5.1.2 完成中模的布线要求 185
5.2 ZBrush 高模制作 188
5.2.1 ZBrush 中导入及基础结构雕刻 188
5.2.2 处理结构细节 194
5.2.3 使用【Alpha】菜单完成纹理 197
5.3 道具低模制作 205
5.4 UV 及烘焙制作 212
5.5 PBR 道具贴图制作 217

第1章 3D游戏场景道具制作概述

经过多年的发展，目前中国游戏产业已经形成一条自产自销、对外出口完整的贸易链条。其经济规模不亚于任何一项互联网及创意产业，并仍然以极高的速度不断扩大市场规模及整体销售额。

除了传统的客户端游戏、网页游戏，以及近些年带动行业整体发展的移动端游戏，虚拟现实游戏、电子竞技产业也在不断升温，成为新的创业行业增长点。

本章主要介绍游戏的开发流程、游戏场景及游戏场景道具制作方法，并且初步介绍游戏场景制作前期的3ds Max基础设置。

1.1 游戏的开发流程

在制作游戏场景道具之前，需要对游戏的开发流程有一定的了解，只有了解了整个游戏的开发流程，才能更好地从事游戏场景道具的相关制作。

1. 前期（策划阶段）

在小规模的游戏团队中，前期要做的主要任务是由策划人员完成游戏设计。在设计的过程中，程序开发人员与美术人员应和策划人员配合，协助制作各种测试用的程序与美术材料，以协助策划人员了解各种设计方案的实用性。

前期需要完成的工作主要包括市场需求的提案、概念策划的提案与审核、发行或市场反馈、游戏设计过程企划书、游戏策划书的审核。

2. 中期（制作阶段）

当完成全部前期工作后，接下来进入大规模生产制作阶段。所有制作人员按照自己的工作分工制作游戏内容。

人物造型设计其实就是原画设计，设计师从策划人员撰写的文字描述中，想象实际的人物与场景造型。在有些游戏团队中，有时策划人员会进行原画设计。同时，有些本身具有美术背景的策划人员，也会兼任造型设计。

在中期，就会由3D建模人员担任主要工作。无论什么类型的3D游戏都需要先建模、拆分UV、绘制贴图，然后交由程序人开发员整合游戏引擎，才能真正在游戏中看到。

在游戏产业中，有一种美术人员比较特殊，他们的专长与普通美术人员的专长不同，因为他们的工作介于普通美术人员与程序开发人员之间。他们除了有基本的美术能力，更重要的是擅长各种美术软件的使用，甚至了解一些程序设计的原理，所以他们能与程序进行更密切的搭配，会写一些基本的程序，能够使整个开发更有效率。这类人员在公司中被称为关卡设计师，往往关卡设计师都是由从事场景制作的人员晋升而来的。

中期需要完成的工作主要包括游戏美术（道具、场景、角色、动作、特效）的设计，核心游戏功能的开发，以及关卡的可玩版、未完成版、内部完成封闭测试版的制作。

3. 后期（调整阶段）

后期要进行系统整合，通常会面临取舍的问题。比如，手机游戏就常常因为手机硬件不足，导致游戏内容的删减。由于大部分游戏到这个阶段都相对稳定，因此许多产品会选择在这个阶段进行较大规模的测试。以单机游戏为例，我们可以将游戏的部分内容打包为试玩版；以网络游戏为例，所谓的公开测试也是在这个阶段进行的。

后期需要完成的工作主要包括系统整合，内容平衡性调整、测试、修正与更新，加强版或资料片的制作。

1.2 游戏场景道具概述

游戏场景是游戏中非常重要的构成元素，设计师可以根据游戏场景原画设计游戏中的环境、道具、机械等物体的模型。一般没有生命的物体都是由游戏场景设计师设计的，如游戏中的建筑、花草树木、桥梁、道路等。游戏场景的风格大致分为网游 Q 版场景、网游写实场景、次世代网游场景、次世代场景（后面章节会详细讲解次世代场景，此章节不进行详细介绍），如图 1-1～图 1-4 所示。

图 1-1 网游 Q 版场景

图 1-2 网游写实场景

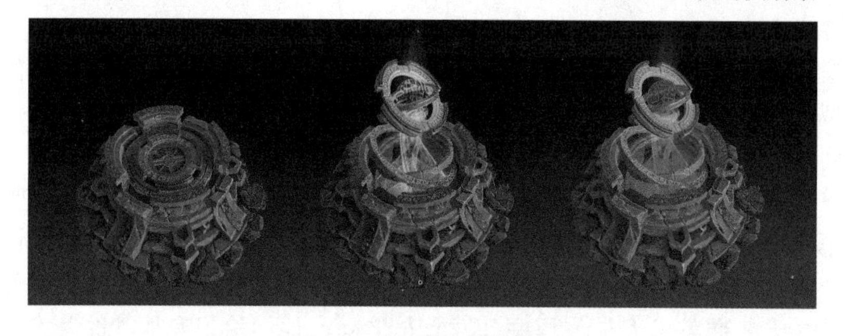

图 1-3 次世代网游场景

图 1-4　次世代场景

1.3　游戏场景道具的制作方法

在通常情况下，游戏公司根据场景道具的原画制作 3D 模型。越复杂的场景道具，原画标注得会越详细，有些会提供三视图，有些会在概念图上添加标注说明材质，甚至给出材质的参考图。道具原画如图 1-5 所示，场景原画如图 1-6 所示，根据原画的概念和标注可以制作 3D 道具和场景的效果。

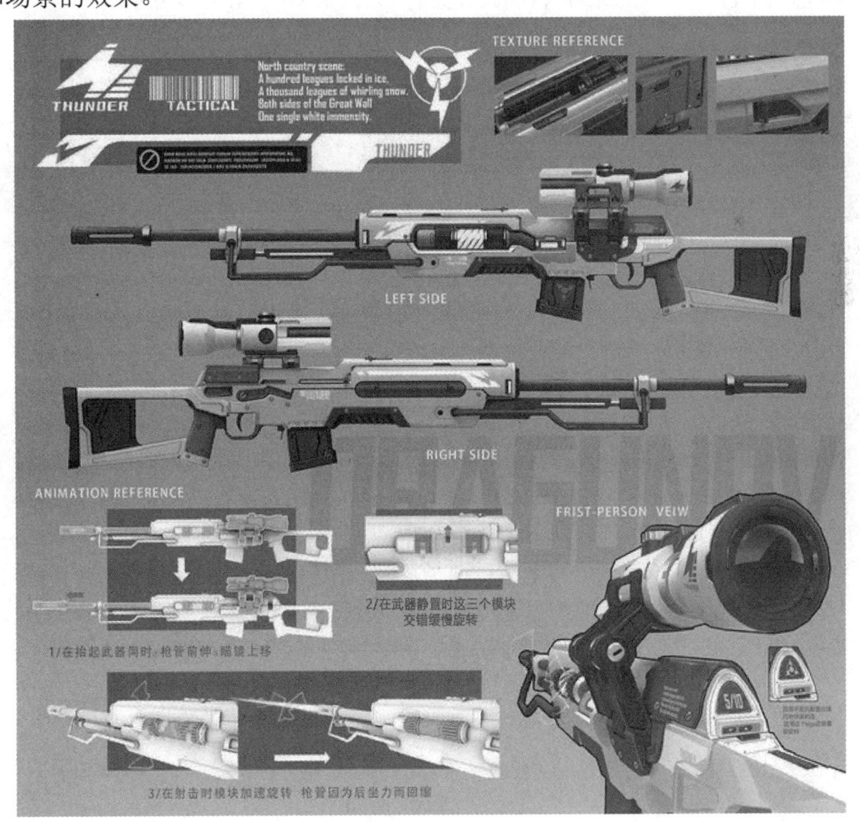

图 1-5　道具原画

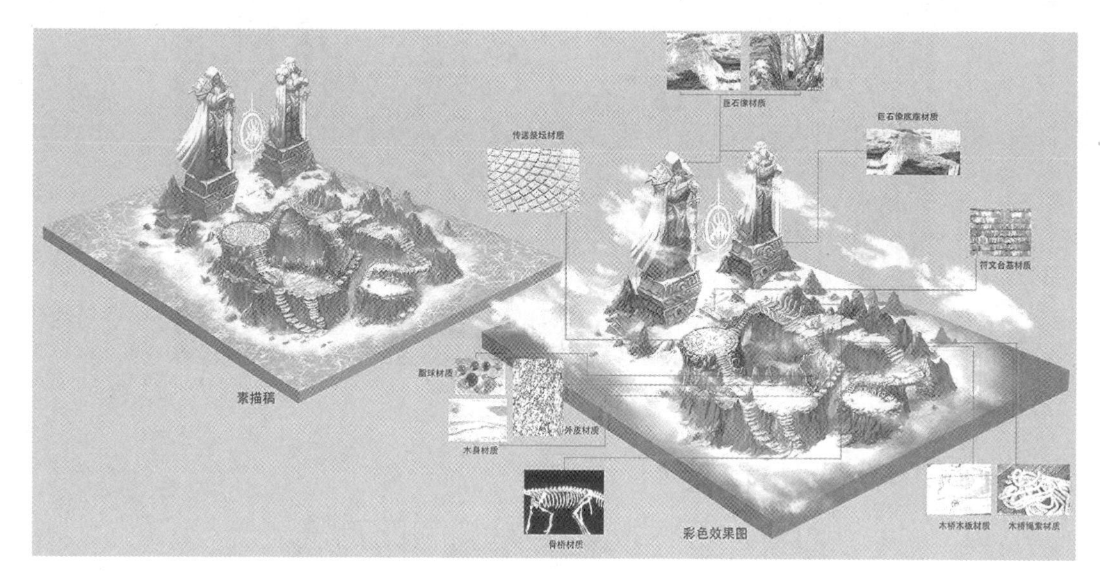

图 1-6 场景原画

这里分别用手绘类场景游戏模型和次世代模型的制作为例，讲解制作游戏道具模型的方法。

1. 手绘类场景游戏模型的制作方法

运用 3ds Max 制作低精度模型（简称低模），低模文件如图 1-7 所示。

运用 3ds Max 完成 UV 纹理贴图的分配，如图 1-8 所示。

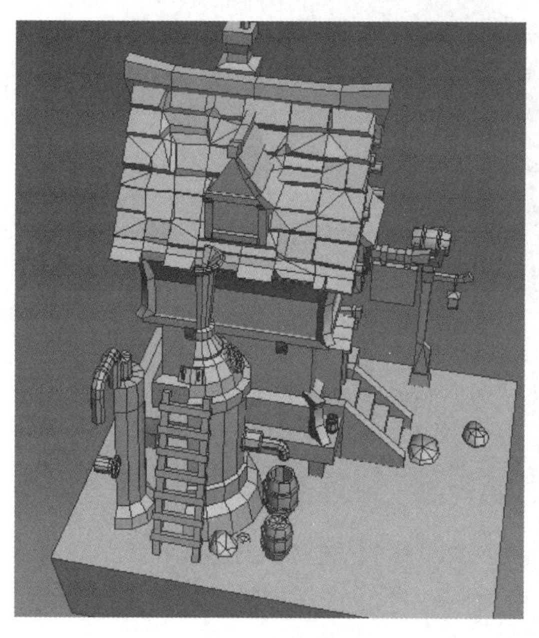

图 1-7 低模文件

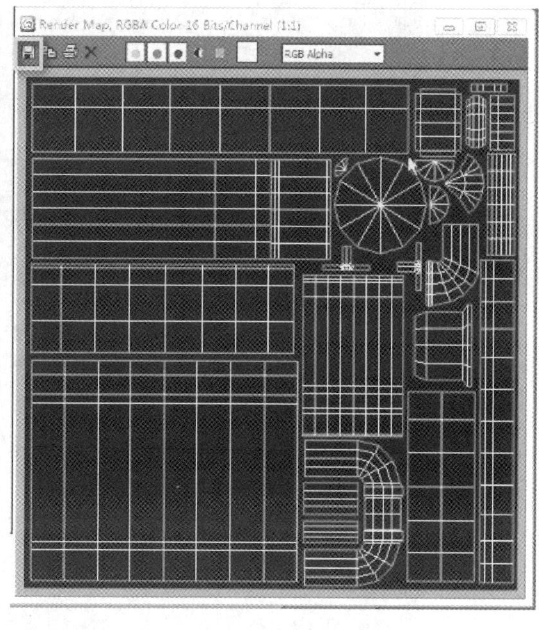

图 1-8 分配 UV 纹理贴图

运用 BodyPaint 3D 完成贴图的绘制并在 3ds Max 中展现最终效果，如图 1-9 和图 1-10 所示。

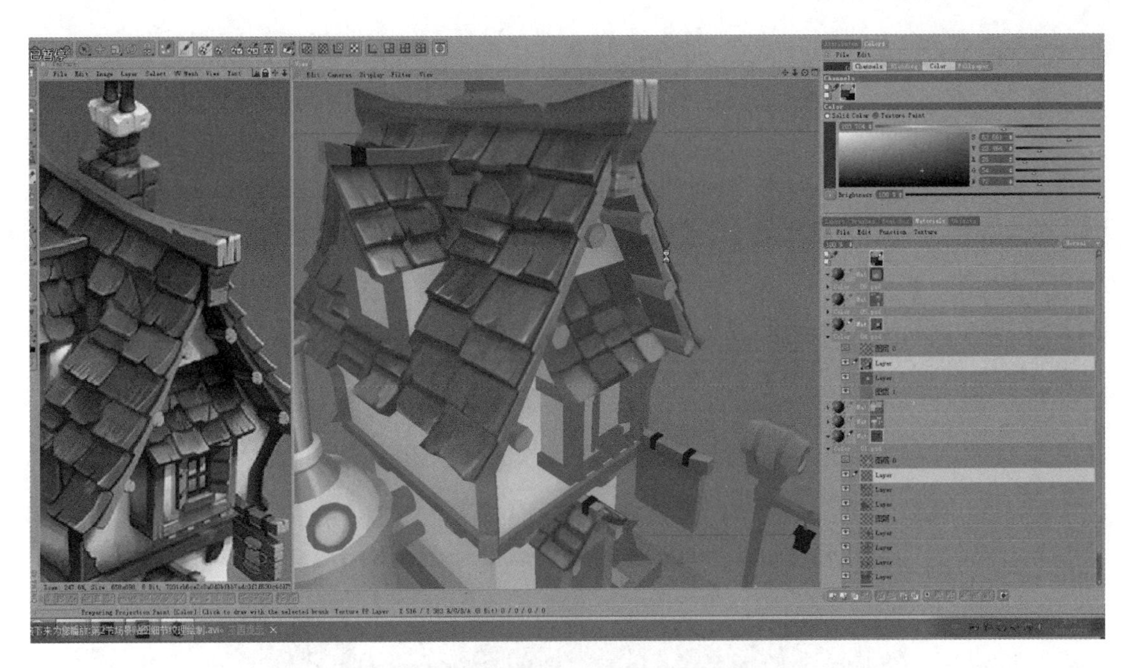

图 1-9　运用 BodyPaint 3D 绘制贴图

图 1-10　最终效果

2. 次世代模型的制作方法

运用 3ds Max 及 ZBrush 完成高精度模型（简称高模）的制作，高模文件如图 1-11 所示。
运用 3ds Max 及 TopoGun 完成低模的制作，低模文件如图 1-12 所示。
完成低模的 UV 分配，如图 1-13 所示。
运用软件进行高模和低模烘焙的制作并观察烘焙效果，如图 1-14 和图 1-15 所示。
完成模型的制作，最终效果如图 1-16 所示。

图 1-11 高模文件

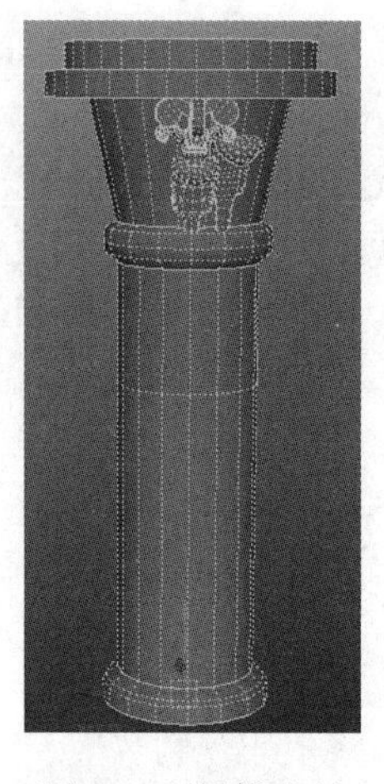

图 1-12 低模文件

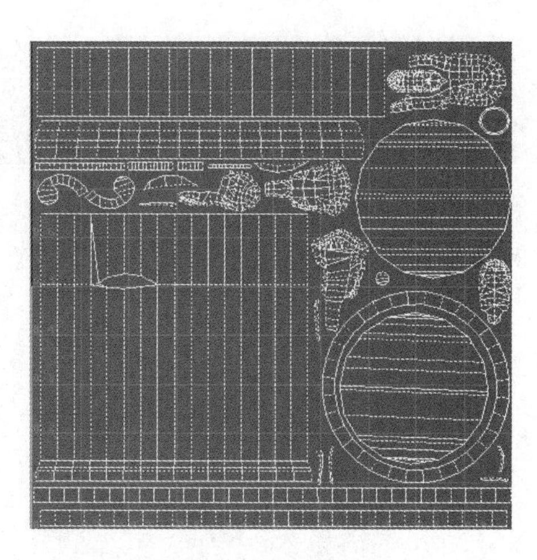

图 1-13 UV 分配

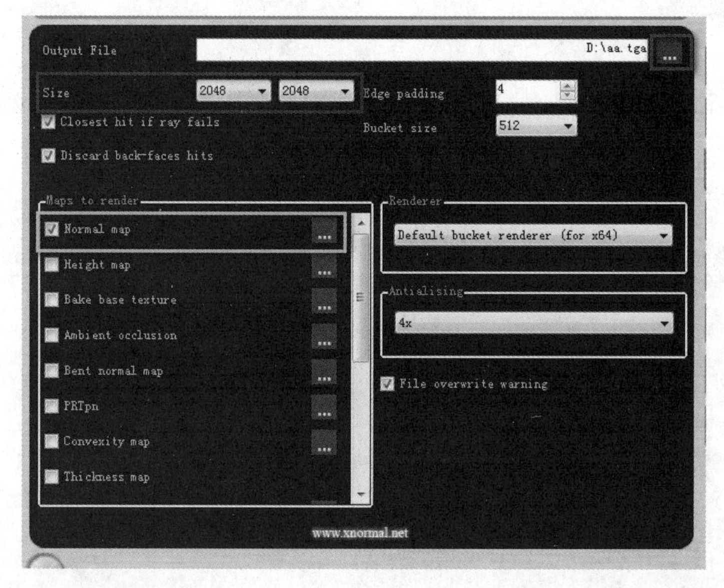

图 1-14 高模和低模烘焙的制作

图 1-15 烘焙效果

图 1-16 最终效果

1.4　3ds Max基础设置

3ds Max是美国Autodesk公司开发的一款3D软件。什么是创作？简单来说，从无到有，进而制作出作品，就是创作，3ds Max就是这样一款创作型软件。在3D创作领域，3ds Max是目前应用范围十分广、使用人数非常多的3D建模、动画与渲染软件，被广泛应用于建筑设计、广告、影视动画、工业设计、多媒体制作、游戏制作及CG制作等领域。在国内发展比较成熟的3D游戏美术制作软件中，3ds Max的使用率更是占据了很高的地位。运用3ds Max制作的游戏道具和游戏场景如图1-17和图1-18所示。

图1-17　游戏道具

图1-18　游戏场景

1.4.1　3ds Max界面与单位设置

3ds Max是建模使用的主要软件，但是为了符合游戏模型的制作规范，需要进行一些相关的设置。首先来了解一下3ds Max界面的各个基础功能模块，3ds Max界面如图1-19所示。

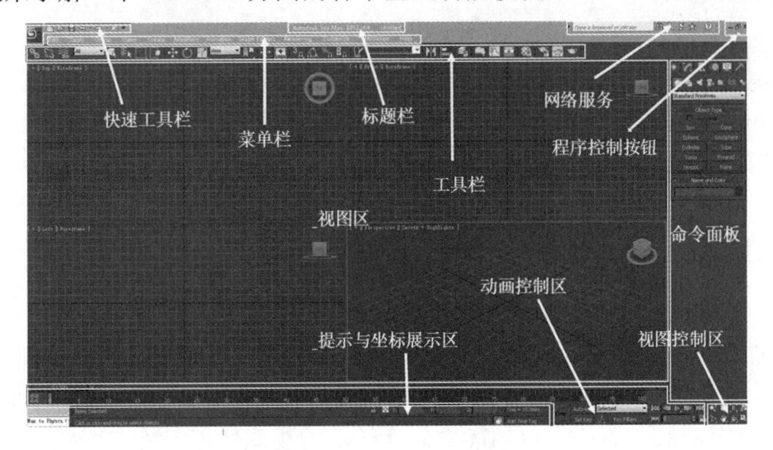

图1-19　3ds Max界面

（1）标题栏：显示 3ds Max 的版本和文件名。

（2）菜单栏：主要用来控制模型的移动、缩放和旋转等操作。

（3）工具栏：主要包括操作物体的常用工具，这些工具在主工具栏中也可以找到。

（4）命令面板：主要用来对物体进行创建和修改。

（5）视图区：主要用来观察创建和编辑的物体。

（6）视图控制区：对视图区进行缩放、环绕。

（7）动画控制区：对时间轴及关键帧进行控制。

由于在制作游戏模型时对模型的比例要求比较高，因此需要设置正确的单位。

依次选择【Customize】（自定义）→【Units Setup】（单位设置）命令，打开【Units Setup】（单位设置）对话框。单击【System Unit Setup】（系统单位）按钮，弹出【System Unit Setup】（系统单位）对话框，在【System Unit Scale】（系统单位比例）选项组中设置【1Unit】为【1.0 Millimeters】（1 毫米）；单击【OK】（确定）按钮，返回【Units Setup】（单位设置）对话框，在【Display Unit Scale】（显示单位比例）选项组中选中【Metric】（公制）单选按钮，并选择其下拉列表中的【Millimeters】（毫米）选项，如图 1-20 所示。

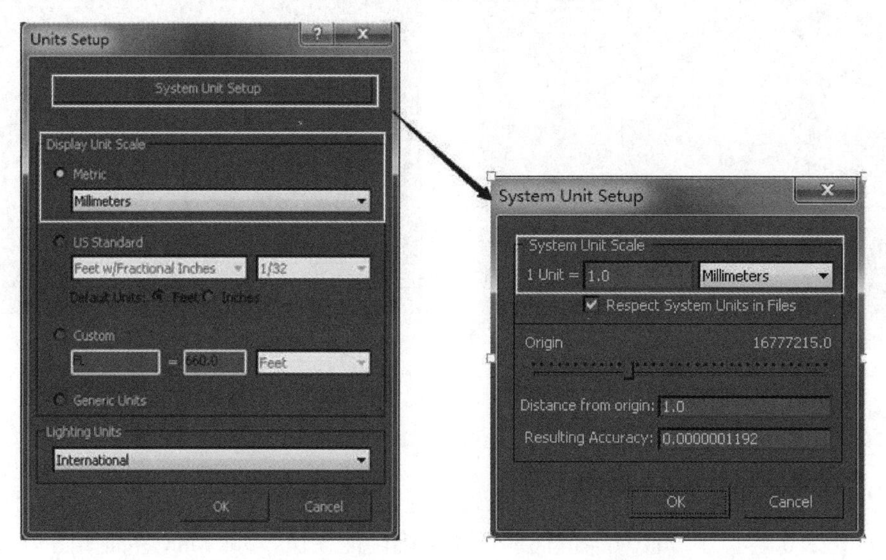

图 1-20　单位设置

提示：在进行室内游戏场景建模时，一般设置单位为毫米；在进行室外游戏场景建模时，一般设置单位为厘米；而在进行大面积的野外游戏场景建模时，一般设置单位为米。在实际工作中，应根据公司的要求进行正确设置。

1.4.2　常规选项设置

在【General】（常规）选项卡的【Scene Selection】（场景选择）选项组中检查是否取消勾选【Auto Window/Crossing by Direction】（按方向自动切换窗口/交叉）复选框，如图 1-21 所示。

提示：选中【Scene Selection】（场景选择）选项组中的【Right->Left=>Crossing】（从右到左为交叉）单选按钮，则与 AutoCAD 中的选择方式相匹配，在制作游戏模型时，应注意取消选中此单选按钮。

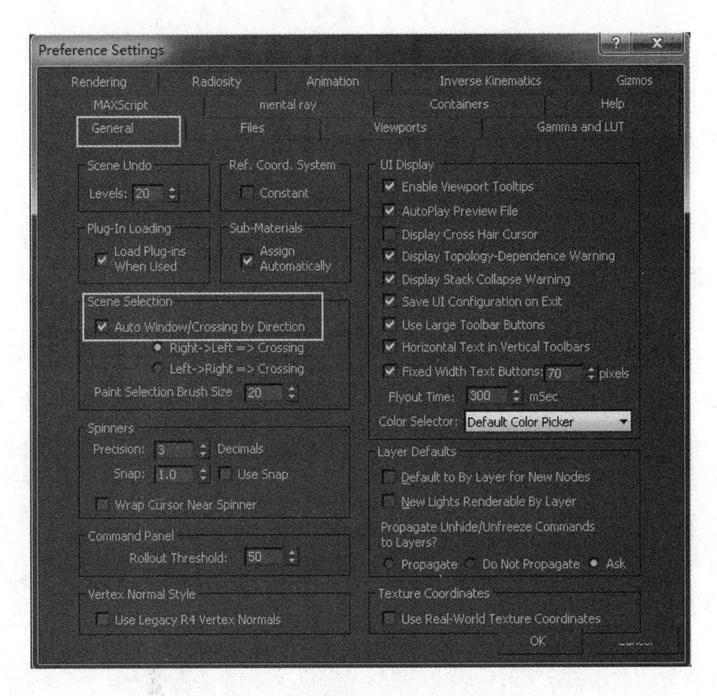

图 1-21　设置【General】选项卡

1.4.3　文件选项设置

在【Files】（文件）选项卡的【File Handing】（文件处理）选项组中勾选【Compress on Save】（保存时压缩）复选框，并设置【Auto Backup】（自动备份）选项组中的【Number of Autobak files】（自动保存文件数）为 9，【Back Interval（minutes）】[备份间隔（分钟）] 为 5.0，如图 1-22 所示。

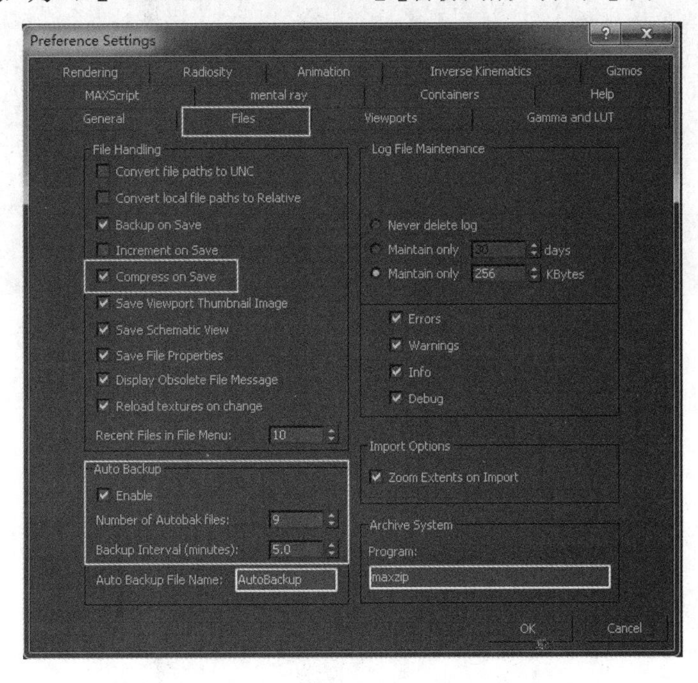

图 1-22　设置【Files】选项卡

提示：当自动保存文件数为 9 时，系统可以自动备份 9 个文件。备份间隔（分钟）参数用于每隔多少分钟备份一次，当设置为 5.0 时系统会每隔 5 分钟备份一个文件，当备份到第 10 个文件时系统将覆盖第一个文件。文件的个数和备份间隔的时间可以根据自己的需求进行设置。

1.4.4 视口选项设置

在【Viewports】（视口）选项卡的【Mouse Control】（鼠标控制）选项组中勾选【Zoom About Mouse Point（Orthographic）】［以鼠标点为中心缩放（正交）］复选框，如图 1-23 所示。

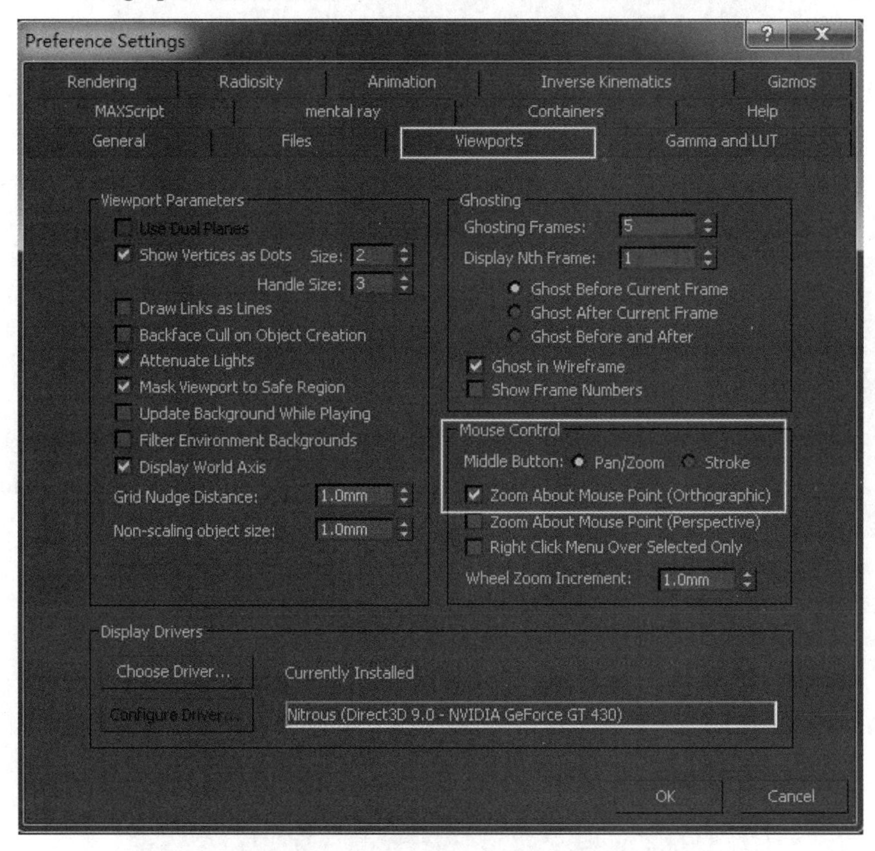

图 1-23 设置【Viewports】选项卡

提示：勾选【Zoom About Mouse Point（Orthographic）】［以鼠标点为中心缩放（正交）］复选框的优点是，在操作的过程中滚动鼠标中键，视口将会以光标为中心进行缩放。

1.4.5 自动保存的路径

在 3ds Max 的低版本中，文件被自动保存在 3ds Max 安装的根目录下。版本升级后，自动保存的路径为【计算机】→【文档】→【3ds Max】→【autoback】，如图 1-24 所示。

图 1-24　自动保存的路径

1.4.6　界面方案设置

在默认情况下，3ds Max 界面的颜色为黑色，如果看不清界面中的文字，则可以选择【Customize】（自定义）→【Customize UI and Defaults Switcher】（自定义 UI 与默认设置切换器）命令进行设置，如图 1-25 所示。

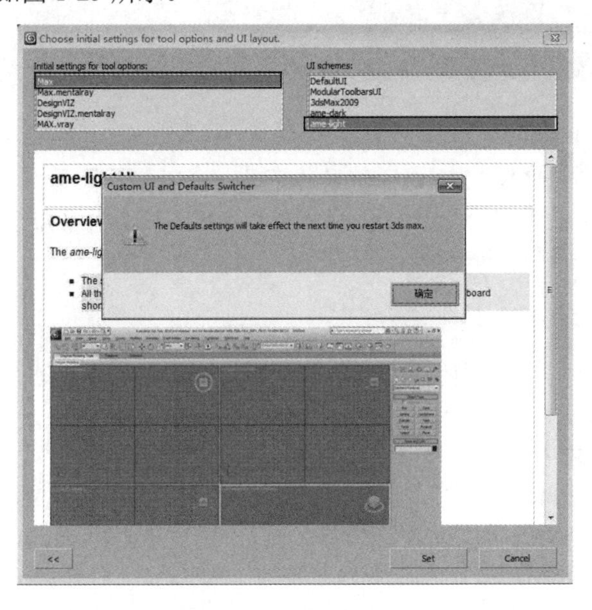

图 1-25　界面方案设置

提示：【Custom UI and Defaults Switcher】对话框中显示的内容表示此设置将在下次重启 3ds Max 时生效。

1.4.7 视口背景颜色设置

在建模时，常常需要先将正面比例图片导入 3ds Max 并将其冻结，然后根据比例进行建模。由于冻结之后的模型颜色与视口背景颜色相似，不易区分，因此需要重新设置背景颜色。

选择【Customize】(自定义) →【Customize User Interface】(自定义用户界面) 命令，打开【Customize User Interface】(自定义用户界面) 对话框。在对话框中，选择【Colors】(颜色) 选项卡，先在【Elements】(元素) 下拉列表中选择【Viewports】(视口) 选项，并在下方的列表框中选择【Viewport Background】(视口背景) 选项，再选择右侧的【Color】选项，并将颜色调整为黑色，如图 1-26 所示。

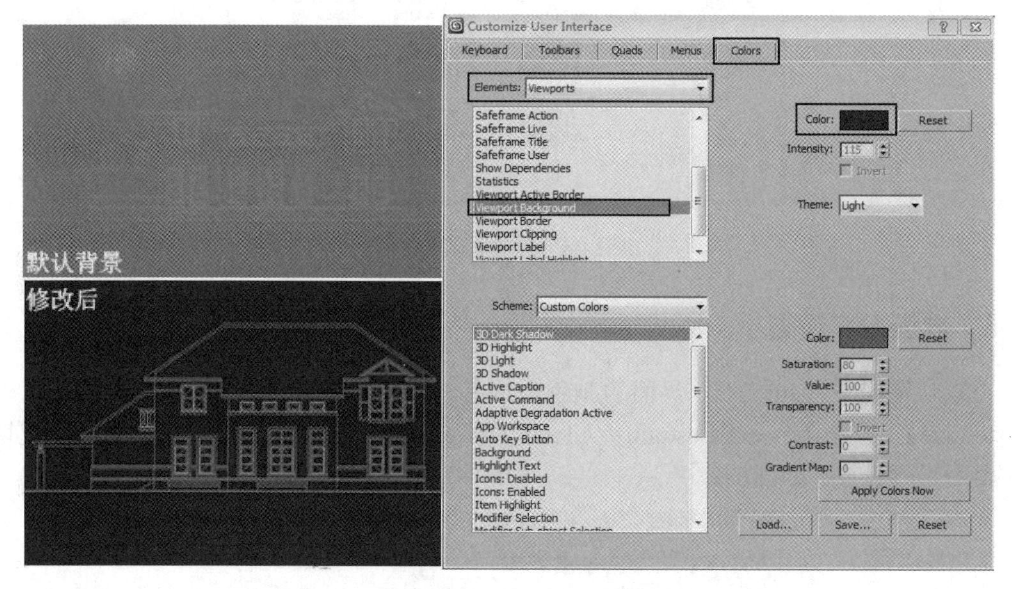

图 1-26　视口背景颜色设置

提示：如果使用的是 3ds Max 默认的黑色界面，则不需要设置视口背景颜色；如果使用的是亮色界面，则需要设置视口背景颜色，其主要目的是区别背景颜色和冻结物体的颜色。

1.4.8 快捷键设置

游戏建模是一个连续不断的操作过程，设置合适的快捷键能够大大提高制作速度。下面介绍如何设置快捷键。

选择【Customize】(自定义) →【Customize User Interface】(自定义用户界面) 命令，打开【Customize User Interface】(自定义用户界面) 对话框。在对话框中，选择【Keyboard】(键盘) 选项卡，在该选项卡中既可以设置快捷键，又可以通过单击【Load】(加载) 按钮，调入.kbdx 格式的快捷键，如图 1-27 所示。

提示：在设置快捷键时，要注意不能使用两个或两个以上的字母或数字，一般使用单个字母或数字，或功能键与字母、数字的组合（功能键指 Shift 键、Ctrl 键、Alt 键）。快捷键一般都设置在左侧，以便操作。

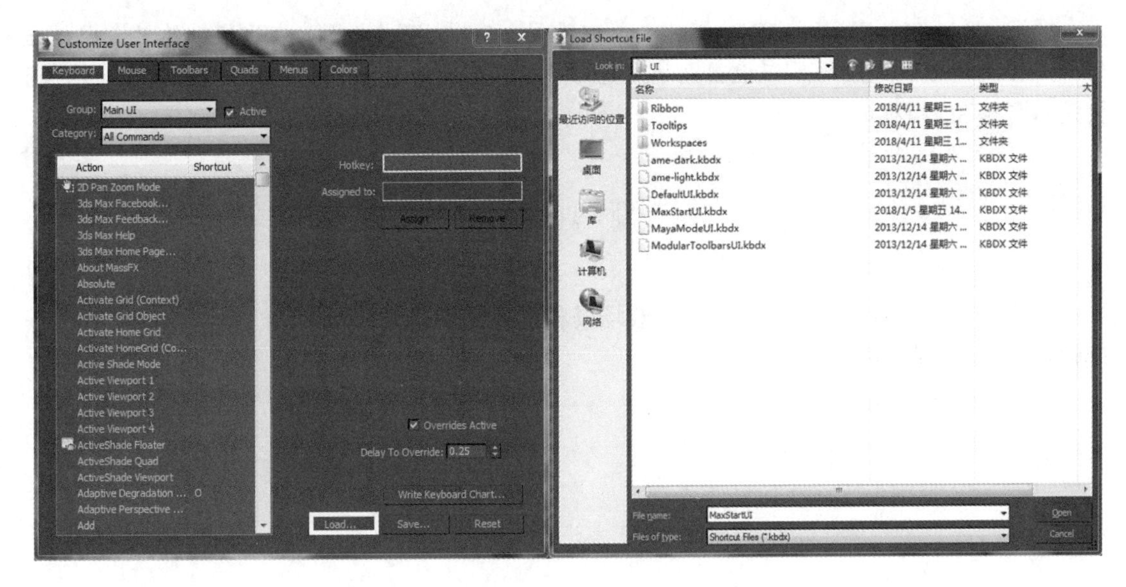

图 1-27　快捷键设置

1.4.9　捕捉设置

在游戏建模时，需要经常使用捕捉功能对一些几何形状进行精确对齐。下面进行捕捉设置。

选择工具栏中的捕捉工具，设置捕捉为2.5D捕捉。单击【Snaps Toggle】（捕捉开关）按钮，在弹出的下拉菜单中选择如图1-28所示的图标。

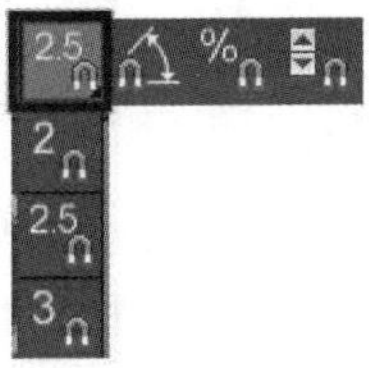

图 1-28　工具栏中的捕捉工具

右击【Snaps Toggle】（捕捉开关）按钮，在弹出的快捷菜单中选择【Grid and Snap Settings】（栅格和捕捉设置）命令，弹出【Grid and Snap Settings】（栅格和捕捉设置）窗口。首先在【Snaps】（捕捉）选项卡中勾选【Vertex】（顶点）、【Endpoint】（端点）和【Midpoint】（中点）复选框，其次在【Options】（选项）选项卡中勾选【Snap to frozen objects】（捕捉到冻结对象）和【Use Axis Constraints】（使用轴约束）复选框，并取消勾选【Display rubber band】（显示橡皮筋）复选框，如图1-29所示。

图 1-29　捕捉设置

提示：3ds Max 默认为 3D 捕捉。之所以设置 2.5D 捕捉，是因为在建模时的很多操作过程都是在正视图中完成的。正视图也就是视口中的顶、前和左视图，而在这些视图中进行捕捉是不需要 3D 捕捉的。

本章小结

本章主要介绍游戏的开发流程、游戏场景和游戏场景道具的制作方法，以及 3ds Max 基础设置，为以后的讲解奠定基础。

第 2 章 低模手绘武器道具制作

低模手绘指模型的面数较少，使用一张颜色贴图完成整个最终效果的制作方法。由于这样的模型占用资源较少，因此这种制作方法常用于网页游戏和手机游戏中。其风格可以分为 Q 版低模手绘和写实版低模手绘，如图 2-1 和图 2-2 所示。

图 2-1　Q 版低模手绘

图 2-2　写实版低模手绘

2.1　低模手绘武器道具制作工具和规范

低模手绘武器道具的制作过程可以分成 3 个部分，分别是武器道具模型制作、武器道具 UV 制作，以及武器道具贴图制作。在制作的过程中，必须循序渐进，不可以跳过任何一个环节。

2.1.1　数位板设置

因为后期会使用数位板制作贴图，所以这里先了解一下如何设置数位板。数位板的使用大大提高了制作模型文件及贴图的效率，本书使用的是 Wacom 的 Intuos4 系列，其他型号的设置过程也一样。

安装数位板驱动程序。在 Wacom 官方网站下载对应型号的驱动程序，数位板驱动如图 2-3 所示。下载完成后，双击对应的程序图标，如图 2-4 所示。接受许可协议，如图 2-5 所示。等待安装，安装完成后单击【OK】（确定）按钮。注意，安装完成后需重启计算机。

选择【开始】→【控制面板】命令，打开【控制面板】窗口。在【控制面板】窗口中选择【查看方式】为【大图标】，如图 2-6 所示。

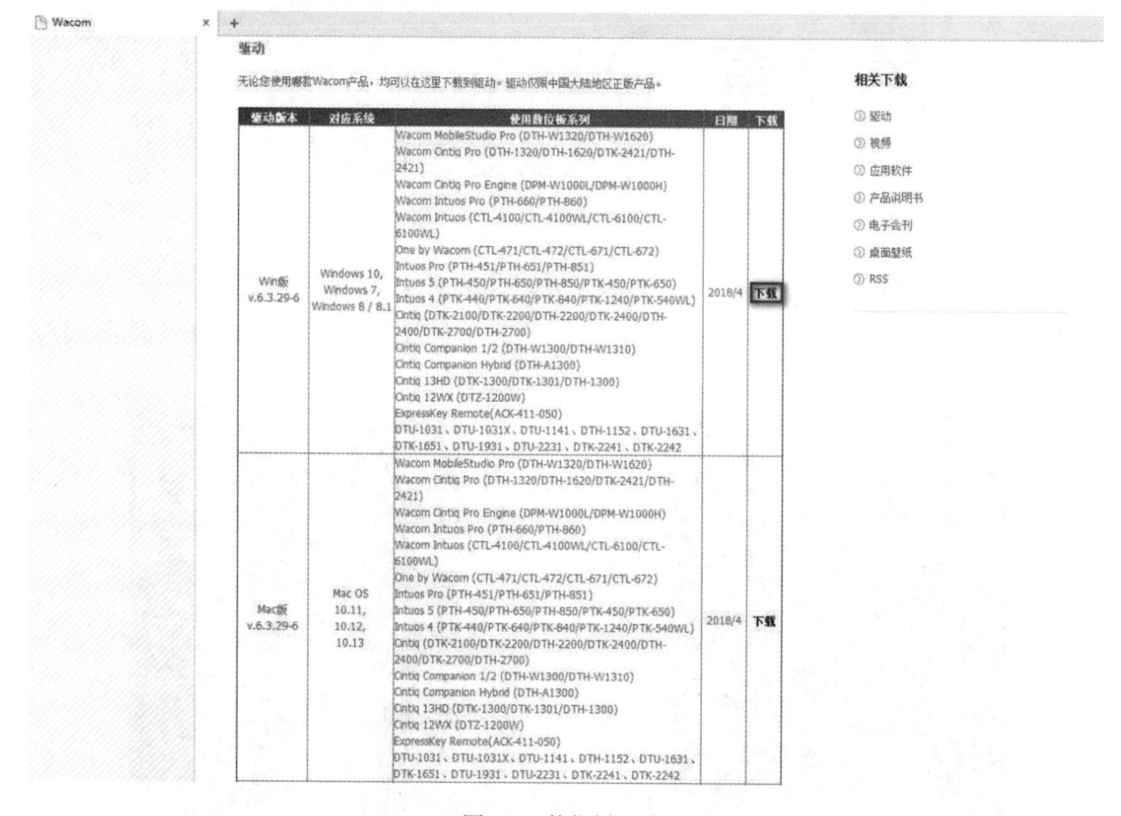

图 2-3　数位板驱动

图 2-4　程序图标

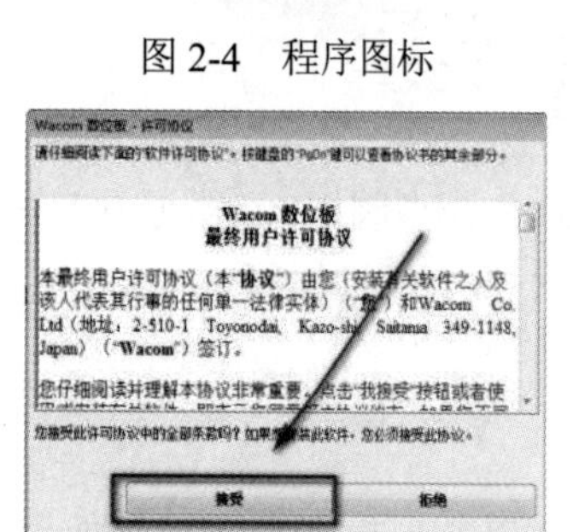

图 2-5　接受许可协议

图 2-6　【控制面板】窗口

单击【Wacom 数位板属性】按钮（见图 2-7），打开【Wacom 数位板属性】窗口。在【笔】选项卡中，对数位板进行设置，如图 2-8～图 2-11 所示。

图 2-7　单击【Wacom 数位板属性】按钮

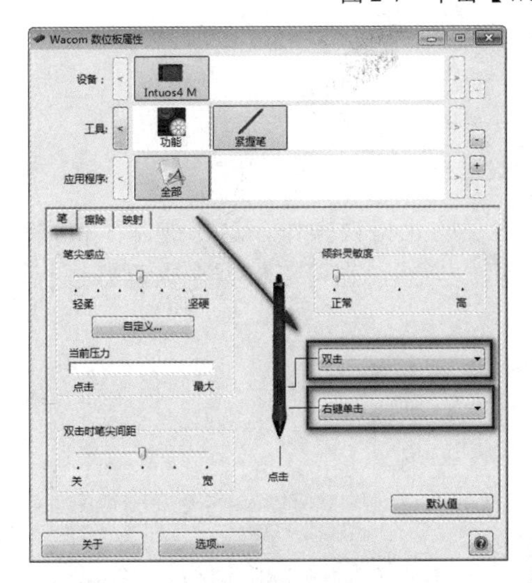

图 2-8　数位板设置 1

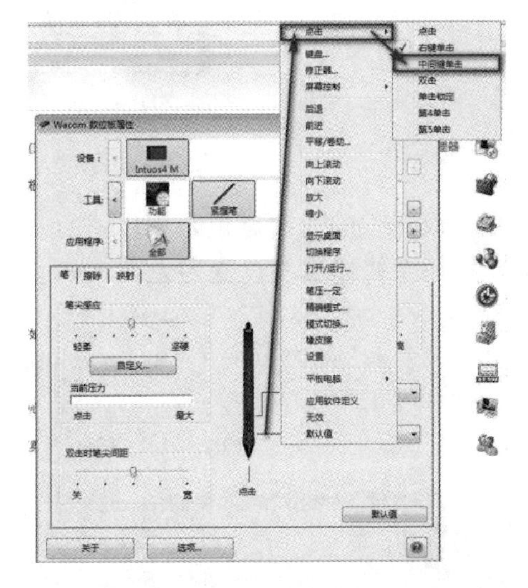

图 2-9　数位板设置 2

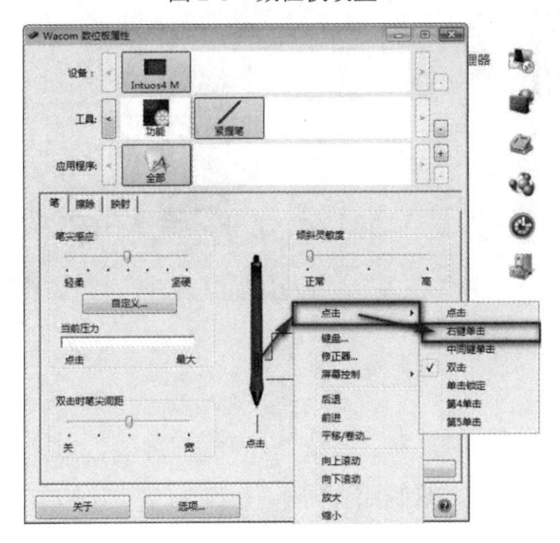

图 2-10　数位板设置 3

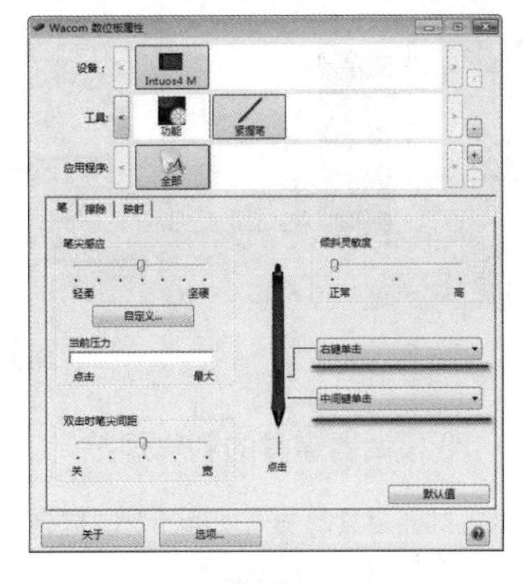

图 2-11　数位板设置 4

在使用画笔时，长时间按压会出现水波纹的现象，不利于绘制贴图。此时，在【映射】选项卡中，取消勾选【使用 Windows Ink 功能】复选框即可，如图 2-12 所示。

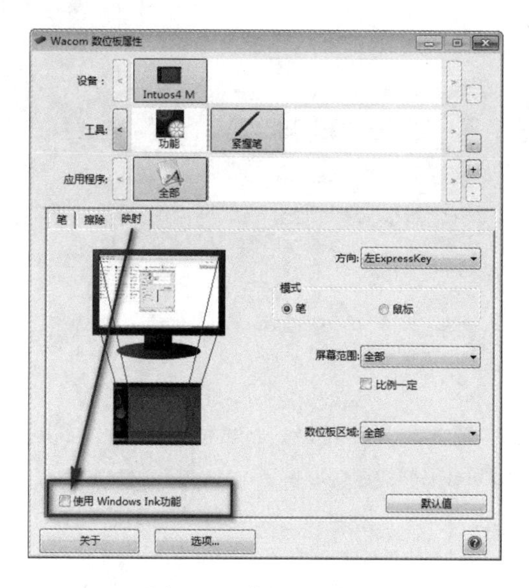

图 2-12　数位板设置 5

数位板提供的快捷键也是可以进行更改的。为了防止错误操作，这里删除了快捷键的功能，将每个快捷键均设置为无效，如图 2-13 所示。当然，也可以根据个人喜好进行快捷键的设置。

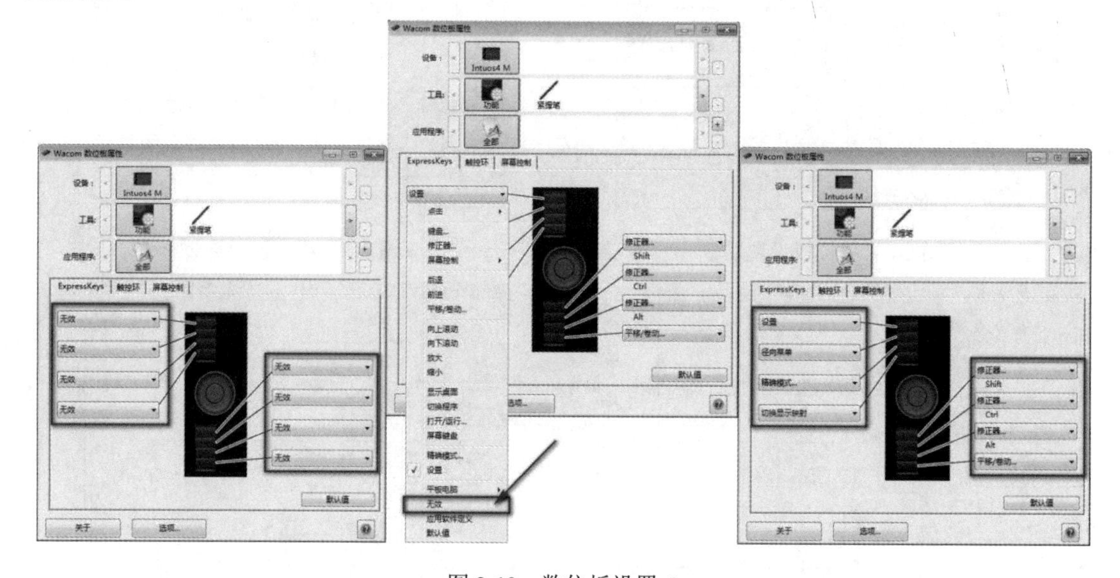

图 2-13　数位板设置 6

2.1.2　低模武器道具的制作规范

低模武器道具的制作规范涉及制作模型、制作 UV、绘制贴图等。

在制作模型时，应该注意以下几个问题。

（1）模型的结构比例应该与原画保持高度一致。

（2）检查制作完成的最终模型是否有多边面（五边或五边面以上，软件识别模型的面数以三角面或四边面为主）的存在，在游戏引擎中不允许出现四边面以上的多边面。

（3）在模型中是否有重叠的点、线、面。重叠的点、线、面会影响后面 UV 的制作。若有重叠的点、线、面，则需要及时删除。

（4）最终模型需要放在世界坐标中心。

在制作 UV 时，同样需要注意以下几个问题。

（1）UV 应该将所有模型都展开（这里可以给模型贴一张棋盘格的贴图，检查 UV 是否有拉伸，有拉伸的位置会存在模型没有展开的问题）。

（2）确保 UV 的大小一致（通过棋盘格观察每个格子的大小是否一致）。

（3）UV 摆放要尽量合理，以摆满第一象限为最终要求，并确保 UV 之间间距尽量相等。

（4）不要出现重叠的 UV。

（5）最终 UV 只能摆放在第一象限内。

在绘制贴图时，需要注意以下几个问题。

（1）贴图颜色结构应该与原画保持高度一致。

（2）贴图的明暗体积关系要做到有虚实的变化。

（3）在颜色运用上要有冷暖对比关系。

（4）不同的材质要有不同的细节效果展示。

2.2　3ds Max 基础道具模型制作

在制作武器模型之前或在制作其他 3D 模型之前，应分析原画，做到心中有数，以快速厘清制作思路。下面分析武器原画，如图 2-14 所示。

首先，将武器道具分成 3 个部分，分别是刀身、飘带及刀鞘，如图 2-15 所示。

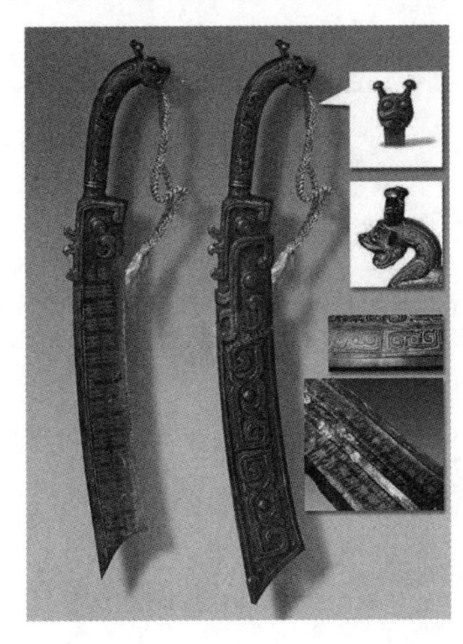

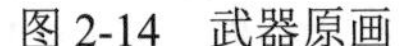

图 2-14　武器原画

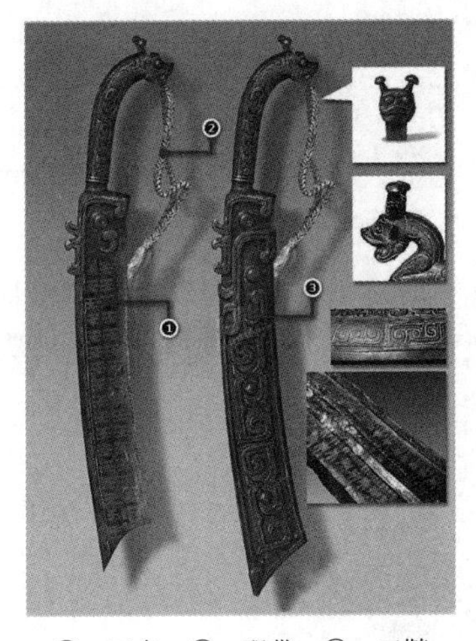

①—刀身；②—飘带；③—刀鞘

图 2-15　武器原画分析

其次，考虑模型对称的制作，物体可以分为左右对称、前后对称，以及上下对称（在一般情况下不建议使用，会影响光影的渐变）。在对模型进行对称的制作时，制作速度更快，效率更高，贴图在相同大小的情况下精度更高。由于此处的原画左右结构不一样，因此不适合使用左右对称的方法制作，而又由于原画显示的是正面（这种情况一般在制作时会默认背面和正面一样），因此适合使用前后对称制作。

最后，在制作模型之前，应先看原画是否提供素材参考。如果已提供，则可以参考原画上的素材；如果没有提供，则可以提前找一些素材作为参考，以便后期制作模型或绘制贴图。

2.2.1 在 3ds Max 界面设置模型原画背景

为了使模型的制作方便、快捷、准确，在 3ds Max 中制作模型时，经常把原画放到背景上当作参考。这种制作方法适用于原画是正交视图，或制作相对简单模型的情况。

右击原画，在弹出的快捷菜单中选择【属性】命令，查看原画大小，如图 2-16 所示。在打开的对话框中，选择【详细信息】选项卡，查看原画的尺寸、宽度和高度，如图 2-17 所示。当然，也可以使用一些看图软件查看原画大小。

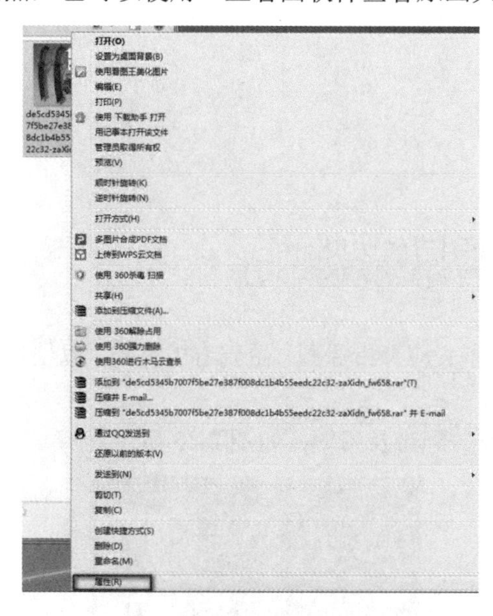

图 2-16　查看原画大小

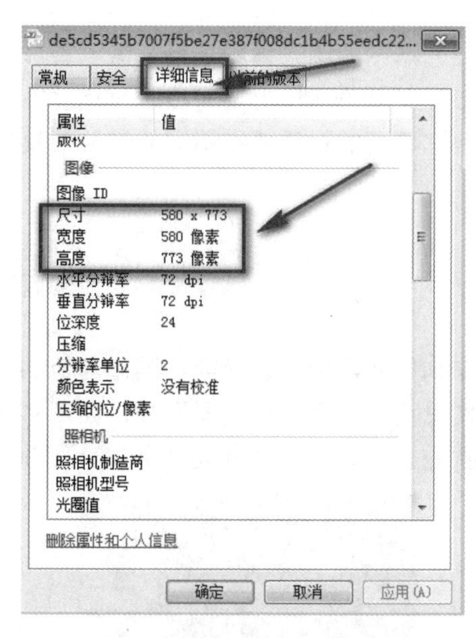

图 2-17　查看原画的尺寸、宽度和高度

在 3ds Max 界面右侧的命令面板中单击【Create】（创建）按钮，选择【Geometry】（几何体）选项卡，并单击【面片】按钮 Plane ，选择面片，如图 2-18 所示。在前视图中创建一个面片，如图 2-19 所示。

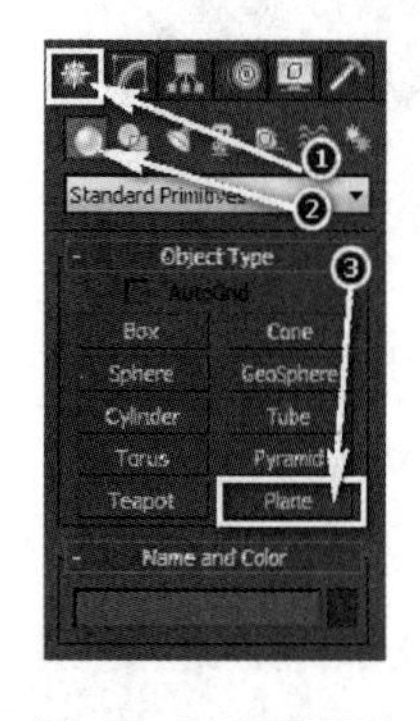

图 2-18　选择面片

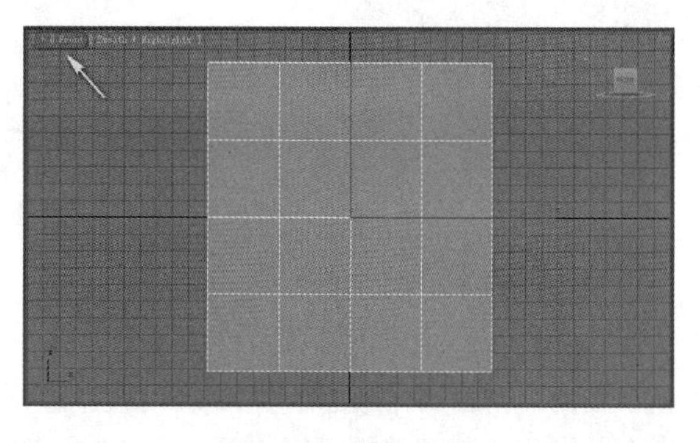

图 2-19　创建面片

根据原画大小调整面片的长度和宽度，并更改分段数值为 1，如图 2-20 所示。把原画拖入设置完成的面片，如图 2-21 所示。

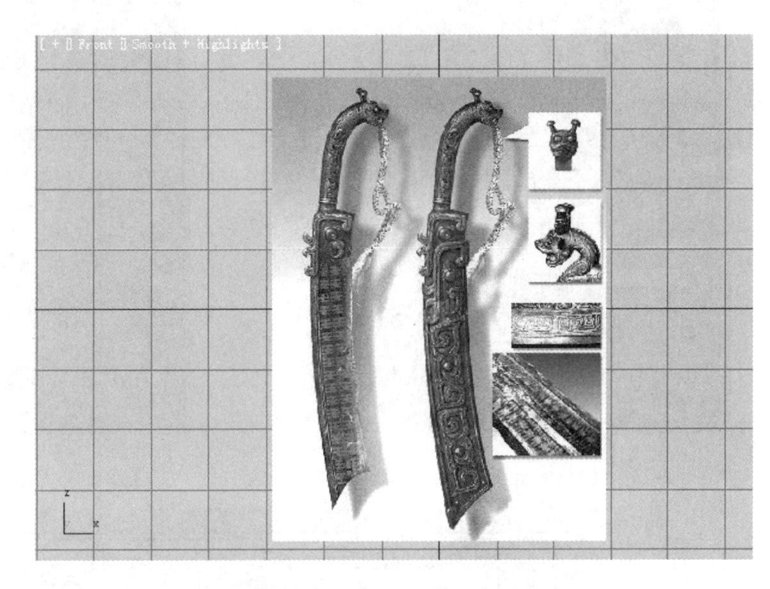

图 2-20　更改分段数值

图 2-21　把原画拖入面片

如果在拖入原画的过程中不显示，则可以在材质球中贴上贴图。此时，既可以选择【Rendering】（渲染）→【Material Editor】（材质编辑器）→【Compact Material Editor】（精简材质编辑器）命令，又可以按 M 快捷键，如图 2-22 所示。

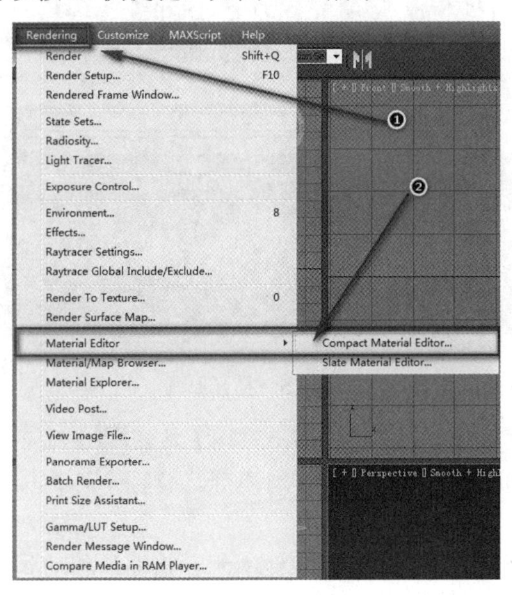

图 2-22　选择精简材质编辑器

在打开的【Material Editor】（材质编辑器）窗口中选择一个材质球，单击【Diffuse】（漫反射）后面的灰色按钮，如图 2-23 所示。在弹出的对话框中选择【Bitmap】（位图）选项，如图 2-24 所示。在弹出的对话框中找到原画的路径并打开原画，如图 2-25 所示。

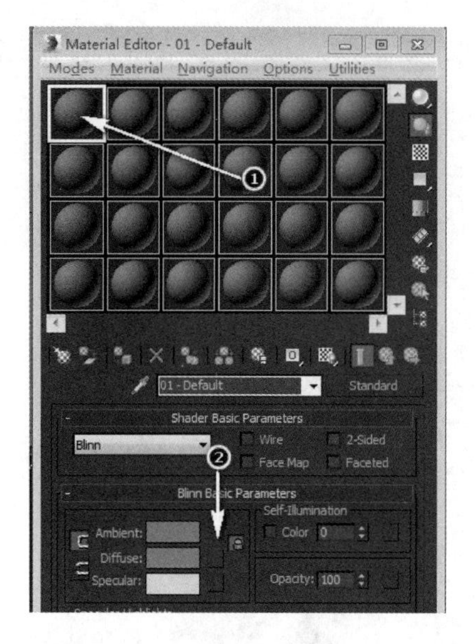

图 2-23 【Material Editor】窗口

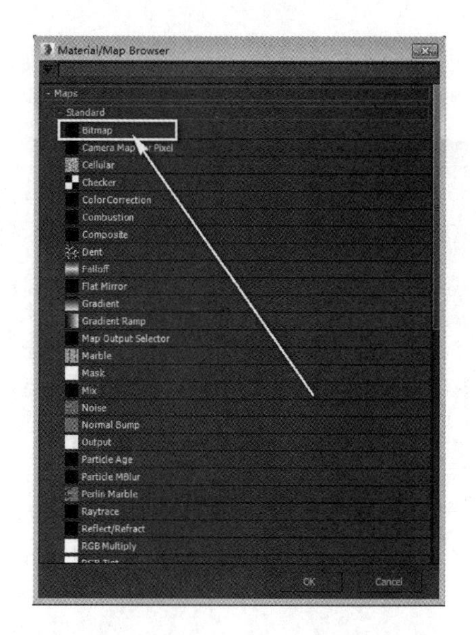

图 2-24 选择【Bitmap】选项

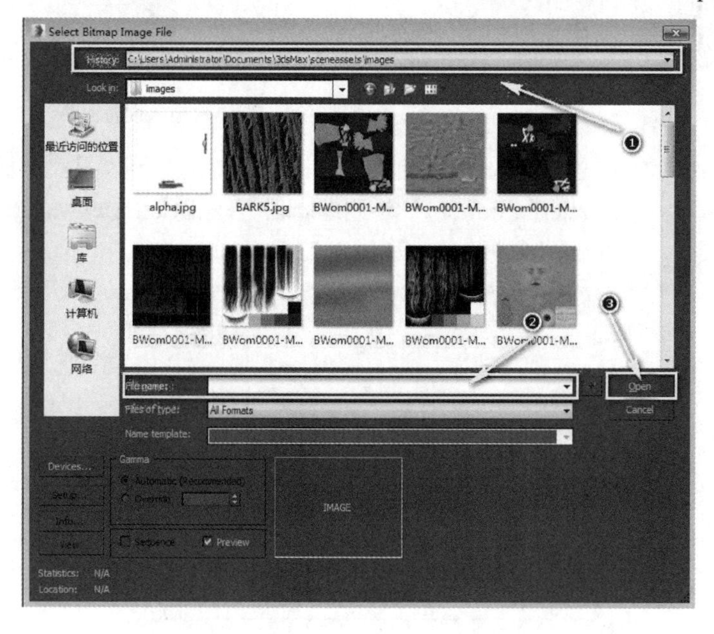

图 2-25 打开原画

双击指定过材质的材质球，单击【返回上一层】按钮，显示材质，如图 2-26 所示。先选择视图区中的面片，再选择窗口中的指定材质球，最后分别单击【指定】按钮和【显示】按钮，如图 2-27 所示。

把背景图片缩小到网格大小，如图 2-28 所示。将面片移动到世界坐标中心的后面，如图 2-29 所示。

右击面片，在弹出的快捷菜单中选择【Object Properties】（物体属性）命令，如图 2-30 所示。在弹出的对话框中取消勾选【Show Frozen in Gray】（显示冻结成灰色）复选框，如图 2-31 所示。

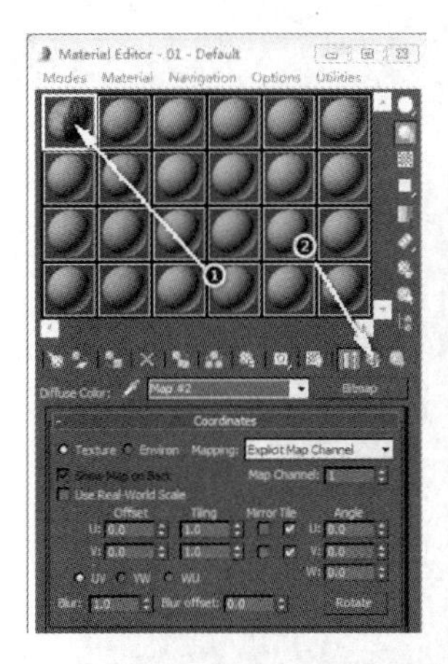

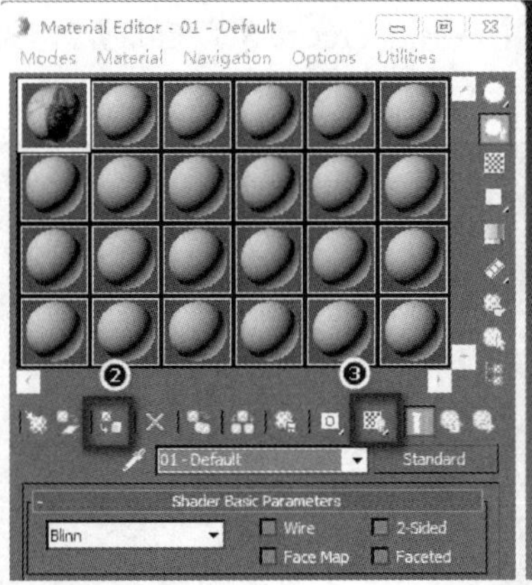

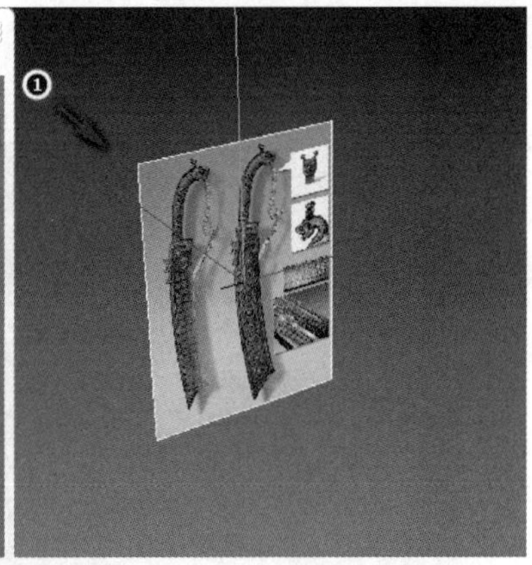

图 2-26　显示材质

图 2-27　赋予材质

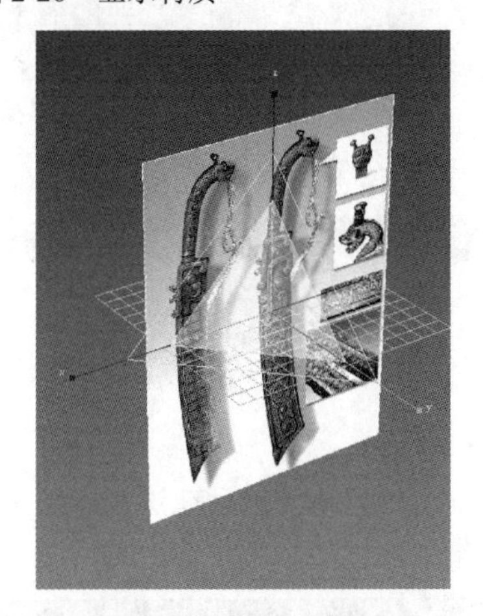

图 2-28　缩小背景图片

图 2-29　移动面片

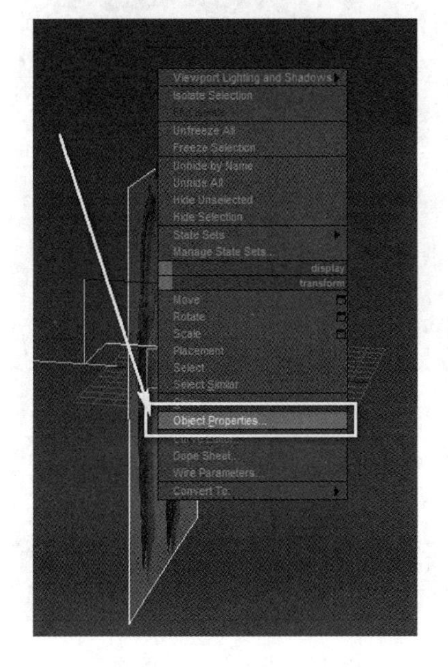

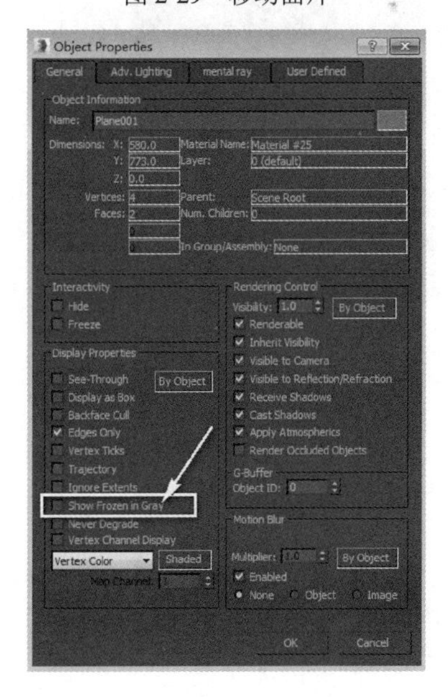

图 2-30　选择【Object Properties】命令

图 2-31　取消勾选【Show Frozen in Gray】复选框

右击面片，在弹出的快捷菜单中选择【Freeze Selection】（冻结选择）命令，如图 2-32 所示。下面就可以开始制作武器模型了，参考图如图 2-33 所示。

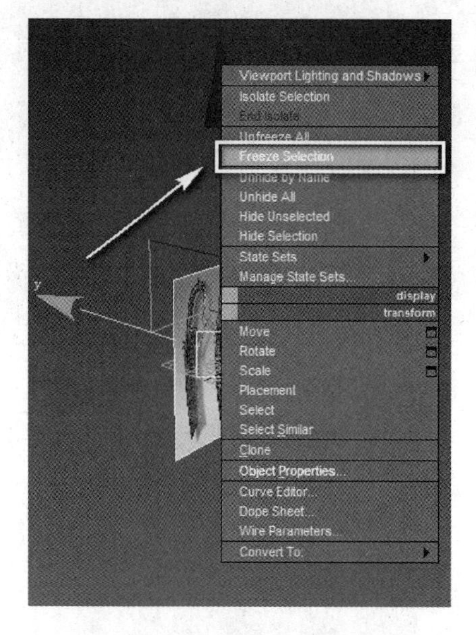

图 2-32　选择【Freeze Selection】命令

图 2-33　参考图

2.2.2　3ds Max 道具模型基本体创建

先单击【Box】（长方体）按钮，在命令面板中新建一个长方体，然后在透视图中调整长方体的厚度，如图 2-34 和图 2-35 所示。

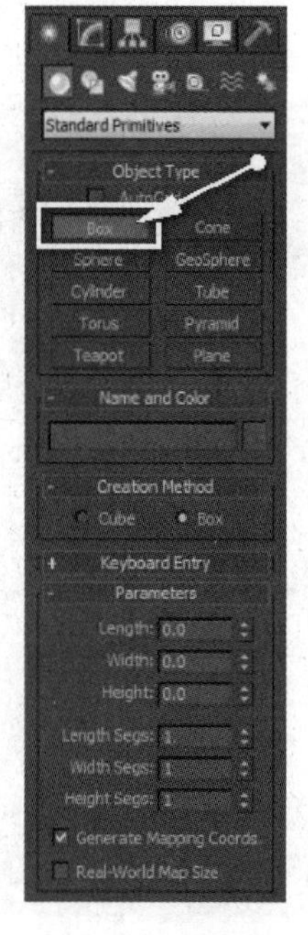

图 2-34　新建长方体

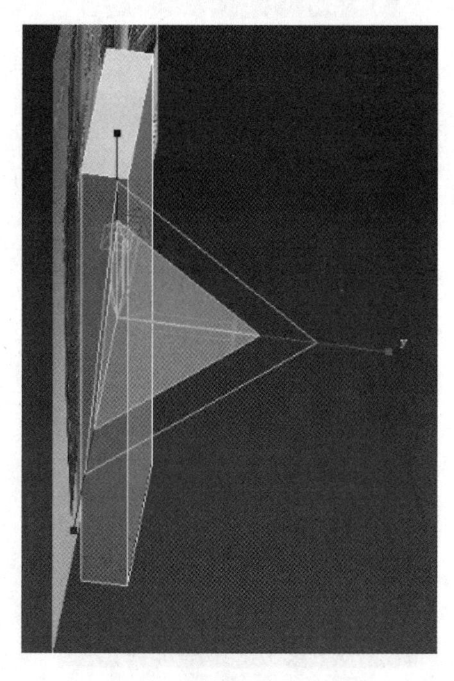

图 2-35　调整长方体的厚度

先单击【层级】按钮，再分别单击【Affect Pivot Only】（仅影响轴）按钮和【Center to Object】（中心对象）按钮，如图2-36所示。在模型上右击，在弹出的快捷菜单中选择【Convert To】（转换为）→【Convert to Editable Poly】（转换为可编辑多边形）命令，如图2-37所示。

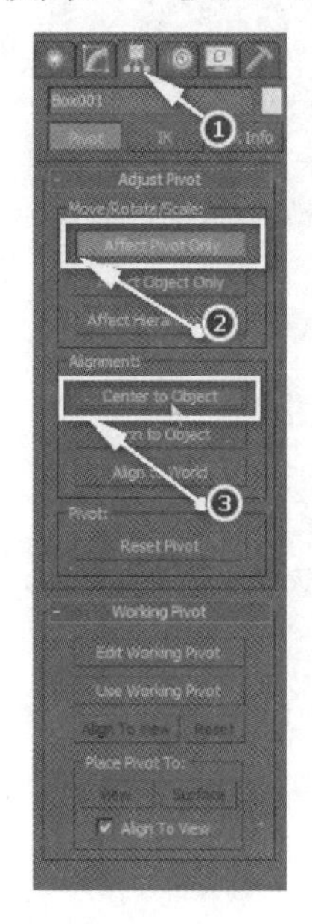

图2-36　归中心　　　　图2-37　转换为可编辑多边形

在【编辑】选项卡中单击【线】按钮或按2快捷键，如图2-38所示。在模型中，选择一条边，单击【Ring】（环选）按钮（见图2-39），或按Alt+R快捷键，环选线效果如图2-40所示。

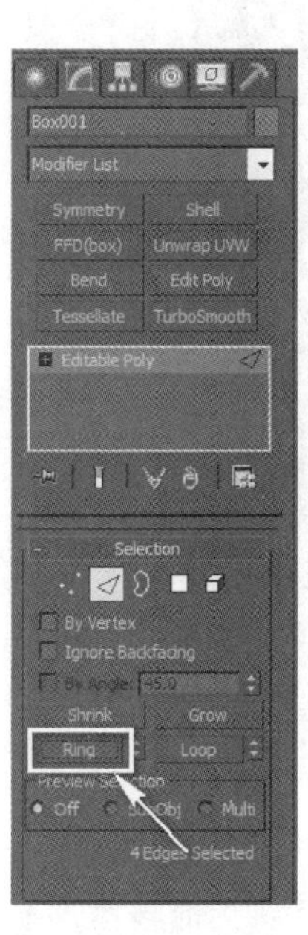

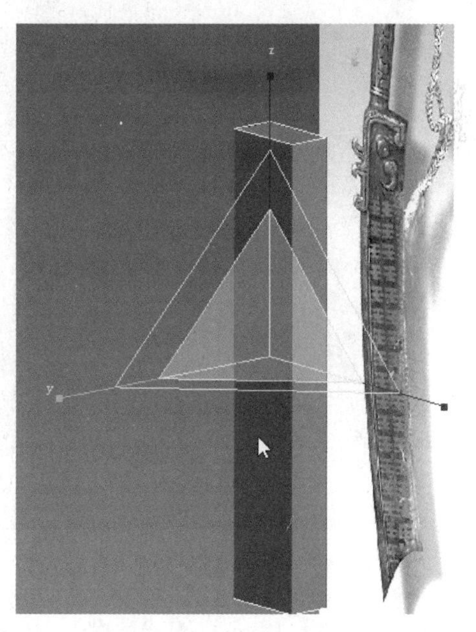

图2-38　选择线　　　　图2-39　环选线　　　　图2-40　环选线效果

右击模型，在弹出的快捷菜单中选择【Connect】（连接）命令（见图2-41），或在命令面板中单击【Connect】(连接)按钮，如图 2-42 所示。这样在模型上就出现了一条横着的线，加线效果如图 2-43 所示。当然，也可以按 Ctrl+Shift+E 快捷键加线。

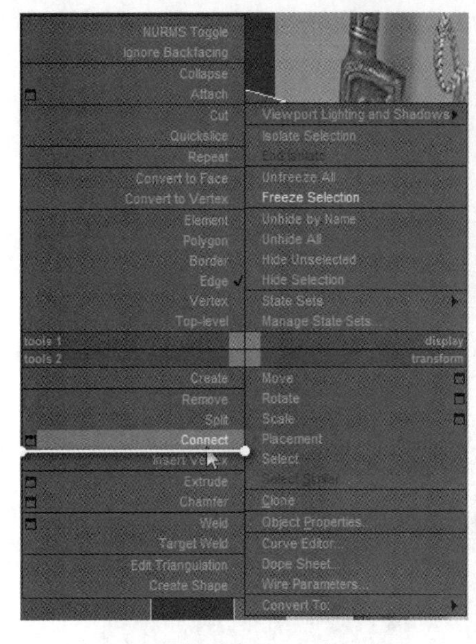

图 2-41 选择【Connect】命令

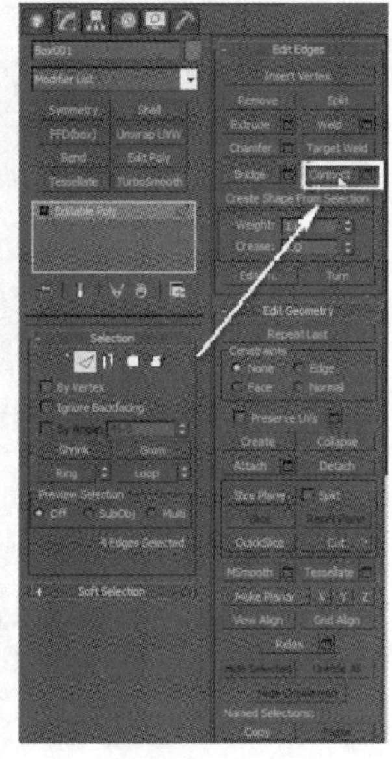

图 2-42 单击【Connect】按钮

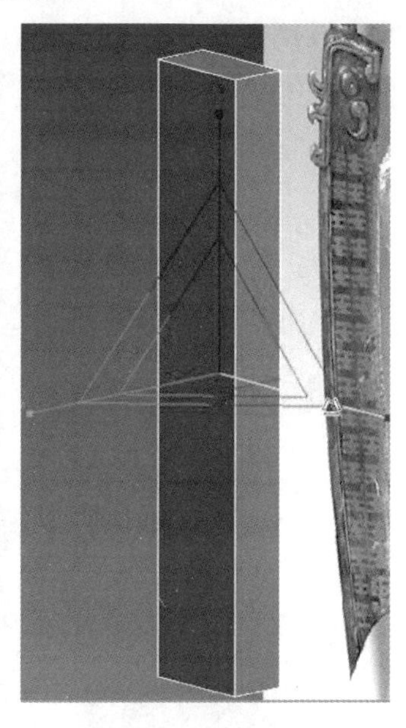

图 2-43 加线效果

切换到正视图，按 F 快捷键，贴上默认材质球，如图 2-44 所示。按 Alt+X 快捷键，半透明显示模型，如图 2-45 所示。

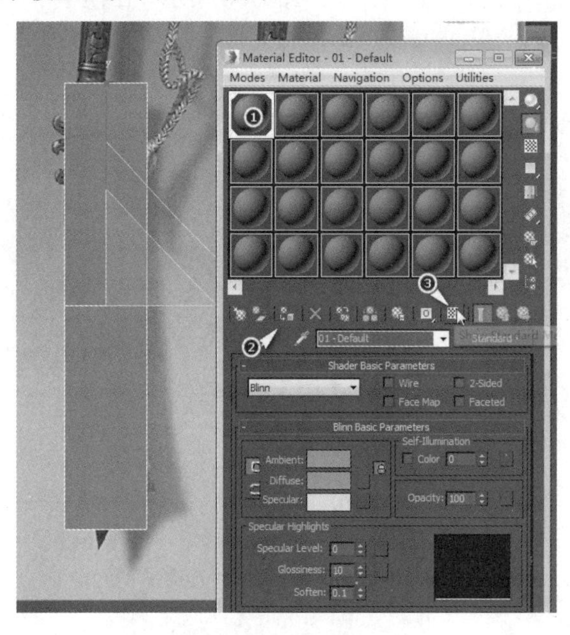

图 2-44 贴上默认材质球

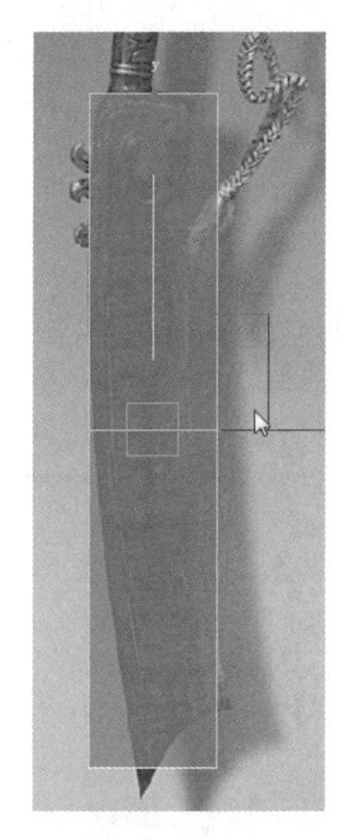

图 2-45 半透明显示模型

按 1 快捷键（1 是点的快捷键），根据背景原画调整模型上的点，如图 2-46 所示。

继续加线进行调整。如果有些结构看不清楚，则可以调整材质球的不透明度，即降低【Opacity】(不透明度)的数值，如图 2-47 所示。此处只需要将外轮廓调整为和原画接近即可。

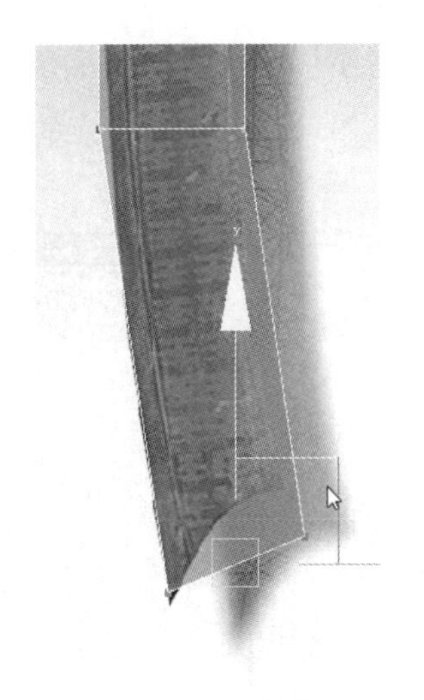

图 2-46 调整点

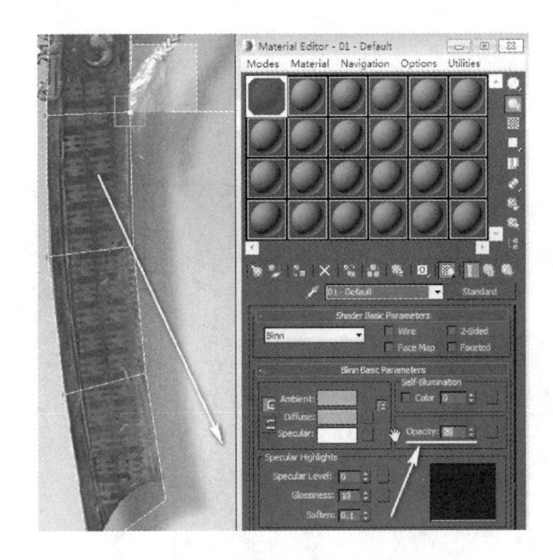

图 2-47 调整材质球的不透明度

2.2.3 3ds Max 模型对称制作

先创建一个长方体并添加分段线，再选择模型一半的面，如图 2-48 所示。按 Delete 键删除面，如图 2-49 所示。在命令面板的【Modifier List】（修改器列表）选项组中单击【Symmetry】（镜像）按钮，如图 2-50 所示。选择轴向进行调整，如图 2-51 所示。

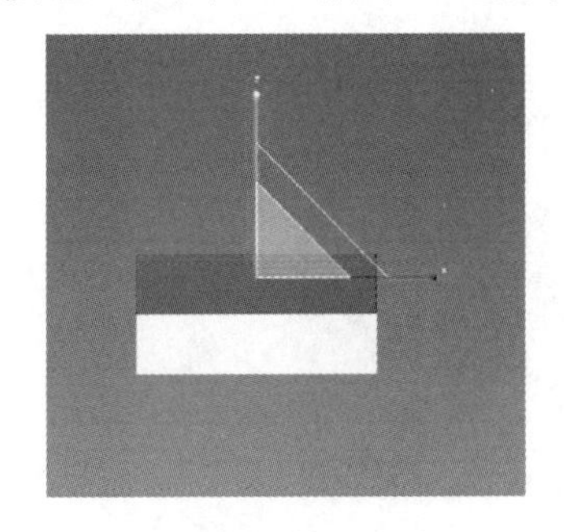

图 2-48 选择模型一半的面

图 2-49 删除面

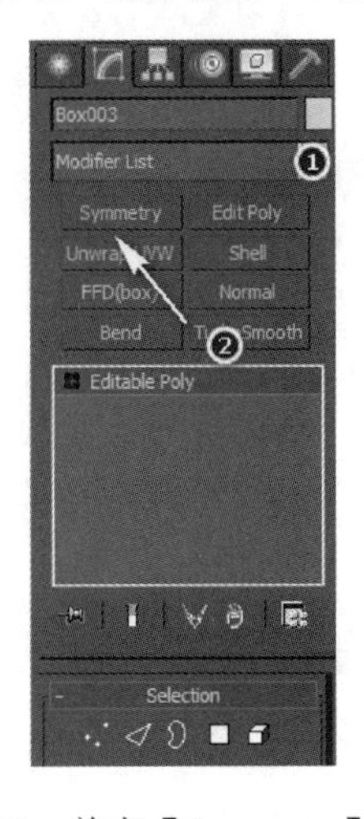

图 2-50 单击【Symmetry】按钮

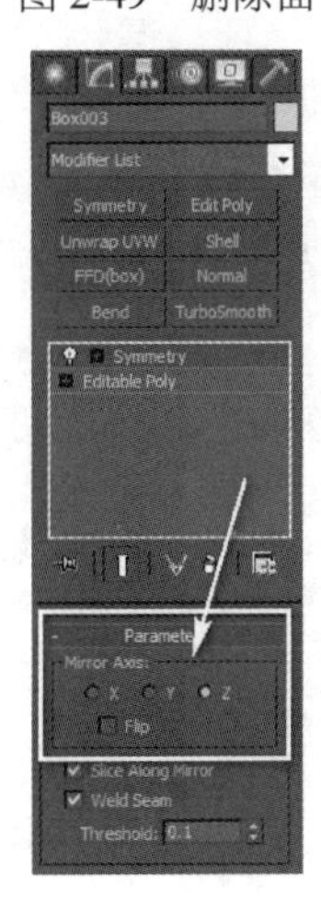

图 2-51 选择轴向

选择模型（见图 2-52），如果在点选择模式（快捷键为 1）下模型不显示对称的另一半，则需要单击【显示】按钮 （见图 2-53），继续进行加线，如图 2-54 所示。调整点的位置，如图 2-55 所示。

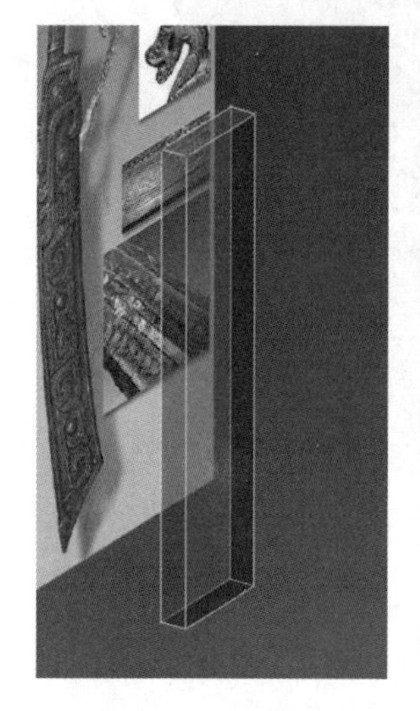

图 2-52 选择模型

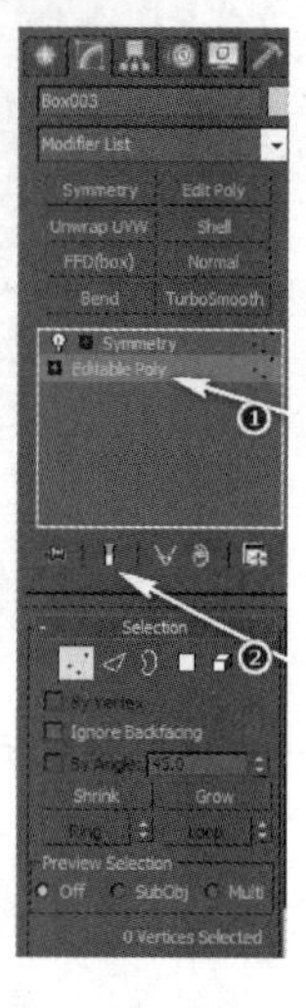

图 2-53 单击“显示”按钮

图 2-54 加线

图 2-55 调整点的位置

在顶视图中按 T 快捷键，选择点进行缩放，如图 2-56 所示。

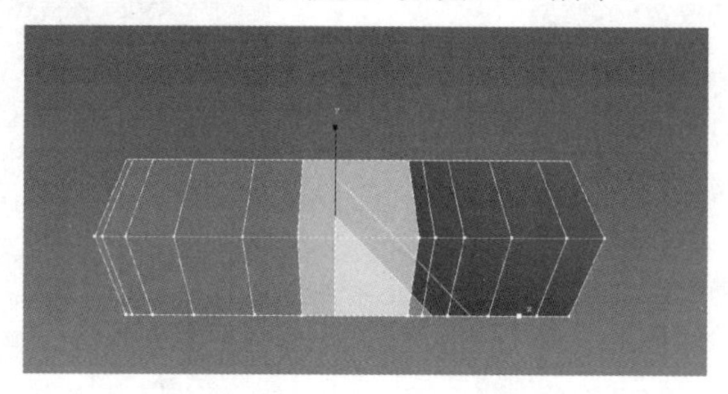

图 2-56 缩放点

按 F 快捷键返回正视图，如图 2-57 所示。调整点的位置，如图 2-58 所示。

图 2-57 返回正视图

图 2-58 调整点的位置

2.2.4 3ds Max 模型结构制作

在透视图中选择模型并进行加线，如图 2-59 所示。在命令面板中单击【Extrude】(挤出）按钮挤出模型，如图 2-60 所示。继续为模型加线，如图 2-61 和图 2-62 所示。

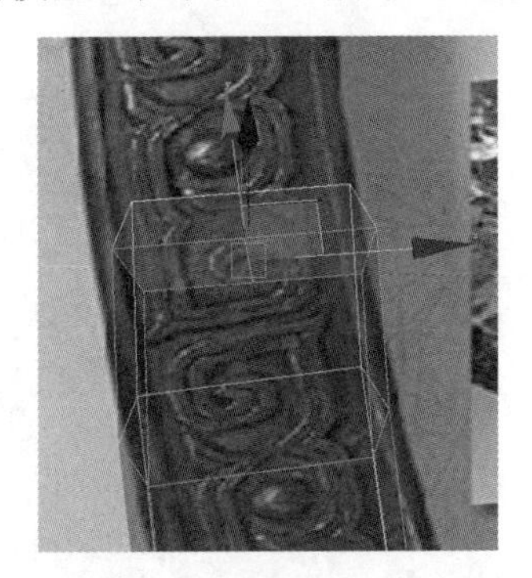

图 2-59 选择模型并进行加线

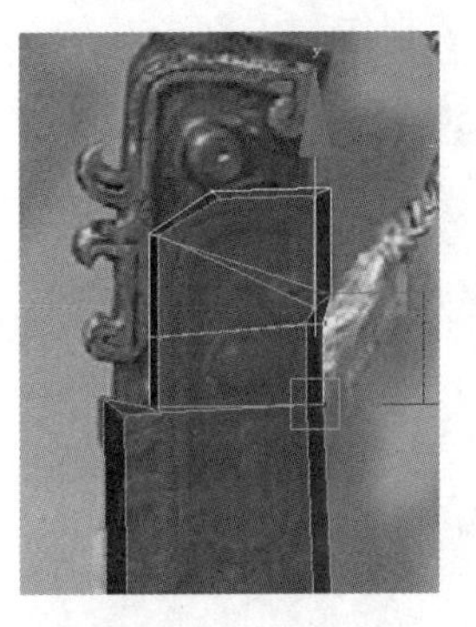

图 2-60 挤出模型

图 2-61 为模型加线 1

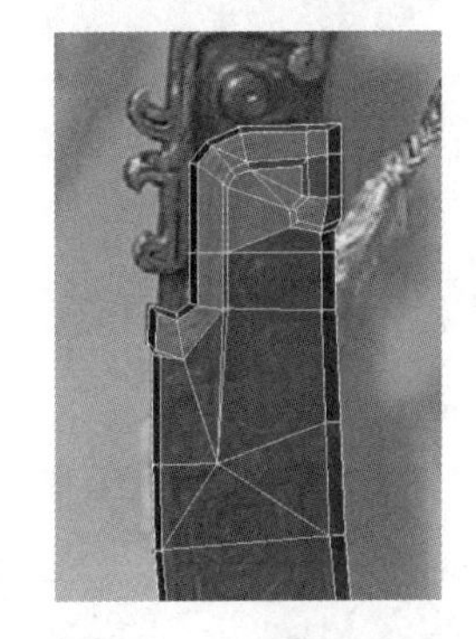

图 2-62 为模型加线 2

选择模型中需要调整的点，如图 2-63 所示。在透视图中调整点，如图 2-64 和图 2-65 所示。

图 2-63 选择点

图 2-64 调整点 1

图 2-65 调整点 2

在顶视图中选择面，如图 2-66 所示。在命令面板中单击【Inset】(插入）按钮（见图 2-67)，会得到一个向里插入的面，如图 2-68 所示。选择这个面，单击【Extrude】（挤出）按钮，如图 2-69 所示。向下挤出面并调整模型的结构，由于挤出后模型可能会有穿插，因此需要对模型的结构进行进一步调整，如图 2-70 所示。

下面继续制作刀刃部分，如图 2-71 所示。

图 2-66　选择面

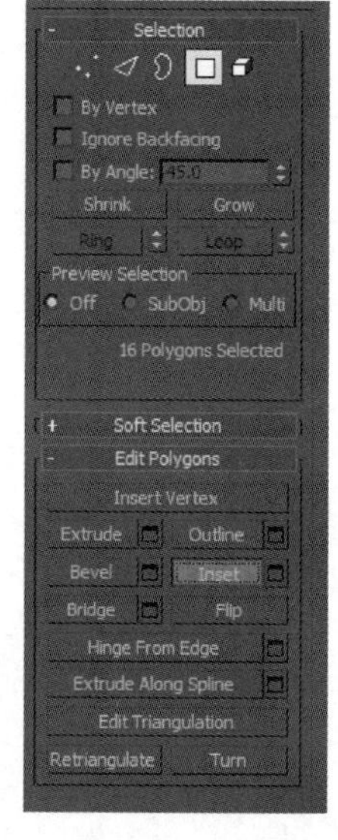

图 2-67　单击【Inset】按钮

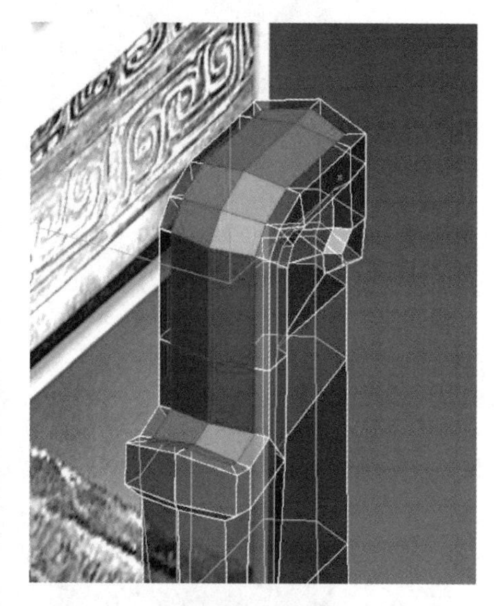

图 2-68　插入面

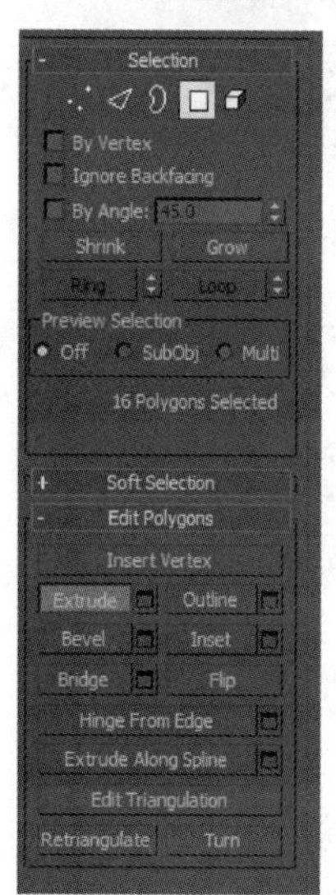

图 2-69　单击【Extrude】按钮

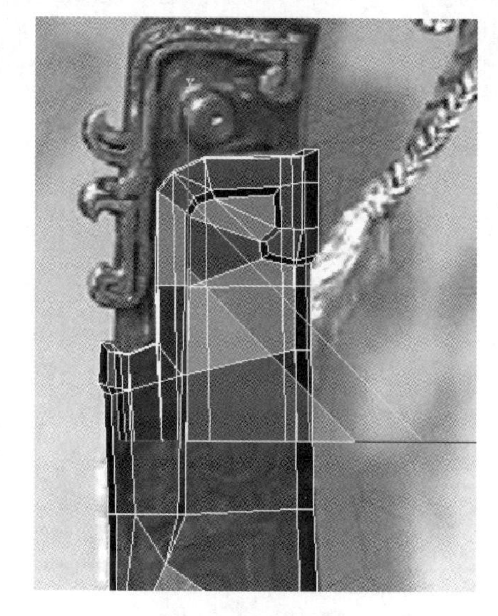

图 2-70　调整结构

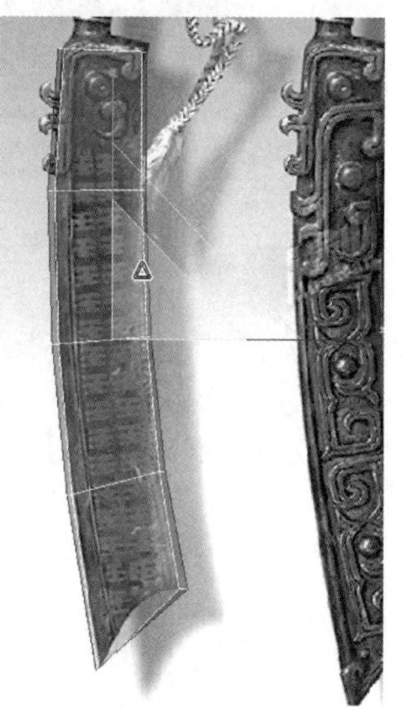

图 2-71　制作刀刃部分

在顶视图中选择点并缩放模型，制作出刀刃，如图 2-72 所示。退出点选择模式，并将模型整体缩放，让刀的厚度更加合理，如图 2-73 所示。

加线并调整模型，如图 2-74～图 2-76 所示。

在透视图中调整模型的厚度及点的位置，如图 2-77～图 2-79 所示。

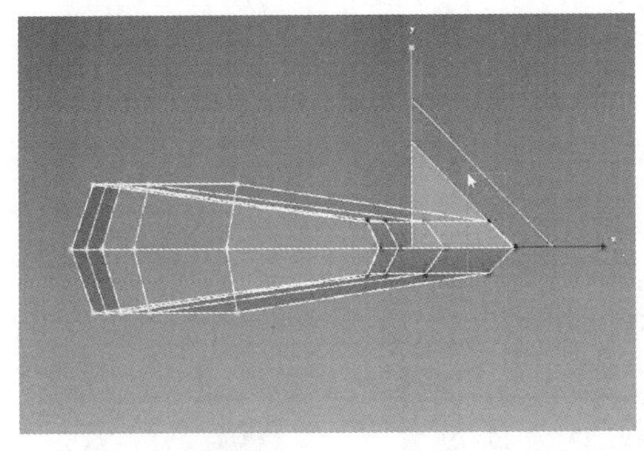

图 2-72　缩放模型

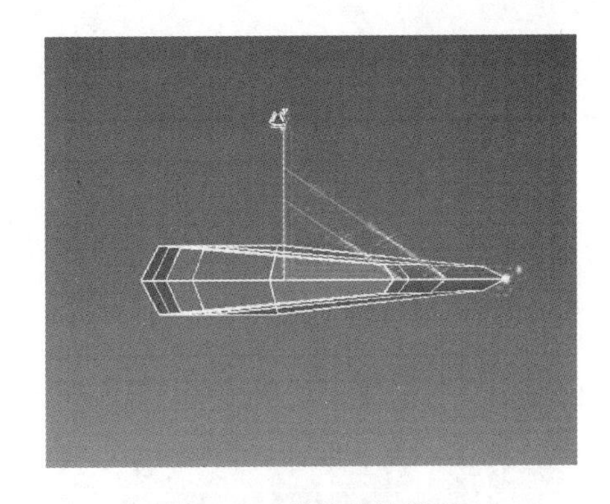

图 2-73　整体缩放模型

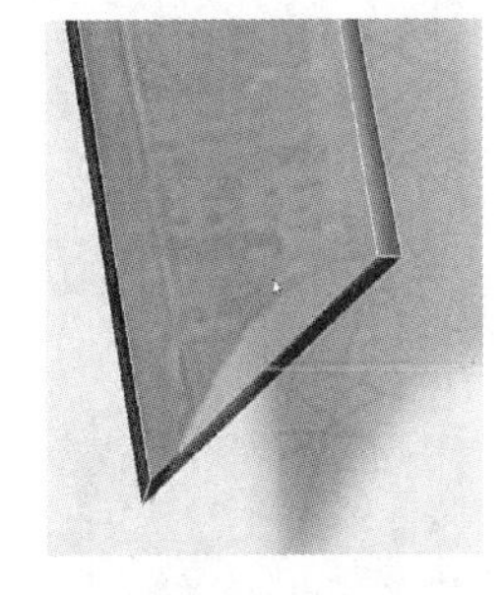

图 2-74　加线

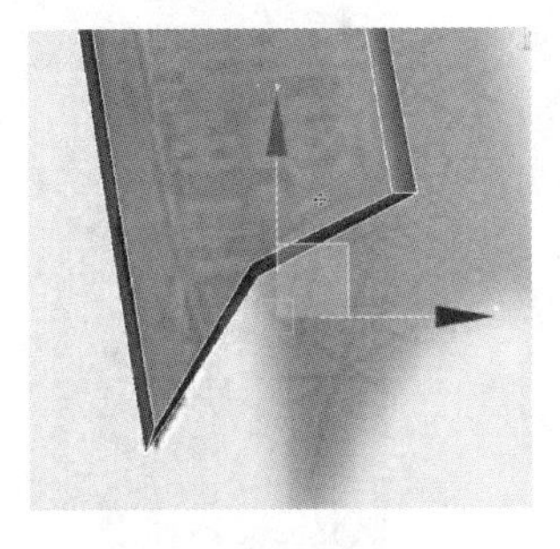

图 2-75　调整模型

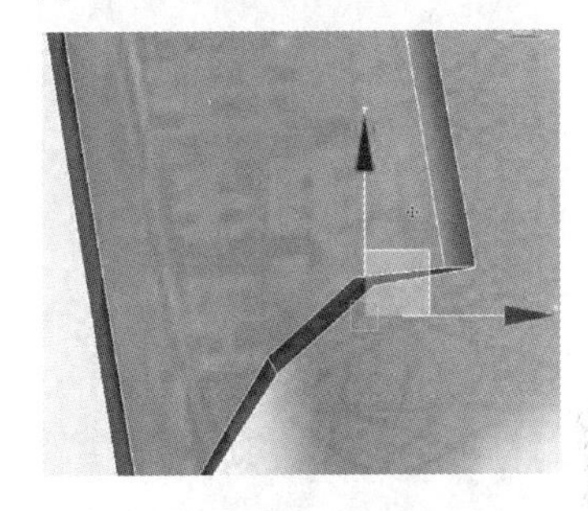

图 2-76　继续加线

图 2-77　调整模型 1

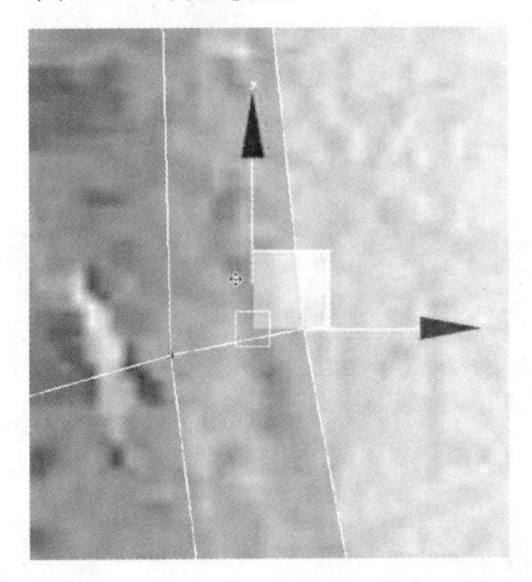

图 2-78　调整模型 2

图 2-79　调整模型 3

在命令面板中，单击【Cylinder】（圆柱体）按钮，新建一个圆柱体，如图 2-80 和图 2-81 所示。

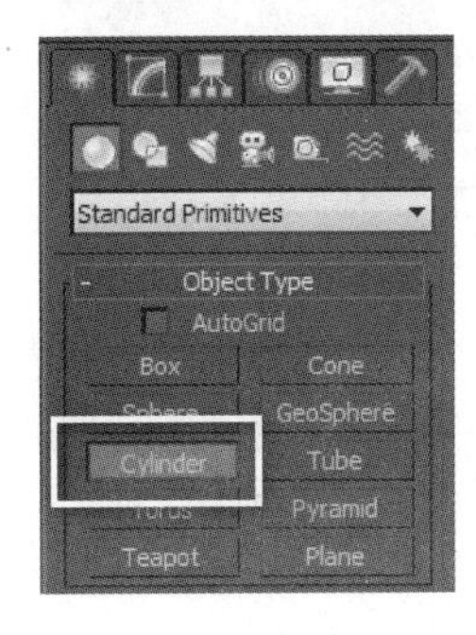

图 2-80　单击【Cylinder】按钮

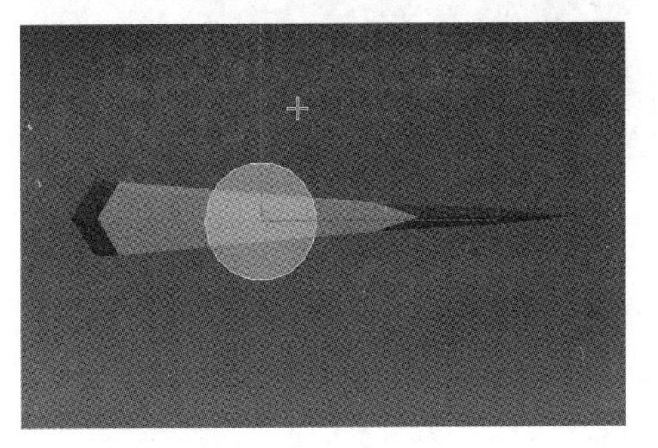

图 2-81　新建圆柱体

调整圆柱体的位置，如图 2-82 所示。在命令面板中，单击按钮，将【Sides】（边）由 8 更改为 18，如图 2-83 和图 2-84 所示。

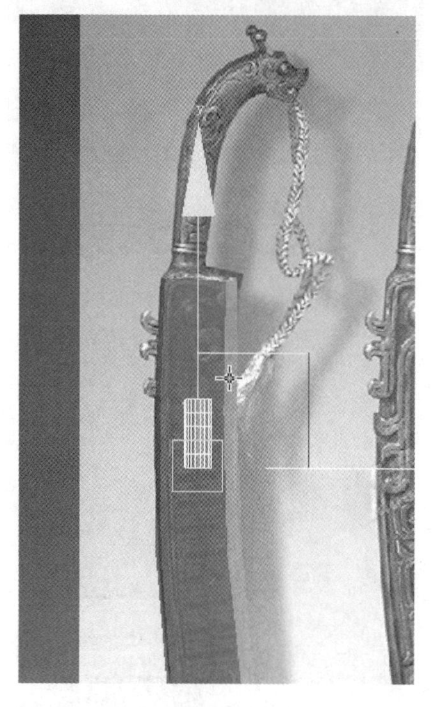

图 2-82 调整圆柱体的位置

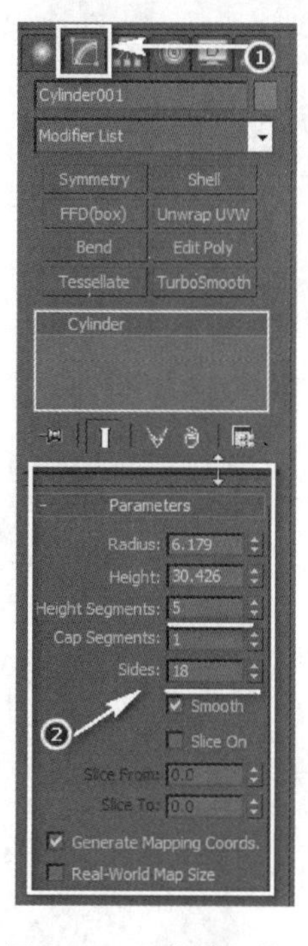

图 2-83 调整分段数 1

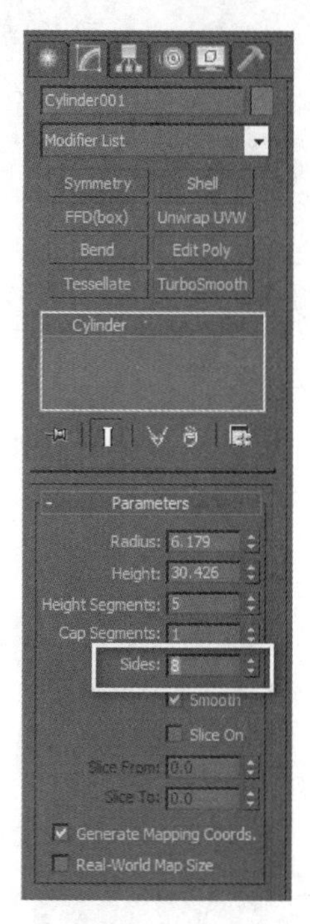

图 2-84 调整分段数 2

选择圆柱体进行缩放，将圆柱体缩放至背景图片中手柄大小，如图 2-85 和图 2-86 所示。

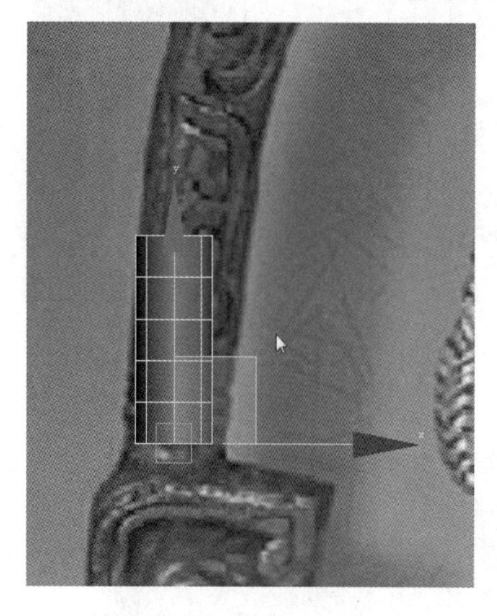

图 2-85 缩放圆柱体 1

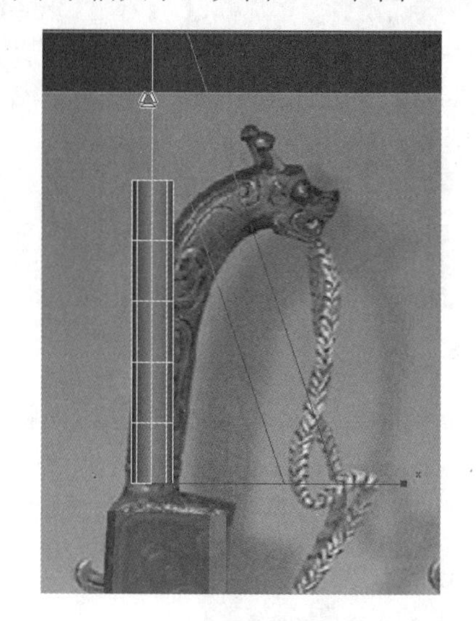

图 2-86 缩放圆柱体 2

在命令面板的【Use Pivot Points】下拉列表中（见图 2-87），选择【FFD（box)】（晶格）选项，如图 2-88 所示。

选择晶格点（在出现晶格后，按 1 快捷键）并旋转圆柱体，如图 2-89 和图 2-90 所示。

图 2-87　下拉列表

图 2-88　选择【FFD（box）】选项

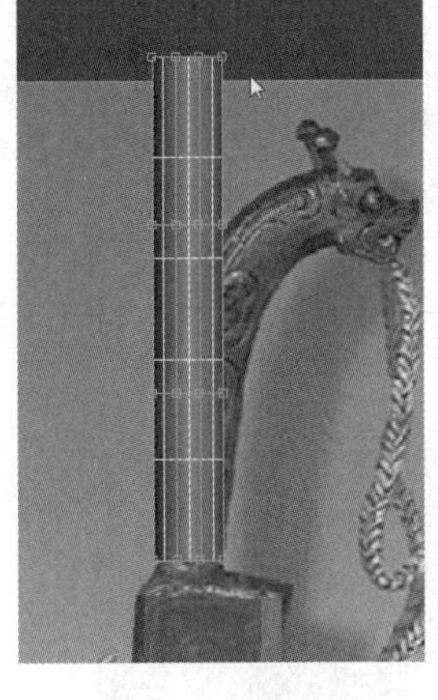

图 2-89　选择晶格点

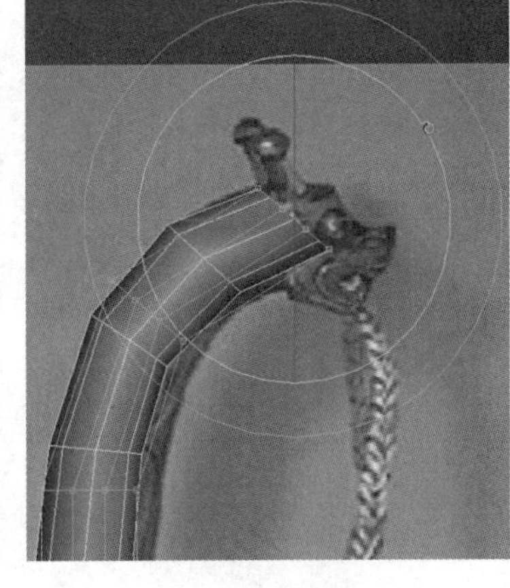

图 2-90　旋转圆柱体

旋转完成后，右击，选择如图 2-91 所示的命令，将模型转换为可编辑多边形。

按 4 快捷键，选择模型的顶面，并按 Delete 键删除选择的面，如图 2-92 和图 2-93 所示。

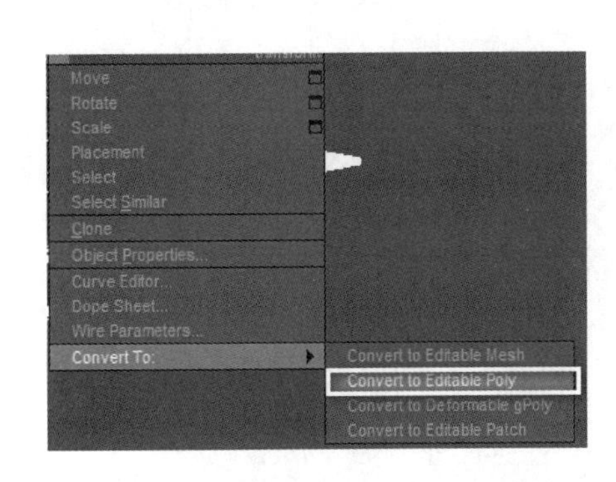

图 2-91　转换为可编辑多边形

图 2-92　选择顶面

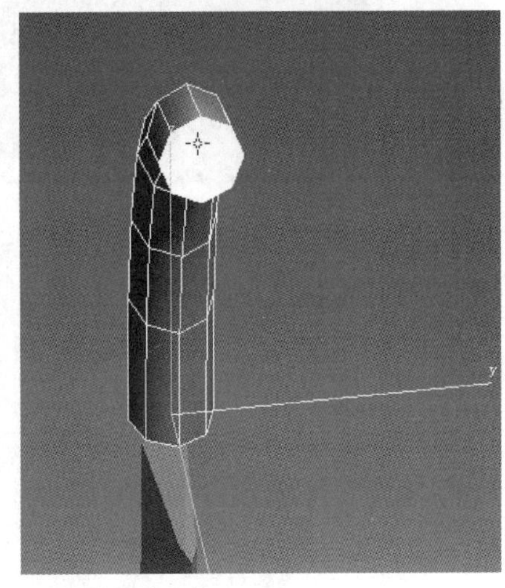

图 2-93　删除选择的面

删除选择的面之后，单击【开放边】按钮进行编辑。按 3 快捷键，选择开放边，在坐标为可移动的情况下按住 Shift 键拖曳模型，如图 2-94 和图 2-95 所示。

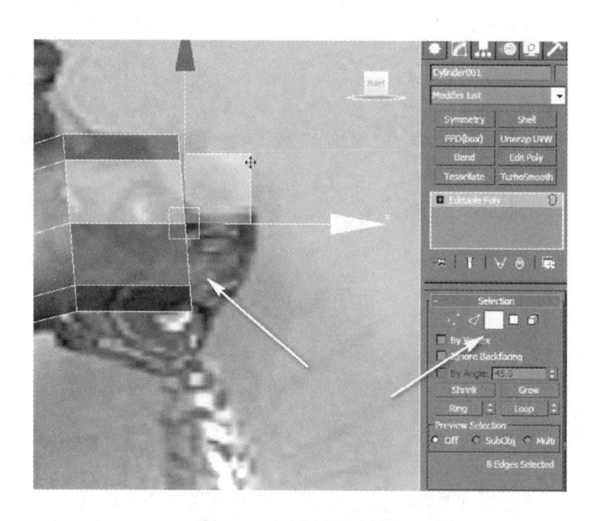

图 2-94 选择开放边

图 2-95 拖曳模型

继续选择开放边，并在命令面板中单击【Cap】（补面）按钮，或按 Alt+P 快捷键，如图 2-96 和图 2-97 所示。

图 2-96 选择开放边

图 2-97 单击【Cap】按钮

选择相对的点进行连线，如图 2-98～图 2-101 所示。

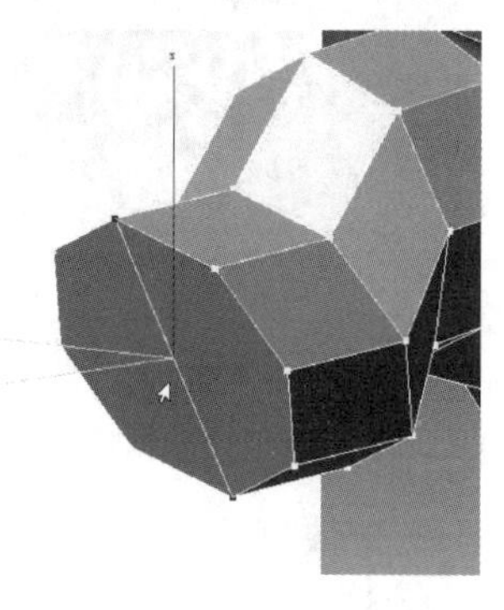

图 2-98 连线 1

图 2-99 连线 2

图 2-100　连线 3

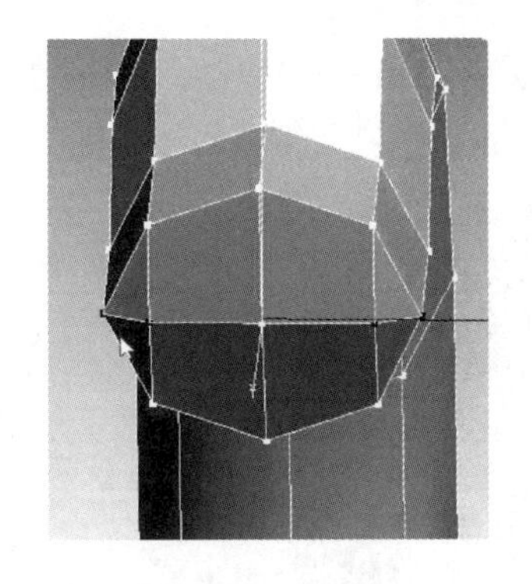

图 2-101　连线 4

调整点的位置，如图 2-102 和图 2-103 所示。

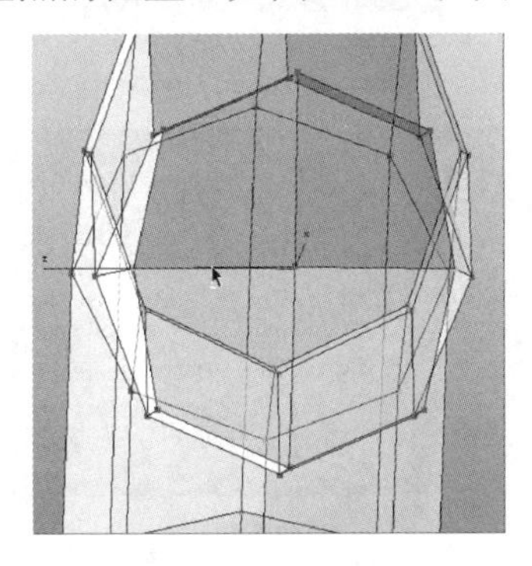

图 2-102　调整点的位置 1

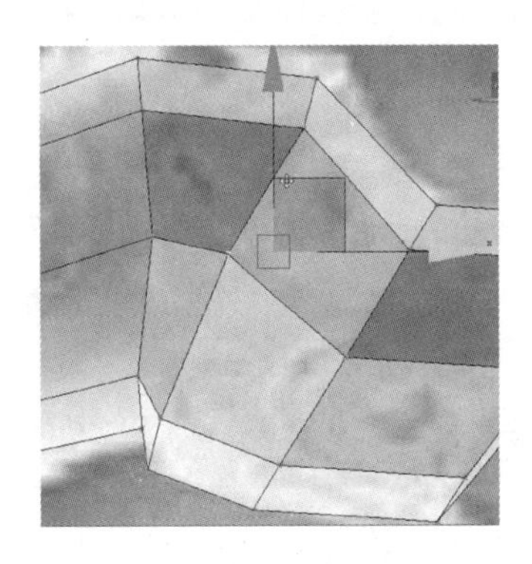

图 2-103　调整点的位置 2

新建一个长方体，调整并缩放长方体的大小，如图 2-104 所示。框选线段，进行加线，如图 2-105 所示。

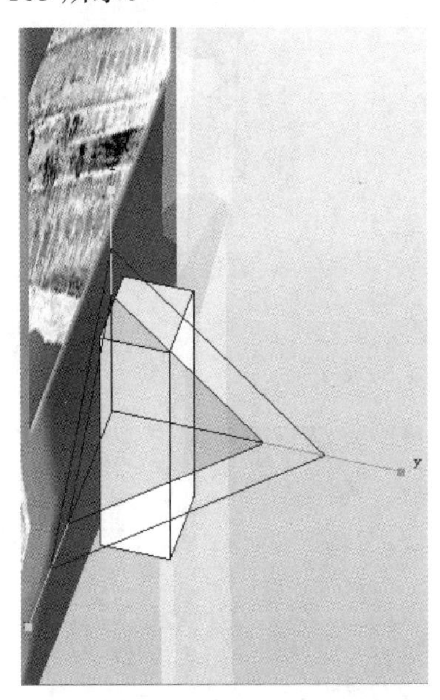

图 2-104　新建长方体

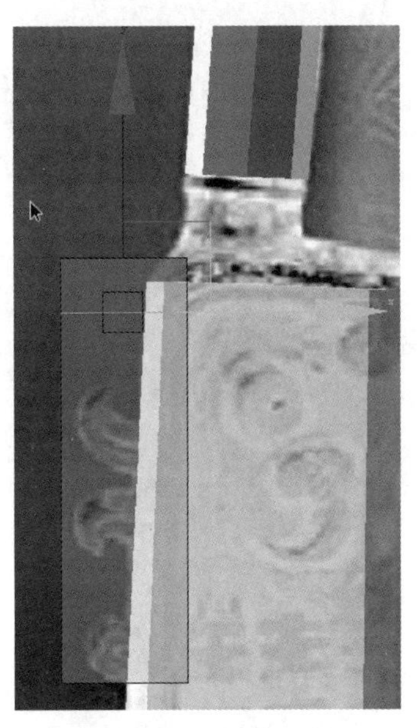

图 2-105　加线

调整线的位置，如图 2-106 所示。在进行挤出操作时，既可以单击【Extrude】（挤出）按钮，又可以按 Shift+E 快捷键，如图 2-107 和图 2-108 所示。调整点的位置，如图 2-109 和图 2-110 所示。在透视图中检查模型，如图 2-111 所示。

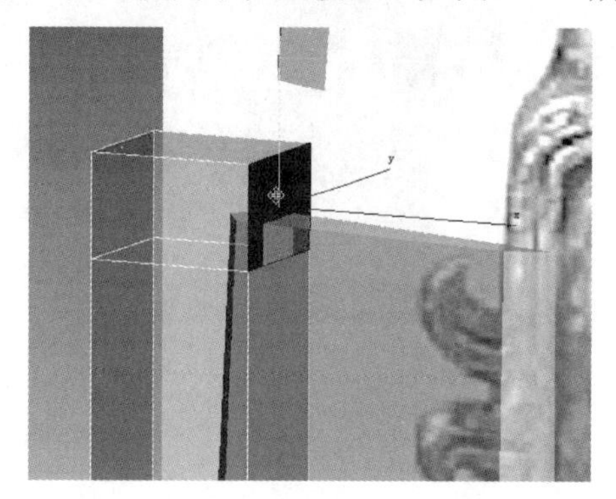

图 2-106　调整线的位置

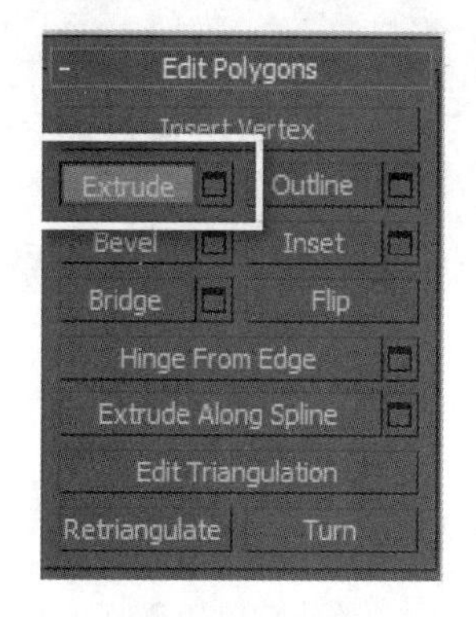

图 2-107　挤出 1

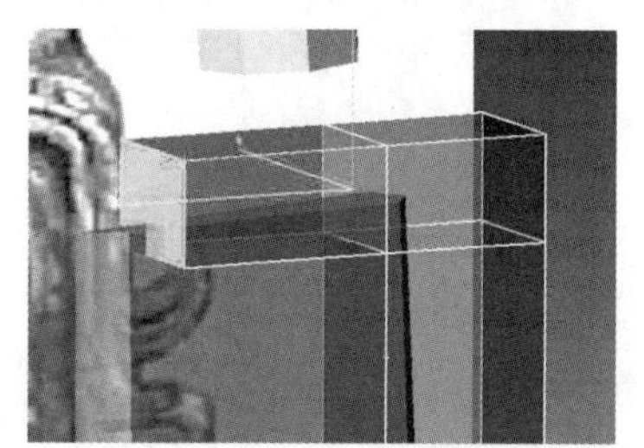

图 2-108　挤出 2

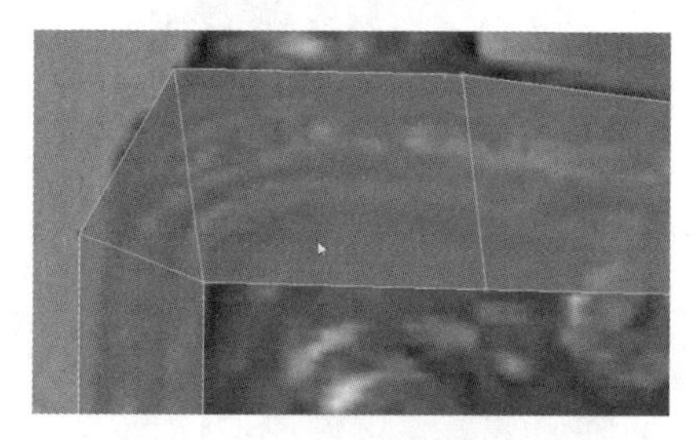

图 2-109　调整点的位置 1

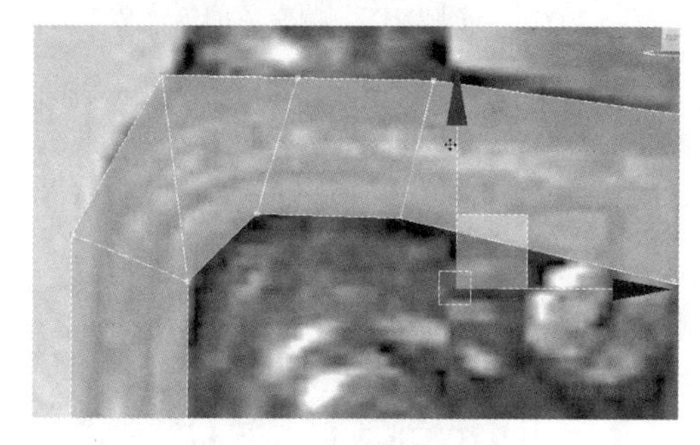

图 2-110　调整点的位置 2

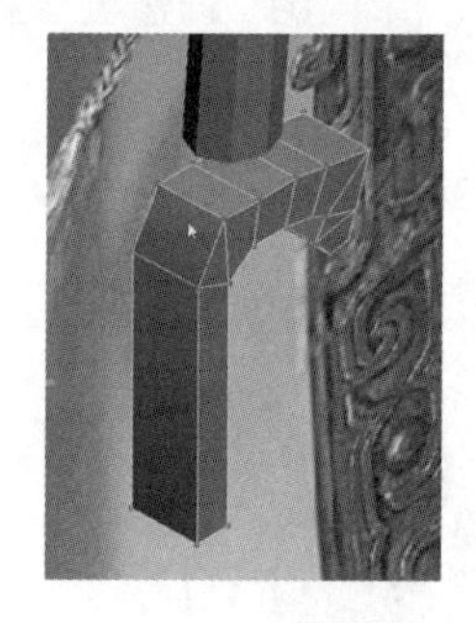

图 2-111　检查模型

选择侧面的所有线段，单击【Connect】（连接）按钮，或按 Ctrl+Shift+E 快捷键进行加线并放大线，如图 2-112 和图 2-113 所示。

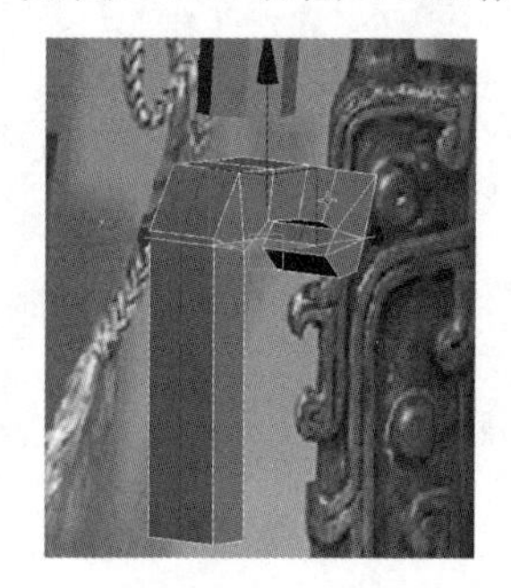

图 2-112　加线

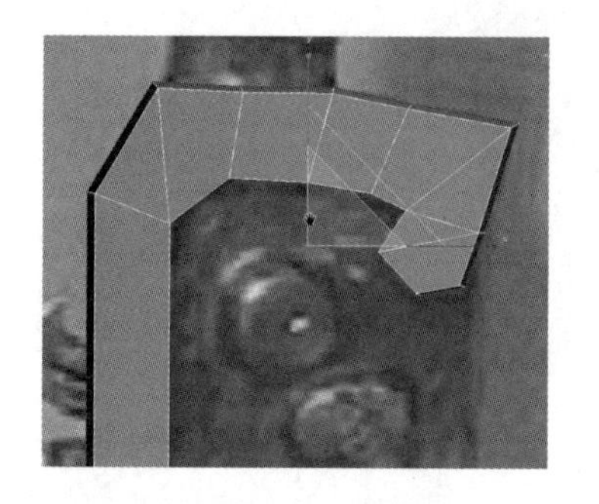

图 2-113　放大线

调整点的位置，匹配位置，如图 2-114 所示。选择左侧垂直部分的线进行横向加线，卡出旁边需要挤出的花纹的位置，并调整线的位置，如图 2-115 所示。

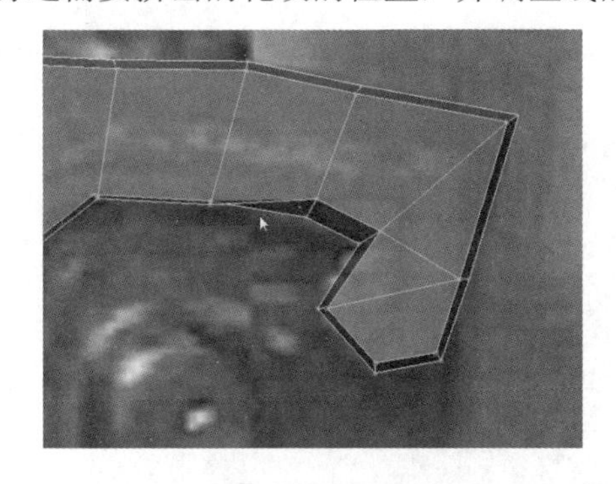

图 2-114 调整点的位置

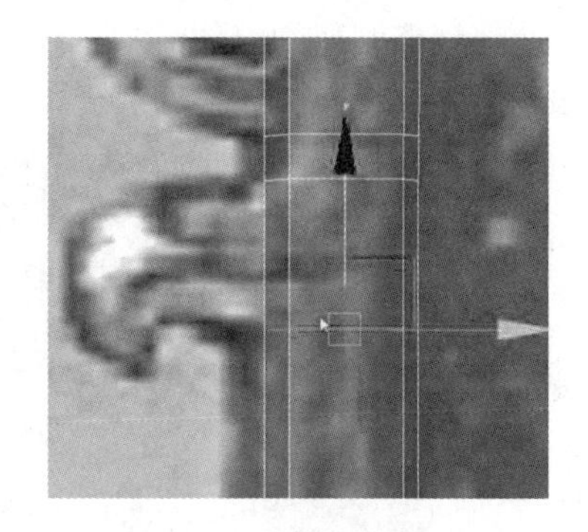

图 2-115 调整线的位置

在透视图中选择刚卡出的面，并将其挤出模型，如图 2-116 和图 2-117 所示。缩放并调整点的位置，匹配位置，如图 2-118 所示。

图 2-116 挤出模型 1

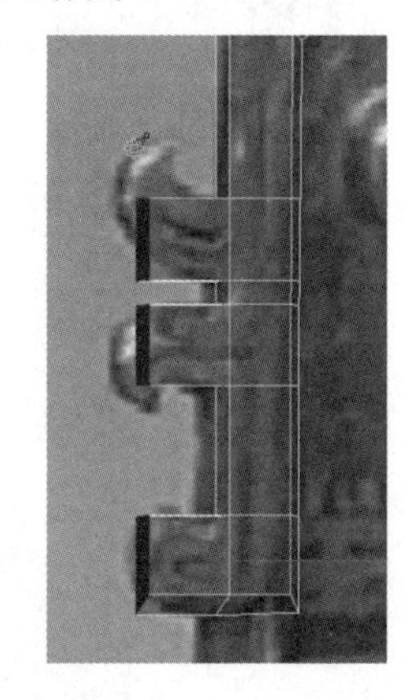

图 2-117 挤出模型 2

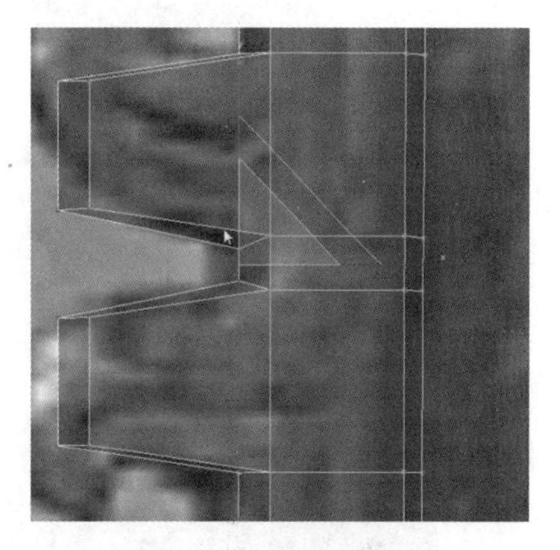

图 2-118 调整点的位置

选择挤出的线进行加线并调整线的位置，卡出结构并调整布线，如图 2-119～图 2-121 所示。

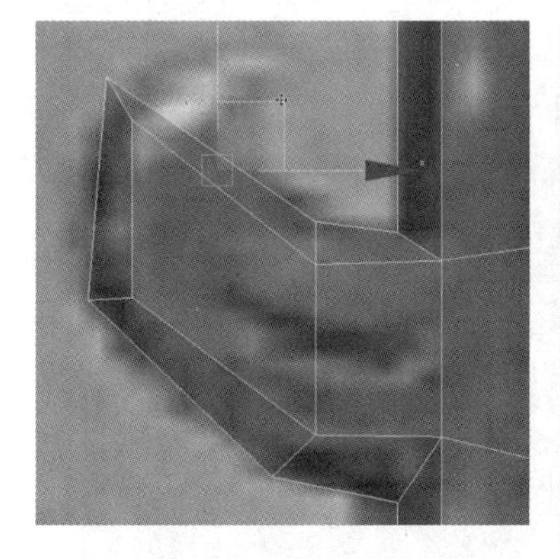

图 2-119 调整模型 1

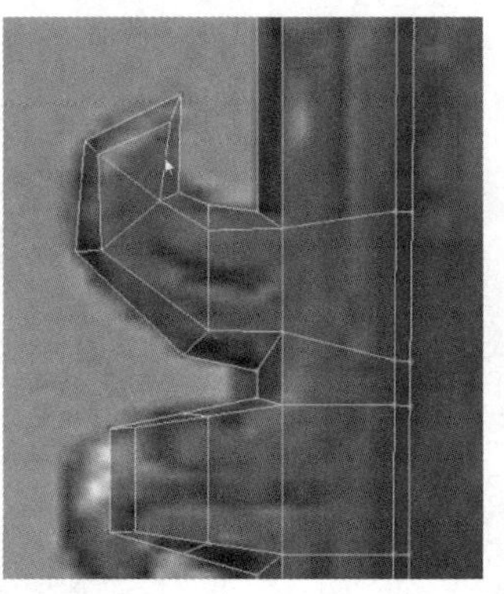

图 2-120 调整模型 2

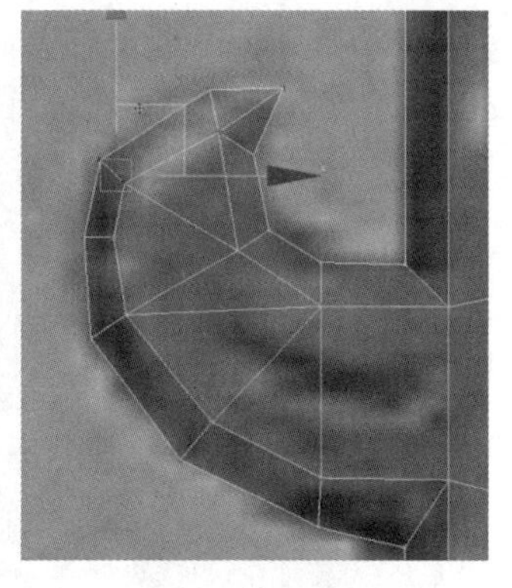

图 2-121 调整模型 3

在透视图中选择点，选择【FFD（box）】（晶格）选项，并展开【FFD（box）】（晶格）列表，在点选择模式下，分别选择所需调整的点进行缩放，并调整点的位置，如图 2-122 所示。对选择的点进行缩放，为模型调整出弧度，如图 2-123 所示。使用【FFD（box）】（晶格）选项能够快速地调整模型的整体结构，但对于有些没有调整准确的小结构要单独对其进行调整。缩放点如图 2-124 所示。

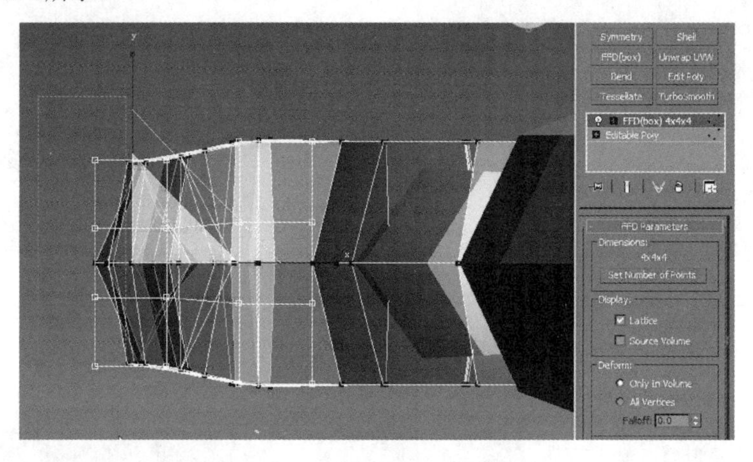

图 2-122　调整点的位置

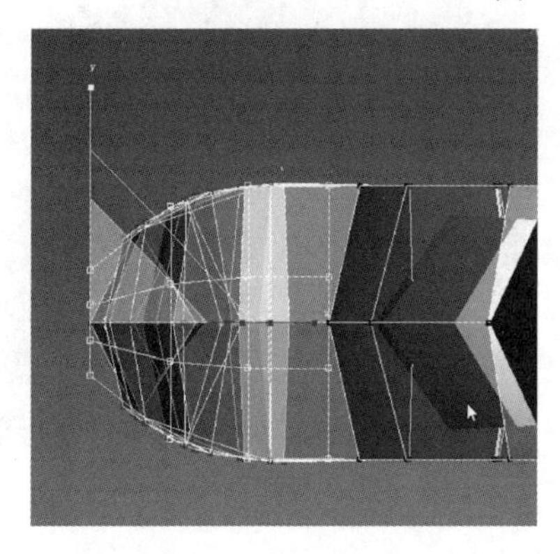

图 2-123　为模型调整出弧度

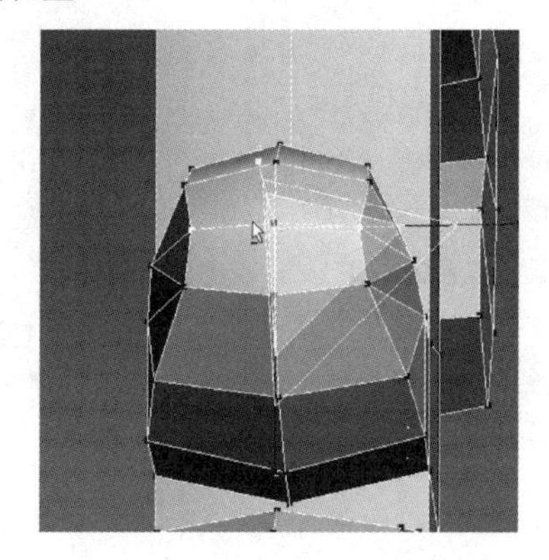

图 2-124　缩放点

选择刀柄的开放边进行制作，先按住 Shift 键再选择【移动】命令，拖曳出模型后，继续先按住 Shift 键再选择【缩放】命令，调整出想要的结构，并在透视图中缩放点，如图 2-125～图 2-127 所示。删除模型中看不见的面，如图 2-128～图 2-130 所示。

图 2-125　选择开放边

图 2-126　拖曳模型

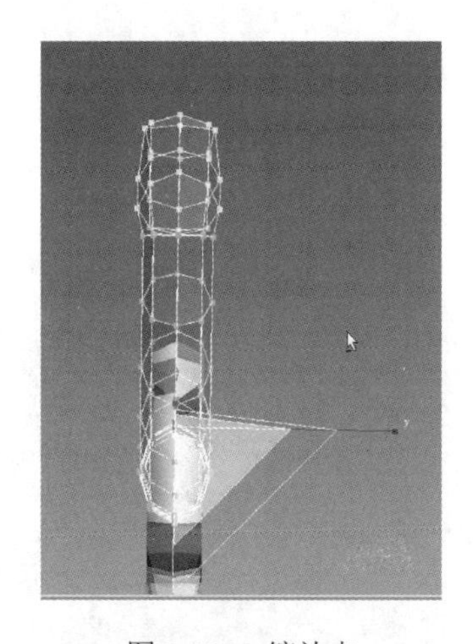

图 2-127　缩放点

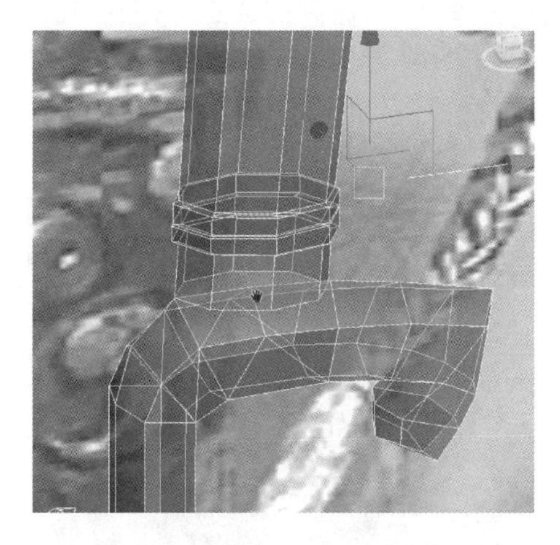

图 2-128　删除面 1

图 2-129　删除面 2

图 2-130　删除面 3

选择其中一个模型，在命令面板中单击【Attach】（合并）按钮，如图 2-131 所示。合并模型，如图 2-132 所示。

图 2-131　单击【Attach】按钮

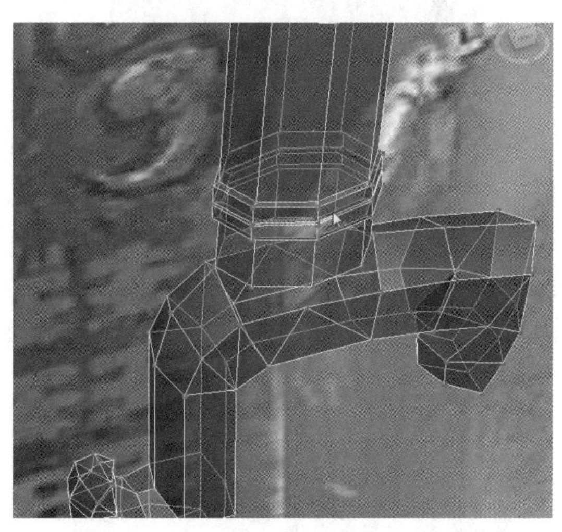

图 2-132　合并模型

在点选择模式下右击，在弹出的快捷菜单中选择【Target Weld】（目标焊接）命令，如

图 2-133 所示。分别选择单独的点，从上往下进行目标焊接，如图 2-134 所示。

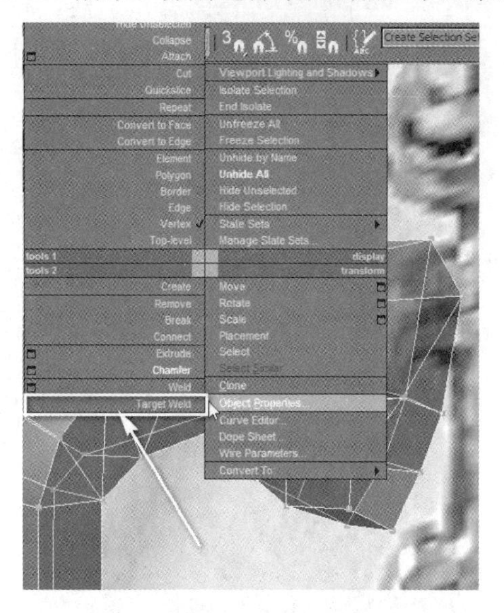

图 2-133　目标焊接

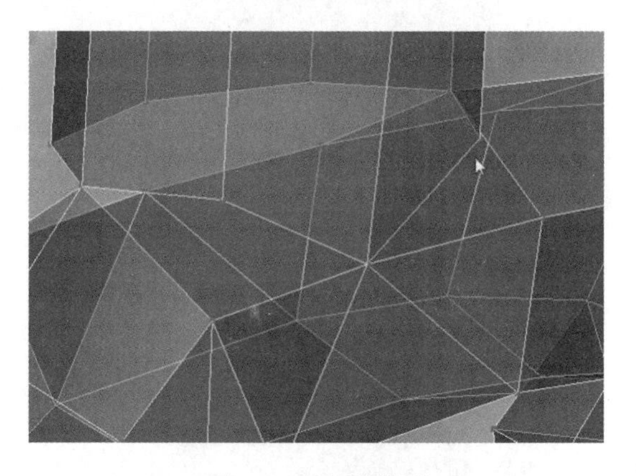

图 2-134　焊接模型

焊接完成后，焊接效果如图 2-135 所示。选择中间的 3 条线进行加线，如图 2-136 所示。

调整点的位置，并在透视图中进行检查，调整其宽度，如图 2-137 和图 2-138 所示。选择刀柄上的一部分顶点进行缩放，并在透视图中进行多角度观察，如图 2-139 所示。

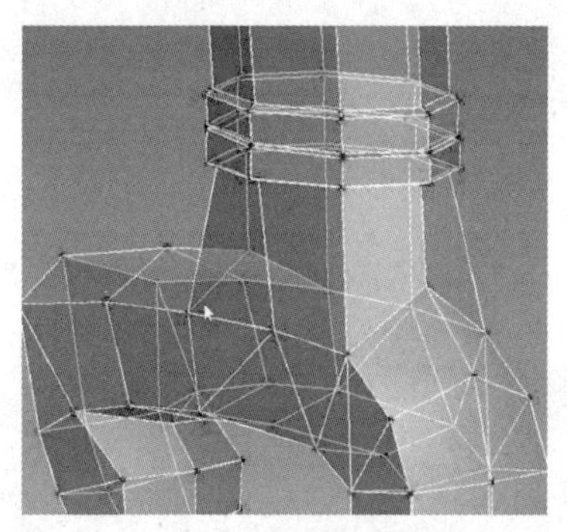

图 2-135　焊接效果

图 2-136　选择线

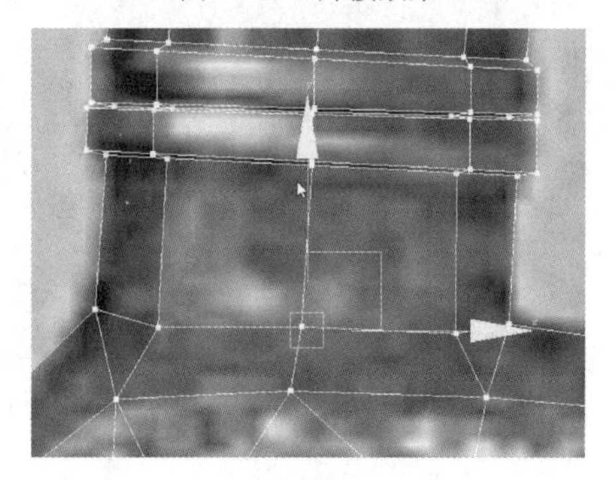

图 2-137　调整点 1

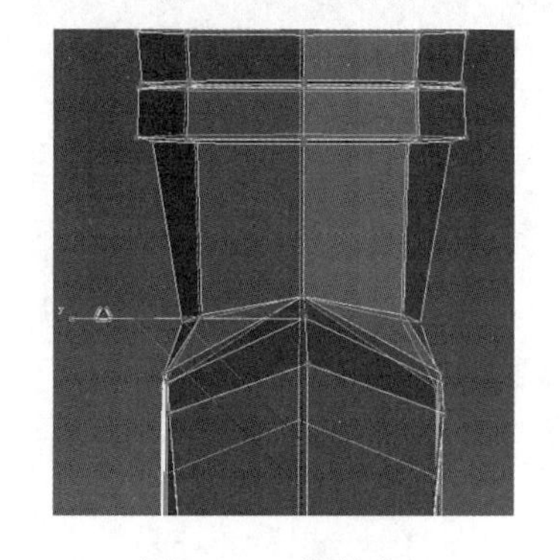

图 2-138　调整点 2

选择刀，并选择被遮挡住的面，观察模型的位置及穿插，按住 Delete 键删除面，如图 2-140 所示。

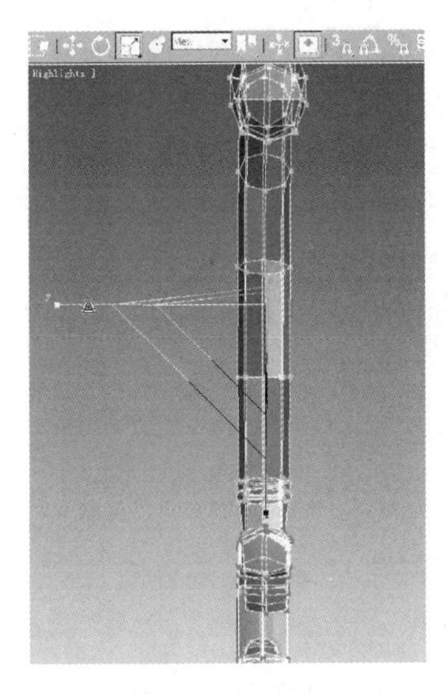

图 2-139　调整点 3

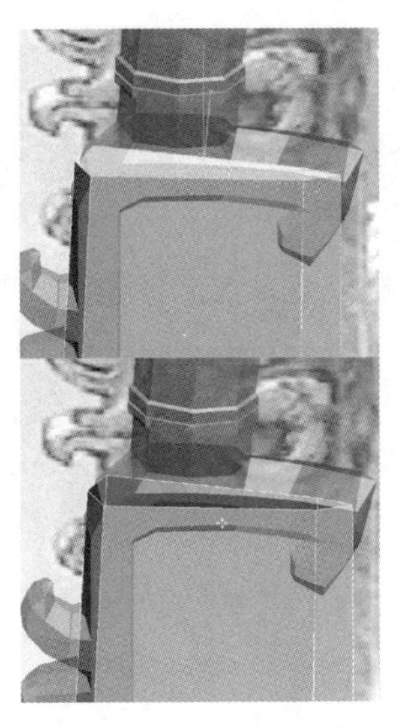

图 2-140　删除面

单击【Sphere】（球体）按钮，新建一个球体，如图 2-141 和图 2-142 所示。

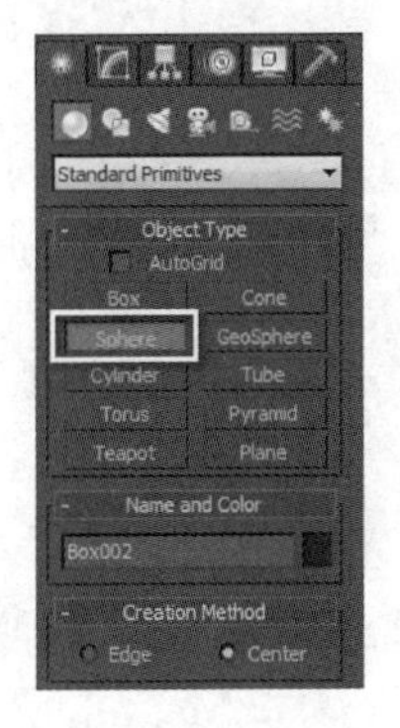

图 2-141　单击【Sphere】按钮

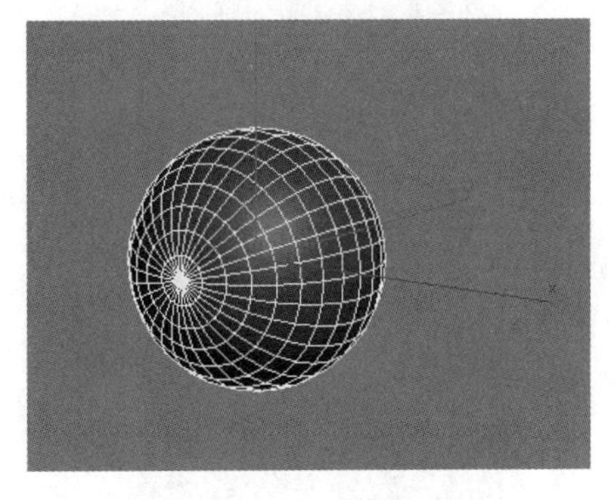

图 2-142　新建球体

在命令面板中调整球体的分段数，如图 2-143 所示。右击，在弹出的快捷菜单中选择【Convent to Editable Poly】（转换为可编辑多边形）命令，如图 2-144 所示。

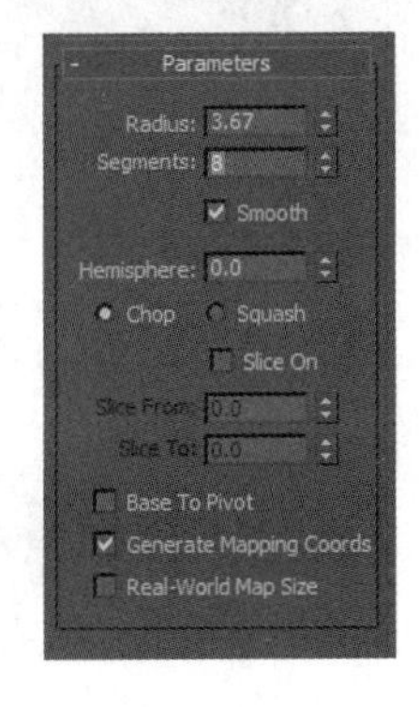

图 2-143　调整分段数

图 2-144　转换为可编辑多边形

单击角度捕捉按钮，按 A 快捷键，旋转模型的角度，如图 2-145 所示。选择底部的一个顶点，并对其进行移动，如图 2-146 所示。

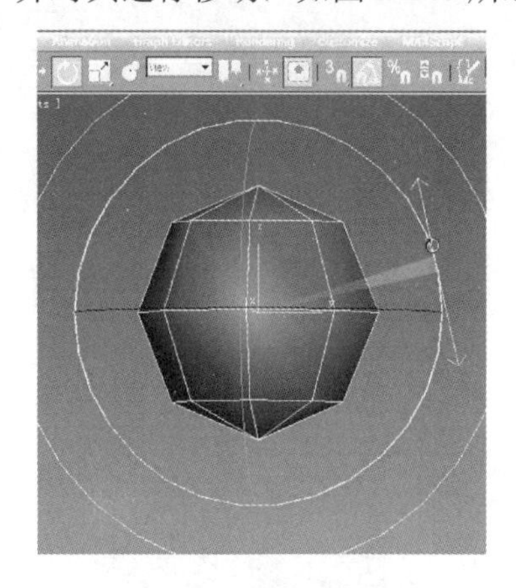

图 2-145　旋转模型的角度

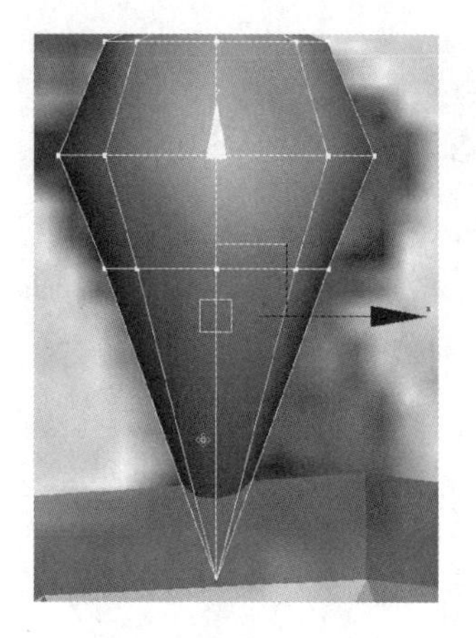

图 2-146　移动点

先选择一圈线然后删除底面，如图 2-147 所示。退出点选择模式，选择整个模型进行旋转，如图 2-148 和图 2-149 所示。在命令面板中单击【Attach】（合并）按钮，合并模型，如图 2-150 所示。调整刚刚合并完成的模型，注意模型的穿插，如图 2-151 所示。

图 2-147　删除底面

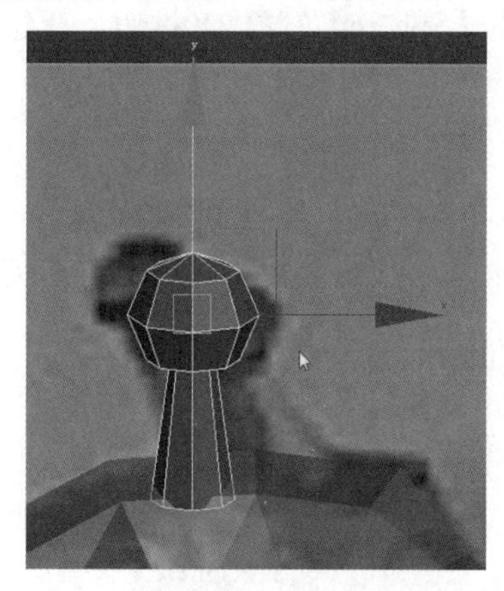

图 2-148　旋转模型 1

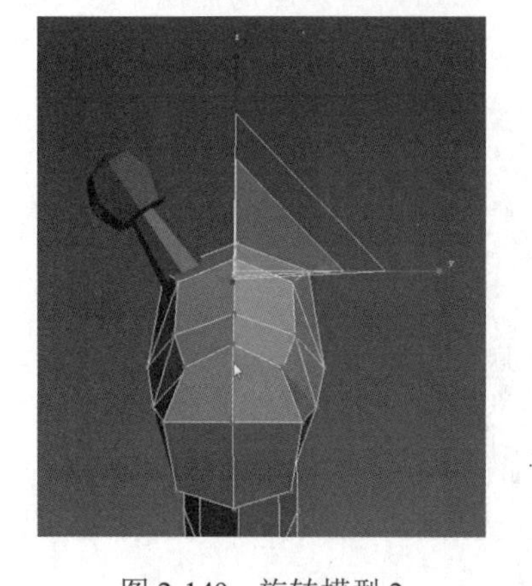

图 2-149　旋转模型 2

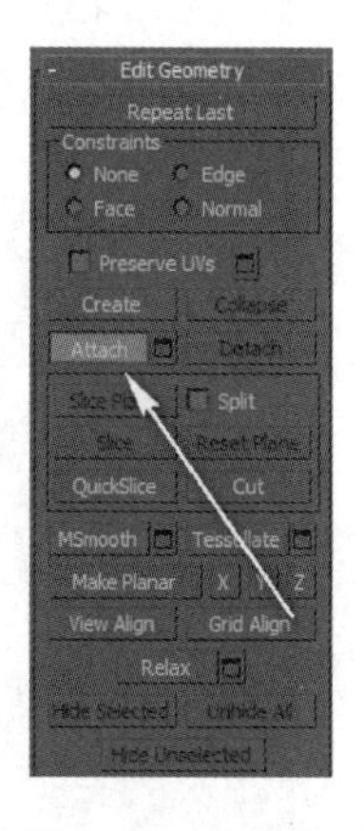

图 2-150　合并模型

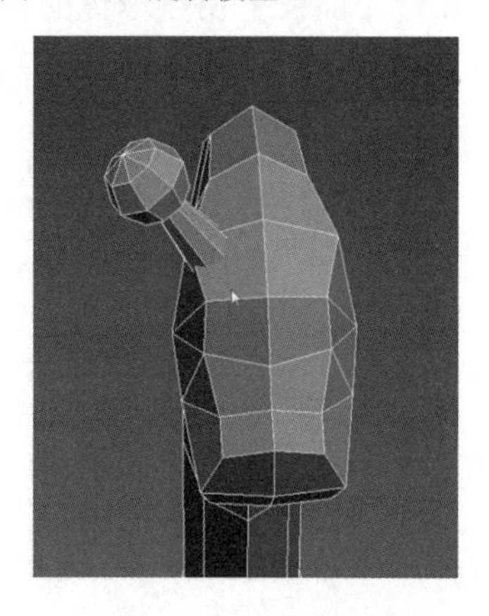

图 2-151　调整模型

返回顶视图，按 T 快捷键，如图 2-152 所示。选择需要对称制作的部分模型，如图 2-153 所示。

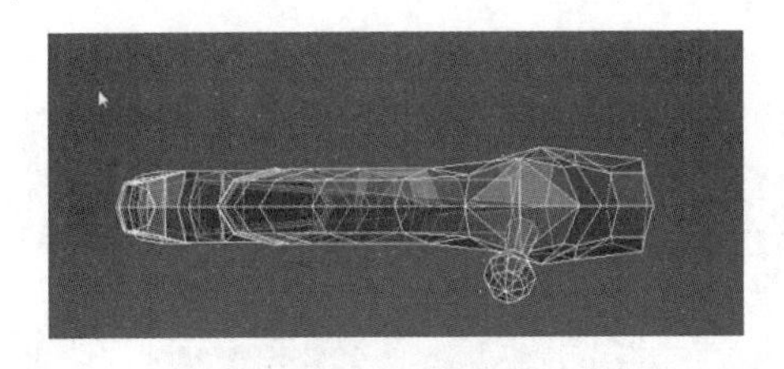
图 2-152　顶视图

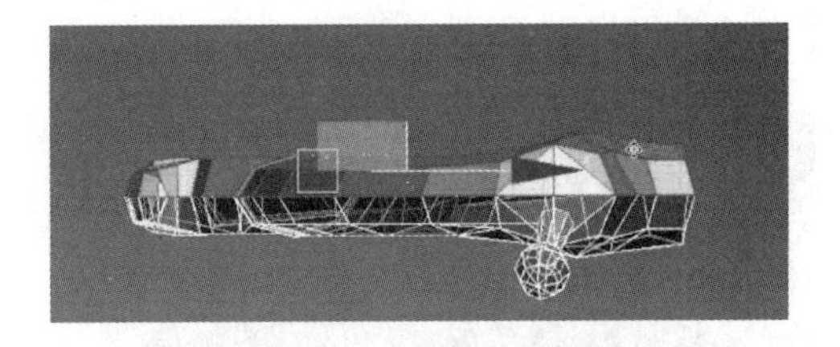
图 2-153　选择部分模型

删除多余的面，如图 2-154 所示。注意模型的位置，如果模型不在对称中间，则应调整模型的坐标中心。在命令面板中添加【Symmetry】(镜像）命令，并注意对称的轴向，如图 2-155 所示。

对称完成后，先选择模型并右击，在弹出的快捷菜单中选择【Convent to Editable Poly】（转换为可编辑多边形）命令，再观察模型的结构及布线，如图 2-156 所示。

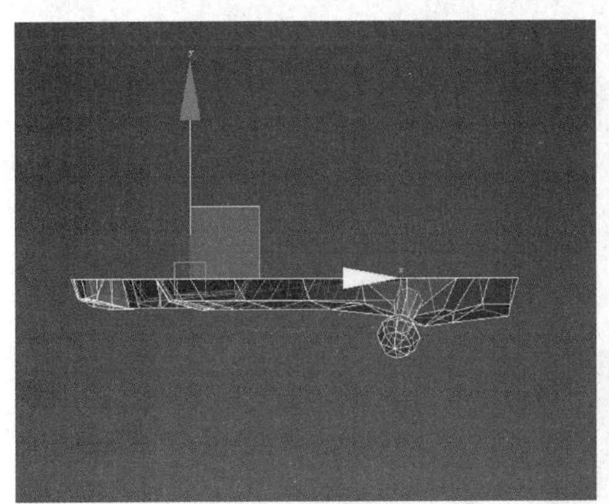
图 2-154　删除多余的面

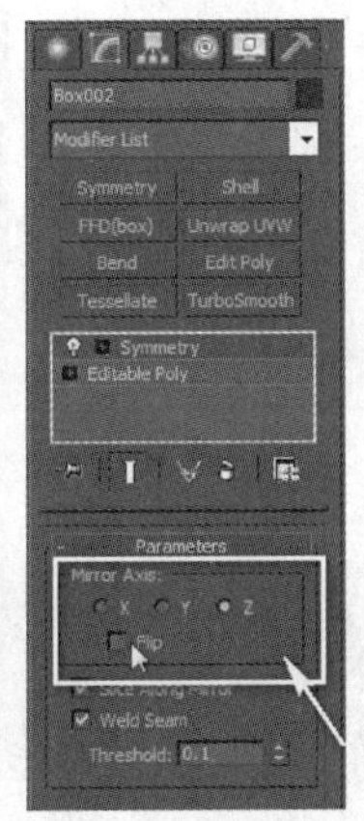

图 2-155　添加【Symmetry】命令

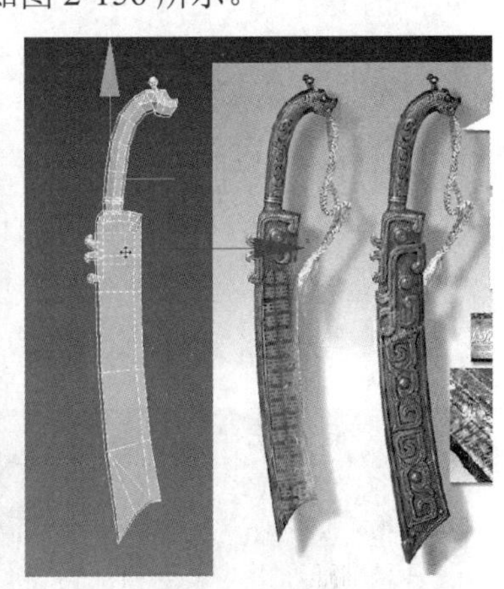
图 2-156　观察模型的结构及布线

选择之前创建完成的模型并对其进行匹配，先调整模型的大小（见图 2-157），再调整模型的结构及位置，如图 2-158 所示。观察模型的结构及布线，如图 2-159 所示。

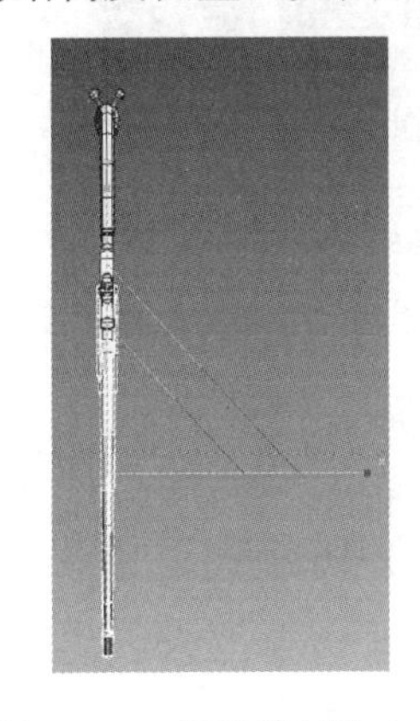
图 2-157　调整模型的大小

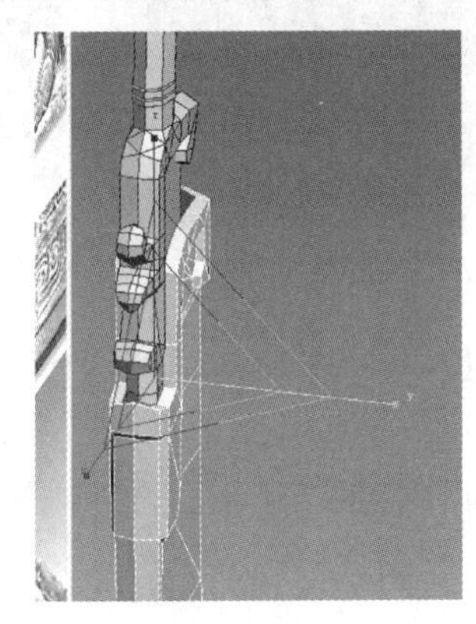
图 2-158　调整模型的结构及位置

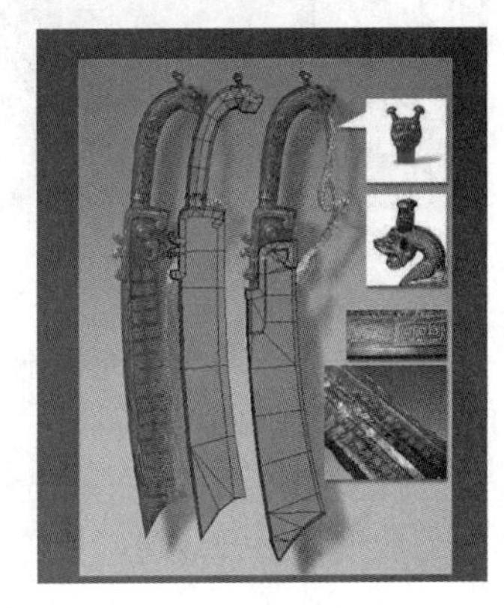
图 2-159　观察模型的结构及布线

新建一个圆柱体，调整圆柱体的分段数，将其转换为可编辑多边形，如图 2-160 所示。分别在正视图及顶视图中对圆柱体进行缩放调整，如图 2-161 和图 2-162 所示。添加线并调整结构，如图 2-163 所示。

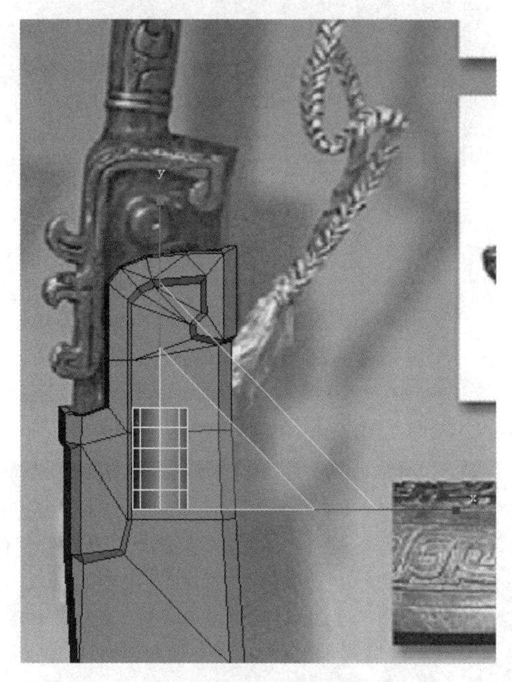

图 2-160　新建并调整圆柱体

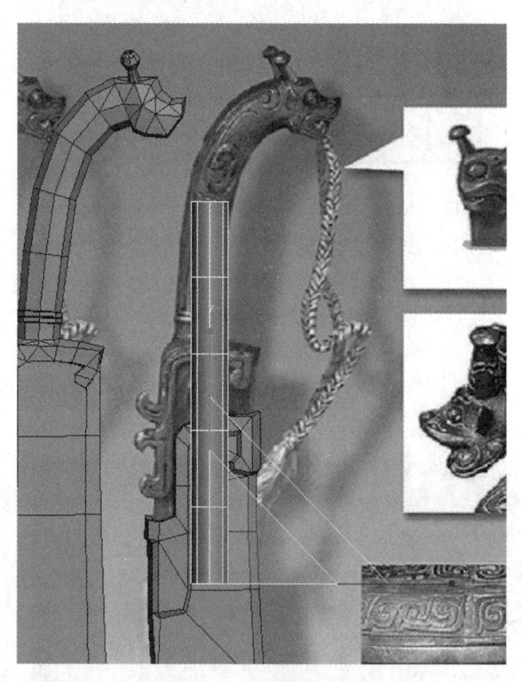

图 2-161　调整圆柱体 1

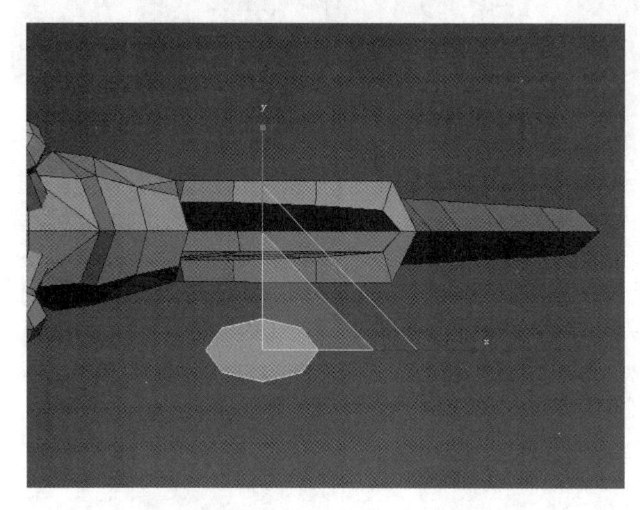

图 2-162　调整圆柱体 2

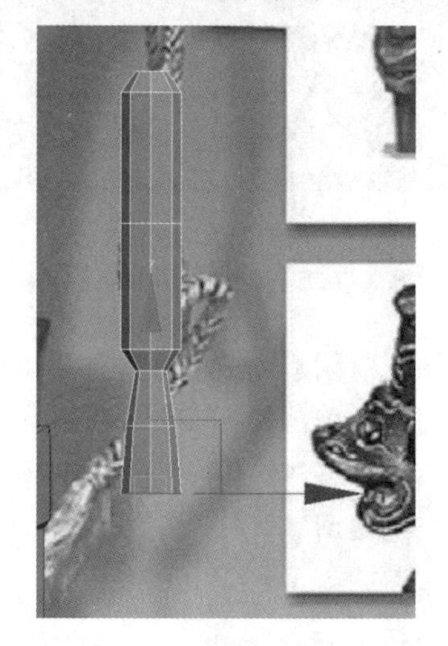

图 2-163　添加线并调整结构

选择底面，在命令面板中单击【Detach】（分离）按钮，打开【Detach】（分离）对话框，如图 2-164～图 2-166 所示。

选择模型，调整模型的位置，如图 2-167 所示。合并物体，如图 2-168 所示。

缩放模型的开放边，如图 2-169 和图 2-170 所示。

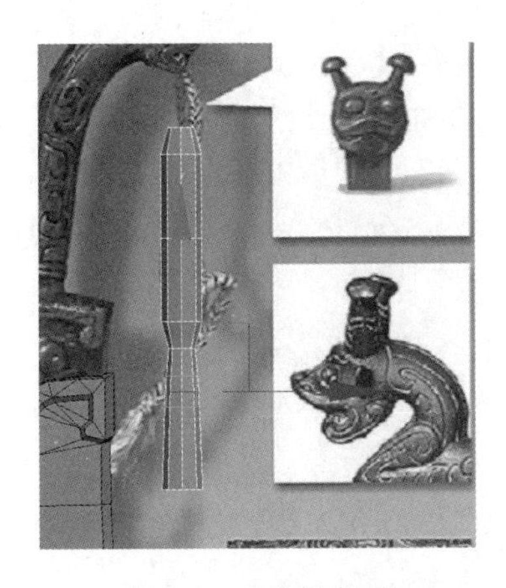

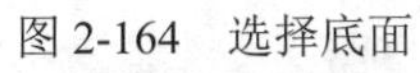

图 2-164　选择底面

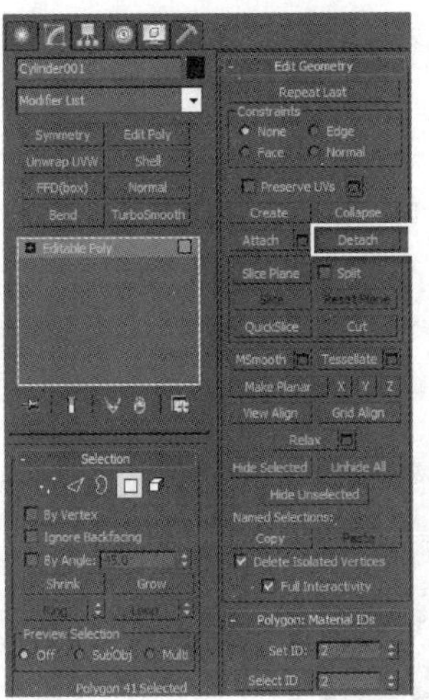

图 2-165　单击【Detach】按钮

图 2-166　打开【Detach】对话框

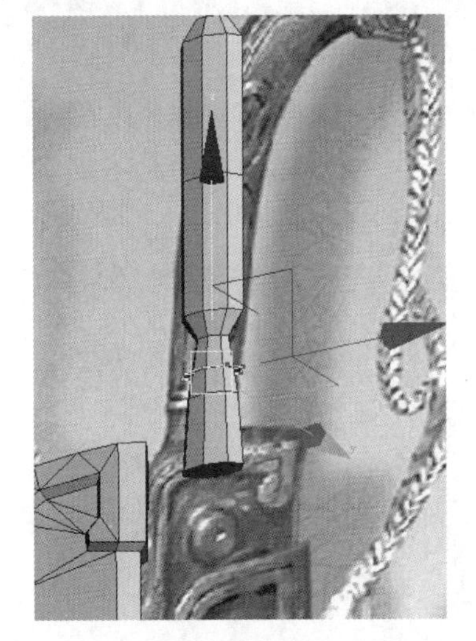

图 2-167　调整模型的位置

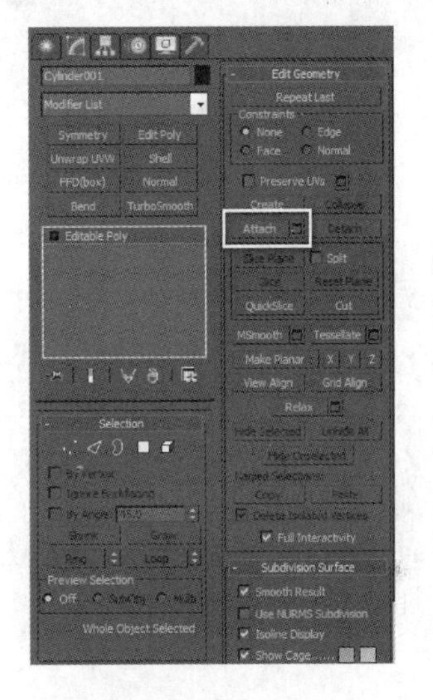

图 2-168　合并物体

图 2-169　缩放模型的开放边 1

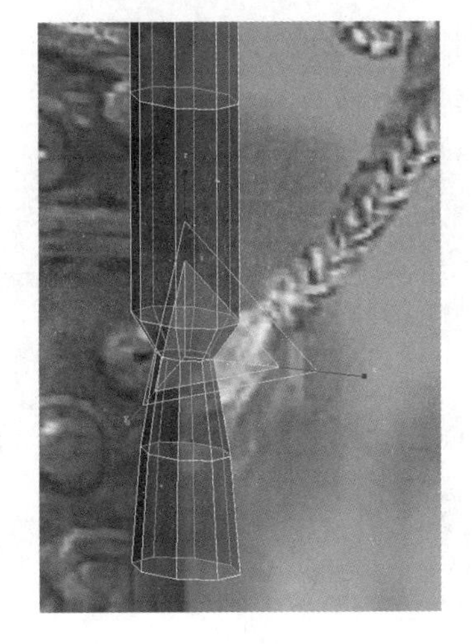

图 2-170　缩放模型的开放边 2

调整模型中心点的位置，如图 2-171 所示。激活【Snaps Toggle】(捕捉开关）按钮，捕捉工具如图 2-172 所示。

右击【Snaps Toggle】(捕捉开关）按钮，在弹出的快捷菜单中选择【Grid and Snap Settings】（栅格和捕捉设置）命令，弹出【Grid and Snap Settings】(栅格和捕捉设置）窗口，调整捕捉对象。在【Snaps】选项卡中，先勾选【Vertex】(顶点）复选框，再单击【Clear All】(清除所有）按钮，如图 2-173 所示。在【Options】(选项）选项卡中勾选【Snap to frozen objects】(捕捉到冻结对象）复选框，如图 2-174 所示。

图 2-171　调整中心点的位置

图 2-172　捕捉工具

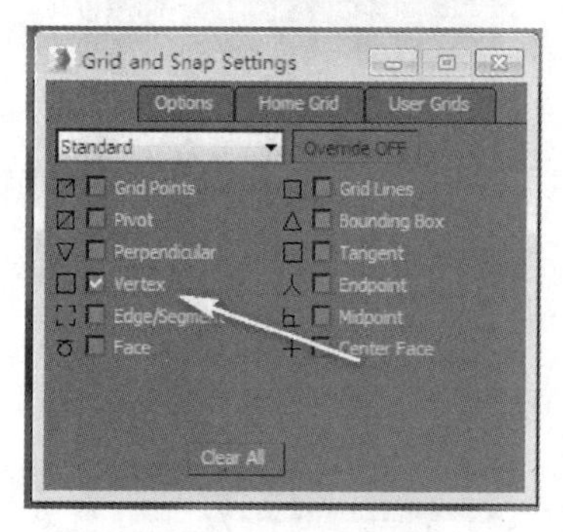

图 2-173　勾选【Vertex】复选框

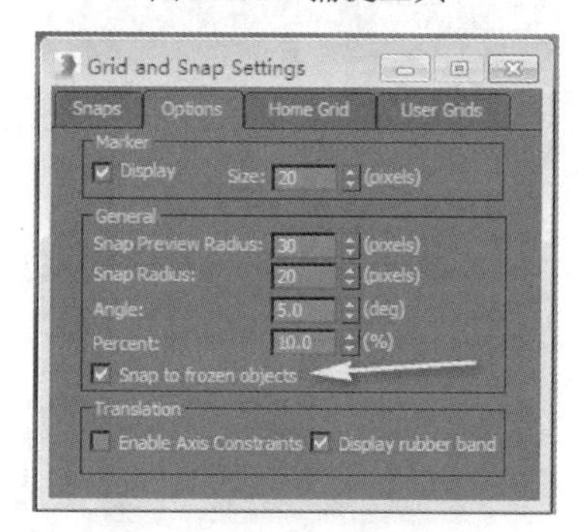

图 2-174　勾选【Snap to frozen objects】复选框

分别选择顶点进行位移，捕捉到对应的顶点上，如图 2-175 所示。在透视图中检查模型的结构及布线，如图 2-176 所示。

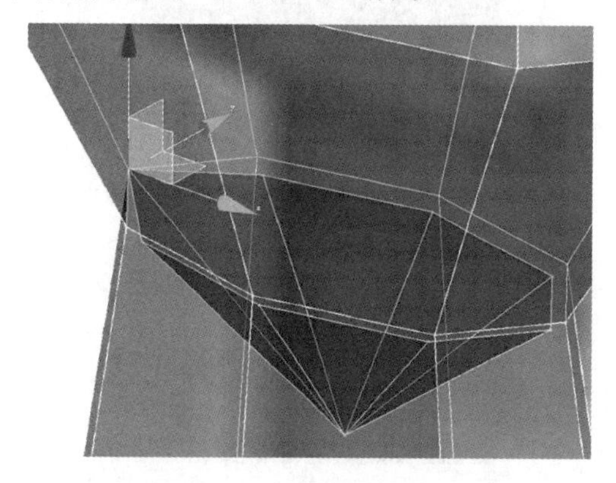

图 2-175　捕捉到对应的顶点上

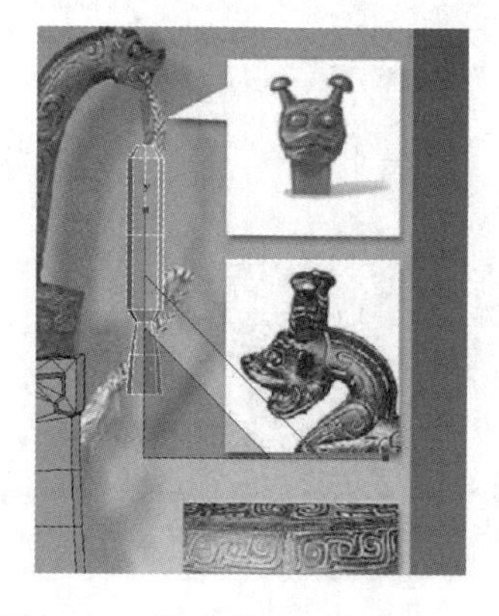

图 2-176　检查模型的结构及布线

选择一圈线并对其进行缩放，如图 2-177 所示。加线如图 2-178 所示。

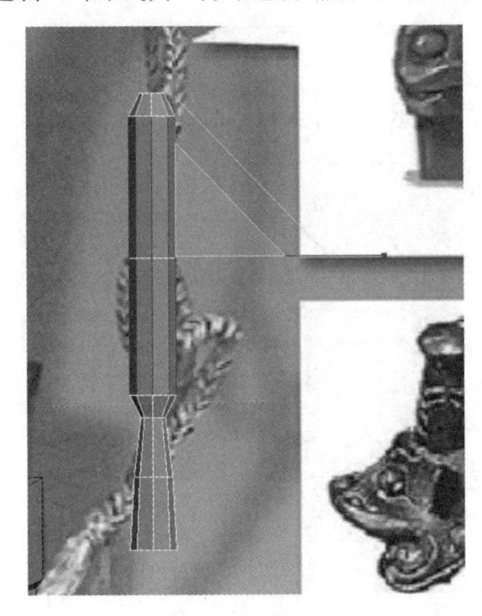

图 2-177　缩放线

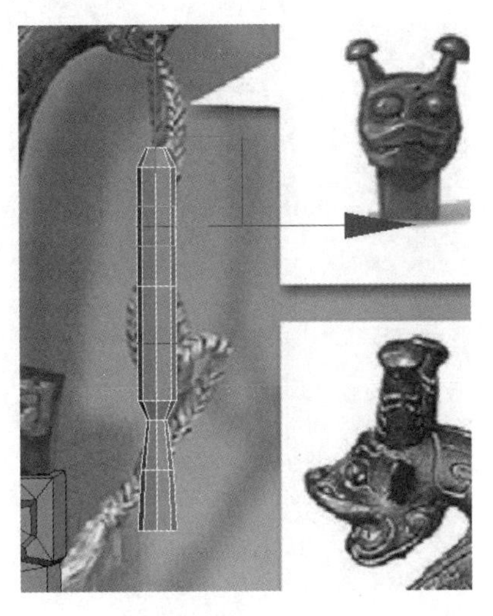

图 2-178　加线

把模型拖动到旁边，观察是否需要再次进行调整。最终效果如图 2-179 所示。

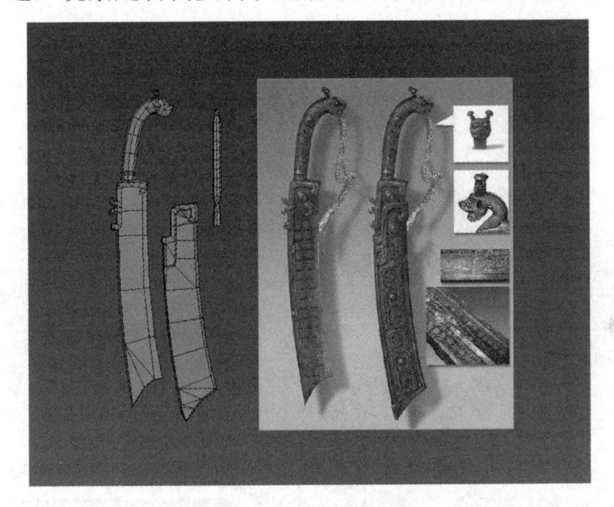

图 2-179　最终效果

2.3　3ds Max UV 拆分和摆放

2.3.1　UV 概述

UV 主要指贴图坐标，U、V 分别指横向及纵向坐标。UV 是用于放置像文件贴图类的 2D 纹理在 3D 模型上的坐标位置，拆分 UV 就等于把一个盒子剪开、摊平，并在上面印图案。盒子展开图如图 2-180 所示。注意，UV 拆分的好坏会直接影响贴图的效果。

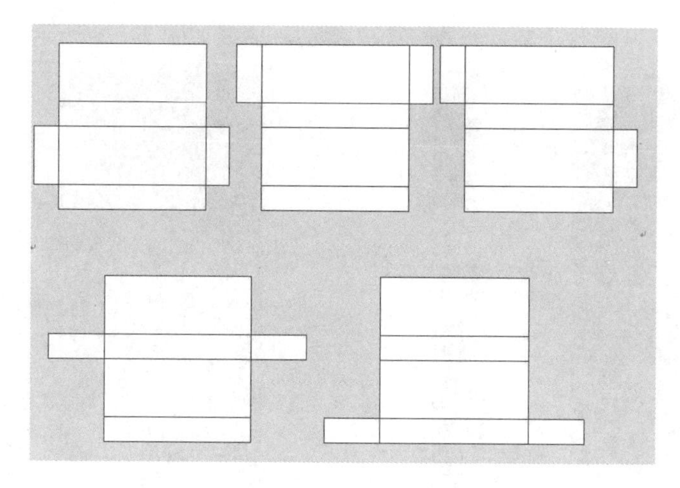

图 2-180　盒子展开图

2.3.2　UV 拆分和摆放注意要点

因为模型是前后镜像的，所以在拆分 UV 时可以拆分一半，另一半直接共用拆分好的 UV。删除镜像的模型的面，如图 2-181 所示。单击命令面板中的黑色三角按钮，如图 2-182 所示。在展开的下拉列表中选择【Unwrap UVW】（UVW 展开）选项，如图 2-183 所示。添加修改器后，在命令面板中单击【Open UV Editor】（打开 UV 编辑器）按钮，打开 UV 编辑器，如图 2-184 所示。

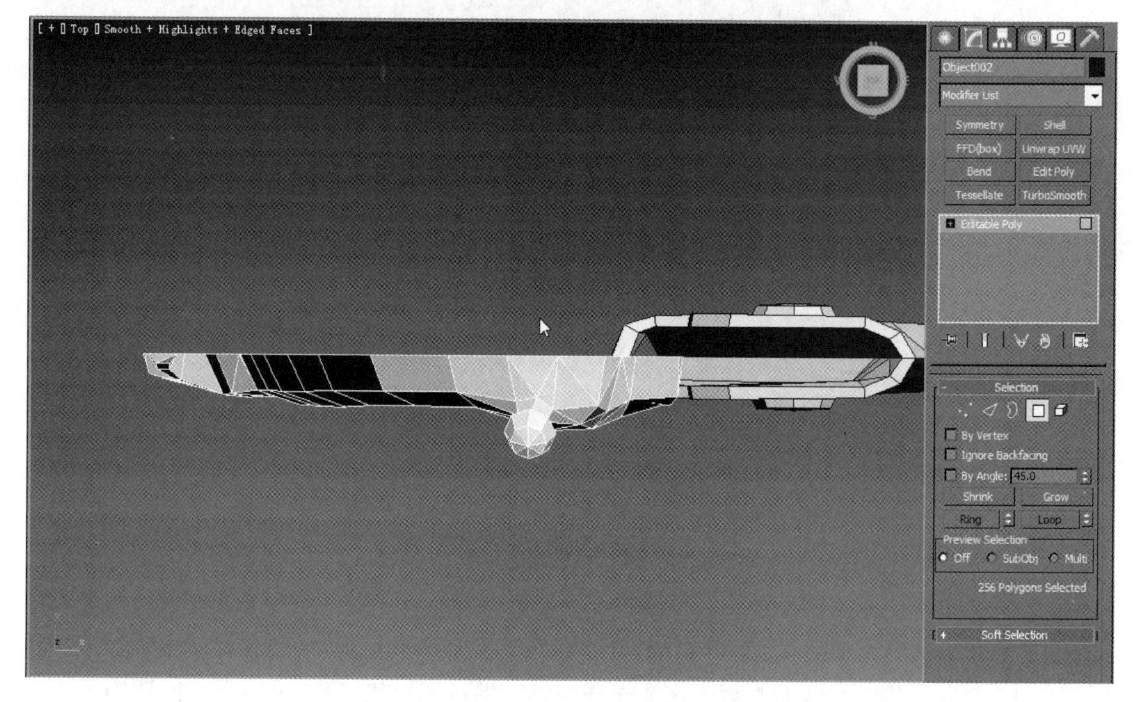

图 2-181　删除镜像的模型的面

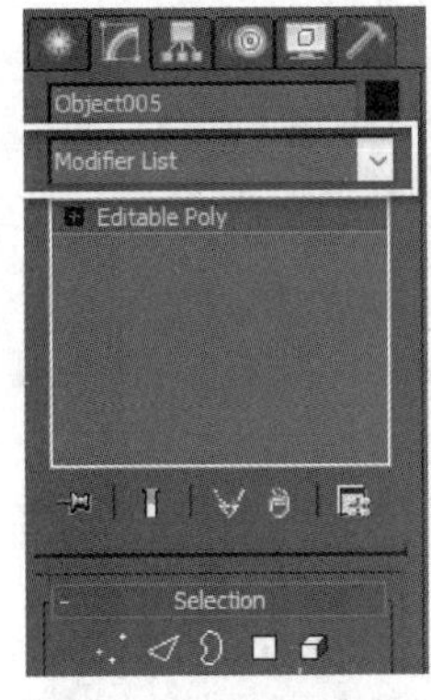

图 2-182　修改器列表

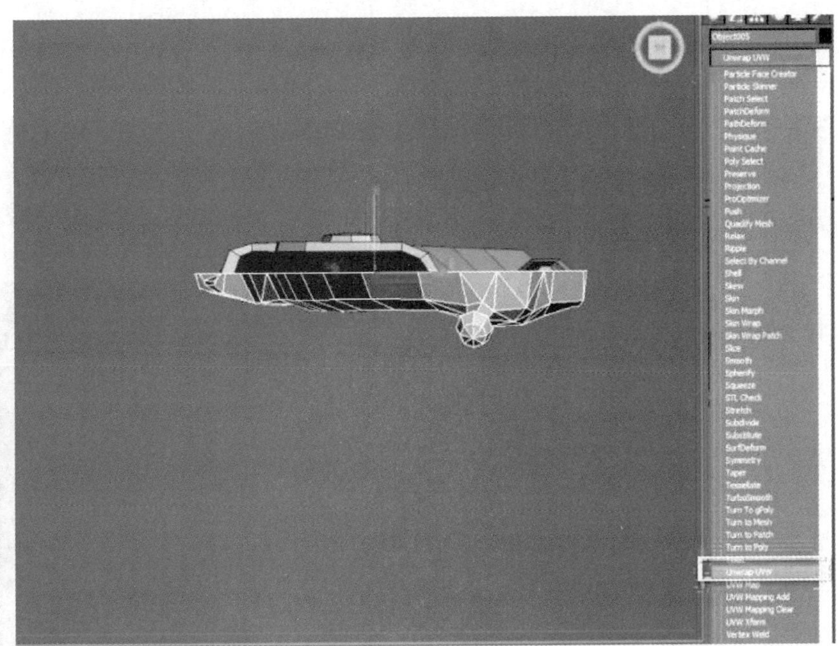

图 2-183　找到【Unwrap UVW】选项

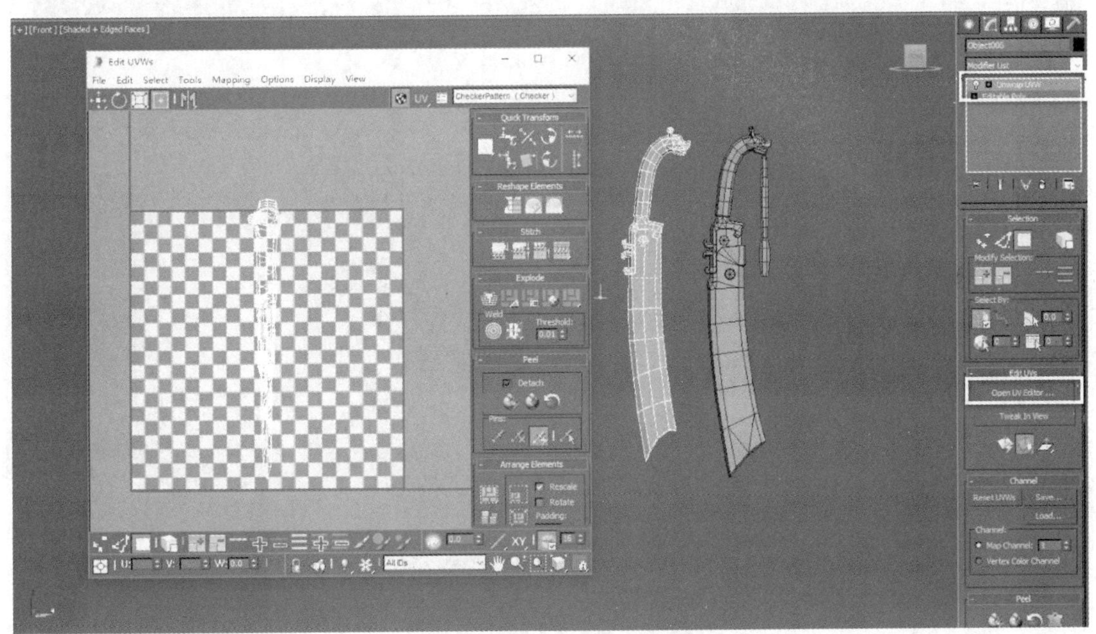

图 2-184　打开 UV 编辑器

在 UV 编辑器中按 3 快捷键选择面，并按 Ctrl+A 快捷键全选面，单击【快速展平】按钮，让 UV 先简单地展开，如图 2-185 所示。

因为是比较复杂的模型，整块 UV 展平后是有拉伸的，而要求展开的 UV 必须是没有拉伸的，所以必须在适当的位置把 UV 先断开再拍平，如在刀柄和刀身之间，可以在刀柄顶部突出部分把 UV 断开。先按 2 快捷键（选择线）在 UV 上或直接在模型中选择需要断开的 UV

线，然后在 UV 编辑器中右击，在弹出的快捷菜单中，选择【Break】（断开）命令实施断开操作，如图 2-186 和图 2-187 所示。

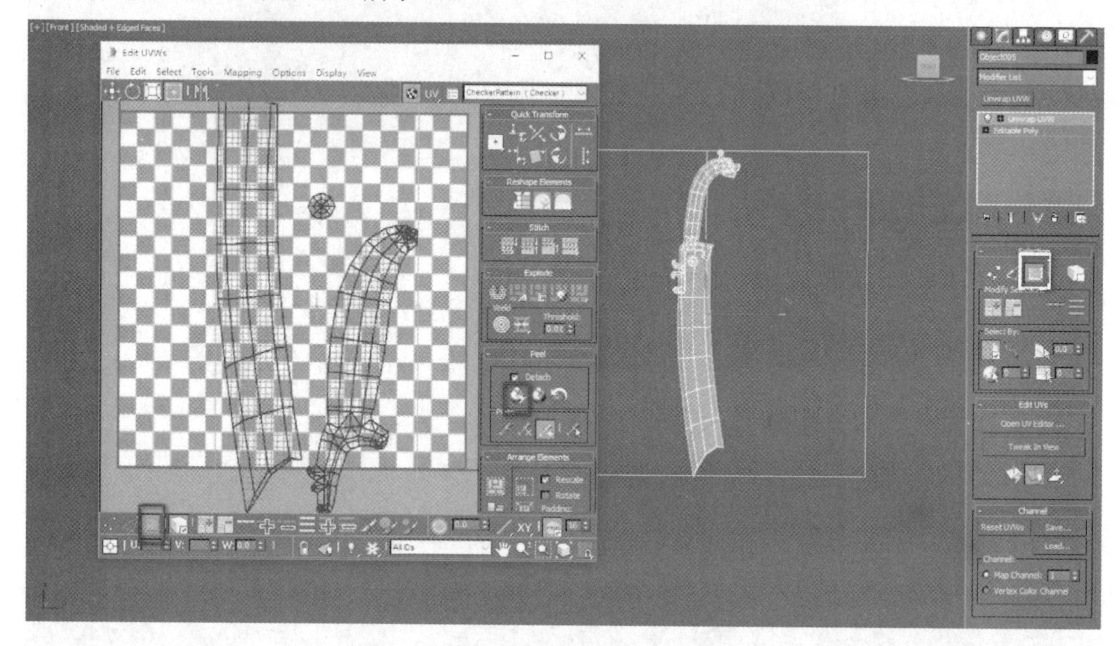

图 2-185　展开 UV

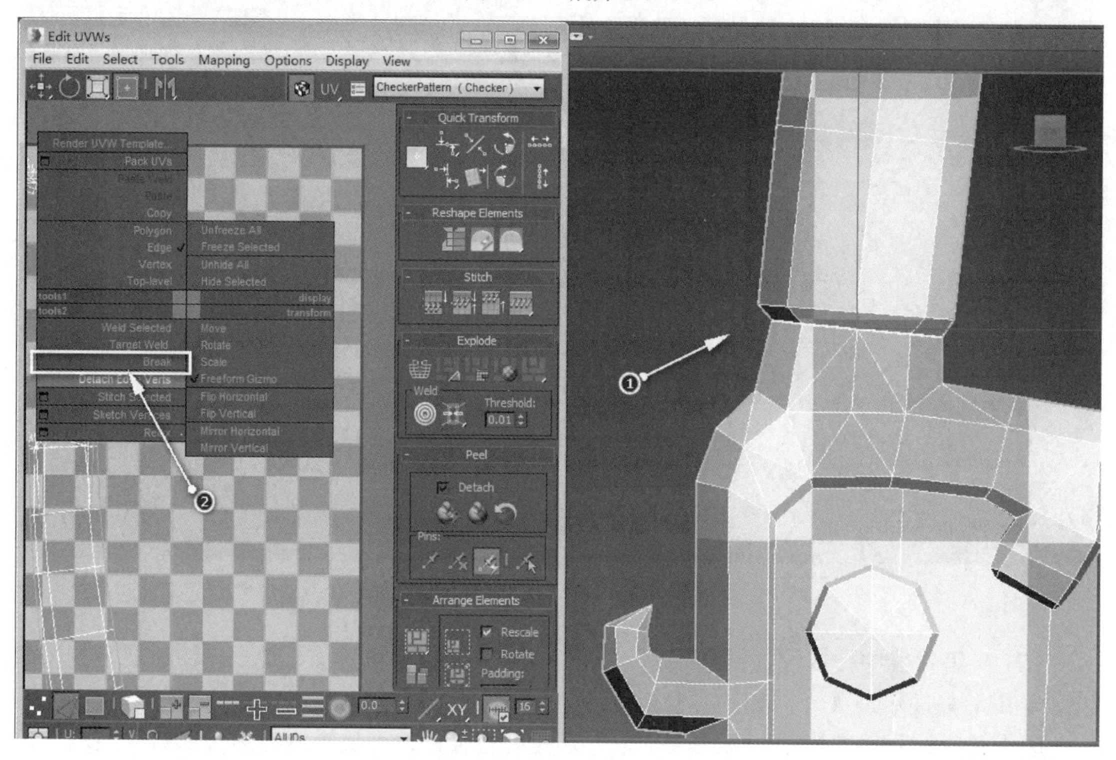

图 2-186　断开 1

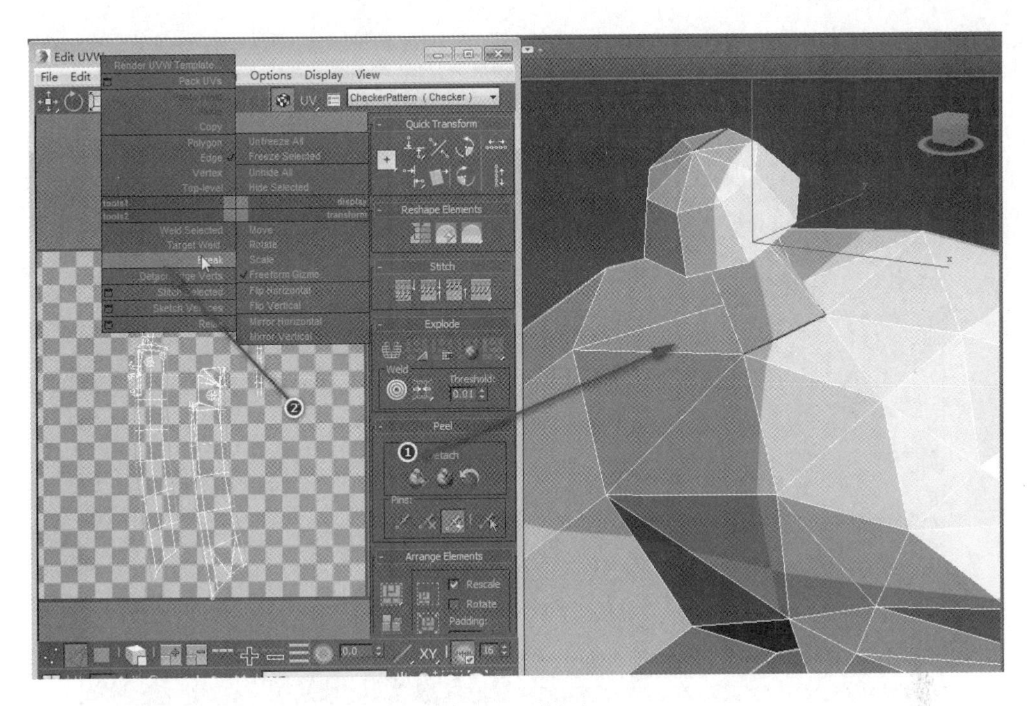

图 2-187　断开 2

按 3 快捷键选择面，并按 Ctrl+A 快捷键全选面，在 UV 编辑器中右击，在弹出的快捷菜单中选择【Relax】（放松）命令，如图 2-188 所示。

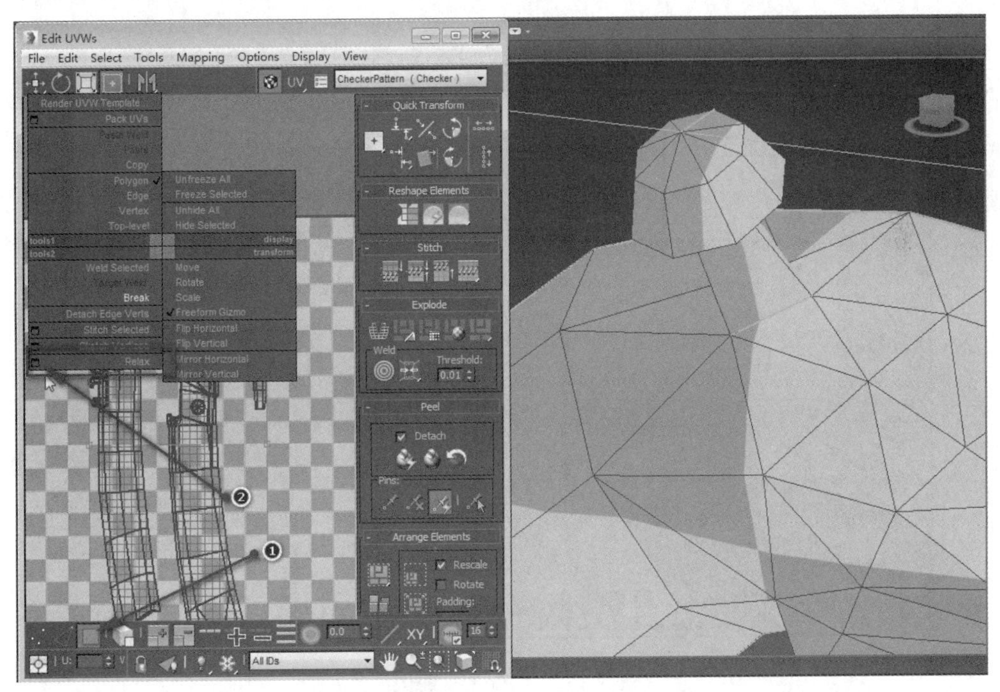

图 2-188　放松 1

在弹出的【Relax Tool】（放松工具）对话框中，单击黑色三角按钮，在下拉列表中选择【Relax By Polygon Angles】（由多边形角放松）选项，单击【Start Relax】（开始放松）按钮，如图 2-189 所示。

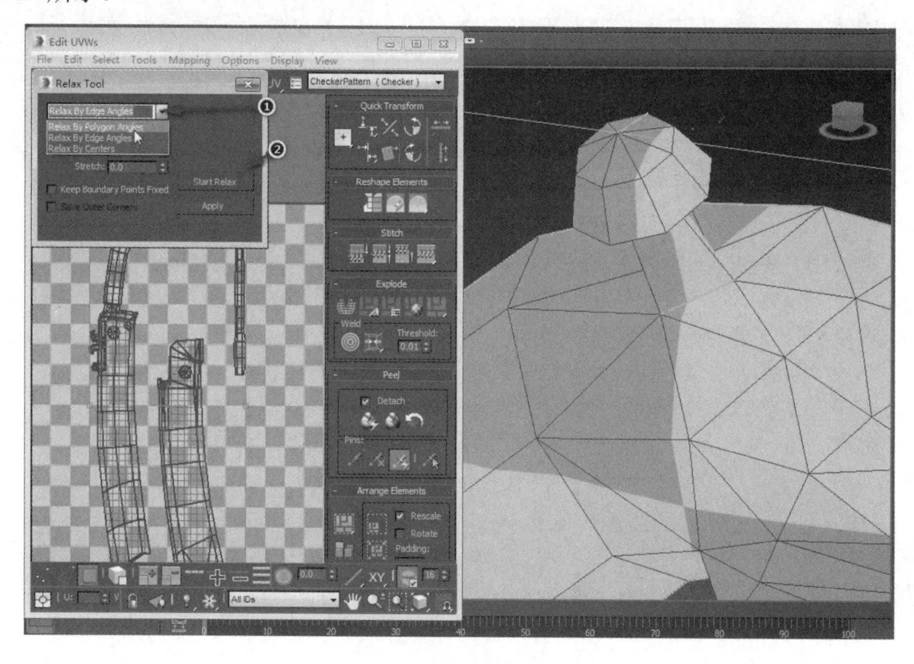

图 2-189　放松 2

选择【Tools】（工具）→【Pack UVs】（匹配 UV）命令，匹配 UV 的大小，如图 2-190 所示。

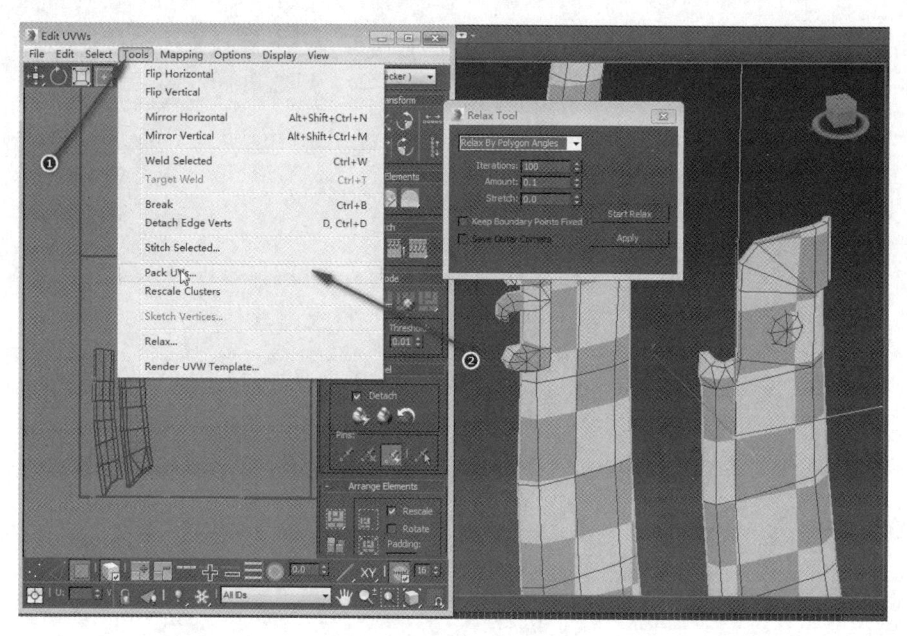

图 2-190　匹配 UV 的大小

在摆放 UV 时，应尽量把 UV 摆在 UV 线框内，因为此处 UV 适合分成长条形，也就是两张 512 像素大小的贴图，所以可以把 UV 竖着摆放。按 3 快捷键选择面，并按 Ctrl+A 快捷键选择所有面对 UV 进行缩放，如图 2-191 所示。

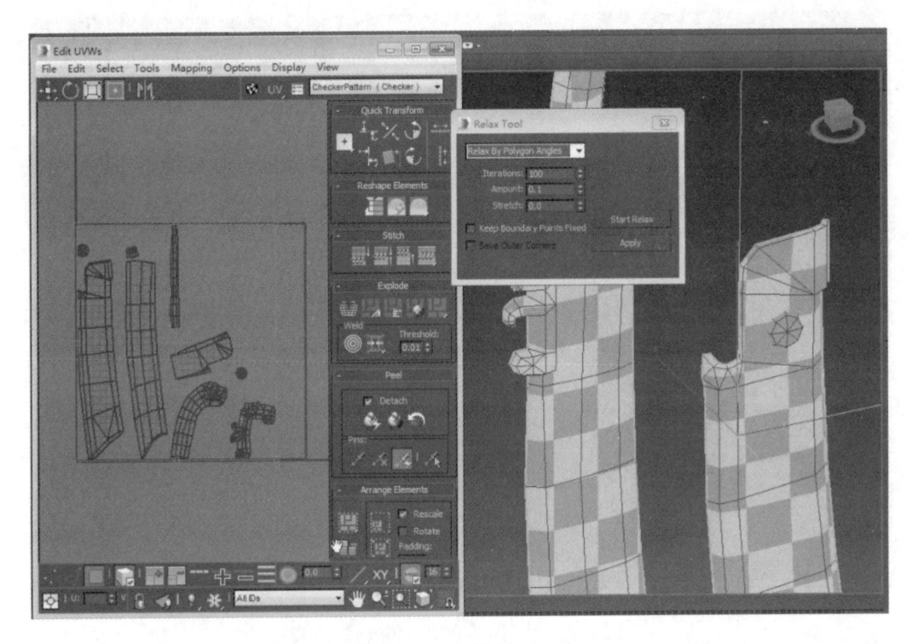

图 2-191　缩放 UV

注意，在摆放 UV 时应将 UV 全部摆在 UV 象限的左侧，如图 2-192 所示。

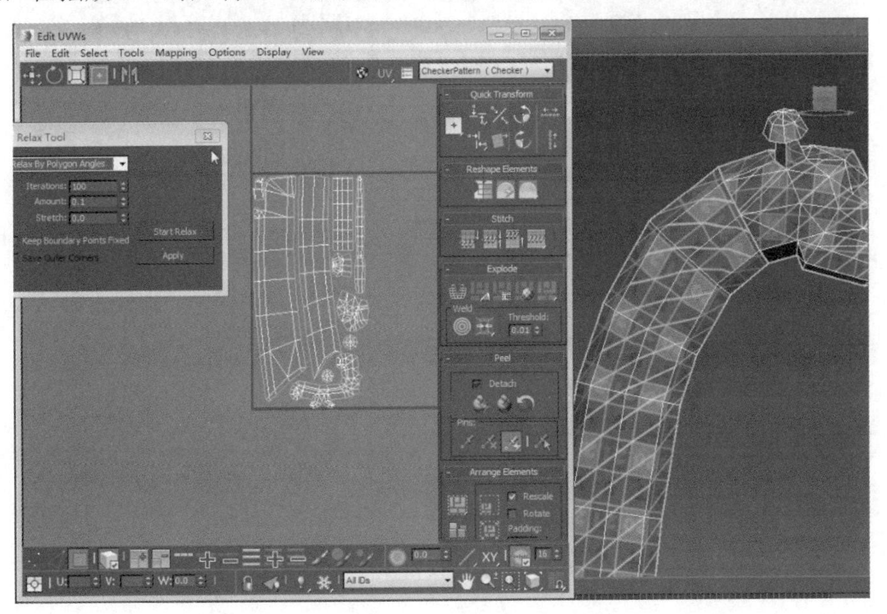

图 2-192　摆放 UV

选择【Options】（选项）→【Preferences】（首选项）命令，如图 2-193 所示。

在弹出的【Unwrap Options】（首选项）对话框中，设置【Render Width】（渲染宽度）为 512，【Render Height】（渲染高度）为 1024，并单击【OK】（确定）按钮，调整 UV 的大小，如图 2-194 所示。

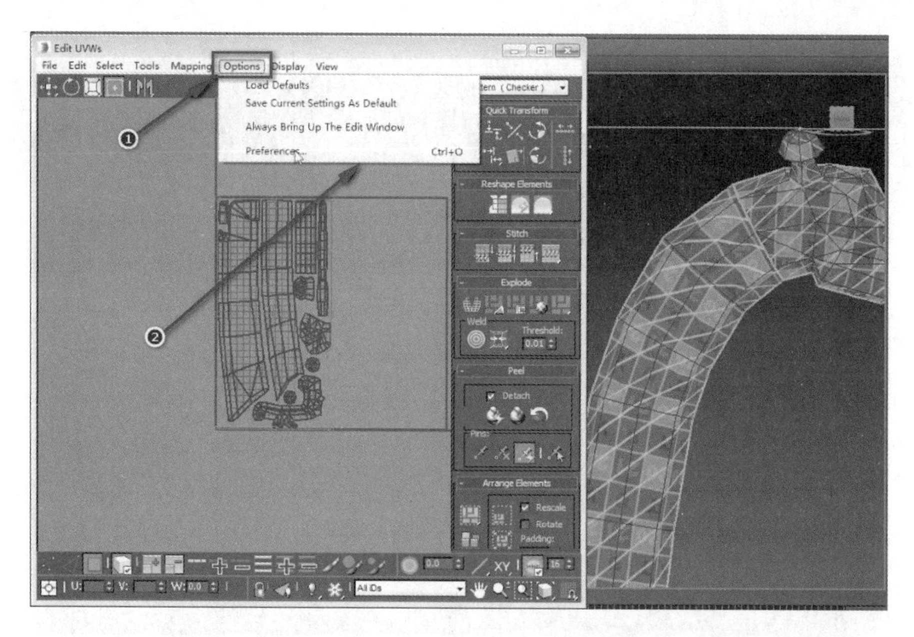

图 2-193 选择【Preferences】命令

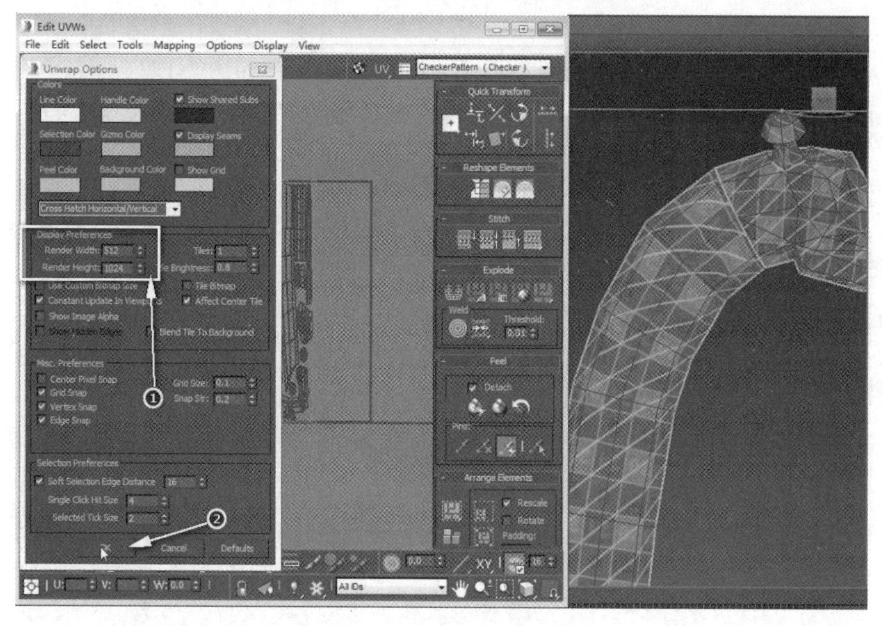

图 2-194 调整 UV 的大小

2.4 3ds Max UV 及模型导出

2.4.1 导出文件类型

选择【Tools】（工具）→【Render UVW Template】（渲染 UV 模板）命令，如图 2-195 所示。

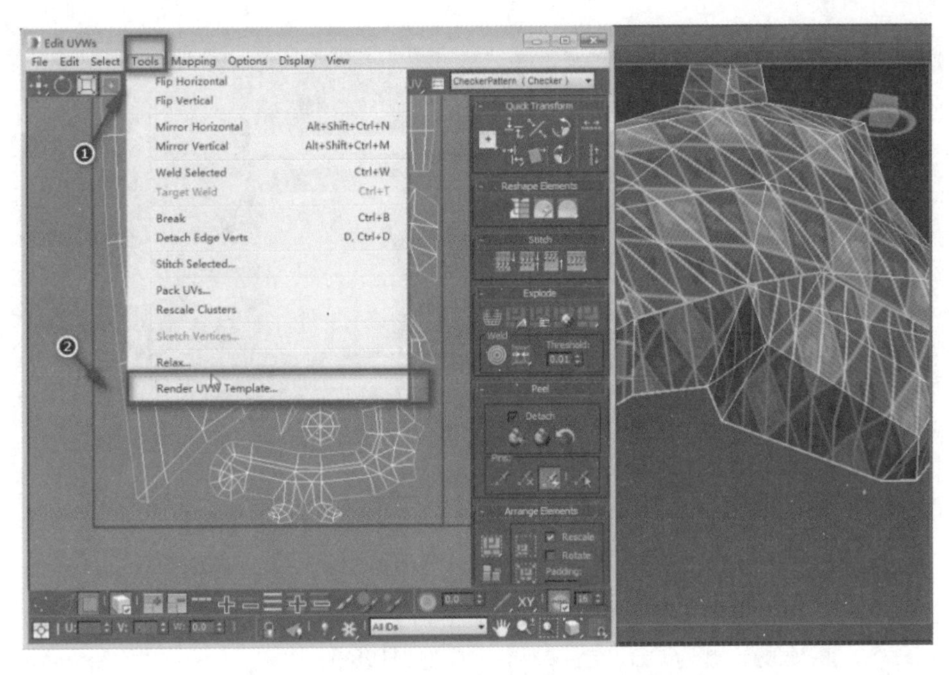

图 2-195 选择【Render UVW Template】命令

在弹出的【Render UVs】(渲染 UV)对话框中分别把【Width】(宽度)设置为 512,【Height】(高度)设置为 1024，并单击【Render UV Template】(渲染 UV 模板)按钮，导出 UV 渲染，如图 2-196 所示。单击【保存】按钮，将模型保存为 PNG 格式文件。单击【Save】(保存)按钮，在弹出的对话框中选中【RGB 24bit（16.7Million）】单选按钮，单击【OK】(确定)按钮，完成 UV 导出。导出 UV 的设置如图 2-197 所示。

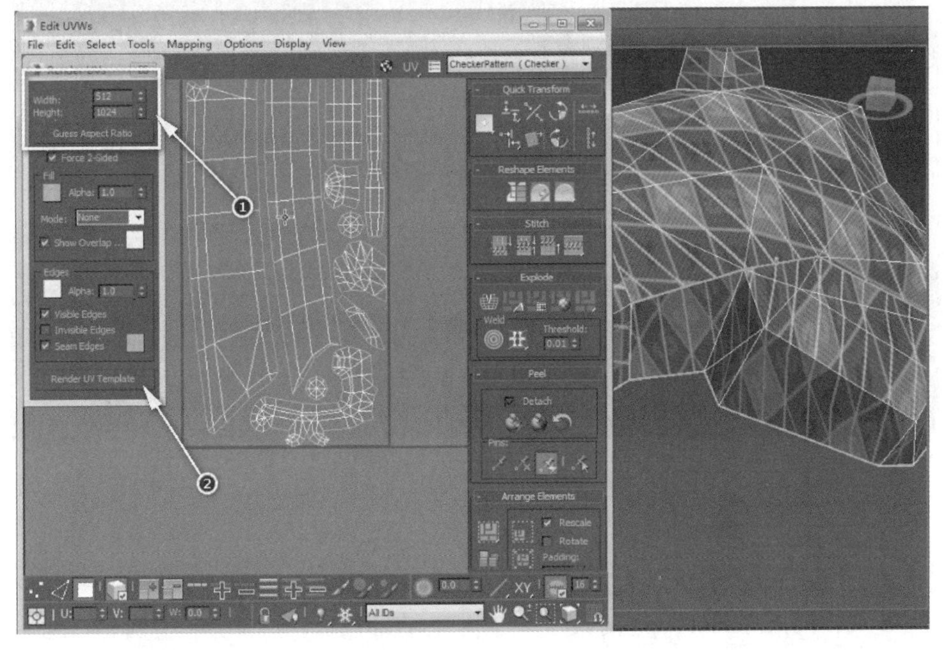

图 2-196 导出 UV 渲染

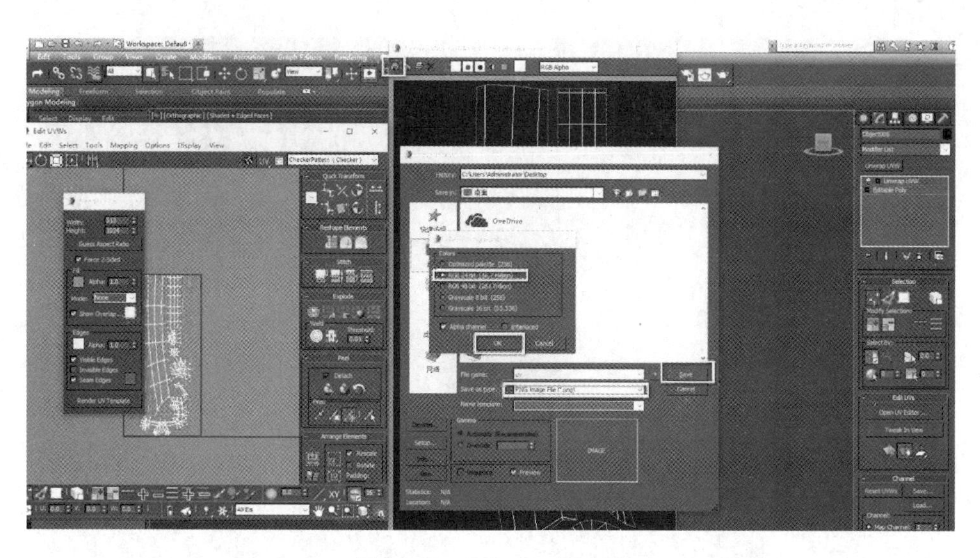

图 2-197　导出 UV 的设置

单击图标，在弹出的下拉菜单中单击【Export】（导出）→【Export Selected 】（导出选定对象）命令，将模型导出为 OBJ 文件即可，如图 2-198 所示。

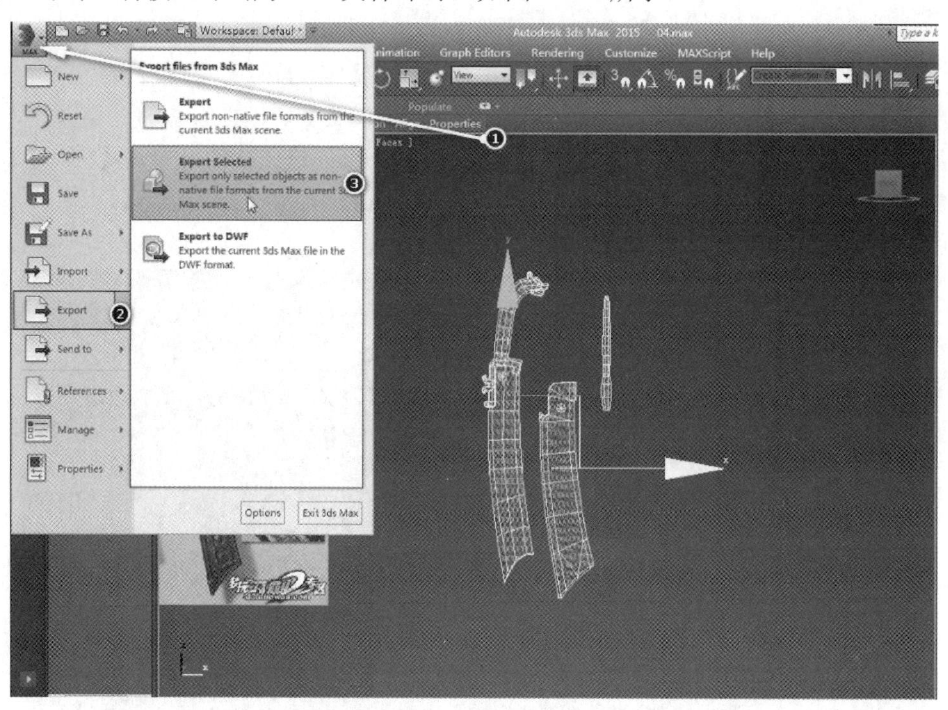

图 2-198　导出为 OBJ 文件

2.4.2　UV 渲染文件转换成 PSD 文件

把 PNG 文件拖入 Photoshop 并新建一个图层，将图层放在底部并填充颜色，当然也可以在顶部新建一个图层并将图层填充成遮罩层，保存为 PSD 文件，如图 2-199 所示。

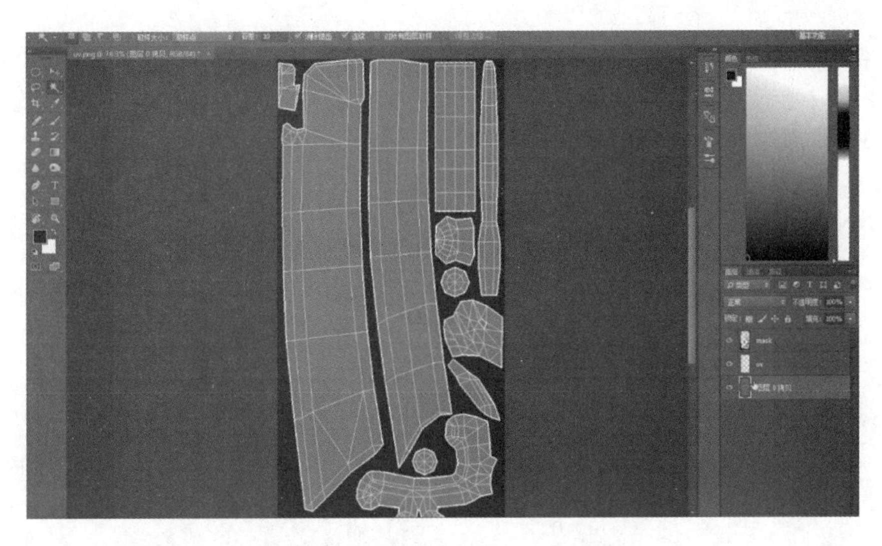

图 2-199　使用 Photoshop 创建文件

在 3ds Max 中按 M 快捷键打开【Material Editor】（材质编辑器）窗口，先把保存好的 PSD 文件直接拖曳到材质球上，再把材质球指定给模型，并且右击模型。打开【Object Properties】（对象属性）对话框，勾选【Vertex Channel Display】（顶点通道显示）复选框，并单击【OK】（确定）按钮，完成赋予材质的设置，如图 2-200 所示。

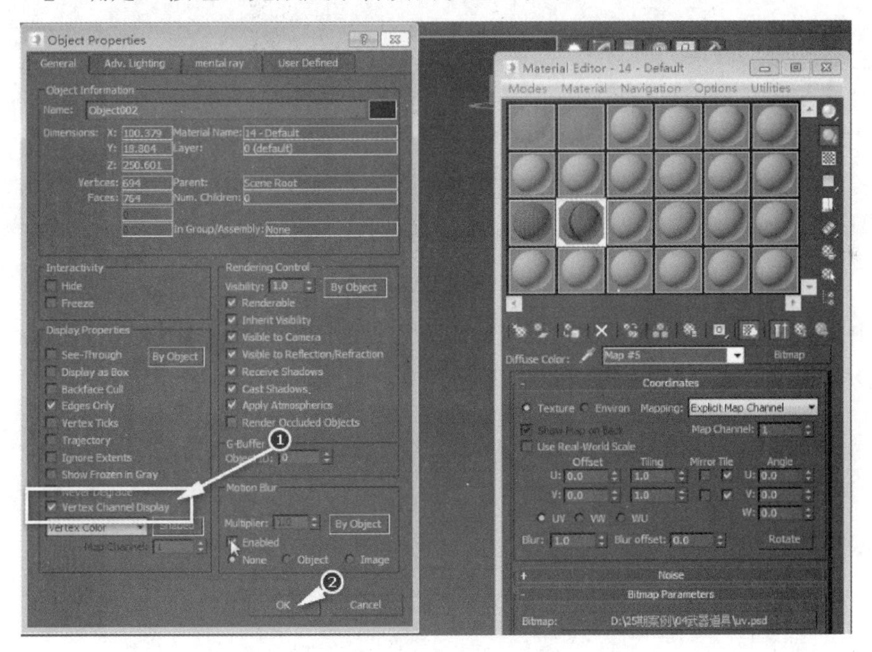

图 2-200　赋予材质

2.5　CINEMA 4D 基础

CINEMA 4D 是一款 3D 表现软件，由德国 Maxon Computer 开发，以极高的运算速度和强大的渲染插件著称。CINEMA 4D 中很多模块的功能在同类软件中代表科技进步的成果。游戏行业在制作中会使用其绘画 BodyPaint 3D 模块的功能，BodyPaint 3D 是目前十分高效、易用的实时 3D 纹理绘制及 UV 编辑解决方案。

2.5.1 CINEMA 4D 设置

打开 CINEMA 4D，选择【Edit】（编辑）→【Preferences】（首选项）命令，如图 2-201 所示。

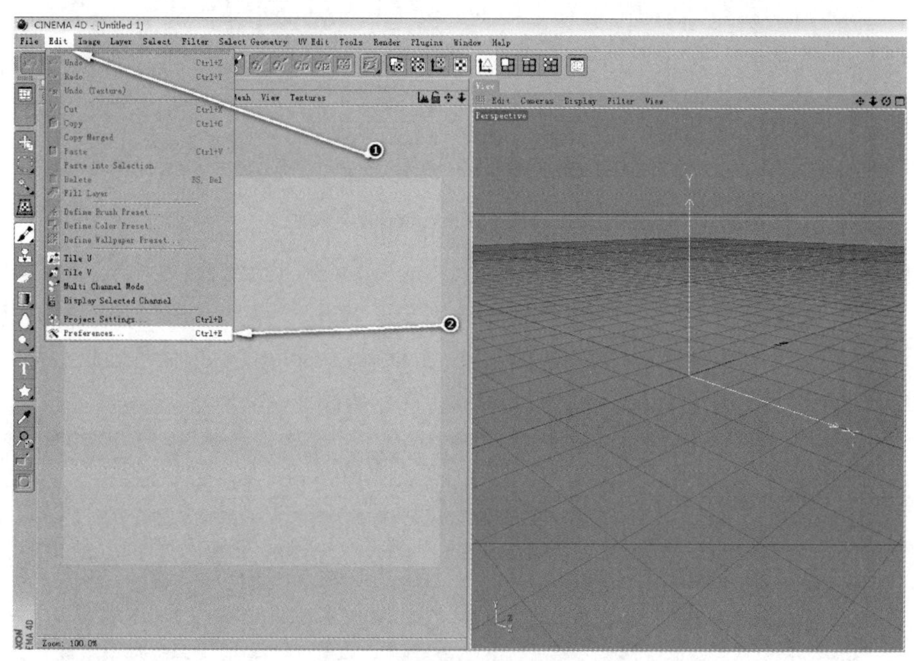

图 2-201 选择【Preferences】命令

在弹出的【Preferences】（首选项）窗口中勾选【Graphic Tablet】（手写板）复选框，以及【Reverse Orbit】（相反的轨道）复选框。调整属性，如图 2-202 所示。

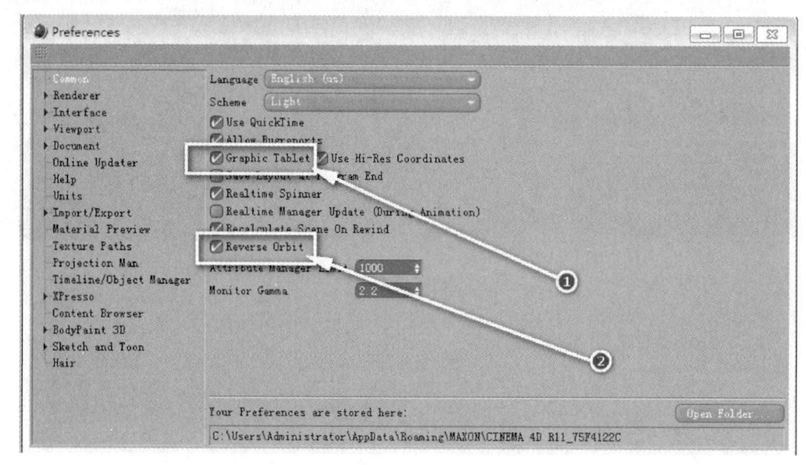

图 2-202 调整属性

先选择【Window】（窗口）→【Layout】（布局）→【BP 3D Paint】命令，改变窗口布局，再选择【Window】（窗口）→【Layout】（布局）→【Save as Startup Layout】（保存为启动布局）命令，这样在下次启动时就不需要再次调整界面布局了。保存设置，如图 2-203 所示。

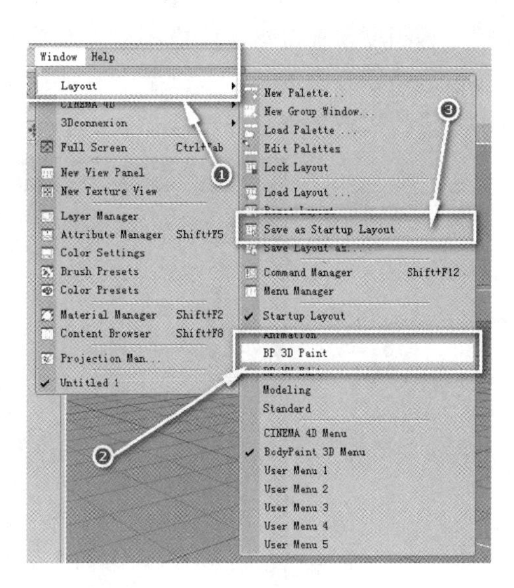

图 2-203　保存设置

2.5.2　导入贴图到 CINEMA 4D

首先拖曳 OBJ 文件到【Views】（视图）窗口中，然后拖曳 PSD 文件到【Materials】（材质球）选项卡中。这里需要注意的是，要先单击材质球右侧的【X】按钮，然后把 PSD 文件拖曳到模型中，当然也可以直接拖曳 PSD 文件到模型中。下面可以先在材质球上绘制贴图，然后依次打开材质球中的图层。导入材质，如图 2-204 所示。

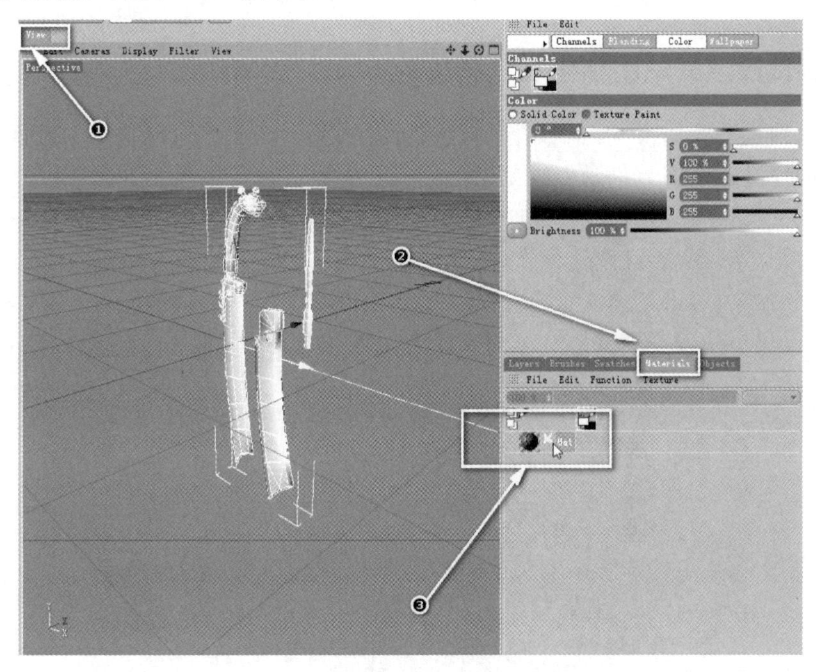

图 2-204　导入材质

2.6　CINEMA 4D 道具贴图制作

2.6.1　绘制武器道具贴图固有色

在 BodyPaint 3D 中，绘制贴图固有色，如图 2-205 所示。固有色指物体本身的颜色、色相及饱和度，而且这个颜色不受光影的影响，也就是基本的颜色。在绘制固有色的过程中，可以忽略原画上的结构及细节，直接绘制颜色及色相饱和度。绘制完成后，切换到 3ds Max 中，进行大致观察及对比。

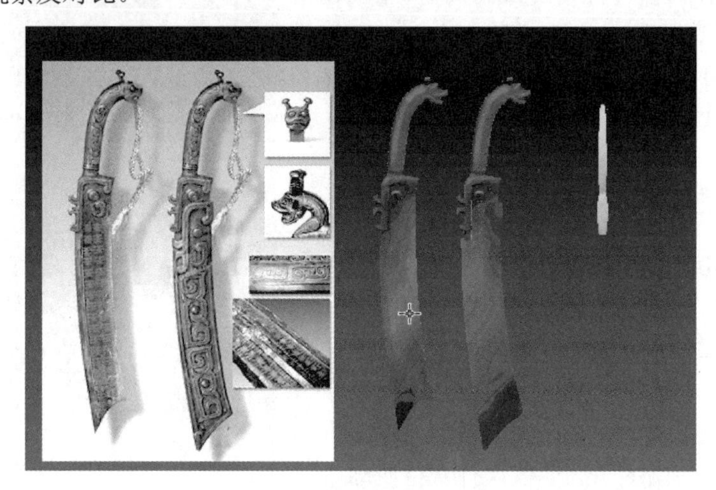

图 2-205 绘制固有色

2.6.2 绘制武器道具贴图结构及光影关系

根据原画结构和光影方向绘制贴图结构及光影关系，大致区分结构的明暗面，保持整体的感觉，不进行过多的细节刻画。绘制贴图结构及光影关系，如图 2-206 所示。

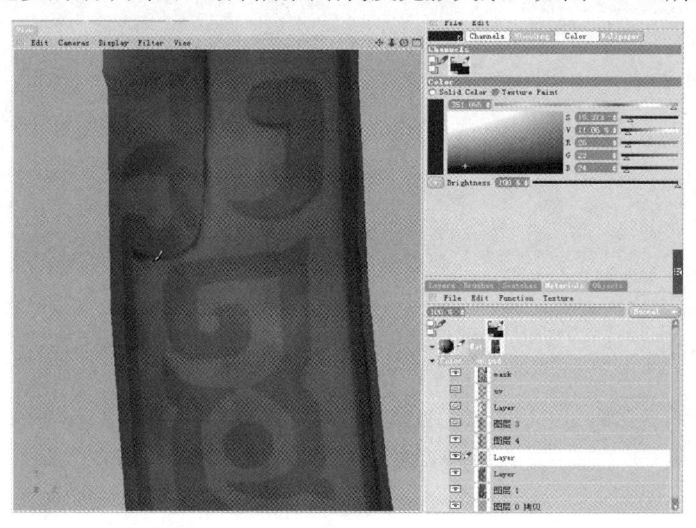

图 2-206 绘制贴图结构及光影关系

2.6.3 绘制武器道具贴图结构纹理

在绘制的过程中，可以多查找一些相关的图片素材作为材质及结构参考。绘制贴图结构纹理如图 2-207 和图 2-208 所示。

添加材质纹理或通过纹理笔刷绘制不同的纹理效果。在绘制的过程中，应多观察整理效果，以便能够对一些比较突兀的效果及时解决。调整效果如图 2-209 和图 2-210 所示。

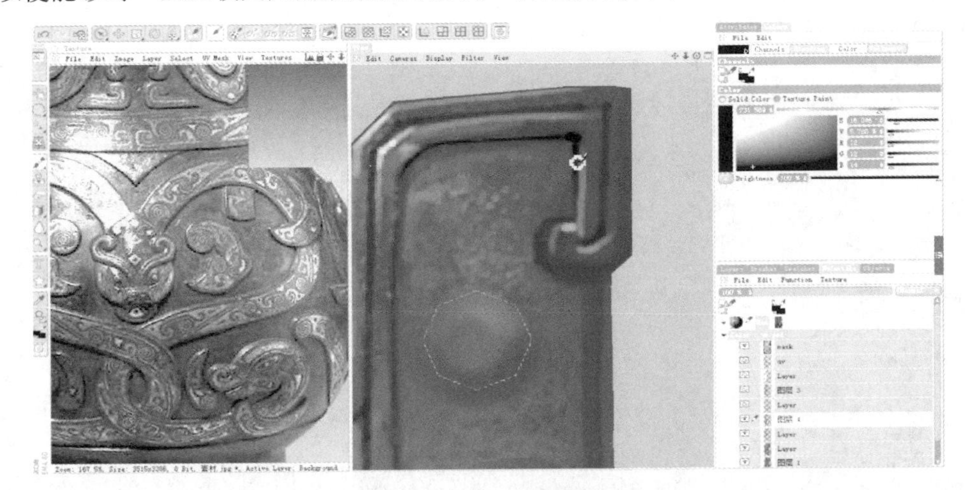

图 2-207　绘制贴图结构纹理 1

图 2-208　绘制贴图结构纹理 2

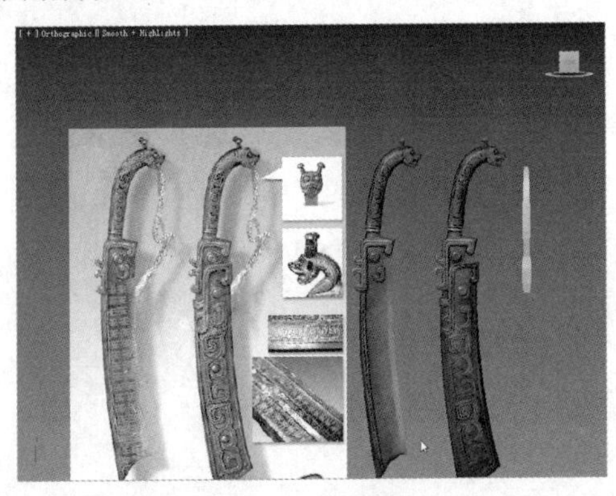

图 2-209　调整效果 1

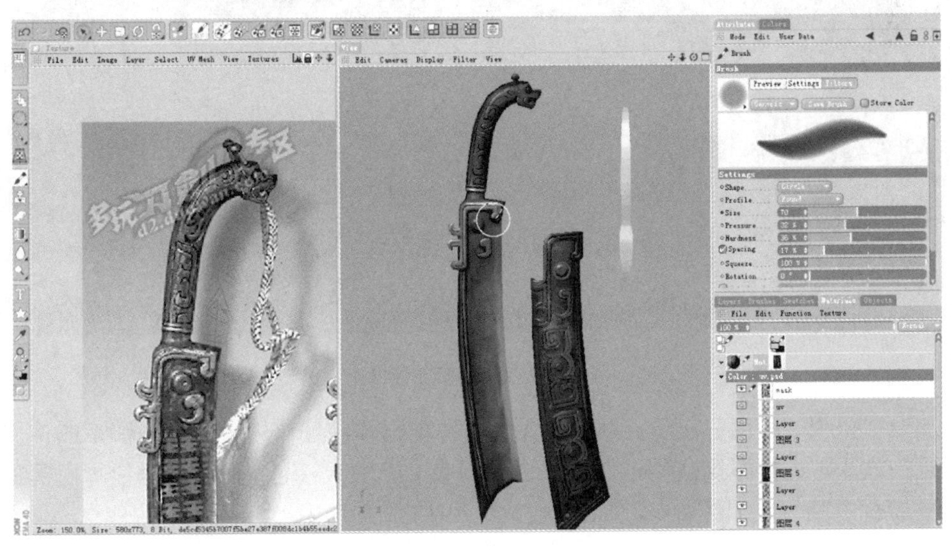

图 2-210　调整效果 2

对绘制的贴图结构纹理进行细致的刻画，根据整体效果进行加强或削弱对比。细节绘制如图 2-211 和图 2-212 所示。

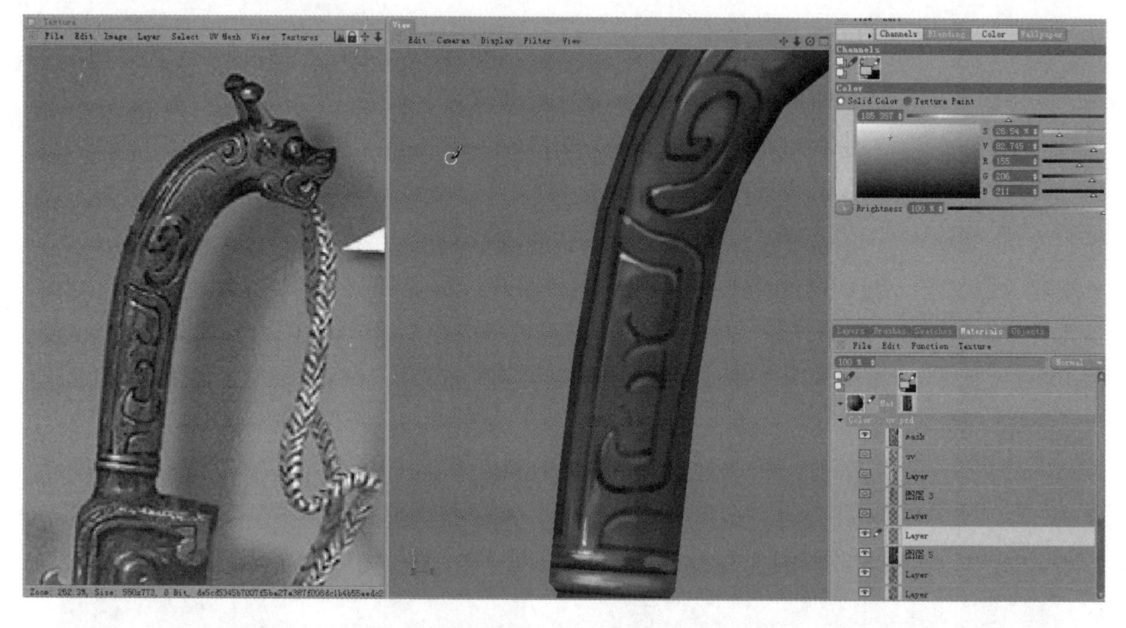

图 2-211　细节绘制 1

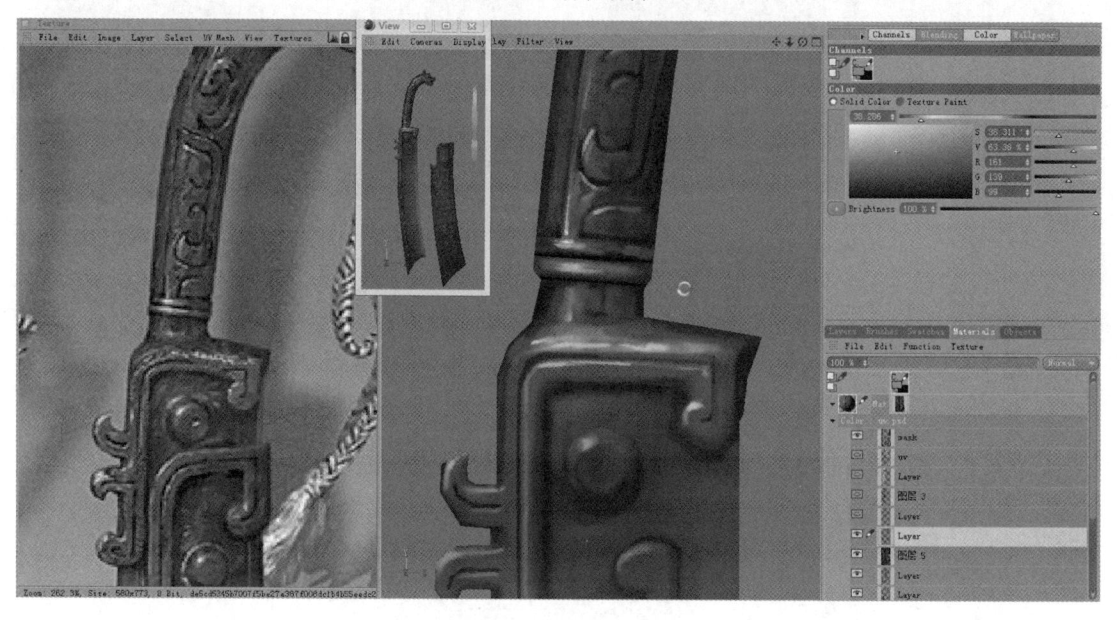

图 2-212　细节绘制 2

添加一些破损、脏旧、灰尘及划痕效果，以体现物体经过比较长的时间留下的使用痕迹，以及氧化的效果。这样不仅会使这件物体更加真实，有生活气息，而且可以使画面更加生动、自然，更加有内容，更加耐看。破损绘制如图 2-213 和图 2-214 所示。

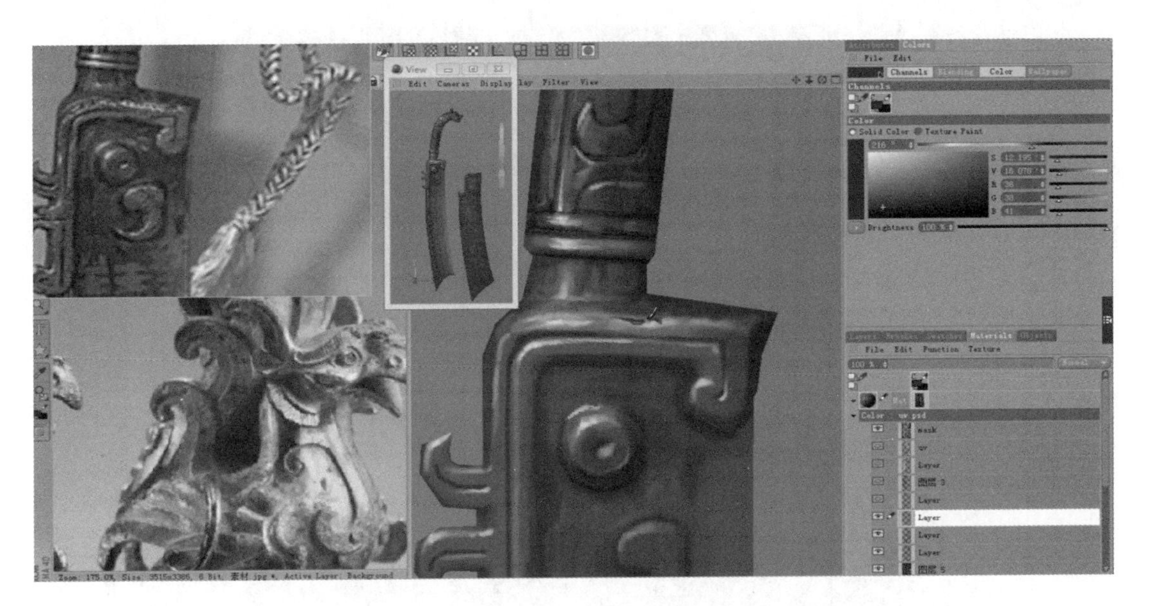

图 2-213　破损绘制 1

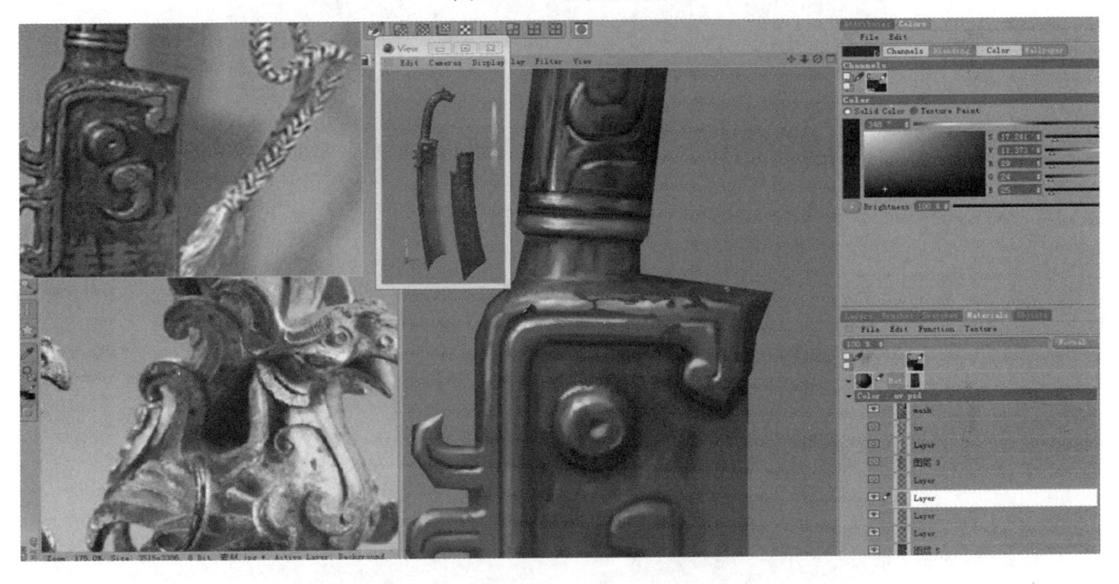

图 2-214　破损绘制 2

2.6.4　武器道具贴图最终整理

重复前面的步骤，不断观察原画及贴图效果，及时对画面进行调整。调整贴图，如图 2-215 所示。

细节部分可以根据画面效果进行添加或减少，而不是一味地追求过多的细节。增加细节，如图 2-216 所示。

贴图绘制完成后，观察最终效果（见图 2-217），同时把绘制好的模型与原画放在一起进行对比和调整。

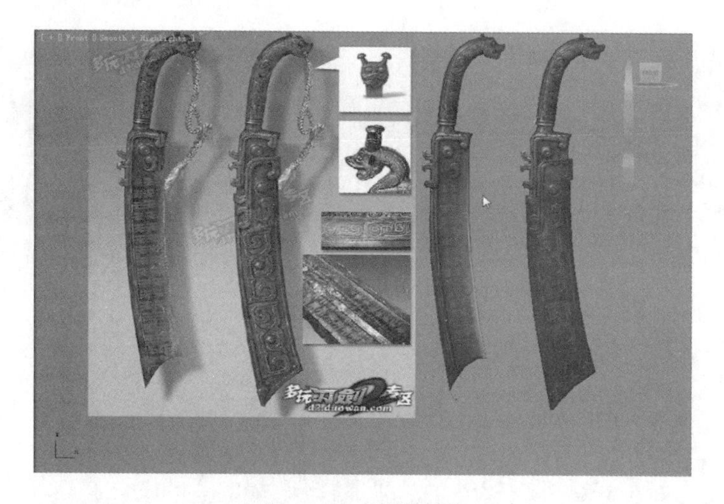

图 2-215 调整贴图

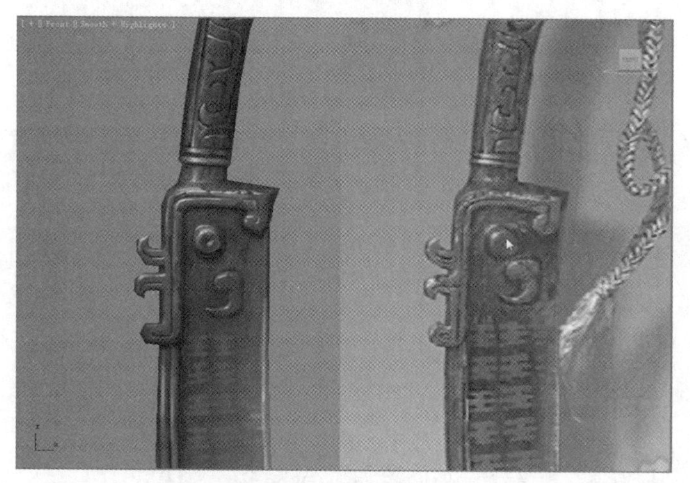

图 2-216 增加细节

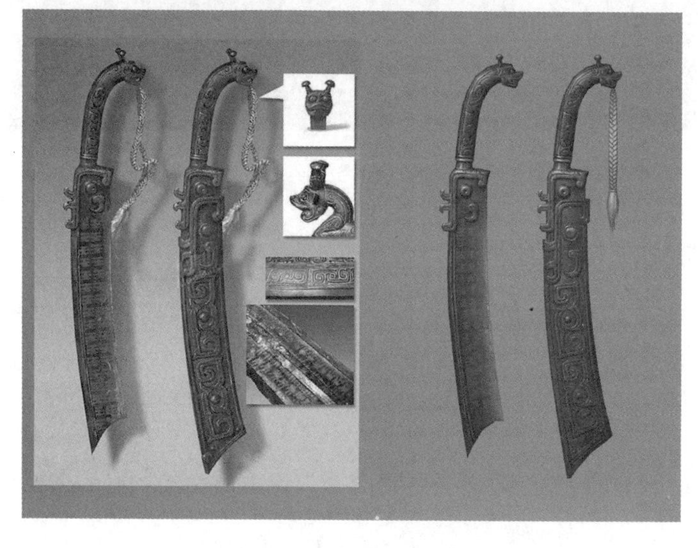

图 2-217 最终效果

本章小结

通过本章的学习，了解武器道具模型，以及UV和贴图的制作流程。其中，模型的结构、UV的摆放，以及贴图的制作流程是学习的重点，在其他类似的武器道具的制作中都可以使用同样的制作方法。如图2-218和图2-219所示，尝试通过制作剑和刀的模型巩固本章知识。

图2-218　剑

图2-219　刀

第3章 手绘卡通场景制作

在制作手绘卡通场景的过程中，使用的模型的面数较少，贴图尺寸较小，需要制作多张贴图完成整体效果。本章主要讲解手绘卡通场景的制作流程。

3.1 手绘卡通场景制作概述

在制作手绘卡通场景模型时，需要分析原画，主要分析原画的比例。具体的制作步骤可以分成 3 个部分，分别是手绘卡通场景模型制作、手绘卡通场景 UV 拆分、摆放和导出，以及手绘卡通场景贴图制作。在制作的过程中必须循序渐进，不可以跳过任何环节。

3.1.1 手绘卡通场景原画分析

通过对场景原画的观察与分析，把相对复杂的原画拆分进行查看。观察原画，得出怎样制作模型更快。分析 UV 如何镜像共用，最大限度地使用贴图空间。对于一些可以镜像制作的模型可以只制作一半或四分之一，以大大减少在模型制作上的时间。综上可知，原画分析是模型制作中必不可少的步骤。

场景中的房屋主体和旁边的蒸汽桶，都可以使用左右镜像的方法制作。例如，在场景中出现比较多的小酒桶可以只制作一个，其他的小酒桶复制操作即可。地面和场景中的一些小物体，可以定制贴图完成。原画分析如图 3-1 所示。

图 3-1　原画分析

3.1.2 手绘卡通场景比例分析

要找对场景的比例大小。在场景中没有角色身高参照的情况下，可以使用场景中较小物体作为比例尺。卡通场景如图 3-2 所示。例如，使用小酒桶作为比例参照，选择小酒桶，在 Photoshop 中按 Ctrl+J 快捷键，将其移动到一边进行叠加排放。卡通场景比例分析如图 3-3 所示。因为原画是有透视关系的，所以不能水平移动，而应移动到与原画中地表接近的高度往上叠加。这样可以清楚地观察整个房子的比例，以及房子的每一层有多高，做到心中有数。

图 3-2 卡通场景

图 3-3 卡通场景比例分析

3.2 手绘卡通场景模型制作

3.2.1 手绘卡通场景模型搭建

下面制作整个场景的大体框架结构，此时不要纠结于细小的模型结构的摆放与制作，而要找准模型的整体比例。

制作一个作为比例尺的小酒桶，同样在 3ds Max 的大型模型制作中把小酒桶作为比例参考。在透视图中创建一个圆柱体。在 3ds Max 界面右侧的属性面板中单击【Create】(创建）按钮，选择【Geometry】(几何体）选项卡，并单击【Cylinder】(圆柱体）按钮创建一个圆柱体，如图 3-4 所示。单击【Modify】(修改）按钮，调节圆柱体的高矮、半径、段数等参数，如图 3-5 所示。

创建好圆柱体之后，为了方便编辑 3ds Max 可以把圆柱体转换为可编辑多边形。右击，在弹出的快捷菜单中选择【Convert To】(转换为）→【Convert to Editable Poly】(转换为可编辑多边形）命令，如图 3-6 所示。下面按照酒桶的形状编辑这个圆柱体。在点选择模式下选择点，并缩放上、下两个面的点，让圆柱体变成桶状，如图 3-7 所示。按照之前的比例把制作完成的小酒桶垂直排列 8 个，作为模型的比例尺，同时不要忘记多预留一个小酒桶放在场景中。

图 3-4　单击【Cylinder】按钮

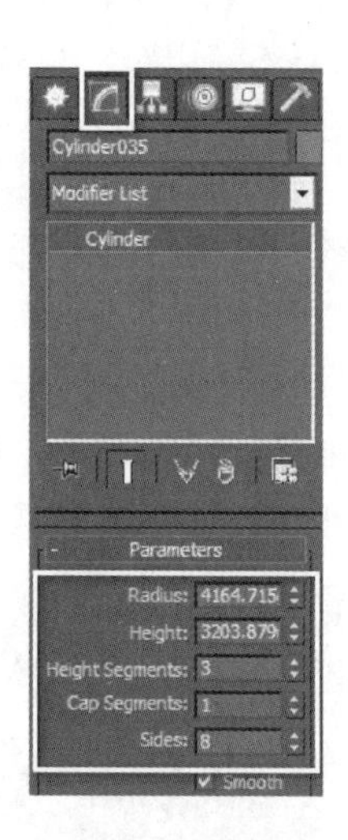

图 3-5　调节圆柱体的参数

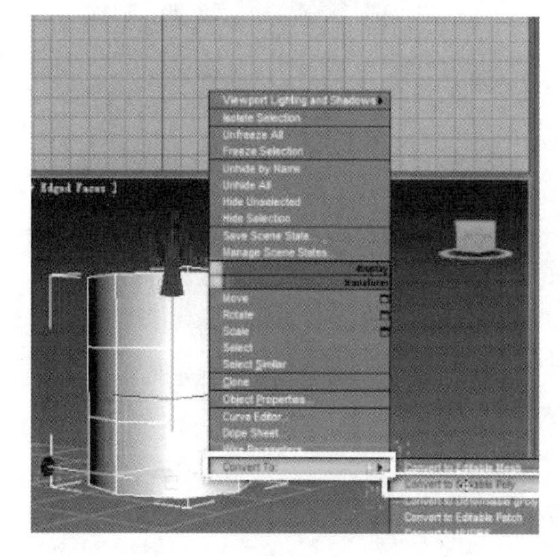

图 3-6　转换为可编辑多边形

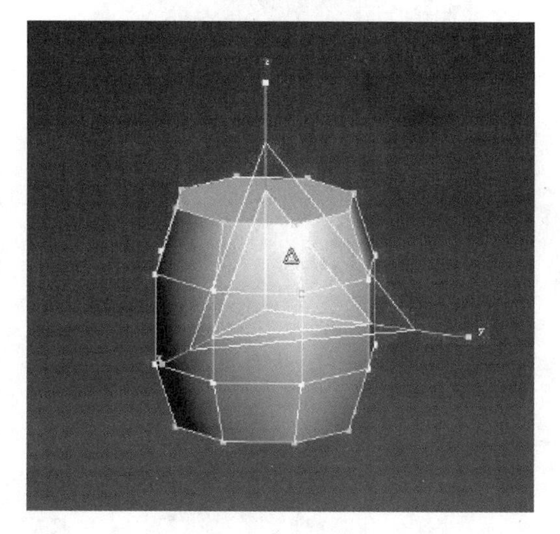

图 3-7　调节圆柱体

下面开始制作场景中较大的主题物体。具体步骤如下。

首先，创建房子的第一层。单击【Create】（创建）按钮，选择【Geometry】（几何体）选项卡，并单击【Box】（长方体）按钮创建一个正方体，并将正方体转换为可编辑多边形，以便下一步制作。

其次，在第一层楼的基础上创建出第二层楼的结构，第二层比第一层稍大一些，可以删除之前制作完成的正方体的顶面。在面选择模式（快捷键为 3）下选择顶面，按 Delete 键删除所选的面，如图 3-8 所示。

删除面之后会留有一个开放边，使用这个开放边可以进行第二层楼的创建。选择长方体上开口的一圈边，在坐标为可缩放的情况下，按住 Shift 键移动光标，将开口的一圈边进行放大，就会出现一个面，这个面作为第二层楼的底面。下面还是选择开放边，在坐标为可移动的情况下，按住 Shift 键将开放边向上移动，就创建出了第二层楼的墙面，如图 3-9 和图 3-10 所示。

下面创建屋顶。使用现有的开放边，同样按住 Shift 键将开放边向上移动，拖曳出 4 个面。

选择其中两条线并右击，在弹出的快捷菜单中选择【Collapse】(塌陷)命令，如图 3-11 和图 3-12 所示。

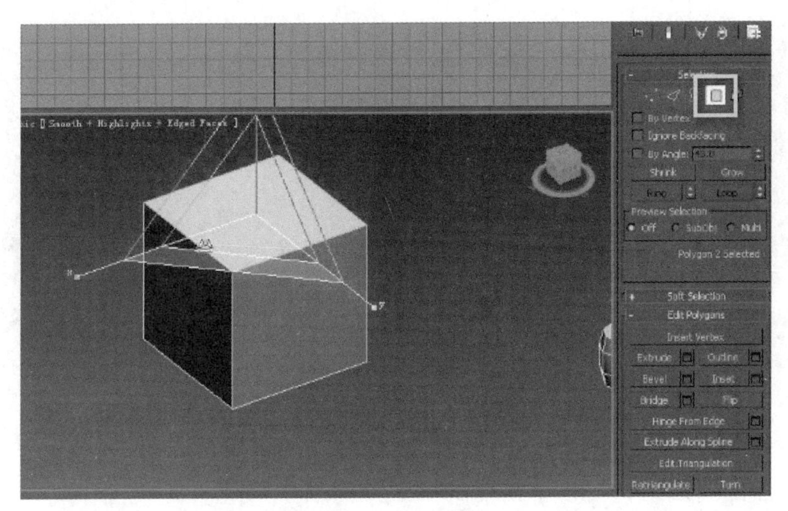

图 3-8　删除面

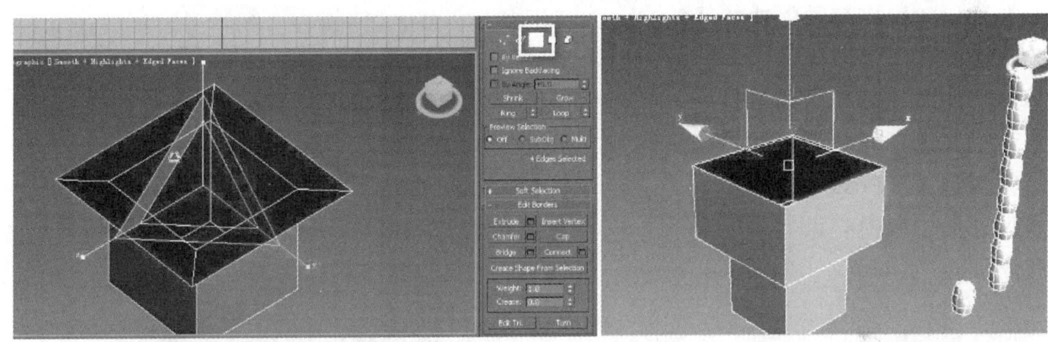

图 3-9　使用开放边创建模型 1　　图 3-10　使用开放边创建模型 2

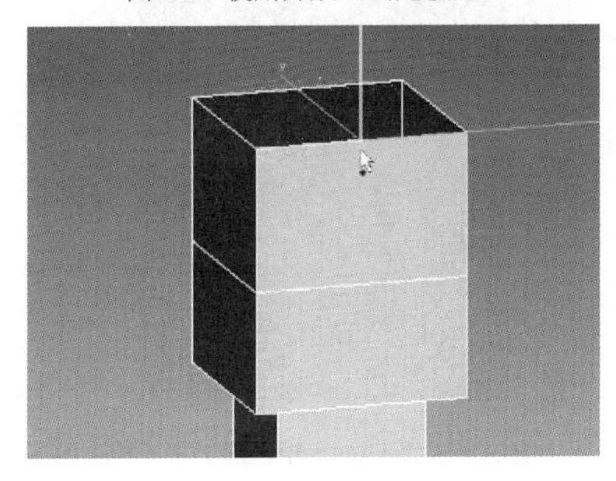

图 3-11　塌陷 1

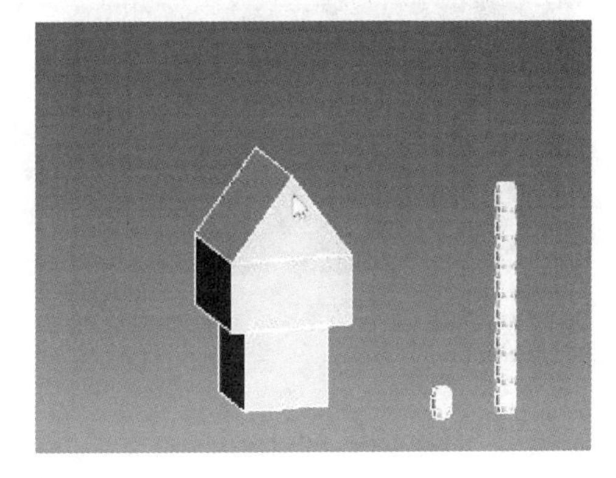

图 3-12　塌陷 2

房子下面突出的砖块结构为底座，它的制作方法与两层楼的制作方法是一样的。把第一层楼下面的面删除，并将开放边先向外放大再向下拖曳，如图 3-13 所示。

接下来可以把房子下面的木板底座制作出来，同样拉出一个长方体并将长方体调整到合适的大小。

下面制作旁边的蒸汽桶。将创建的圆柱体的段数调节为 16 段，如图 3-14 所示。16 是可以被 4 整除的，因为考虑到后面可能会镜像，所以只制作四分之一就行。

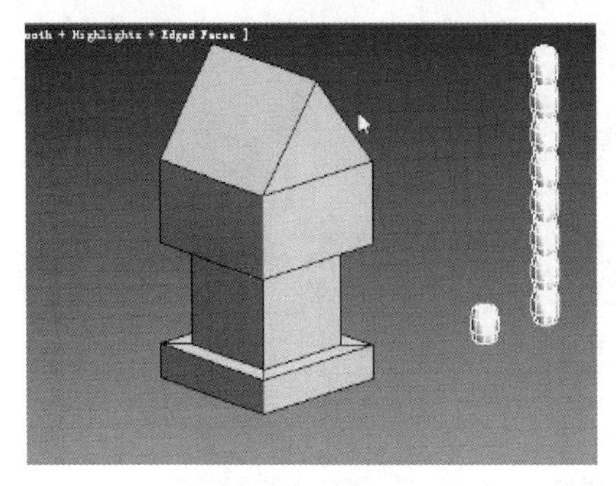

图 3-13　制作底座

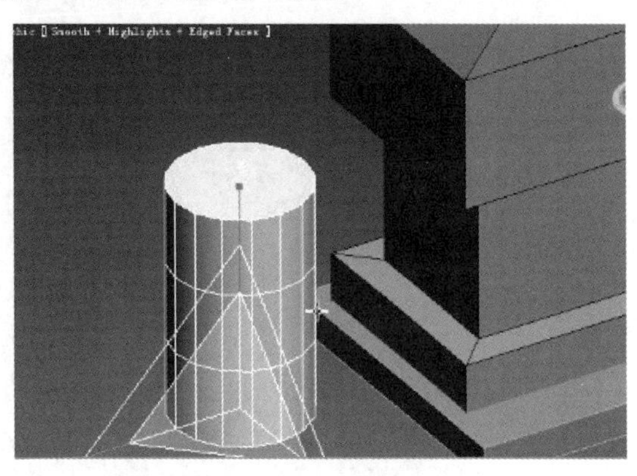

图 3-14　圆柱体的创建

蒸汽桶上面的圆弧结构可以单击【Sphere】（球体）按钮在顶视图中制作。创建的球体的段数要与下面圆柱体的段数一样，球体的直径也尽量与圆柱体的直径相等。选择球体并右击，在弹出的快捷菜单中选择【Convert to Editable Poly】（转换为可编辑多边形）命令，并删除下面的一半，使其变为半球体，如图 3-15 所示。单击【对齐】按钮，把半球体和圆柱体对齐。先选择半球体，然后单击【对齐】按钮，再选择圆柱体，会出现如图 3-16 所示的对话框。选择需要对齐的轴向。例如，因为在本例中需要对齐 *X* 轴向和 *Z* 轴向，所以可以取消勾选【Y Position】复选框，并选中【Center】（中心）单选按钮，这样半球体就会和圆柱体在同一个中心点上。

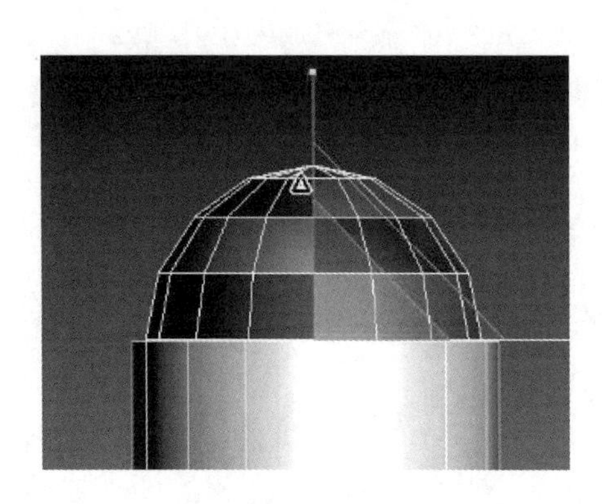

图 3-15　设置球体

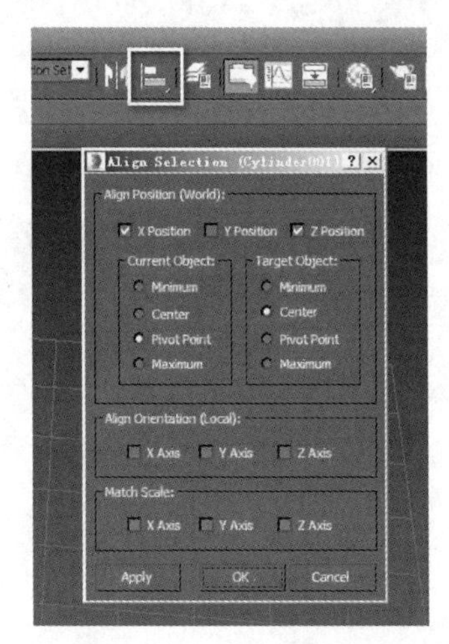

图 3-16　【Align Selection】对话框

蒸汽桶下面也有一个底座，其制作方法和之前底座的制作方法一样，同样使用开放边挤出面。

蒸汽桶上面的烟囱，可以使用半球体的顶面挤出烟囱的形状。选择半球体的顶面，进行挤出操作，如图 3-17 所示。单击【Extrude】（挤出）按钮调整挤出高度，调整到合适的位置即可，如图 3-18 所示。

图 3-17　挤出

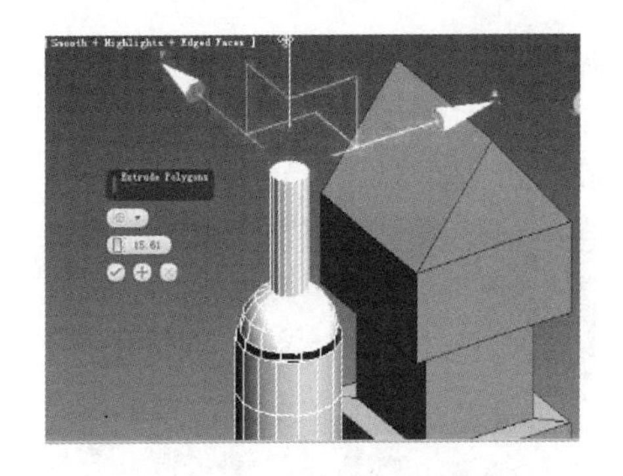

图 3-18　调整挤出高度

首先，后面的小桶也同样使用圆柱体代替并将其移动到相应的位置上；其次，使用长方体创建一个地面。这时场景中的物体都已经有了一个大致轮廓，可以根据原画调整之前制作的模型的比例。

把房子模型通过加线分成四份，镜像制作可以节省很多时间。如图 3-19 和图 3-20 所示，选择要添加的线，并单击【Connect】（连接）按钮，进行连接。

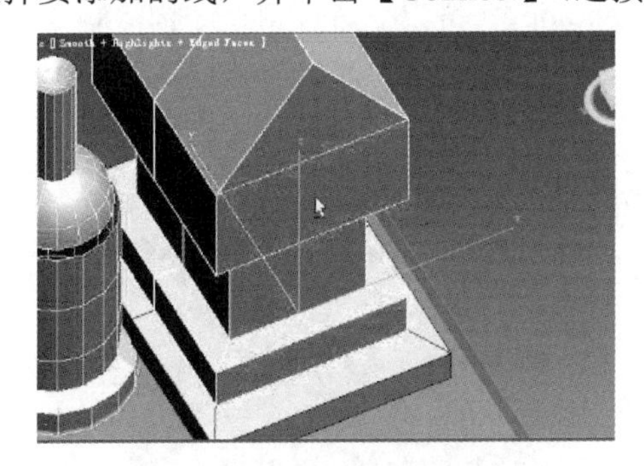

图 3-19　连接 1

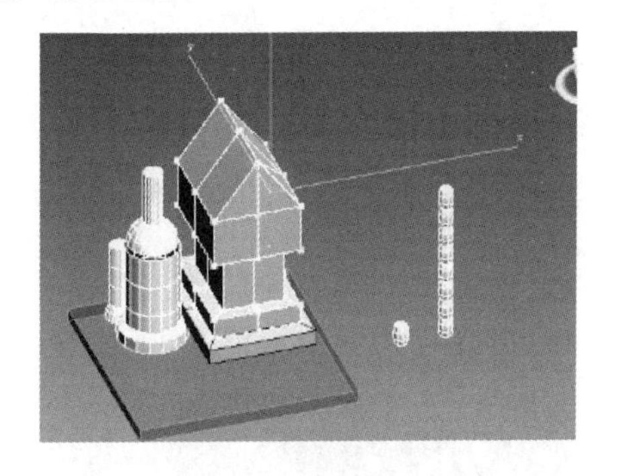

图 3-20　连接 2

屋顶旁边的小房子可以通过复制大房子制作，如图 3-21 和图 3-22 所示。选择要复制的面，先按住 Shift 键将面拖曳出来，再选择【Clone To Object】（克隆模型）按钮，进行单独复制。

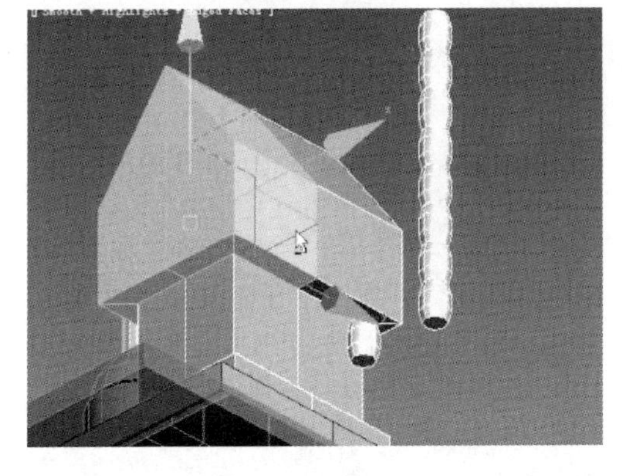

图 3-21　复制 1

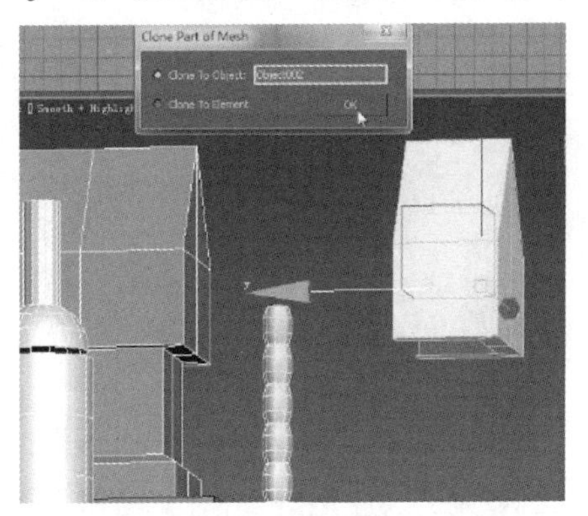

图 3-22　复制 2

把复制出来的模型缩放到合适的大小，并旋转 90 度放到合适的位置上，如图 3-23 所示。

下面制作房子下面支撑的木桩。它是一个上大下小的结构，可以直接使用【Box】（长方体）命令制作。创建一个长方体，右击，在弹出的快捷菜单中将长方体转换为可编辑多边形，先把上面的面放大，然后把上、下两个看不见的面删除，并把放大的面放到合适的位置即可。支撑的木桩效果如图 3-24 所示。

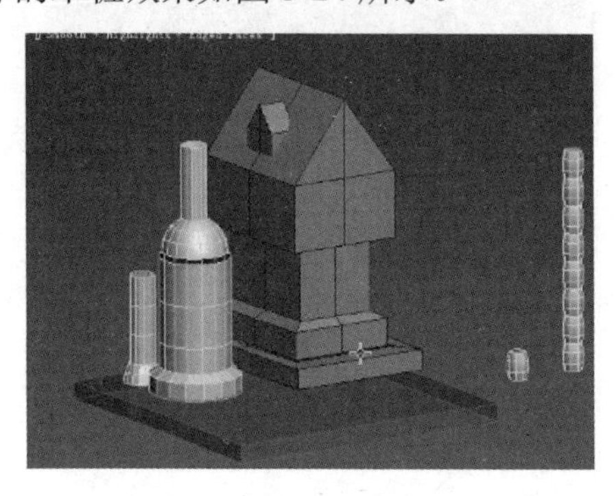

图 3-23　缩放并旋转

图 3-24　支撑的木桩效果

路灯底座是一个梯形结构。先创建一个长方形，并把模型上面的面缩小，再使用【Inset】（插入）命令插入一个面，如图 3-25 所示。使用【Extrude】（挤出）命令调整结构，制作出路灯的形状。直接复制一个之前制作好的木桶，作为上面的木桶，木桶后座可以使用一个与其大小差不多的长方体代替，如图 3-26 所示。

图 3-25　插入面

图 3-26　木桶后座

房子的门也可以通过提取房子上的面来制作，如图 3-27 所示。提取面之后，调整其大小和位置，并通过开放边将其向后拖曳调整厚度。房子的门的效果如图 3-28 所示。

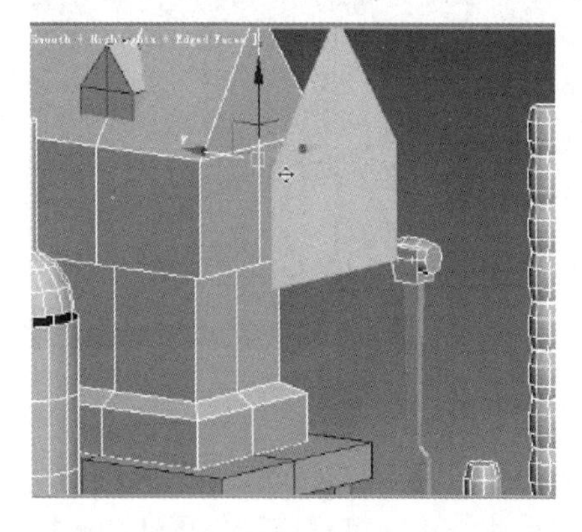

图 3-27　提取面

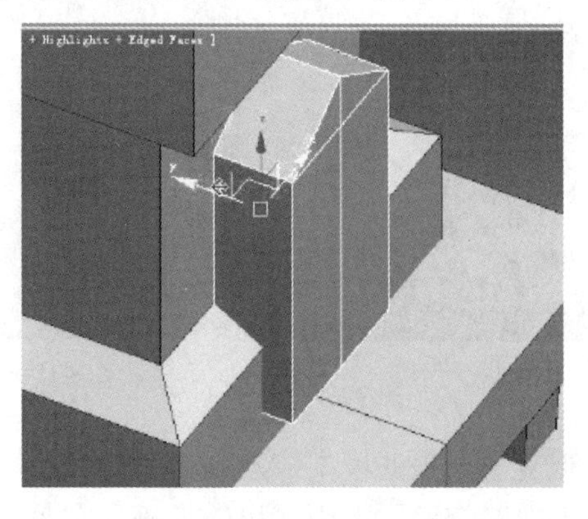

图 3-28　房子的门的效果

在正视图中使用【Box】（长方体）命令创建楼梯，如图 3-29 所示。先制作一个长方体把整体轮廓搭建出来，然后加线把中间需要制作的楼梯部分分离，如图 3-30 所示。

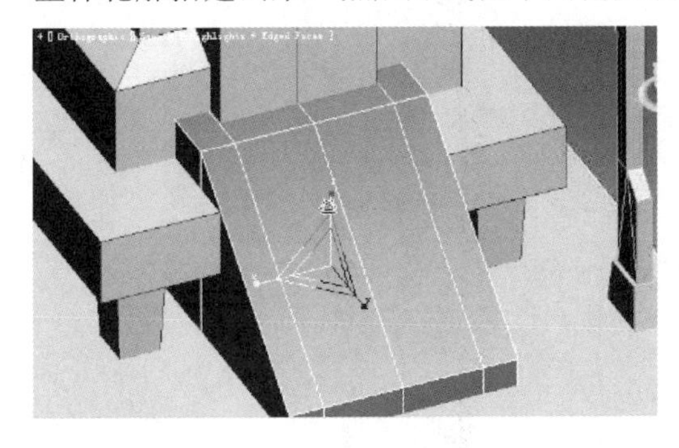

图 3-29　创建楼梯

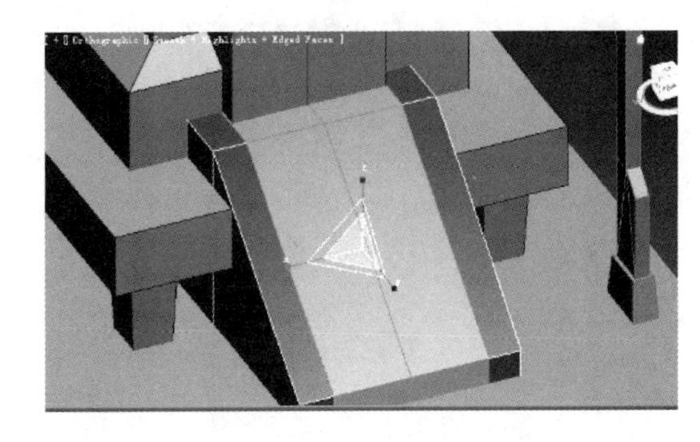

图 3-30　分离楼梯

分离之后，为楼梯部分添加段数，如图 3-31 所示。调整线，制作出楼梯的样子，如图 3-32 所示。

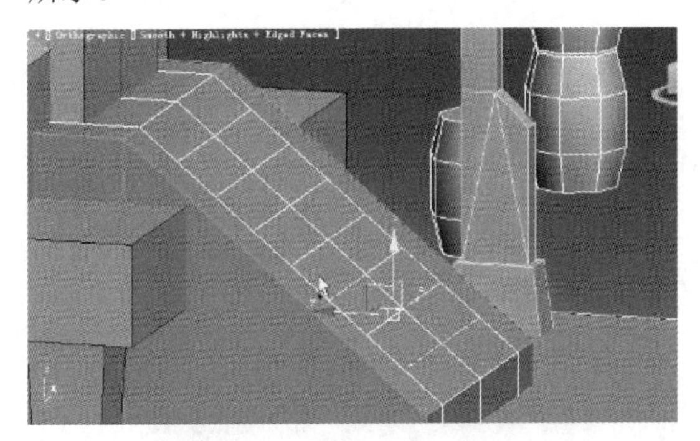

图 3-31　添加段数

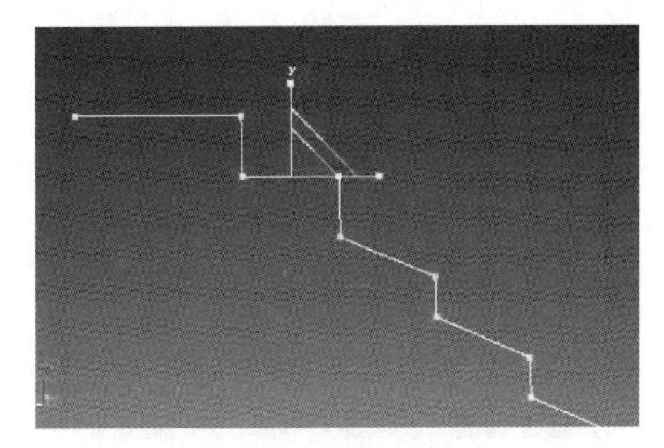

图 3-32　调整布线

在侧视图中进行调整，让每条线都是直的。可以使用拍平工具制作，选择要拍平的轴向，并单击【Make Planar】（拍平）按钮。实施拍平操作后，楼梯就制作完成了。拍平操作如图 3-33 和图 3-34 所示。

图 3-33　拍平 1

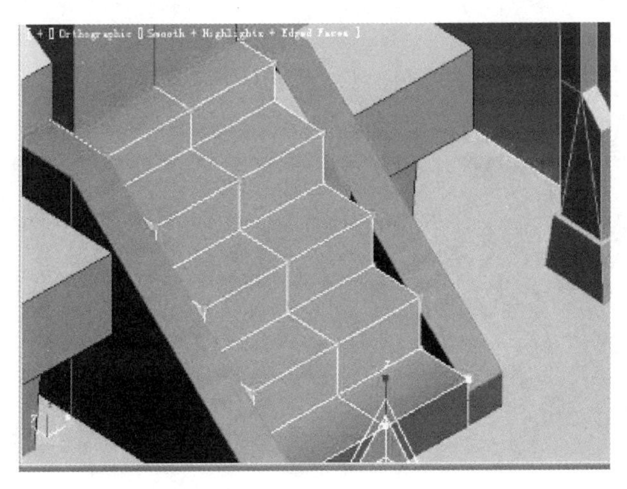

图 3-34　拍平 2

单独显示楼梯的框架，把背面和底面删除，把两边的开放边使用【Cap】（补面）命令进行封口，如图3-35所示。封口之后，把线连上（见图3-36），不要出现多边形的面。

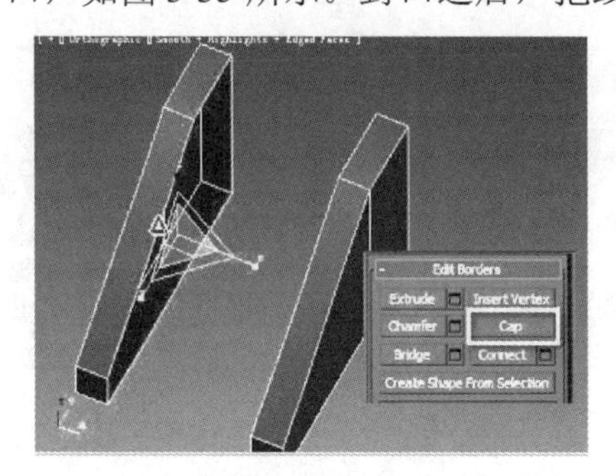

图3-35　封口

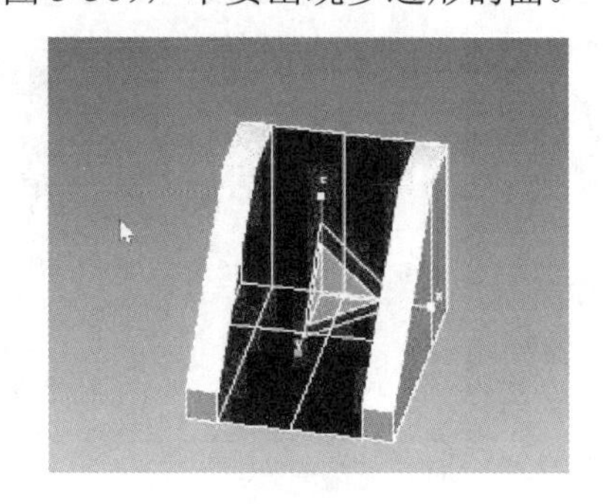

图3-36　连线

制作完成之后应全部显示，以便进行调整，不应有穿插的情况出现。

调整完成之后，继续完善之前的蒸汽桶。同样使用从开放边挤出面的方式制作上面的一圈边，如图3-37和图3-38所示。

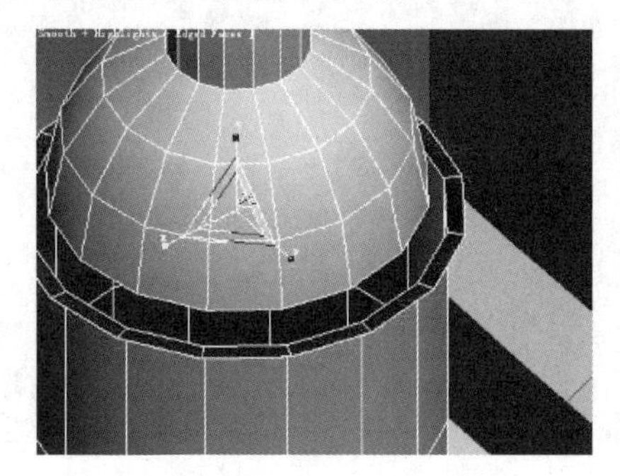

图3-37　从开放边挤出面1

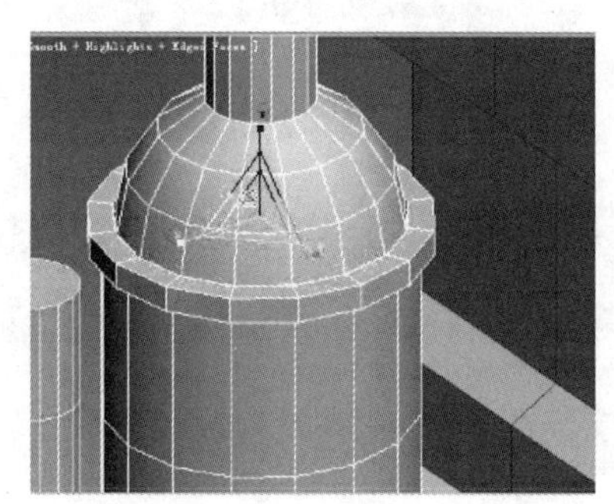

图3-38　从开放边挤出面2

制作完成之后，选择开放边上的所有点，并单击【Weld】（焊接）按钮把点合上，不要留有缺口。

下面也有一个突出的结构，可以将圆柱体上原有的两条线移动下来，并进行缩放，如图3-39所示。

房子旁边的窗户同样可以通过复制房子的面完成，如图3-40。复制完成后，对面进行缩放和旋转，并将其放在相应的位置上，如图3-41所示。

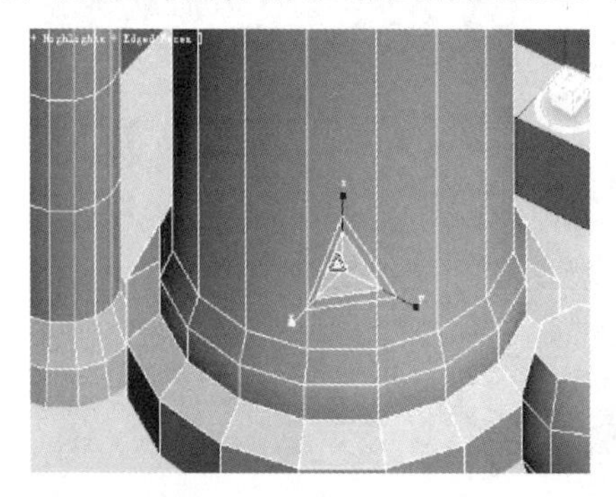

图3-39　移动并缩放线

图3-40　复制房子的面

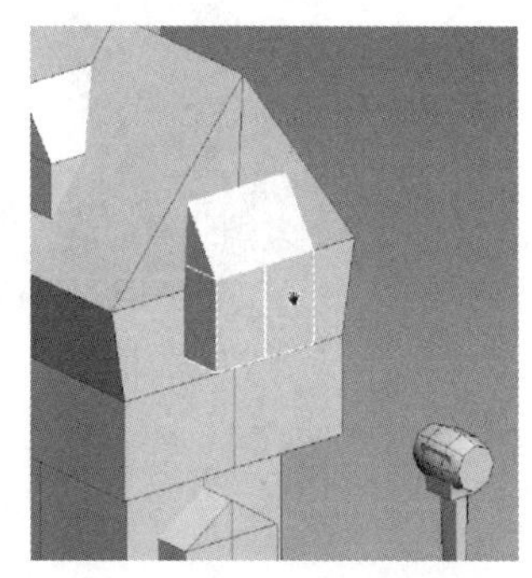

图3-41　缩放和旋转面

在制作模型的过程中，要不断调整模型的形状及比例。调整模型，如图 3-42 和图 3-43 所示。

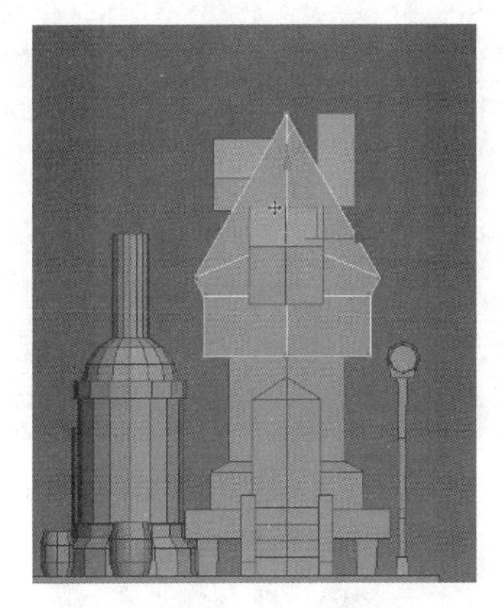

图 3-42　调整模型 1

图 3-43　调整模型 2

烟囱的制作同样可以通过创建和调整长方体，并在顶面插入面挤出的方法制作。因为烟囱是一个比较简单的物体所以可以制作成一体的，可以挤出上面的结构。制作烟囱，如图 3-44 和图 3-45 所示。

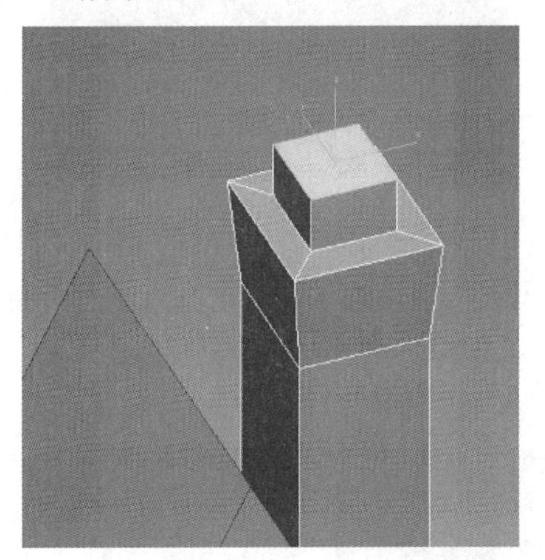

图 3-44　制作烟囱 1

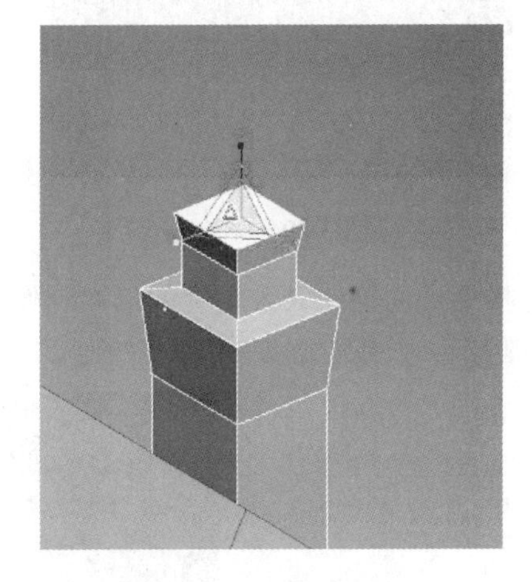

图 3-45　制作烟囱 2

挤出后，按照原画的结构对模型进行调节，应尽量与原画保持一致。

在制作梯子时，可以直接使用【Box】（长方体）命令进行拼接，如图 3-46 所示。

在制作阀门时，可以使用【Torus】（圆环）命令，如图 3-47 所示。圆环的中间部分使用【Sphere】（球体）命令制作，段数在 12 段左右，并分别在球体的上、下、左、右方向选择 4 个面进行挤出。

制作圆环的中间部分，如图 3-48 所示。先挤出到一定的位置，再进行缩放，不要直直的 4 条边。缩放如图 3-49 所示。阀门后面的管子就是一个圆柱体倒了一个角，可以使用【Chamfer】（切角）命令进行制作，如图 3-50 所示。制作完成后，单击【Attach】（合并）按钮将两个模型合并在一起，并旋转到合适的位置。

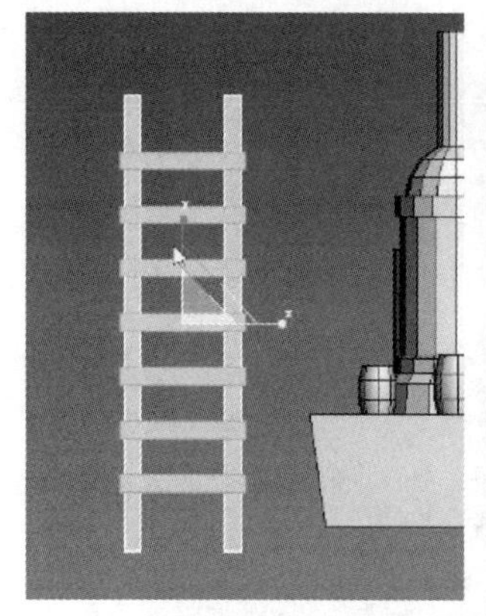

图 3-46　制作梯子

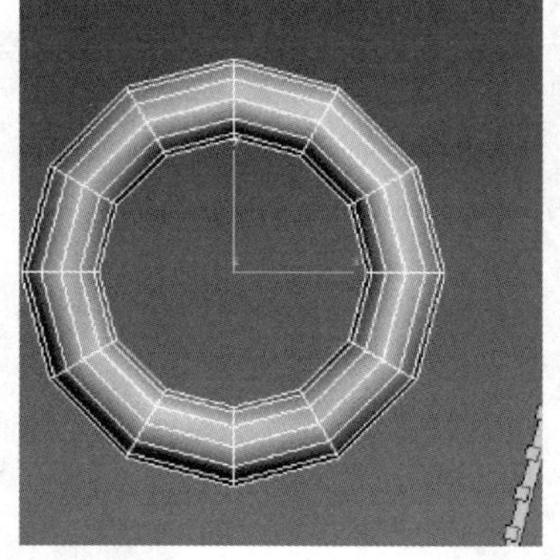

图 3-47　制作阀门

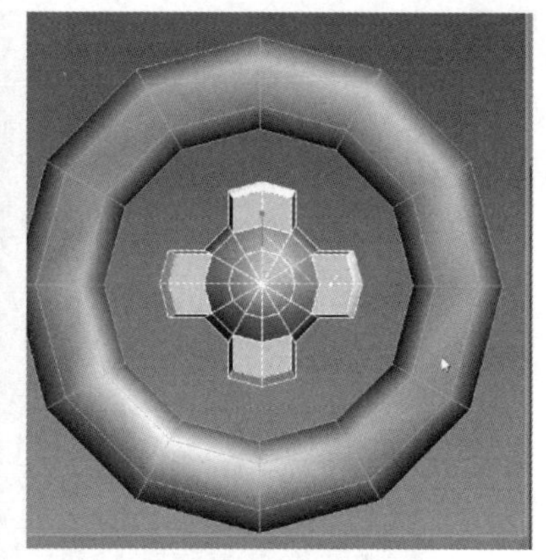

图 3-48　制作圆环的中间部分

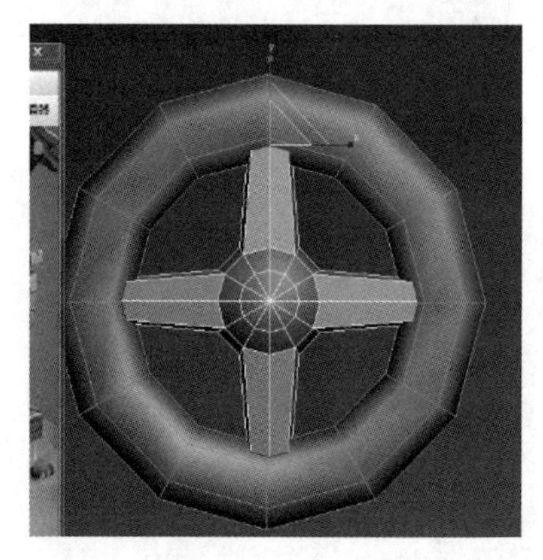

图 3-49　缩放

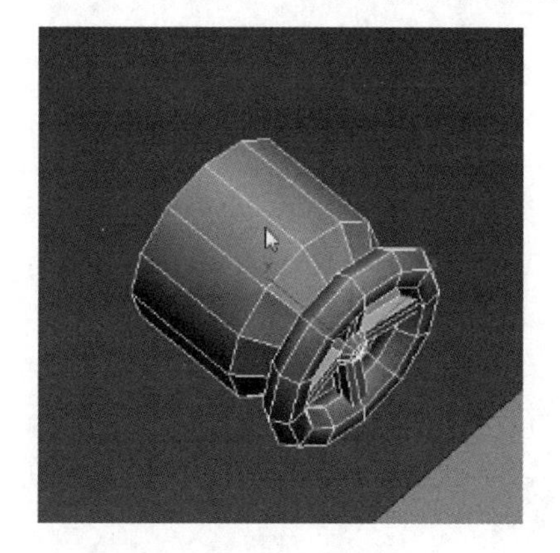

图 3-50　制作阀门后面的管子

这样整个场景的大致轮廓就基本制作完成了，还有一些小物体都可以参考上面的制作方法进行制作。大致轮廓如图 3-51 所示。

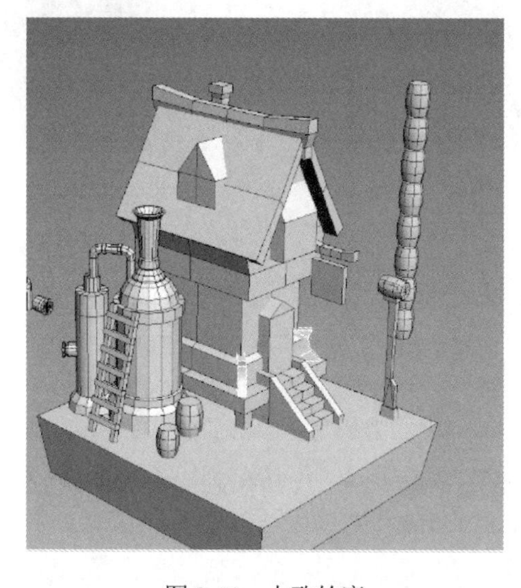

图 3-51　大致轮廓

3.2.2 手绘卡通场景比例调整

大致轮廓制作完成之后，不要急于制作细节，而要先对比原画调节模型的比例，把大致轮廓的比例调整准确之后再进行模型的细化工作。

在对模型和原画进行对比时，可以把模型和原画缩放为大致相同的尺寸，并调整为大致相同的角度，以便观察。模型与原画对比如图 3-52 所示。

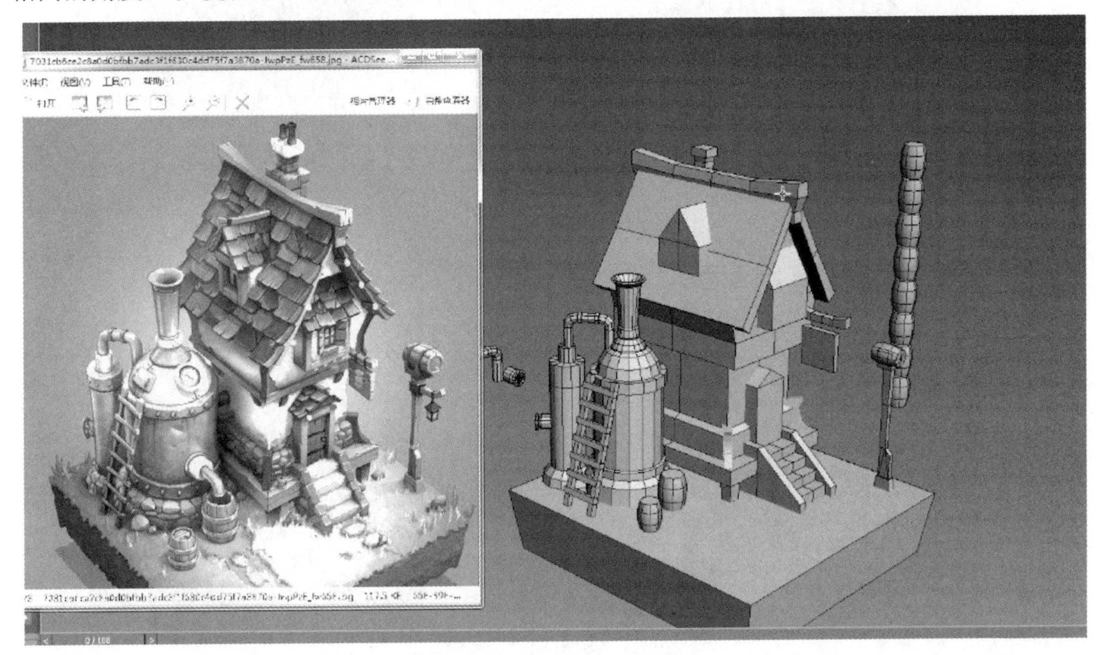

图 3-52 模型与原画对比

整体场景搭建出来之后，就可以把每个物体都作为互相之间的参照物进行对比。比例的调整是在制作模型的过程中一直要做的事情。只要发现比例不合适就要及时调整。对比之后可以发现，烟囱制作小了，房子主体的上半部分也制作小了，蒸汽桶制作细了。通过不断对比和调整，在尽量把模型调节得与原画基本一致后，才可以进行细节制作。

3.2.3 手绘卡通场景结构制作

比例调整完成之后，下面进行模型的结构制作。木桶现在只是一个圆柱体，需要为木桶制作出开口结构。选择圆柱体的顶面，先单击【Inset】（插入）按钮插入一个面，再单击【Extrude】（挤出）按钮将插入的面向下挤出，制作出木桶的开口结构，如图 3-53 所示。在挤出后的面上先使用【Inset】（插入）命令插入一个面，然后使用【Collapse】（塌陷）命令把插入的面上的线合并，应注意不要出现多边面。塌陷如图 3-54 所示。

木桶底面也如图 3-54 所示一样把线合并，不要把底面删除。因为在这个场景中木桶很有可能被移动，所以底面有可能会被看见，因此不能删除。

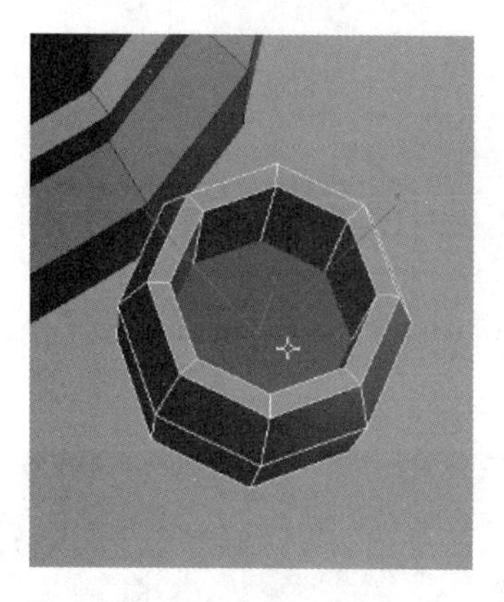

图 3-53　木桶的开口结构

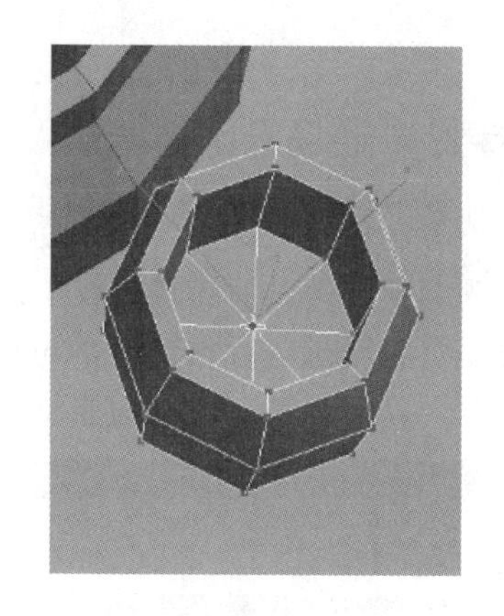

图 3-54　塌陷

原画旁边的有盖子的木桶的制作方法和上述方法相同。木桶模型如图 3-55 所示。在制作门时，同样使用【Inset】(插入）命令，插入面，如图 3-56 所示。

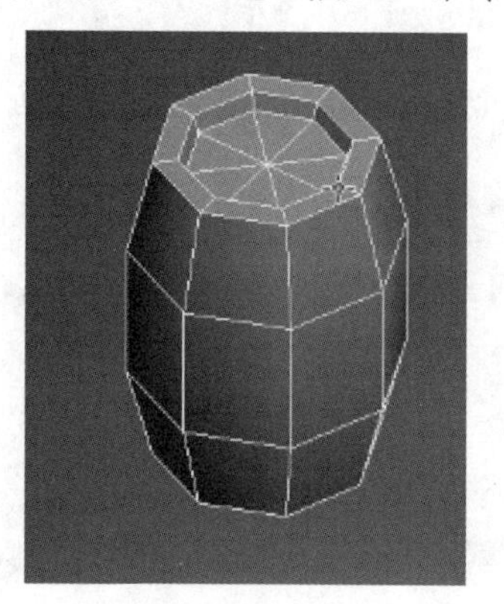

图 3-55　木桶模型

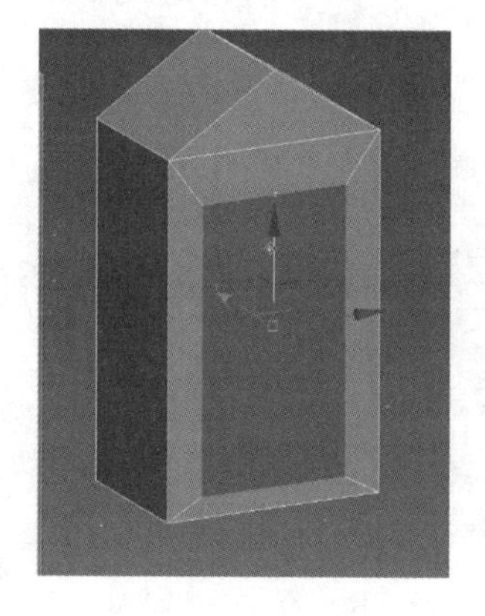

图 3-56　插入面

把正面最下面的梯形面和底部看不见的面删除，并把底面的点打直，如图 3-57 所示。使用【Extrude】(挤出）命令挤出面，如图 3-58 所示。

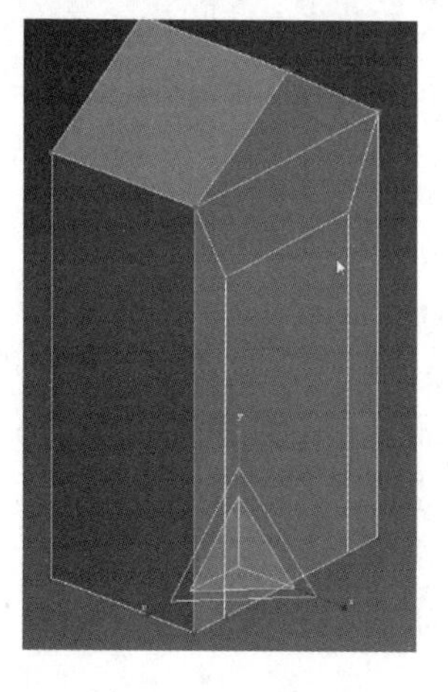

图 3-57　打直底面

图 3-58　挤出面

蒸汽桶旁边的出水管可以使用提取样条线的方法制作。单击【Create】(创建）按钮，选择【Shapes】(图形)选项卡，并单击【Line】(线)按钮，创建样条线，如图 3-59 所示。

在 3ds Max 中可以通过单击【Line】(线)按钮创建想要的形状的线。创建完成线之后，在【Rendering】(渲染)选项组中对样条线进行编辑。勾选【Enable In Viewport】(在视口中启用)复选框，之前创建的样条线就会转变几何体。编辑样条线，如图 3-60 所示。设置【Thickness】(厚度)选项可以调节圆柱体的粗细，设置【Sides】(边)选项可以调节圆柱体的段数，设置【Angle】(角度)选项可以调节圆柱体的角度。选择点、线段和整条线可以对之前创建的样条线进行编辑和调整。单击【Refine】(优化)按钮可以在线上加点。

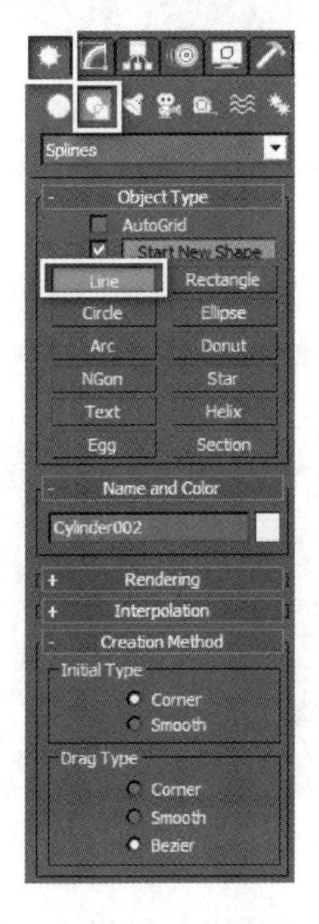

图 3-59　创建样条线

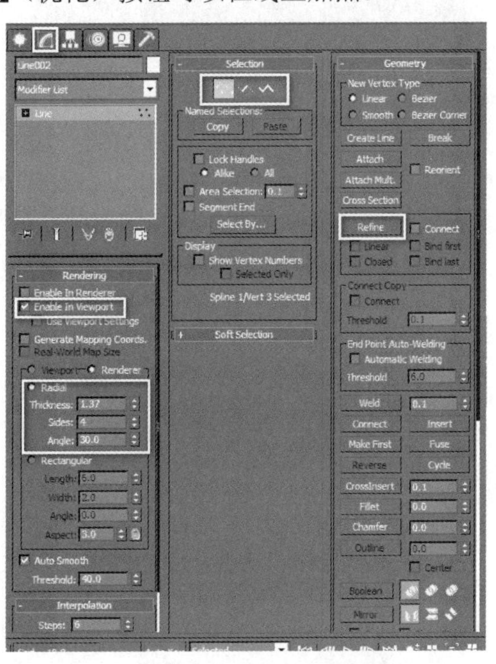

图 3-60　编辑样条线

制作完成的水管模型如图 3-61 所示。模型只有转换为可编辑多边形才可以继续进行编辑。转换为可编辑多边形之后，为水管加线，并放大其后面的面，制作出前细后粗的结构，如图 3-62 所示。

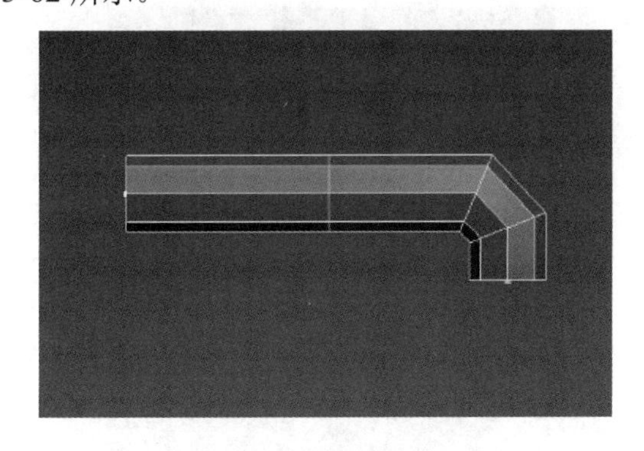

图 3-61　水管模型

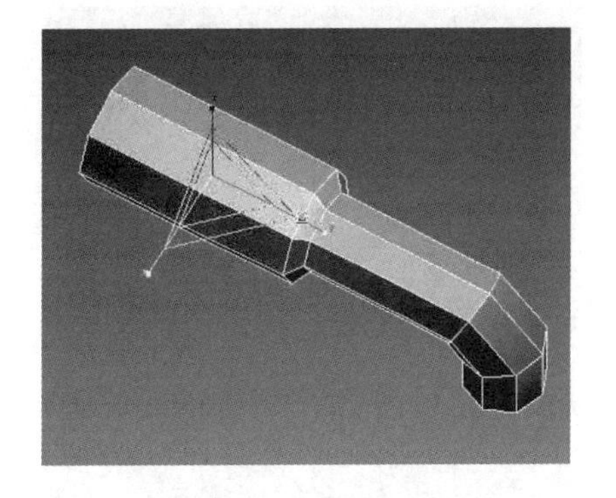

图 3-62　制作水管结构 1

下面还有一个凸起的结构，可以通过开放边挤出的方法删除底面，如图 3-63 所示。制作完成之后，将其放到对应的位置并调整其大小，让模型和场景的比例一致，如图 3-64 所示。

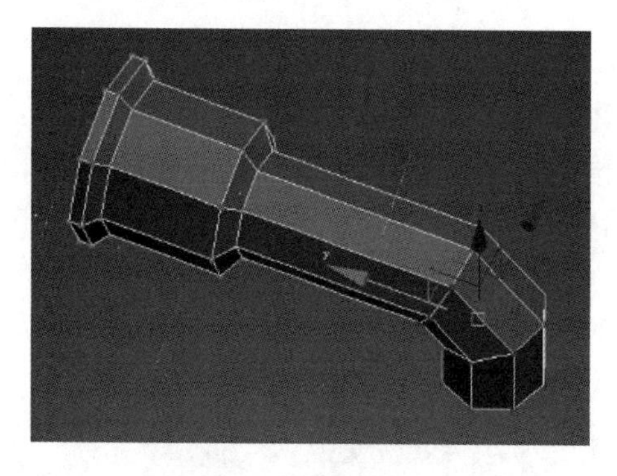

图 3-63　制作水管结构 2

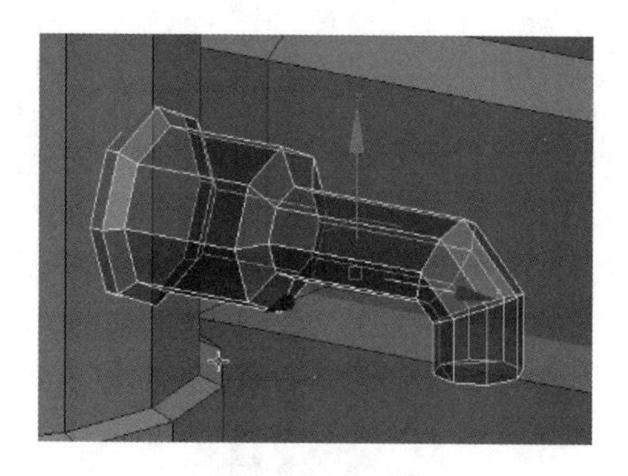

图 3-64　放到对应的位置

调整完成比例之后，可以再丰富一下细节。例如，转弯处可以圆滑一点，选择转弯处的两条线，使用【Chamfer】（切角）工具，倒两个角，切角效果如图 3-65 所示；出水口处可以调整厚度，同样使用开放边挤出的方法，在收口时把底面收进去，收口效果如图 3-66 所示。

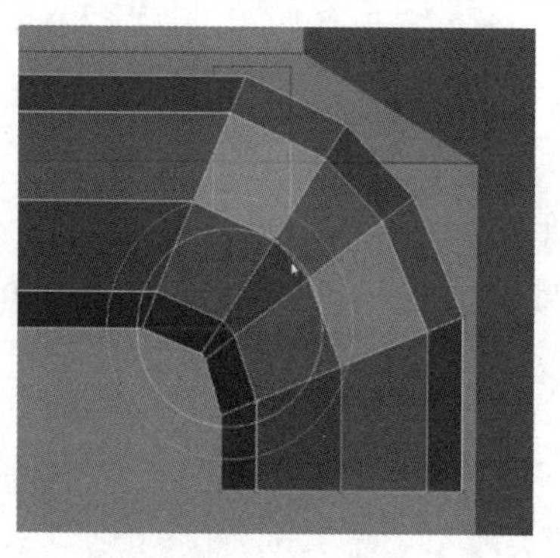

图 3-65　切角效果

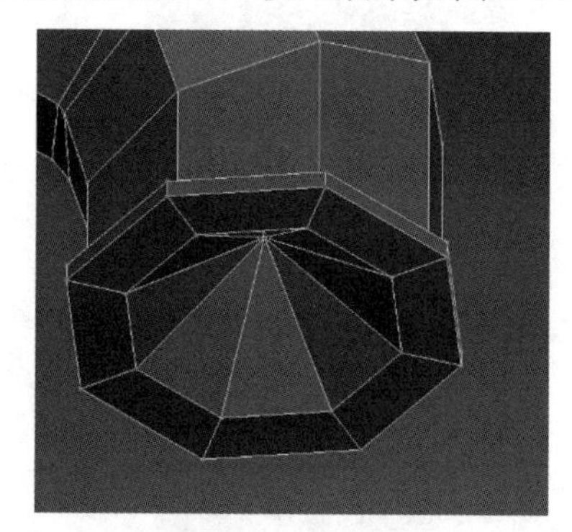

图 3-66　收口效果

上面的指针盘的制作也是使用圆柱体变形的。首先，在顶视图中创建一个圆柱体，使用【Inset】（插入）命令在上面插入一个面，并把插入的面向下挤出、缩小，给它有个斜边的效果，如图 3-67 所示。其次，在这个面上继续插入一个面，并使用【Collapse】（塌陷）命令合并，选择顶点向上拖曳，呈现出圆弧状的效果。塌陷效果如图 3-68 所示。

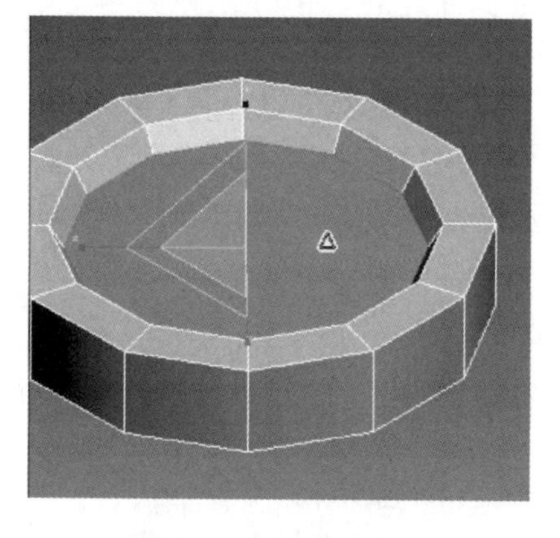

图 3-67　插入并缩小面

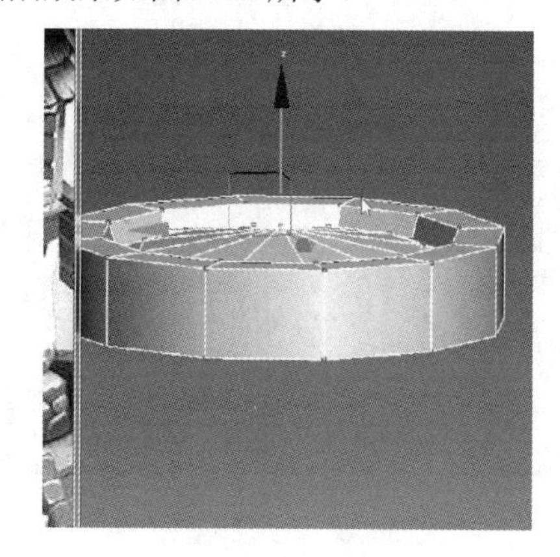

图 3-68　塌陷效果

下面通过提取样条线的方法制作第一层楼和第二层楼之间的木条。把第二层楼的底面封上，并选择底部的4条边，如图3-69所示。在命令面板中单击【Create Shape From Selection】（利用所选内容创建图形）按钮，在弹出的【Create Shape】（创建图形）对话框中，选中【Linear】（线性）单选按钮，并单击【OK】（确定）按钮就把选择的线提取出来转变为样条线了，如图3-70所示。

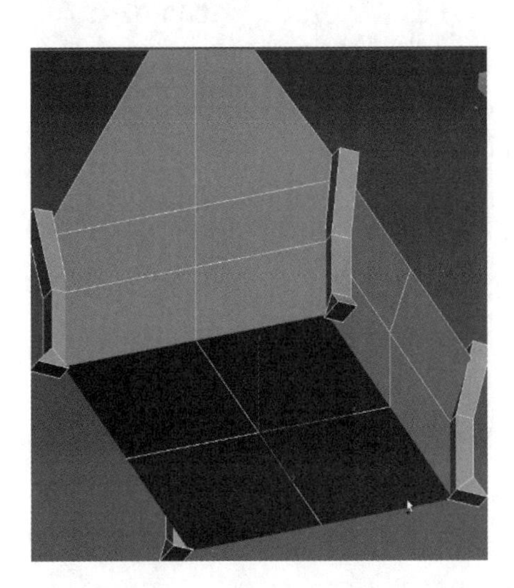

图3-69　提取样条线1

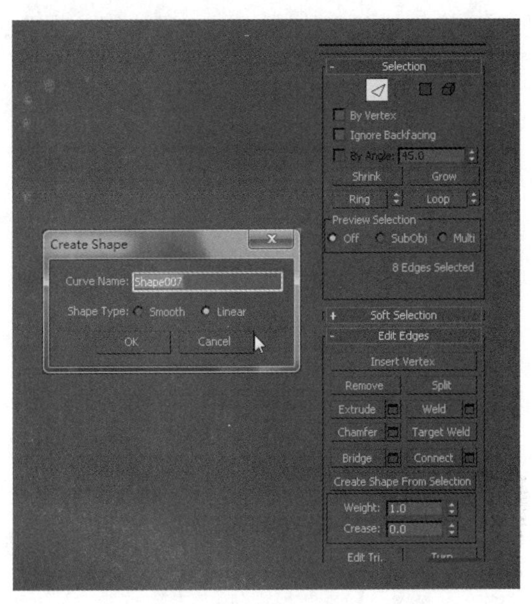

图3-70　提取样条线2

样条线提取出来之后，单击【Modify】（修改）按钮对样条线进行编辑，勾选【Enable In Viewport】（在视口中启用）复选框。使用【Sides】（边）选项可以调节圆柱体的段数，这里可以把段数设置为4，使用【Angle】（角度）选项可以调节圆柱体的角度，这里把角度设置为45°，让提取的样条线呈现正四边形的效果，如图3-71所示。根据原画调节模型的形状和大小。

第二层楼下面有一个小的支撑架，也需要制作。它是一个半圆形的，可以用圆柱体来制作，如图3-72所示。调整布线并将其移动到合适的位置，把看不见的面都删除。完成之后，把支撑架镜像复制。

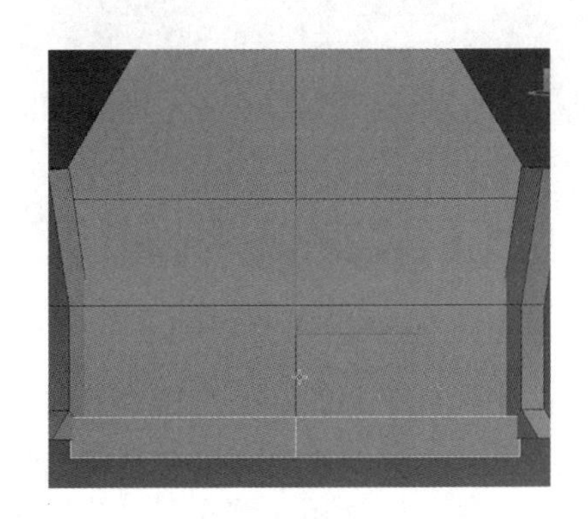

图3-71　正四边形的效果

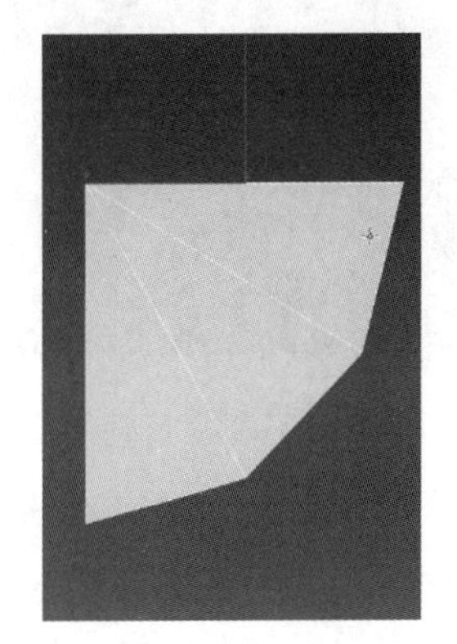

图3-72　制作支撑架

屋顶下面的小房梁使用【Cylinder】(圆柱体)命令制作。一般圆柱体的段数设置为偶数，可以将房梁设置成 6 段或 8 段。外面的面可以大一些，里面的面可以小一点。制作完成后，将房梁放到合适的位置，并调整得比屋檐稍微长一些，如图 3-73 所示。

房子旁边的小门牌的连接，可以通过直接在现有的挂杆上提取面制作。选择其中的 4 个面，并按住 Shift 键使用缩放工具将其放大并提取，如图 3-74 所示。

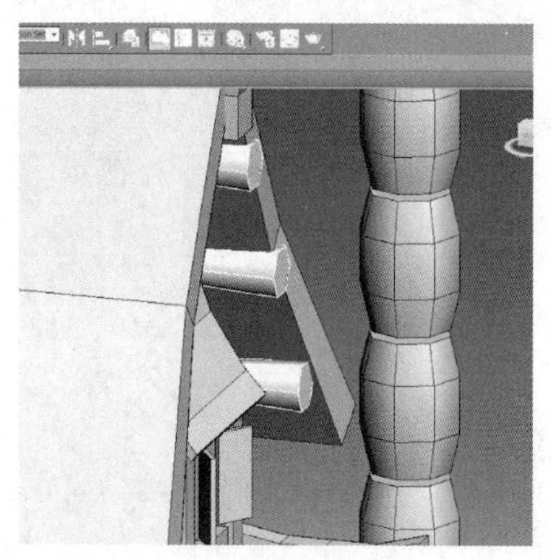

图 3-73　放置房梁

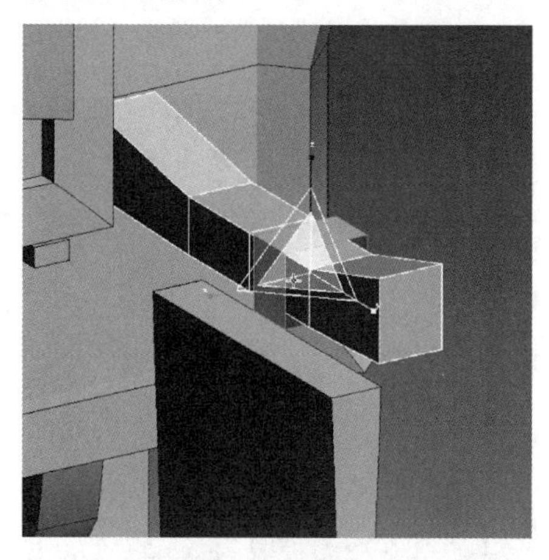

图 3-74　制作挂牌 1

首先调整它的宽度，选择两个面的开口处并按住 Shift 键使用缩放工具制作出面，其次单击【Collapse】(塌陷)按钮把面合并，并把多余的面删除，如图 3-75 所示。现在就是一个封闭的长方体了。先选择这个长方体底面的两条线，使用【Connect】(连接)命令连接出两条横向的线，再把这两条线中间的面使用【Extrude】(挤出)命令挤出作为下面的悬挂，如图 3-76 所示。制作完成后，调整大小。

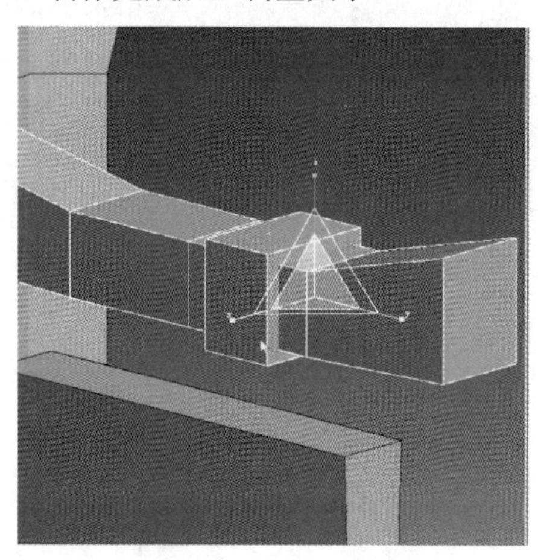

图 3-75　制作挂牌 2

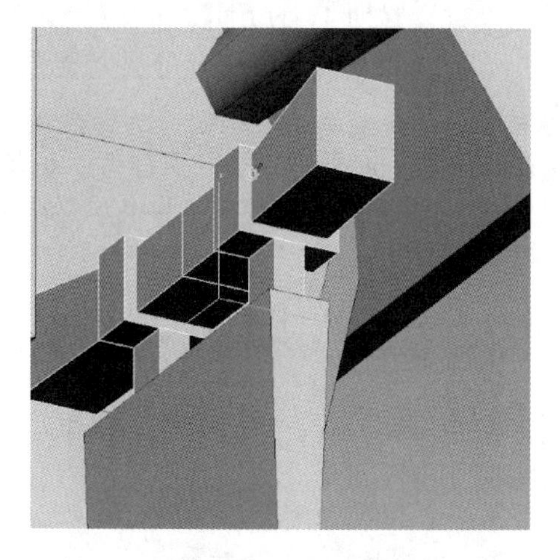

图 3-76　制作挂牌 3

门上的一些小结构，可以在贴图时制作。需要注意的是，突起的结构仍需要模型制作。观察可以发现，因为门上的小横梁和屋顶上小阁楼的横梁是一样的，所以可以直接复制上面的模型，并根据需要修改比例，完成后可以直接使用，如图 3-77 所示。这样可以节省制作的时间，比较快捷。在制作门上的瓦片时，可以选择门的上半部分使用【Detach】(分离)命令分离门，如图 3-78 所示。

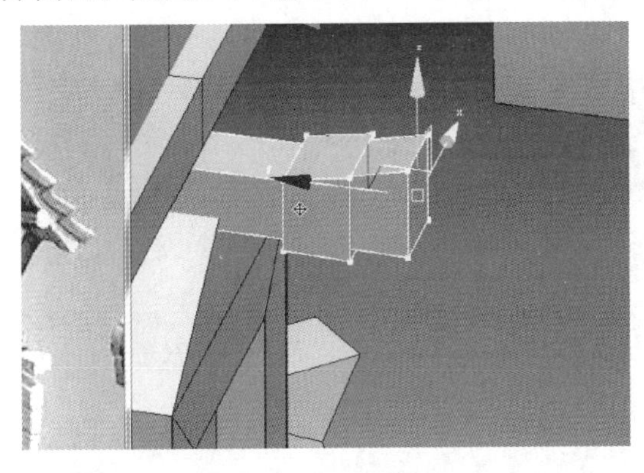

图 3-77　制作横梁

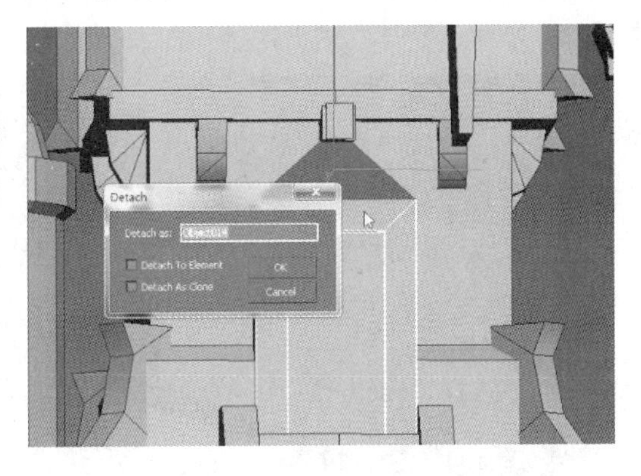

图 3-78　分离门

把分离出来的三角和顶面继续进行分离，并给顶面加线，调整形状，如图 3-79 所示。选择开放边，并将开放边向下拉出厚度，如图 3-80 所示。

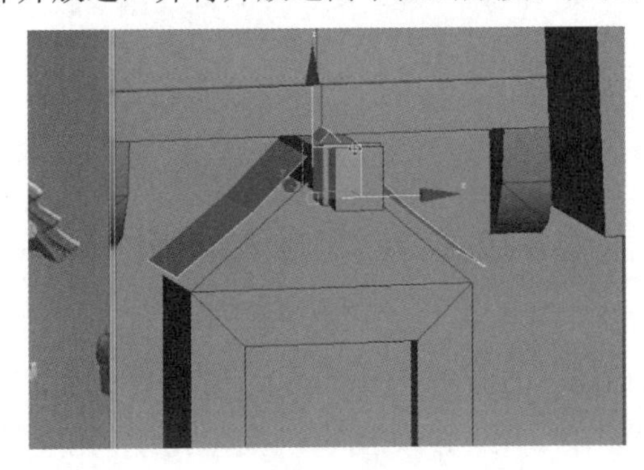

图 3-79　调整形状

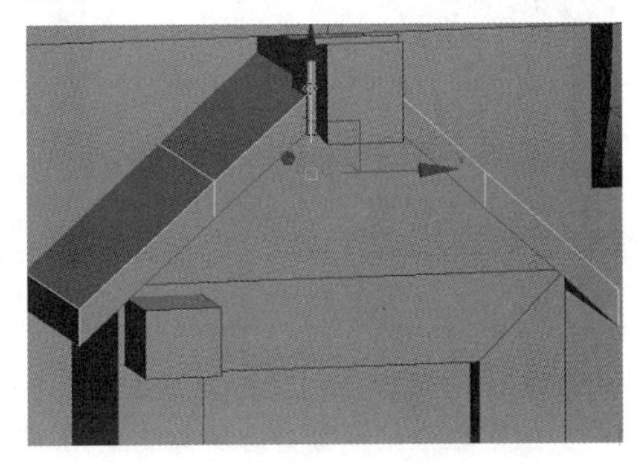

图 3-80　拉出厚度

调整完成之后，把下面的开口面封起来，并重新连线，如图 3-81 所示。此时处于模型的细化阶段，在制作的同时也要查看各个物体之间的比例，一旦发现比例不对就要及时调整，对于之前漏做的结构要及时补上。观察可以发现，在旁边的小邮箱上缺少一个结构，且在柱子上缺少一个金属的突起结构，此时可以在合适的位置上提取想要的面，并把原有的面删除，如图 3-82 所示。

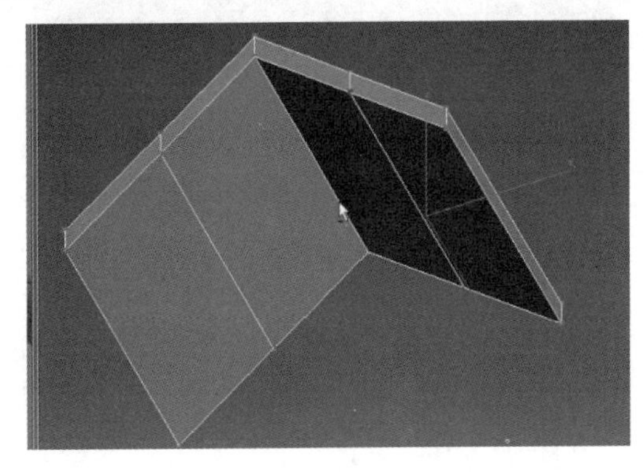

图 3-81　连线

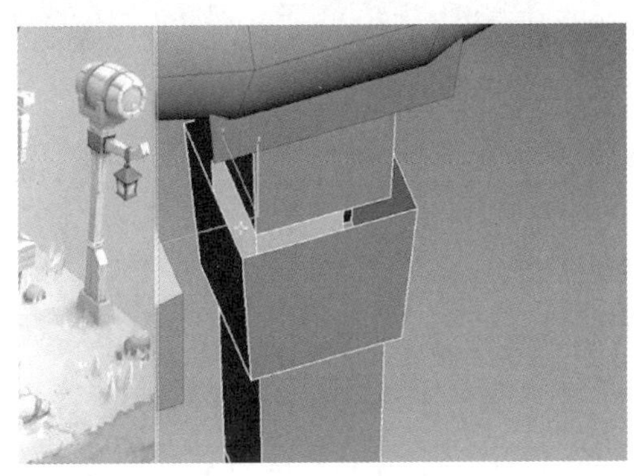

图 3-82　提取想要的面

选择上、下两个开放边，并单击【Bridge】（桥接）按钮把开口合上。桥接面如图 3-83 所示。

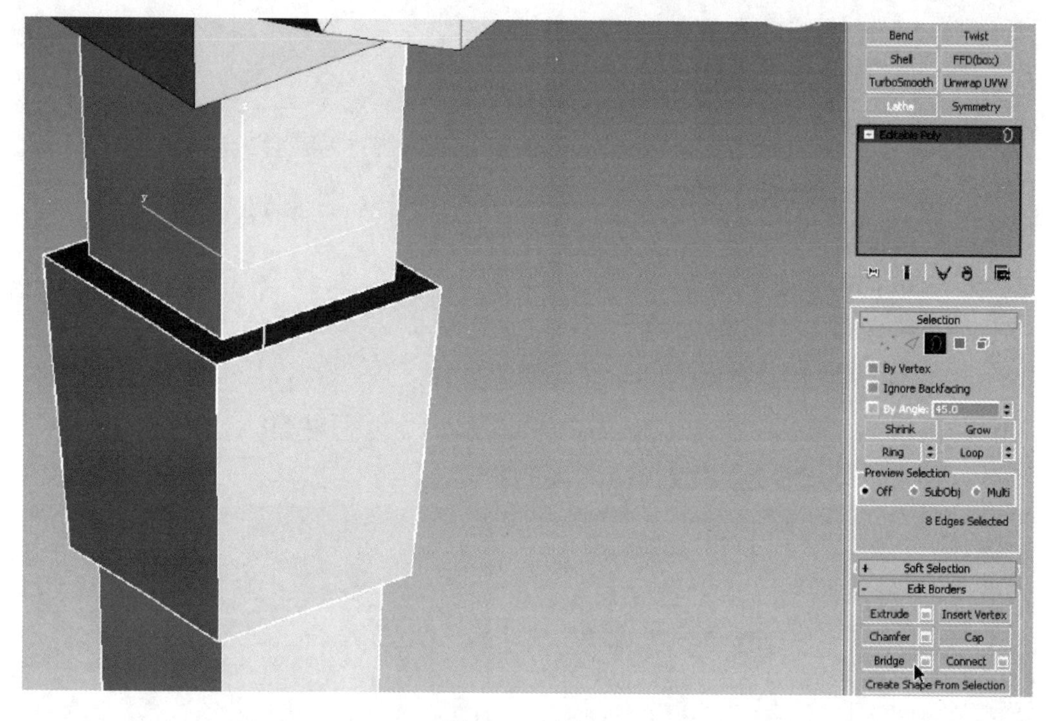

图 3-83　桥接面

下面的开口可以使用同样的方法合上。旁边伸出去的结构，既可以使用提取样条线的方法制作，又可以直接复制旁边类似的结构。制作伸出去的结构，如图 3-84 所示。制作完成后，将其放在合适的位置进行调整，只需要这个模型的一半就可以，先删除一半然后把它插在刚刚制作完成的结构上，穿插模型如图 3-85 所示。模型上有这种穿插结构的，穿插在里面看不见的部分应尽量让它小一些。

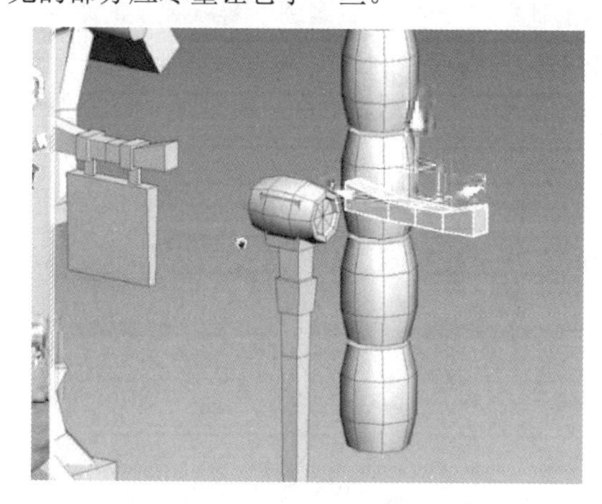

图 3-84　制作伸出去的结构

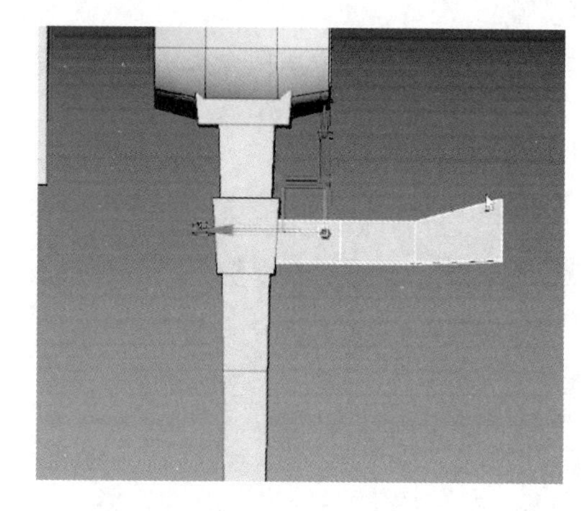

图 3-85　穿插模型

根据原画调整形状（见图 3-86），不需要的线可以删除。

下面制作上面的灯。可以使用等边正方形工具制作灯。先使用【Box】（长方体）命令创建一个长方体，然后通过挤出上面的面制作想要的模型。制作灯，如图 3-87 所示。

图 3-86　调整形状

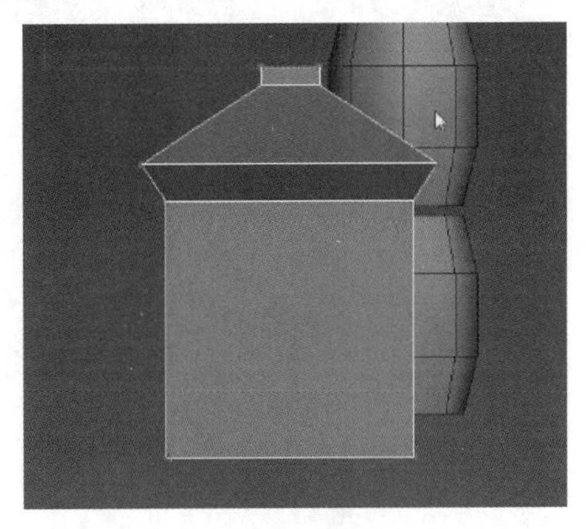

图 3-87　制作灯

在制作上面的挂钩时，可以先使用【Cylinder】（圆柱体）命令创建圆柱体，然后把圆柱体上、下两个面删除只保留侧边的一圈面，如图 3-88 所示。调整侧边一圈面的形状和结构，如图 3-89 所示。

放在台子上的杯子可以通过复制旁边的酒桶并调整其形状来获得。复制酒桶，按住 Shift 键将其拖曳到合适的位置进行缩放并调整其形状。杯子有一个上小下大的结构。杯子的把手可以使用提取样条线的方法制作，制作方法前面有提及，这里不再详细说明。制作完成的效果如图 3-90 所示。

图 3-88　删除面

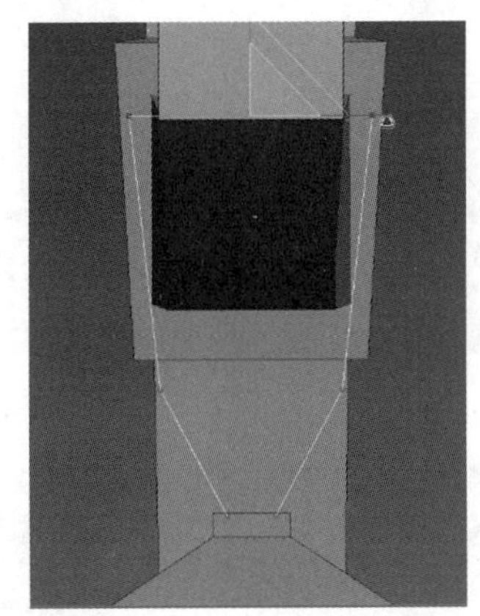

图 3-89　调整形状和结构

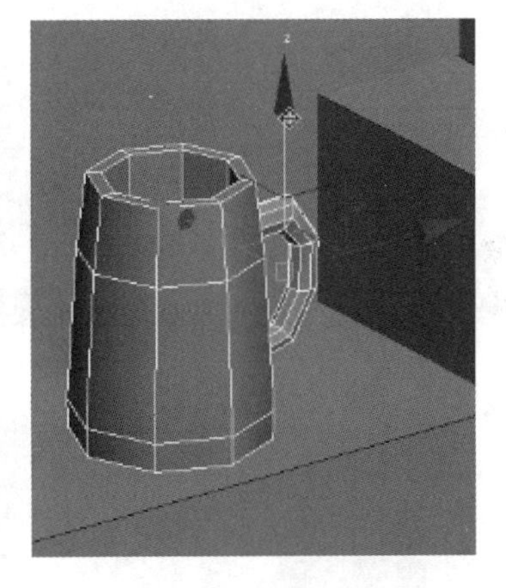

图 3-90　制作完成的效果

蒸汽桶和房子是通过两个圆柱体连接的，直接制作两个圆柱体，并将它们放在中间即可。注意，要调整好圆柱体的大小比例。

这样整体的效果已经有了，此时需要和原画进行对比，观察是否有需要修改的位置。对比效果如图 3-91 所示。先修改比例，再细化其他细节。

在制作屋顶上面的小房子时，应把上半部分的厚度挤出，如图 3-92 所示。下面的木头柱子可以使用提取样条线的方法制作，如图 3-93 所示。

制作完成后，将模型转换为可编辑多边形，在上面进行加线，挤出上面的结构，如图 3-94 所示。调节形状，使其与原画的形状一致，如图 3-95 所示。

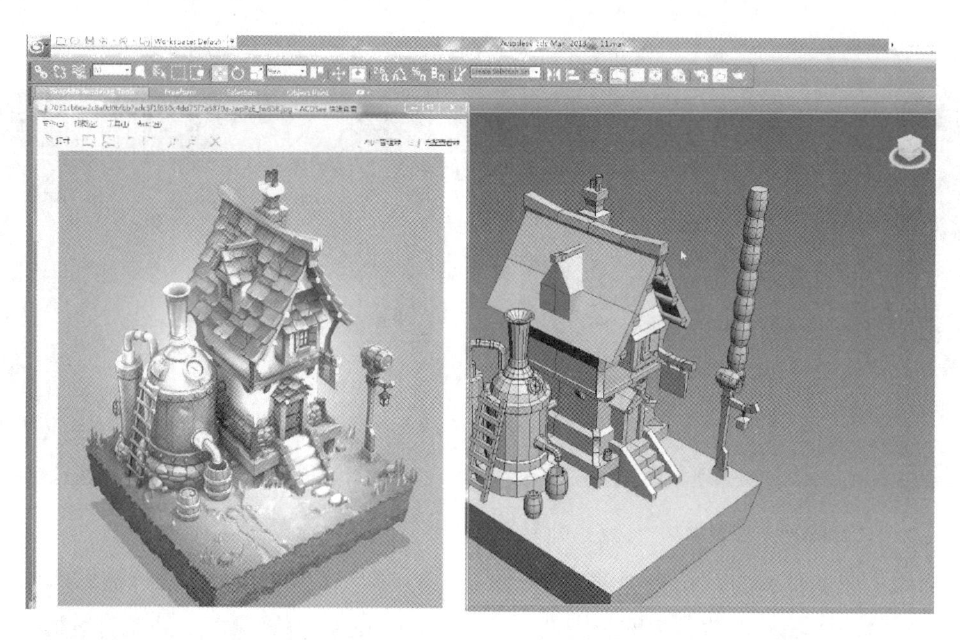

图 3-91 对比效果

图 3-92 挤出厚度

图 3-93 提取样条线

图 3-94 挤出结构

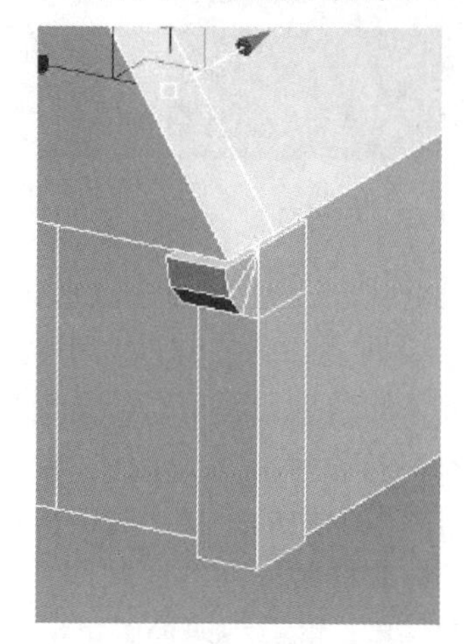

图 3-95 调节形状

下面横着的木头也可以使用提取样条线的方法制作，如图 3-96 所示。制作完成之后，直接复制木头，并对其进行缩放，作为上面的横梁，如图 3-97 所示。

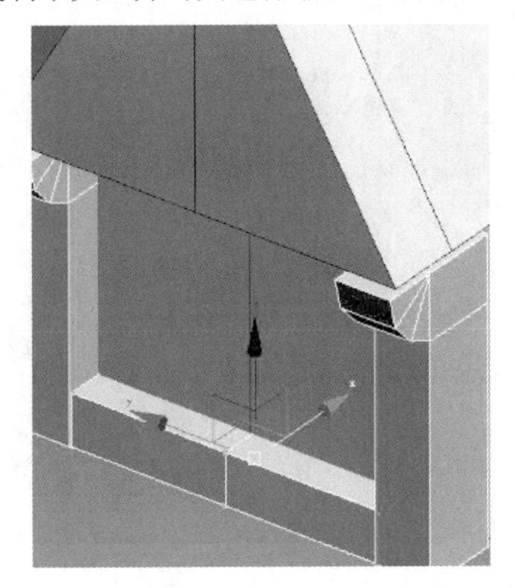

图 3-96　制作木头

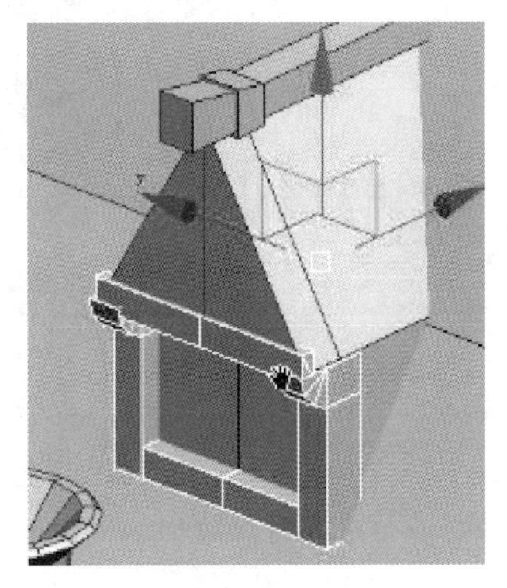

图 3-97　复制木头

在制作屋顶的结构时，使用【Detach】（分离）命令分离屋顶的结构，如图 3-98 所示。中间部分多余的线可以删除（见图 3-99），并将外边缘向外拉，使屋檐长一些。

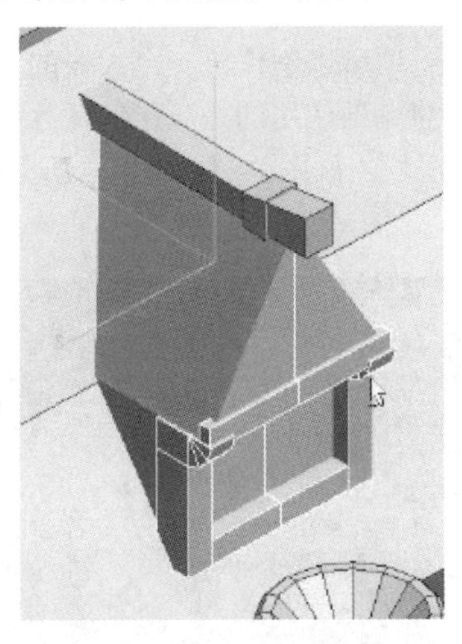

图 3-98　分离屋顶的结构

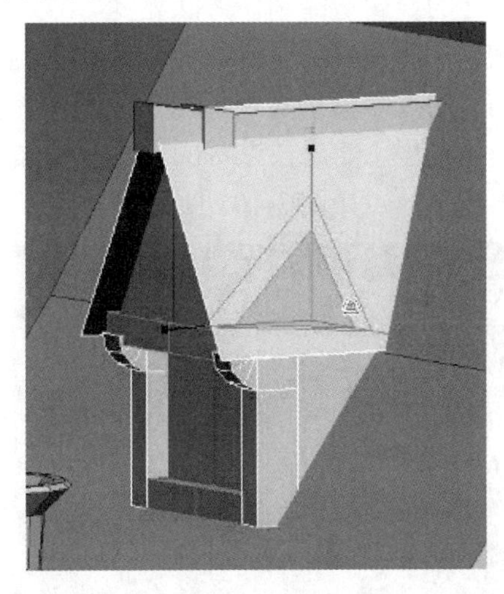

图 3-99　删除线

分离出来的模型只是一个面，需要把它变成长方体。单击命令面板中的黑色三角按钮，在展开的下拉列表中选择【Shell】（壳）选项，如图 3-100 所示。通过调整【Inner Amount】（内部量）和【Outer Amount】（外部量）选项调整壳的厚度，如图 3-101 所示。

在制作木桶上的金属边时，同样使用提取样条线的方法，提取之前制作的桶上的两圈线作为样条线。在【Rendering】（渲染）选项组中选中【Rectangular】（矩形）单选按钮（见图 3-102）使提取的样条线转变为矩形，将并矩形转换为可编辑多边形进行调整，最终效果如图 3-103 所示。

图 3-100　选择【壳】选项

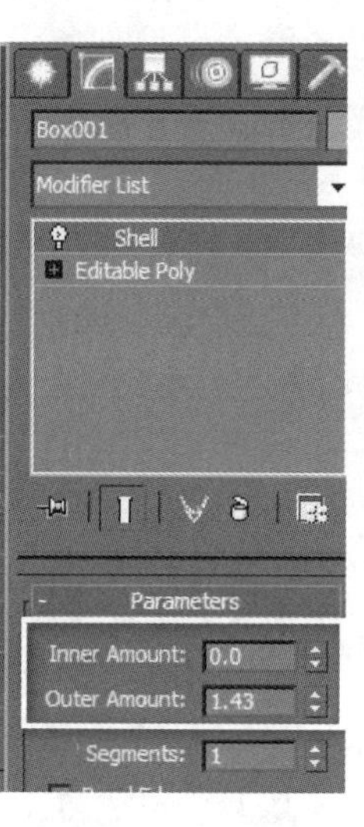

图 3-101　调整厚度

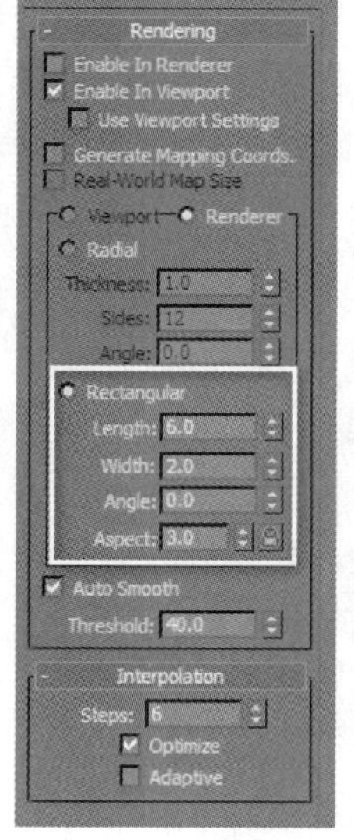

图 3-102　选中【Rectangular】单选按钮

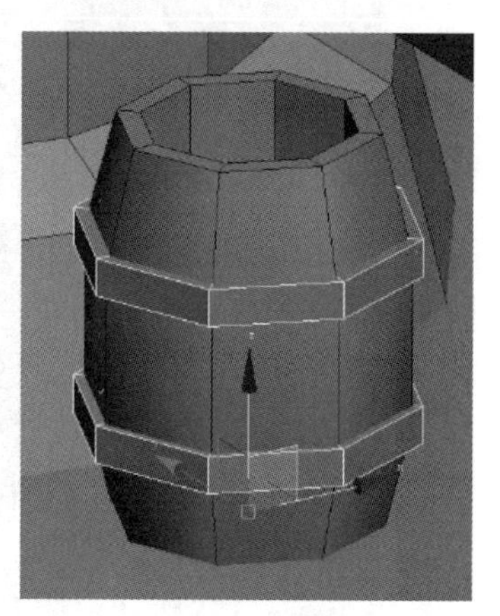

图 3-103　最终效果

确定好形状之后，把模型转换为可编辑多边形，并删除多余的面。其他木桶上的金属边和杯子上的金属边的制作方法相同。

在制作屋顶的砖块时，先确定如何制作小屋顶。小屋顶可以制作出一个大概的形状，具体的瓦片通过贴图来实现。由于原画中侧面的小房子上的屋顶使用的是三层的瓦片，因此可以先制作三层，然后在原本的屋顶上添加两条线。制作瓦片，如图 3-104 所示。选择第一层，并挤出一个面，如图 3-105 所示。

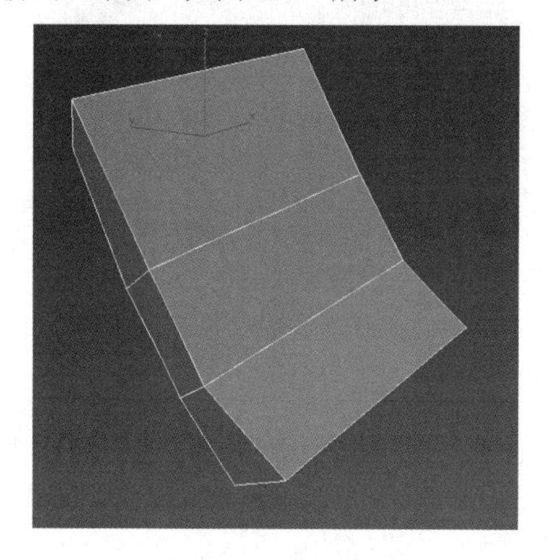

图 3-104　制作瓦片

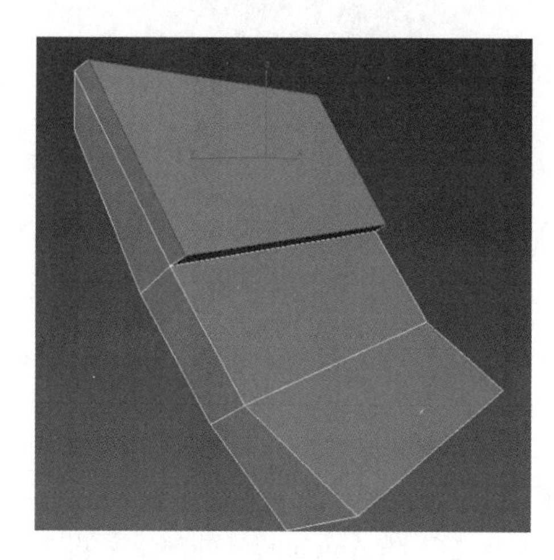

图 3-105　挤出面

使用【Target Weld】（目标焊接）命令焊接上面的两个点，如图 3-106 所示。第二层的制作方法和第一层是一样的，同样先挤出一个面，再使用【Target Weld】（目标焊接）命令焊接上面的点，如图 3-107 所示。

小屋顶都可以使用这种方法制作。看好每个屋顶是几层的，只要制作出层数就好。

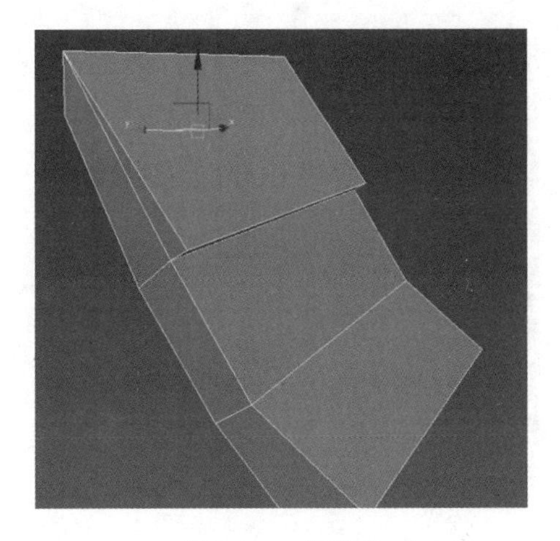

图 3-106　焊接点

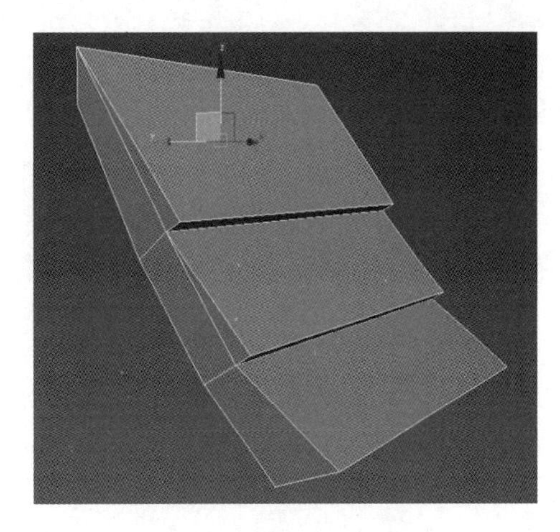

图 3-107　挤出面并焊接点

大屋顶就要把每块砖卡出来了，破损比较大的位置也是要卡出来的。按照小屋顶的制作方法把大屋顶的基本形状制作完成（见图 3-108），并把下面的线往下拉，使其有一个斜度。先添加纵向的线，以区分每块砖的大小，然后使用【Cut】（切割）命令在此基础上进行切割，切割砖块上的破损，如图 3-109 所示。

图 3-108　大屋顶的基本形状

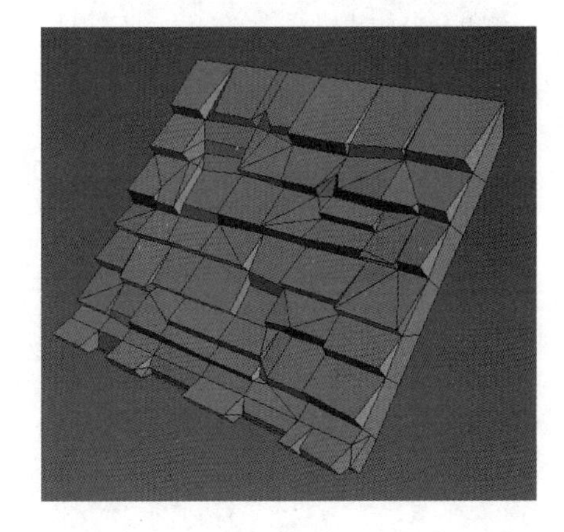

图 3-109　切割破损

到这个阶段模型基本就制作完成了，在进行下一步拆分 UV 前，这里对多余的面和线再次进行调整，看看哪些面可以删除，如被挡住看不见的面都是可以删除的。删除完成后，再次观察是否需要调整比例。

烟囱上边缘的结构很小，这里可以把这个结构删除（见图 3-110）或放大，因为结构制作得太小就没有意义了，放进游戏中是会看不见的。

烟囱下面的部分是分开的，就是在一个长方体上叠加了一个长方体。为了节省 UV 空间，可以把它制作成一体的。修改烟囱，如图 3-111 所示。

因为整个烟囱的底面是插在屋顶上看不见的，所以可以删除。删除底面，如图 3-112 所示。删除后会有一部分空出来，此时可以把两个点拖动到屋顶里面，如图 3-113 所示。

因为屋顶里面的面被瓦片挡住了，所以里面的面也是可以删除的。删除面，如图 3-114 所示。对于不需要镜像制作的物体，可以把之前在制作模型时保留的中线删除，如图 3-115 所示。若不删除则只会增加模型的面数。

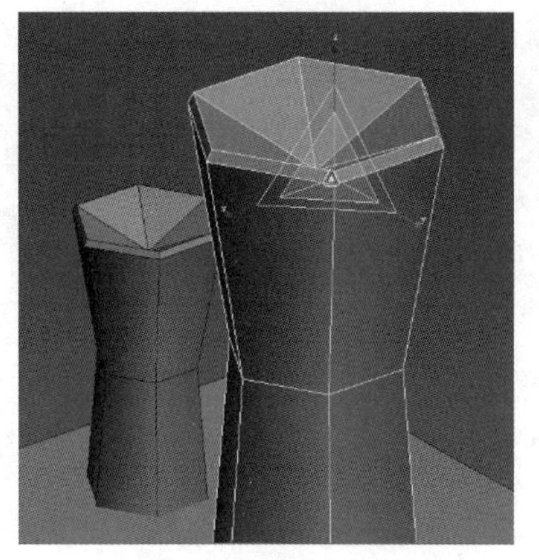

图 3-110 删除小结构

图 3-111 修改烟囱

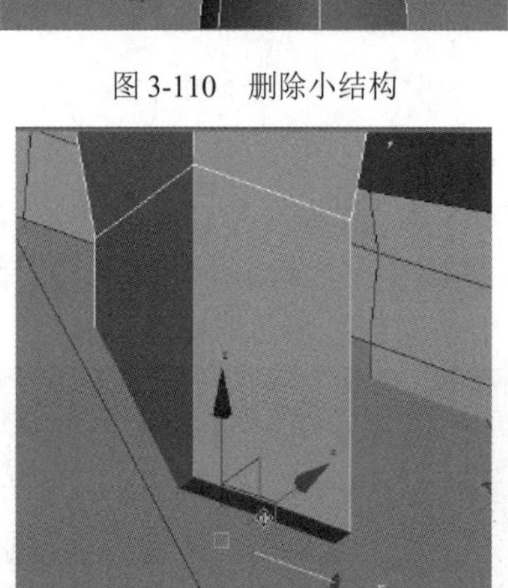

图 3-112 删除底面

图 3-113 拖动点

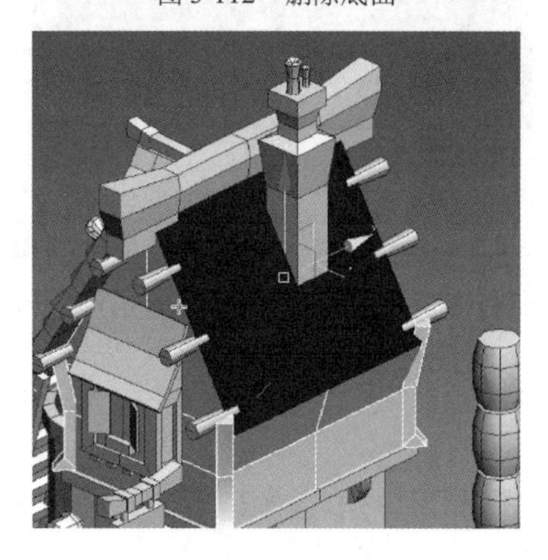

图 3-114 删除面

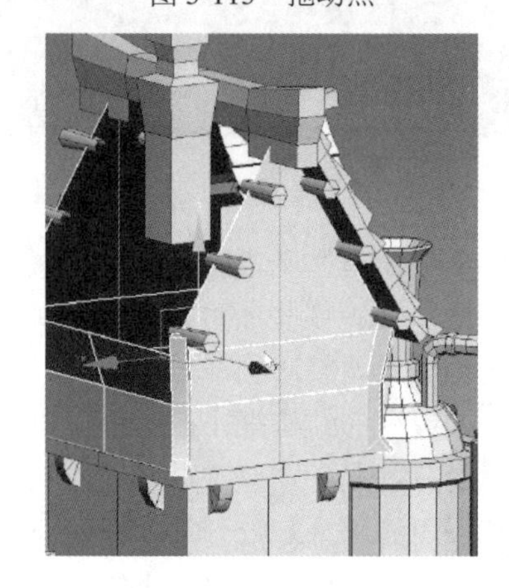

图 3-115 删除线

房子主体上的中线也可以删除。删除中线，如图 3-116 所示。此外，第二层楼的底面也是看不见的，可以删除，并与第一层楼制作成一体，可以使用【Bridge】（桥接）命令进行桥接。删除并桥接面，如图 3-117 所示。

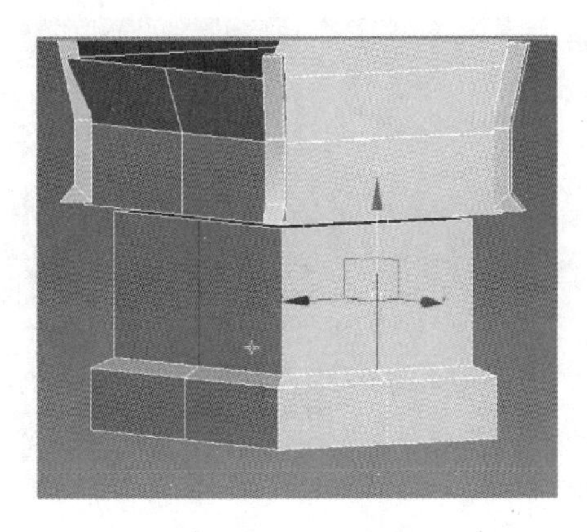

图 3-116　删除中线

图 3-117　删除并桥接面

看不见的面都可以删除，若不删除则不仅占用模型资源而且占用贴图资源。删除面，如图 3-118 所示。因为小房子的底面是藏在大房子中的，从外面是看不见的，所以可以删除。

隐藏在里面的穿插面，应遵循越少越好的原则。删除穿插面，如图 3-119 所示。当这个小房子把屋顶的瓦片隐藏之后会发现里面也有很多看不见的面，都是可以删除的。

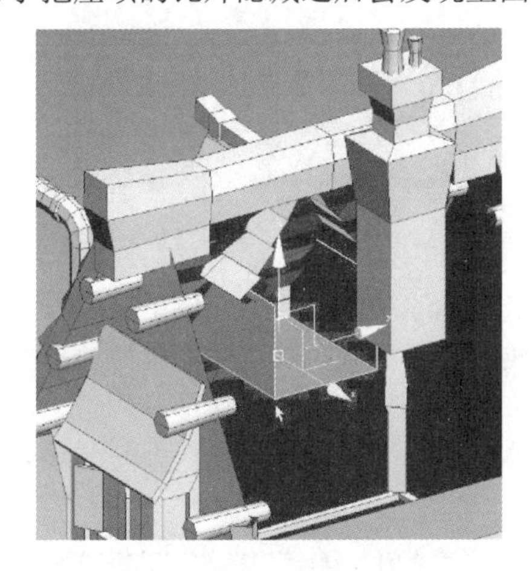

图 3-118　删除面

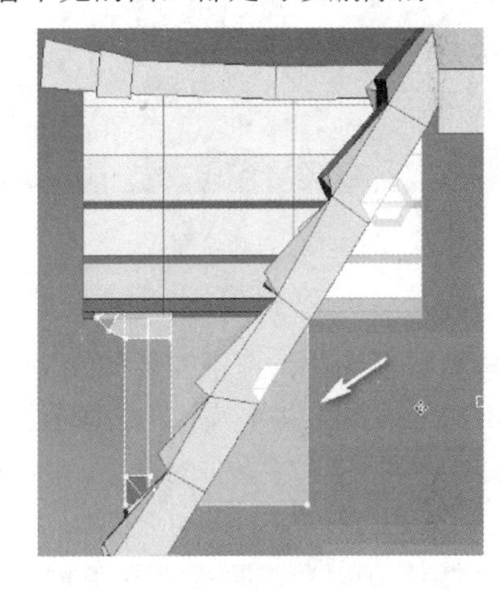

图 3-119　删除穿插面

像杯子、油桶这样可移动的物体的底面应保留，因为这些物体很有可能被玩家移动，移动后有可能会看到底面，如果删除就会穿帮。当然，杯子上的金属边的里面，以及杯子把手两边插在杯子中的面都需要删除，如图 3-120 所示。

房子下面的木头底座的底面和 4 个木头桩子的底面与顶面应删除（见图 3-121），因为房子是不会移动的，所以玩家不会看到。

房子第一层四周的木头支撑的底面和里面的面都是看不见的，也可以删除，如图 3-122 所示。在删除面时，要在模型全部显示的情况下进行，应观察面是否能看到，如果能看到，那么就不能删除。

在优化模型资源时，除了删除面和尽量减少穿插面，还可以合并线，如图 3-123 所示。在不影响模型形状的前提下，应把比较密集的位置的线合并。

图 3-120　删除面 1

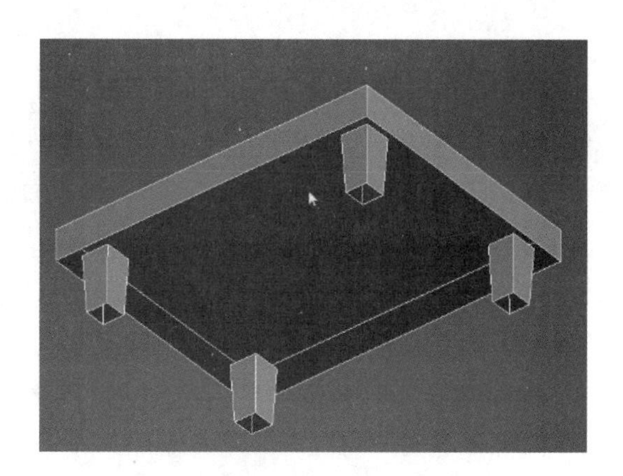

图 3-121　删除面 2

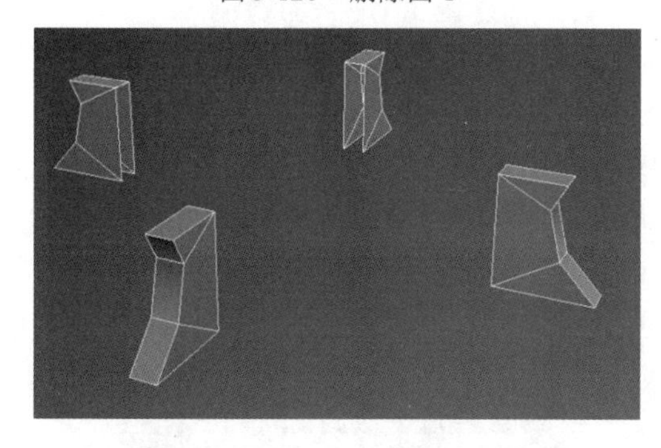

图 3-122　删除面 3

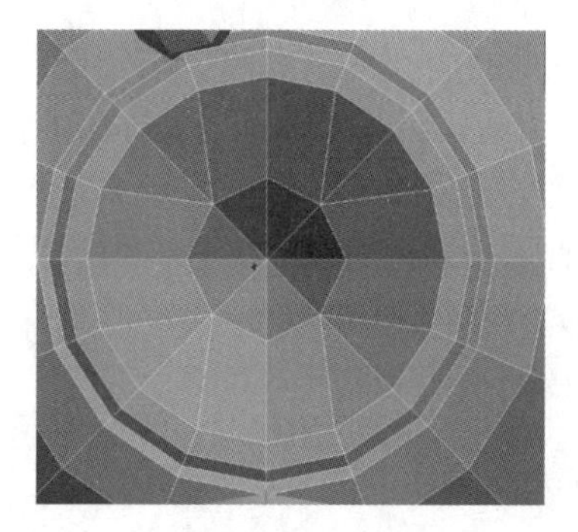

图 3-123　合并线

之前制作的一个阀门，虽然在整个场景中是一个很小的物体，但是使用了很多面，下面对这个模型进行优化，把不需要的线删除，重新布线，使用尽量少的线保证模型的形状。如图 3-124 所示，原来是个八边形，现在删除边角的 4 个边，让它变成四边形。删除之后，重新连接线，不要出现多边面的情况。因为中间的球体的线太多，所以可以把中间的线合并，如图 3-125 所示。

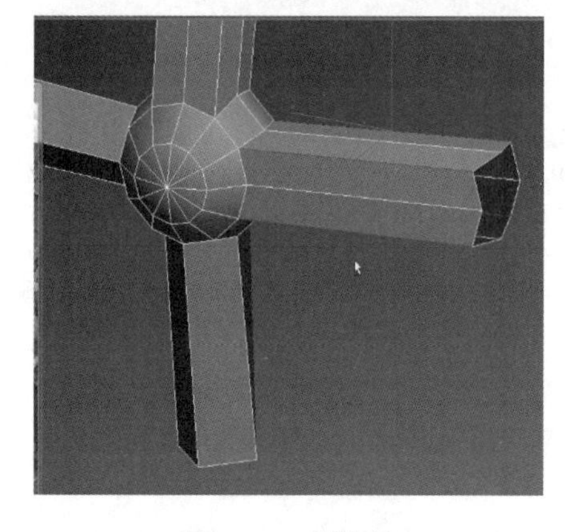

图 3-124　删除线

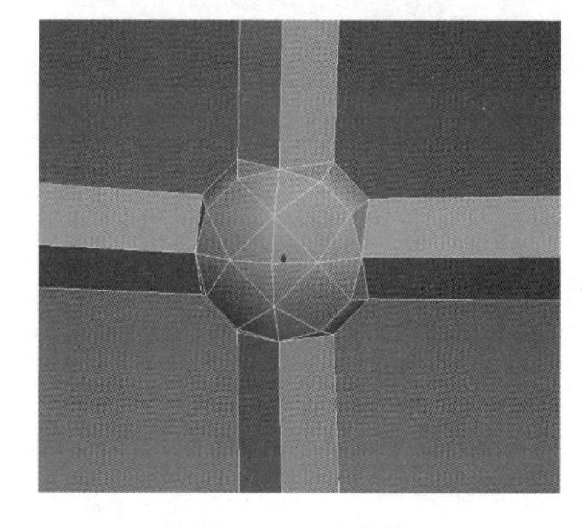

图 3-125　合并线

到这里，模型的制作就告一段落了。制作模型的重点在于把握好模型的比例和结构，并且在布线上不要出现多边面的情况，看不见的面要删除，应控制好面数。

3.3 手绘卡通场景UV拆分、摆放和UV图导出

UV指模型表面的纹理信息。在创建模型时，UV就是存在的，但随着模型的制作，UV会变形和扭曲。我们需要做的就是先把纷乱的UV整理好，然后在上面绘画，就像将一张揉成团的纸展平一样。如果没有将纸展平，那么在上面画的任何东西都会有拉伸。当然，因为有些模型的结构特殊很难做到没有一点拉伸，所以只要尽量保证视觉上没有明显拉伸，就是合格的UV。

3.3.1 手绘卡通场景UV拆分

在手绘卡通场景中拆分UV，为了方便、快捷，应先删除一半对称的模型部分，这样只需要拆分一半，在拆分后再把模型对称的部分复制即可。删除镜像，如图3-126所示。

像本例这样的场景，物体比较多，为了保证贴图的精度，可以分成多张贴图制作。把相同或类似的元素合并到一起，作为一个完整的元素，之后的UV放在同一张贴图中，如图3-127所示。这样在绘制贴图时，会比较方便、快捷。把所有屋顶合并成一个完整的物体。

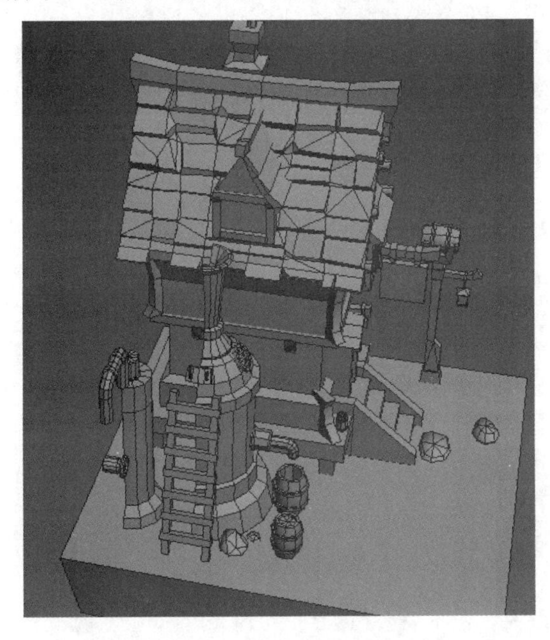

图3-126 删除镜像

图3-127 合并元素

单击命令面板中的黑色三角按钮，在展开的下拉列表中选择【Unwrap UVW】（UVW展开）选项，如图3-128所示。添加修改器后，在命令面板中单击【Open UV Editor】（打开UV编辑器）按钮，如图3-129所示。打开UV编辑器，如图3-130所示。

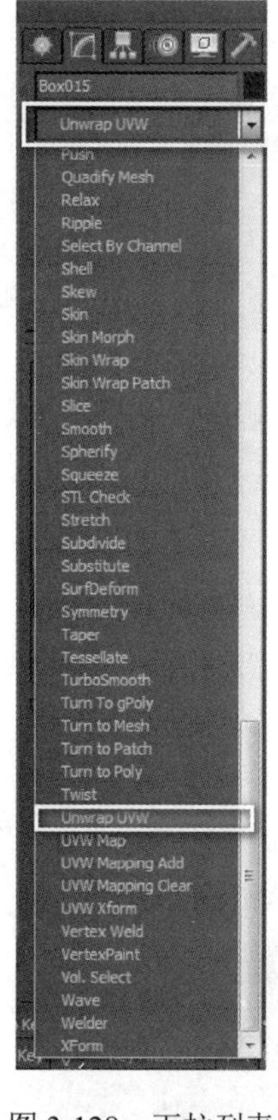

图 3-128　下拉列表

图 3-129　单击【Open UV Editor】按钮

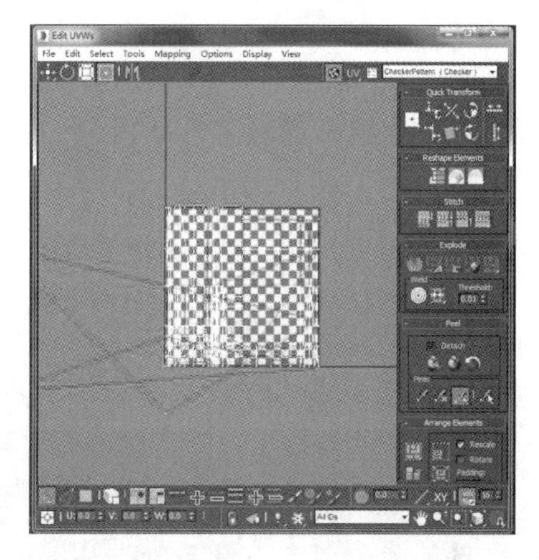

图 3-130　打开 UV 编辑器

完成以上步骤后，在模型上会出现了绿色的线，就是 UV 的边界线。基本上这种绿色的线都是在 UV 上被剪开的线。

下面开始拆分 UV。首先把 UV 拍平，打开 UV 编辑器，先选择面选择模式，并勾选【元素】按钮，再选择需要 UV 的模型，如图 3-131 所示。单击【快速拍平】按钮，快速拍平 UV，如图 3-132 所示。

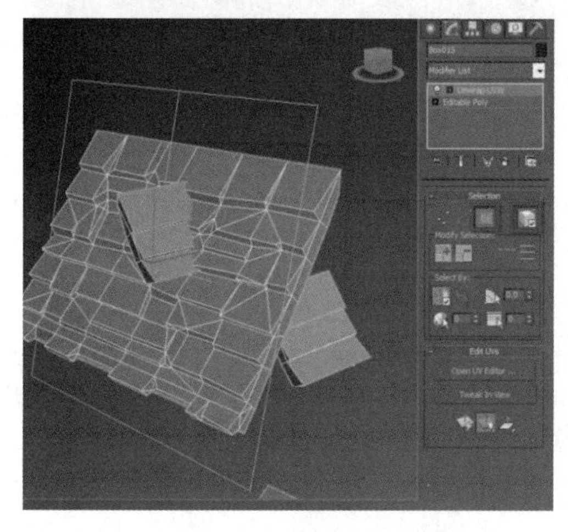

图 3-131　选择模型

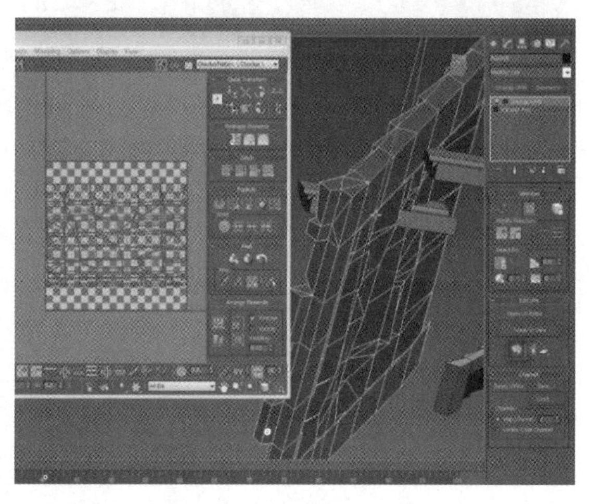

图 3-132　快速拍平 UV

此时，UV 虽然拍平了，但是仍有重叠的部分，而且有些位置没有完全舒展，所以还需要进行进一步操作。

下面需要手动剪切重叠部分的 UV，一般需要剪切的位置都是模型的大的转折的位置。选择模型中转折位置的线，如图 3-133 所示。在 UV 编辑器中右击，在弹出的快捷菜单中选择【Break】（断开）命令把 UV 断开，如图 3-134 所示。

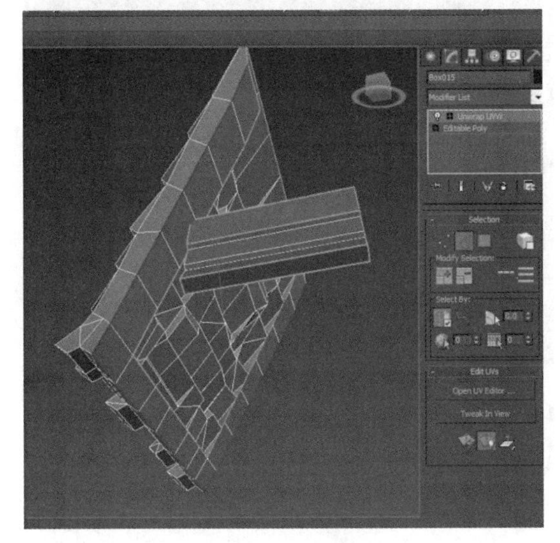

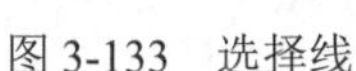

图 3-133　选择线

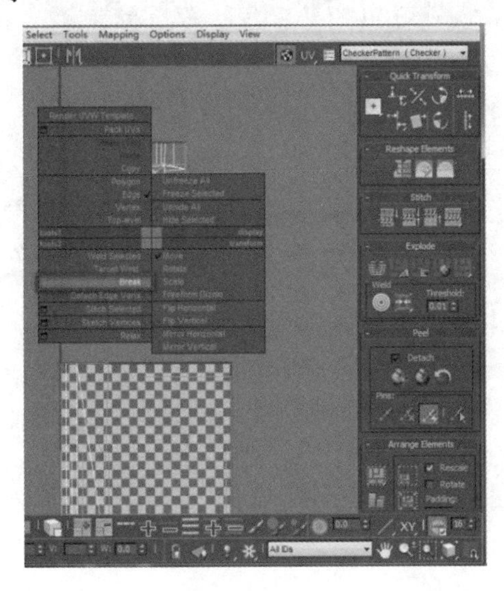

图 3-134　断开

断开 UV 后，在面选择模式下全选，并使用【Relax】（放松）命令放松所有 UV，如图 3-135 所示。

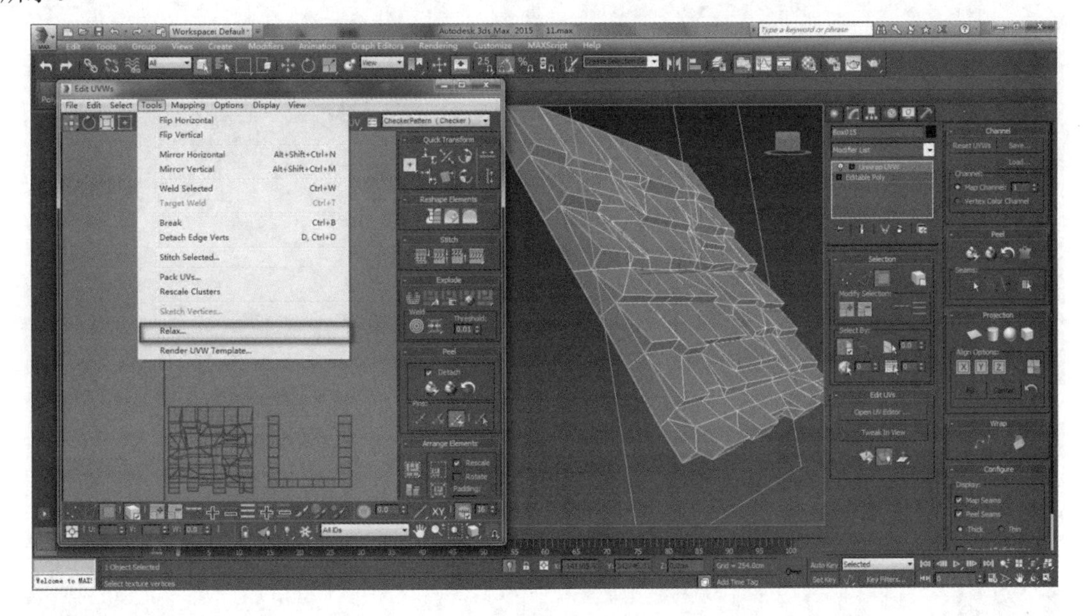

图 3-135　放松

如果放松之后的 UV 没有展平，那么需要检查是否还有模型在转折的位置没有断开。选择线如图 3-136 所示。断开 UV 后，需要再次使用【Relax】（放松）命令，重新松弛 UV。尽量保证 UV 横平竖直，这样后面也比较好排放，UV 的拉伸也会比较少。下面使用【打直】命令让原本很乱的线横平竖直。选择需要打直的线，单击【打直】按钮，在展开的下拉列表中单击按钮，分别把每条线打直，如图 3-137 所示。

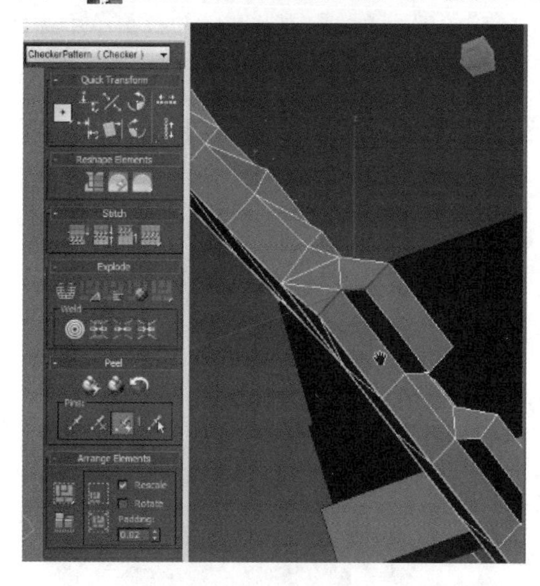

图 3-136 选择线

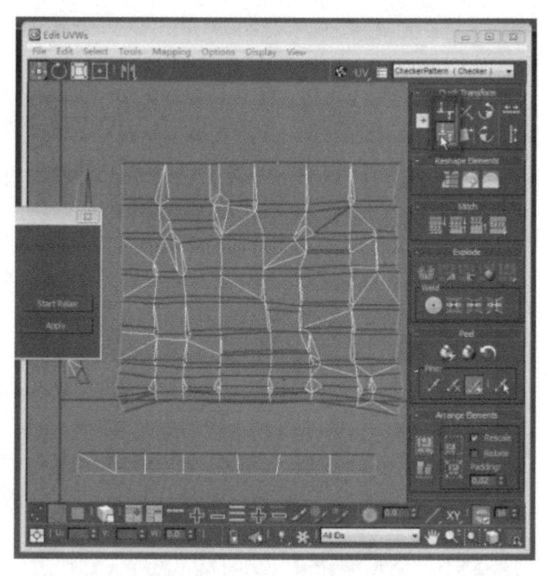

图 3-137 打直线

下面观察棋盘格。单击黑色三角按钮，选择下拉列表中的【CheckerPattern（Checker）】（棋盘格）选项，模型中会出现棋盘格的贴图，用来检查 UV 是否拉伸，如图 3-138 所示。

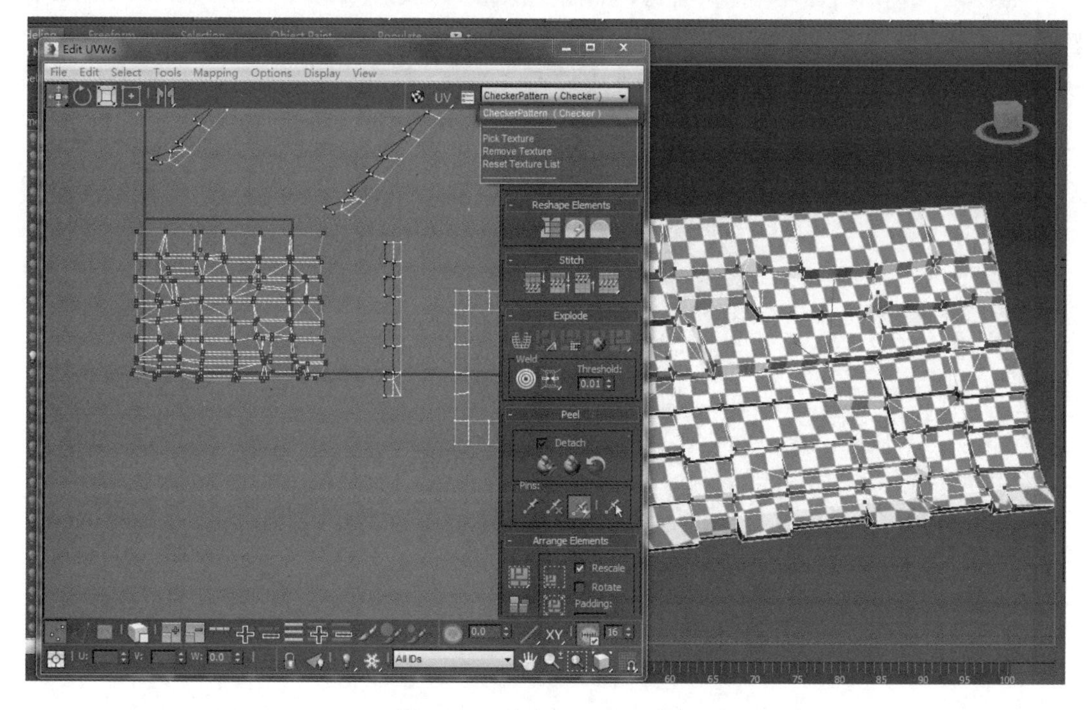

图 3-138 检查 UV 是否拉伸

如图 3-139 所示，有些位置 UV 拉伸得比较严重，可以单独选择这个面，并选择【Relax】

（放松）命令为其放松。对于侧面纵向的线，可以单击【打直】按钮，进行打直，如图 3-140 所示。

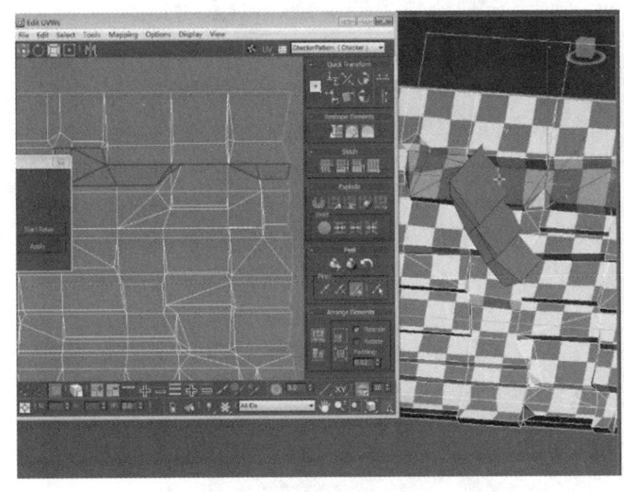

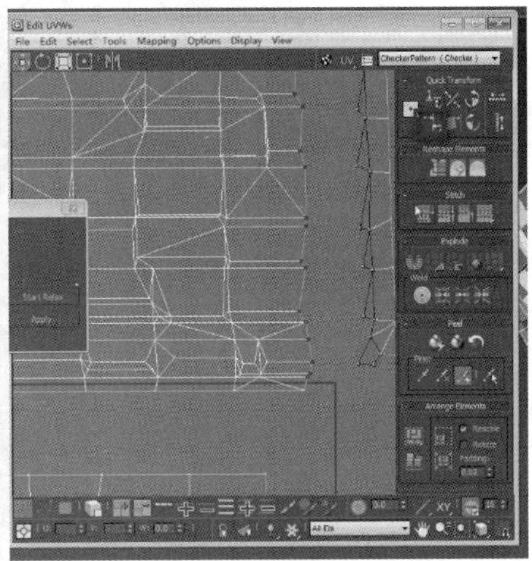

图 3-139　UV 拉伸　　　　图 3-140　打直

现在大的屋顶部分的 UV 拆分操作就完成了。全选 UV，匹配大小，如图 3-141 所示。匹配大小后，UV 的大小就一致了，这样可以保证之后的贴图精度一致。匹配大小后，缩放 UV，把拆分好的 UV 放在第一象限内。将模型转换为可编辑多边形，在模型中添加棋盘格材质球，如图 3-142 所示。

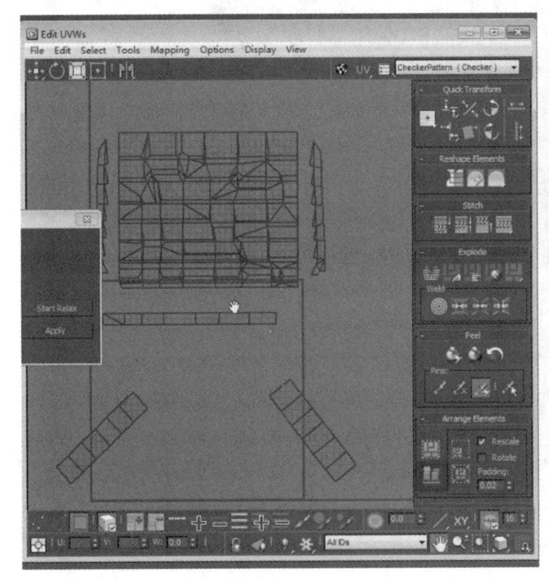

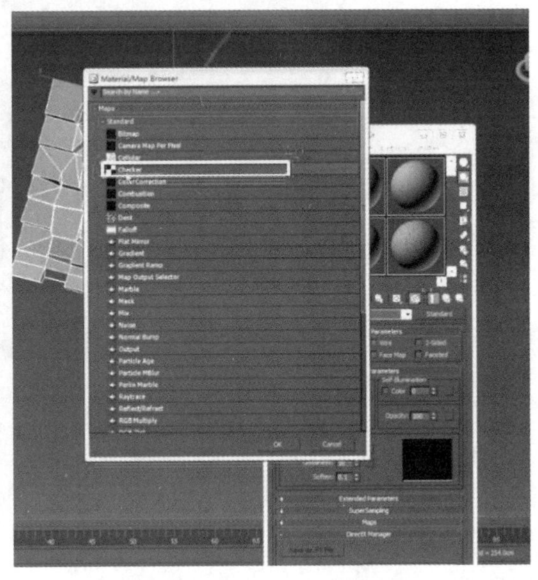

图 3-141　匹配大小　　　　图 3-142　添加棋盘格材质球

修改【Tiling】（重复）为 30（见图 3-143），并将此数值赋予模型。可以看到，拆分 UV 的模型的棋盘格是比较规整的，没有拆分 UV 的模型拉伸得比较严重。把没有拆分的模型按照之前的方法拆分好，拆分好后棋盘格的大小不一样，同样为它们匹配，以统一精度。匹配大小，如图 3-144 所示。

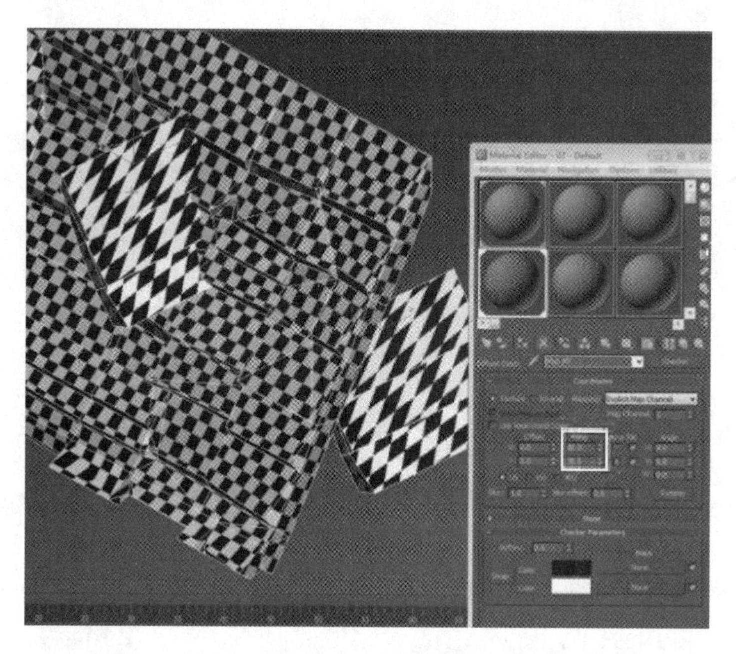

图 3-143　数值修改

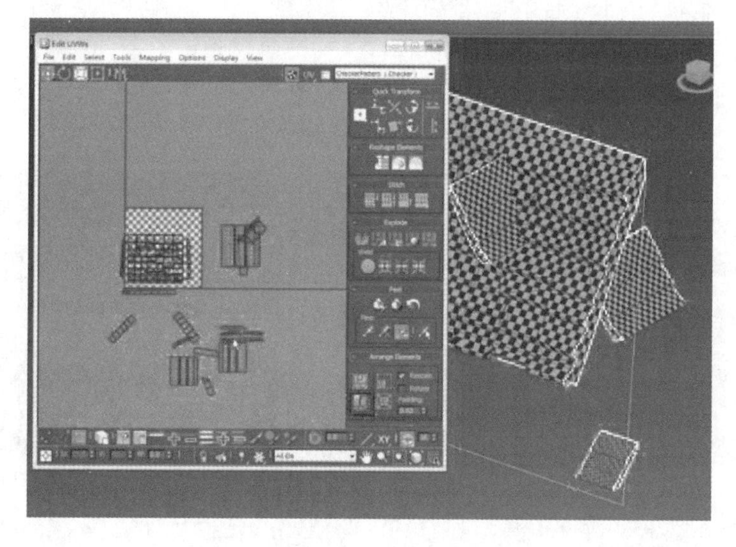

图 3-144　匹配大小

下面学习如何拆分不规则的圆柱体的 UV。可以先把几个材质相同的物体单独显示出来并合并在一起。当然，也可以先单独拆分 UV，再选择【Attach】（合并）命令进行合并。

选择好模型后，同样先将模型拍平，如图 3-145 所示。拍平模型之后，在模型的转角处断开 UV，单击按钮并选择整条需要断开的线，如图 3-146 所示。断开线之后，选择这些面并单击【Relax】（放松）按钮。

此时，会发现圆柱体的很多位置无法完全展平，是弯曲状的，可以手动对其进行打直，如图 3-147 所示。拆分 UV 完成后，要匹配 UV 的大小。在匹配 UV 的大小时，除了使用前述方法，还可以使用【Pack UVs】（匹配 UV）命令，如图 3-148 所示。使用这种方法匹配 UV 后，会自动把 UV 排在第一象限内。此时，应把模型转换为可编辑多边形，这样之前拆分 UV

的信息就会被保存。

图 3-145　拍平

图 3-146　选择线

图 3-147　手动打直

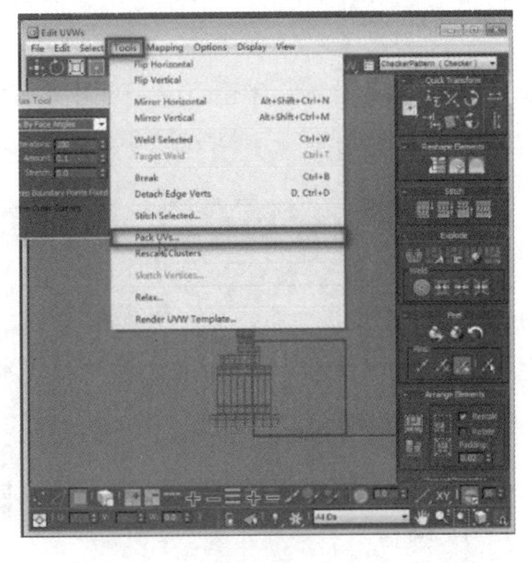

图 3-148　使用【Pack UVs】命令

在对图 3-149 所示的物体拆分 UV 时，可以直接把 4 条边断开并拍平。这个物体的形状类似一个长方形，在拍平之后，可以为它的每条边打直，如图 3-150 所示。尽量让这个物体横平竖直，以便摆放，且不占用 UV 空间。

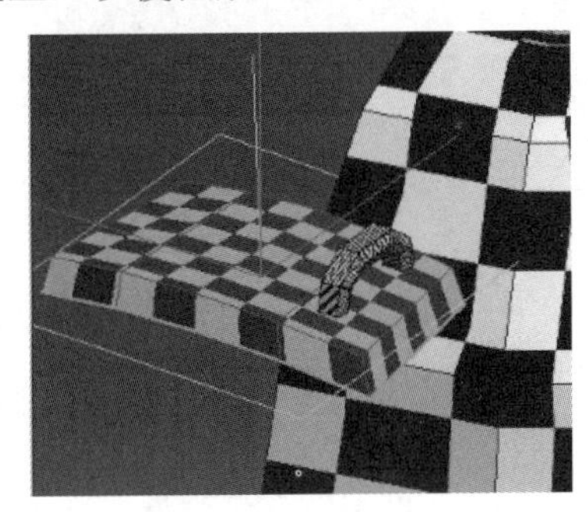

图 3-149　断开拍平

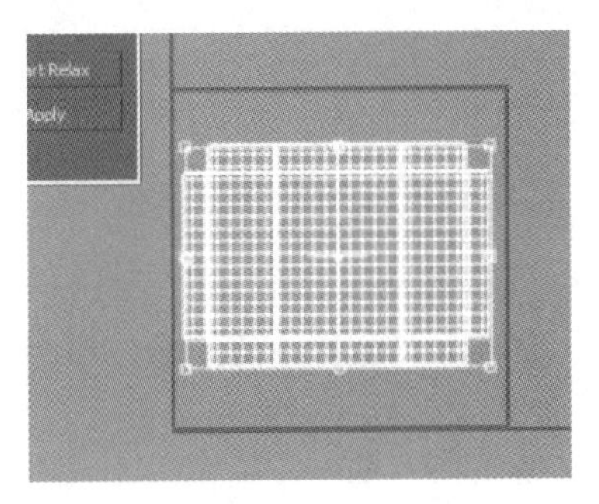

图 3-150　打直

下面拆分房子主体的UV。全选并快速拍平，如图3-151所示。拍平之后，选择【Relax】（放松）命令进行放松。断开中间的结构线，如图3-152所示。断开之后，再次选择【Relax】（放松）命令。把拆分好的UV摆正，并把需要打直的线打直。

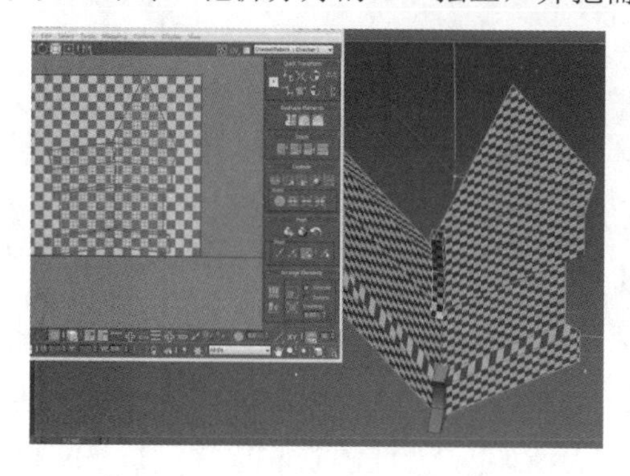

图3-151　全选并快速拍平

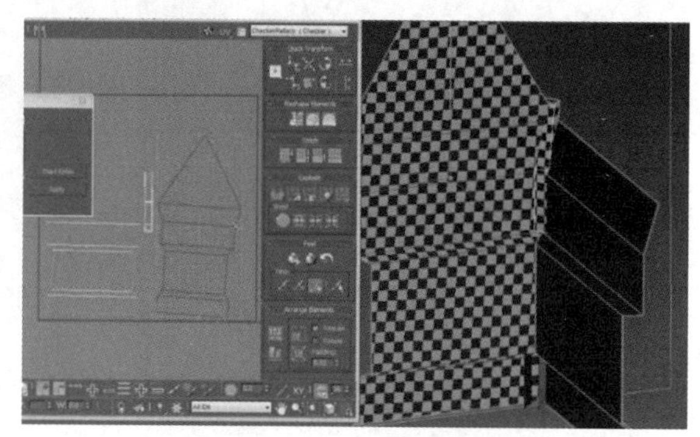

图3-152　断开结构线

模型UV拆分完成后，不能使用之前那种镜像功能，因为不是单个轴向的镜像。单击【镜像】按钮，选择【XY】选项，并选中【Copy】（复制）单选按钮。镜像效果如图3-153所示。注意，复制完成之后要焊接点，不应出现断点的情况。

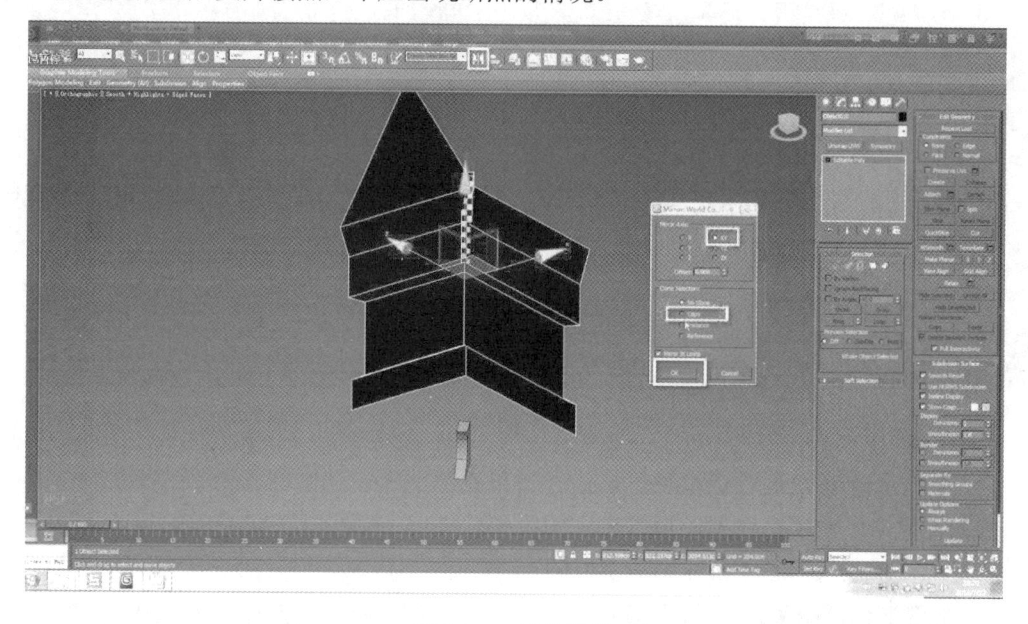

图3-153　镜像效果

3.3.2　手绘卡通场景UV摆放

UV拆分完成之后，需要对虽然拆分完成但摆放比较混乱的UV进行整理，使其整齐地排放在第一象限内。只有摆放在第一象限内的UV才是有效UV。

UV拆分完成后，按照模型的方向摆放UV。先将所有UV缩放到合适的大小。当目测所有UV都可以放进第一象限内时，表示UV已经缩放到了合适的大小。在摆放时，可以勾选【元素】按钮，如图3-154所示。UV编辑器中的【元素】按钮用于控制UV，而模型命令面板中的【元素】按钮用于控制模型。可以两个都打开，这样选择模型或 UV 时都是按照一个完整的元素进行的，以便摆放 UV。

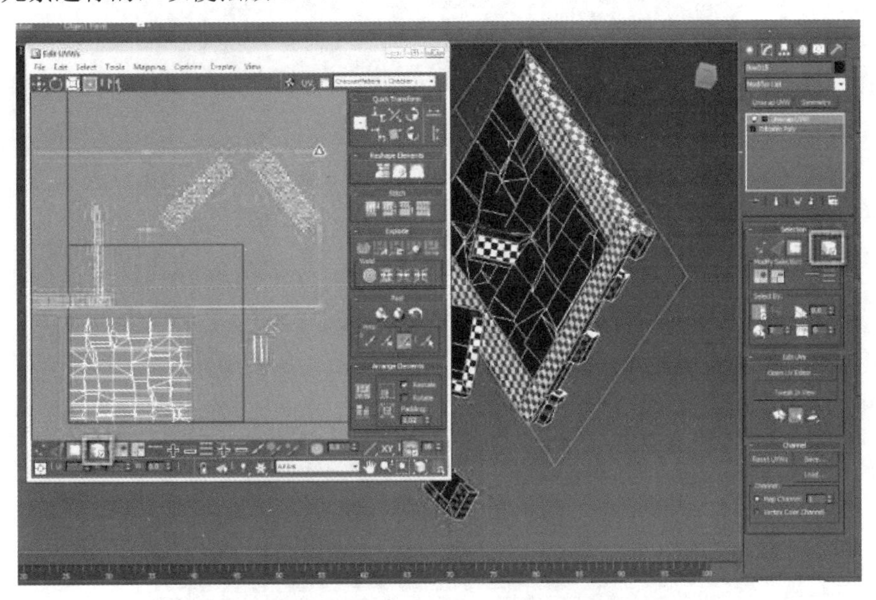

图 3-154　勾选【元素】按钮

在摆放 UV 时，可以先摆放大的，再摆放小的，这样可以根据空间的具体情况进行调整。在摆放的过程中，有些没有打直的线，需要打直，线保持横平竖直的状态可以更好地利用 UV 空间。注意，UV 不要距离第一象限边界框太近。UV 摆放效果如图 3-155 所示。

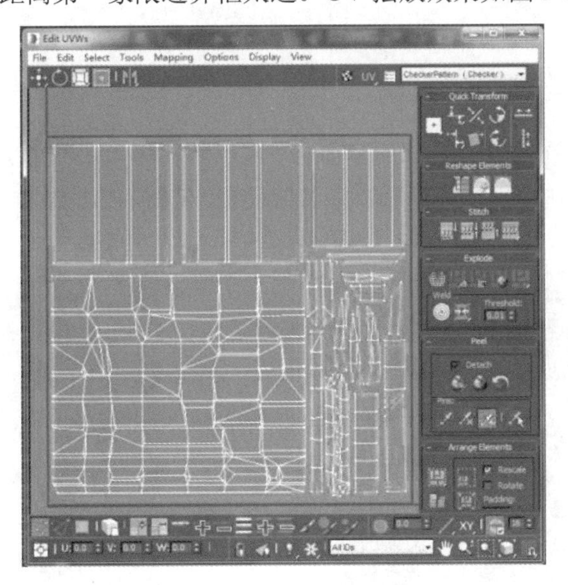

图 3-155　UV 摆放效果

在摆放 UV 时，要尽量占满整个第一象限，最大限度地使用第一象限的空间，不应有穿插，不是公用或镜像的 UV 不要叠加摆放。UV 摆放最终效果如图 3-156 所示。

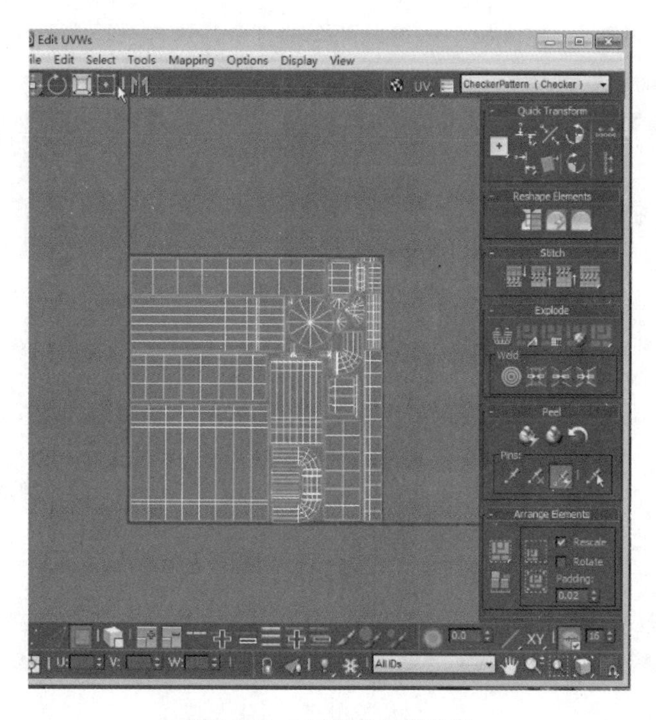

图 3-156 UV 摆放最终效果

由于把模型拆分成几份，每份模型都应该有一张 UV 图，因此这里把模型拆分成 6 份，应该有 6 张 UV 图。每张图都应该和其他图一样，且排列整齐，占满整个第一象限。摆放完成后，需要把 UV 导出成图片格式，为之后的贴图做准备。

3.3.3 手绘卡通场景 UV 图导出

为之前拆分好 UV 的模型命名，如图 3-157 所示。导出的 UV 也设置为这个名称。为模型命名的位置在命令面板中，直接选择需要命名的模型，在命令面板中输入名称即可，如图 3-158 所示。

图 3-157 为模型命名

图 3-158 输入名称

选择模型，打开 UV 编辑器，选择【Tools】(工具) →【Render UVW Template】(渲染

UV 模板）命令，如图 3-159 所示。在打开的对话框中设置贴图尺寸，如图 3-160 所示。在通常情况下，常用的 UV 的大小是 128 像素×128 像素、256 像素×256 像素、512 像素×512 像素、1024 像素×1024 像素、2048 像素×2048 像素。具体的大小是根据贴图的精度来确定的，这里设置为 512 像素×515 像素比较合理。单击【Render UVW Template】（渲染 UV 模板）按钮，会出现一个 UV 图窗口，如图 3-161 所示。单击【保存】按钮，先输入名称，再选择格式，最后选择保存路径，保存 UV，如图 3-162 所示。

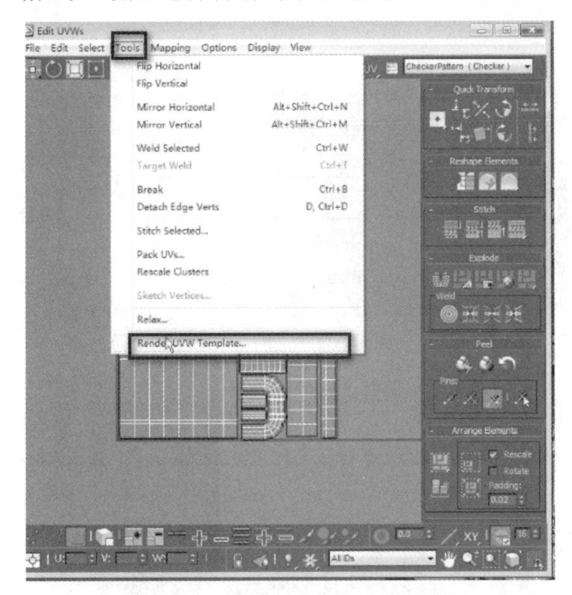

图 3-159　选择【Render UVW Template】命令

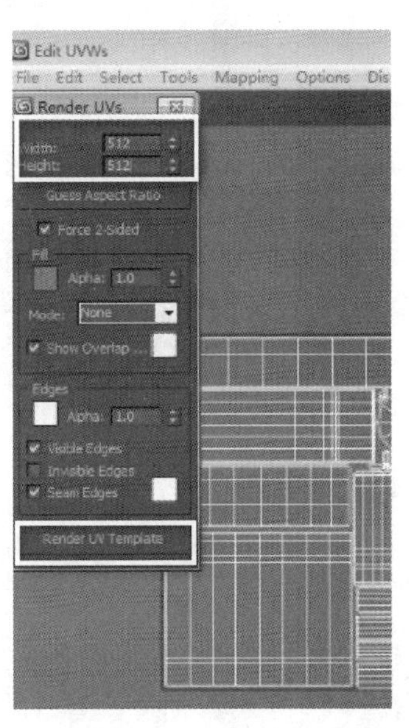

图 3-160　设置贴图尺寸

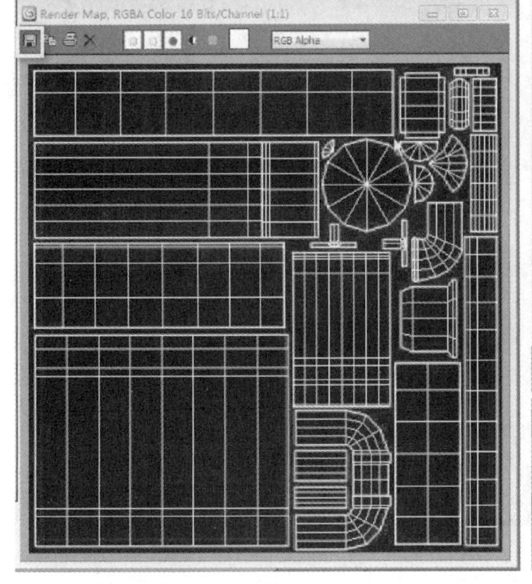

图 3-161　渲染 UV

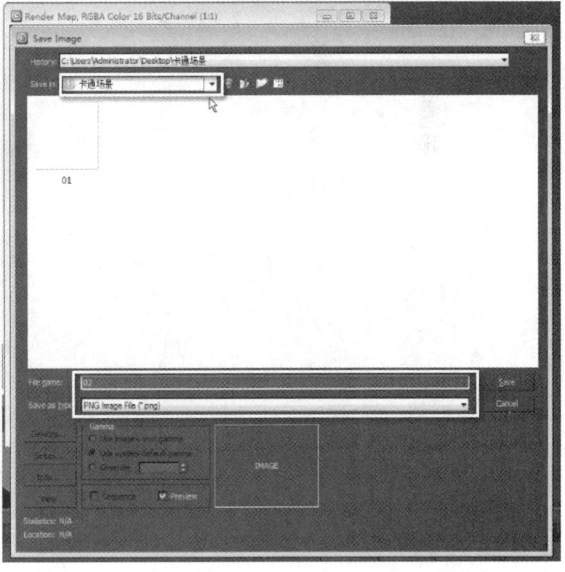

图 3-162　保存 UV

选择【Colors】为【RGB 24bit】，并单击【OK】（确定）按钮。导出格式操作如图 3-163 所示。

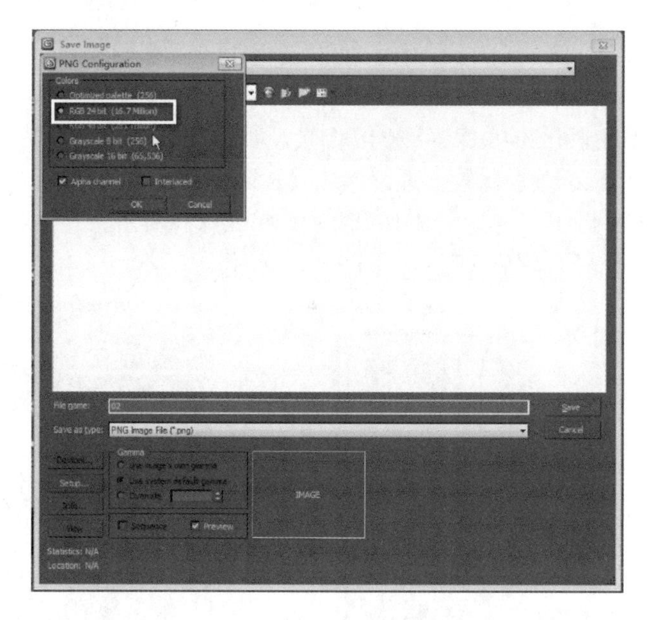

图 3-163 导出格式操作

因为场景贴图比较多，所以需要把模型和贴图的名称一一对应，以便在之后的制作过程中查找。后面每张 UV 图都使用同样的导出方法和流程。6 张 UV 图的最终效果如图 3-164 所示。

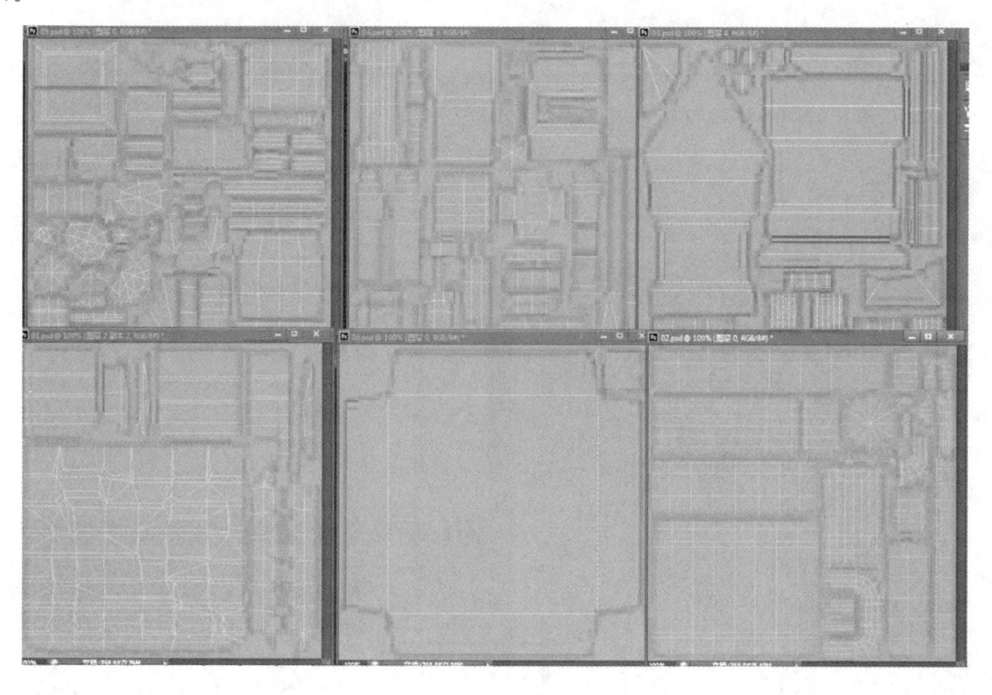

图 3-164 最终效果

因为最终 UV 图需要在 CINEMA 4D 中绘制，所以在导出 UV 图后还需要导出模型。注意，在导出模型时，命名应和导出 UV 图的命令一一对应，每个部分的模型都应单独导出。

首先，选择需要导出的模型，并选择【Export Selected】（导出选择）命令，如图 3-165

所示。其次，将模型导出为 OBJ 格式，选择导出的路径及名称，单击【Save】（保存）按钮，如图 3-166 所示。在弹出的对话框中，将导出格式设置成 ZBrush，如图 3-167 所示。最后，单击【Export】（导出）按钮。

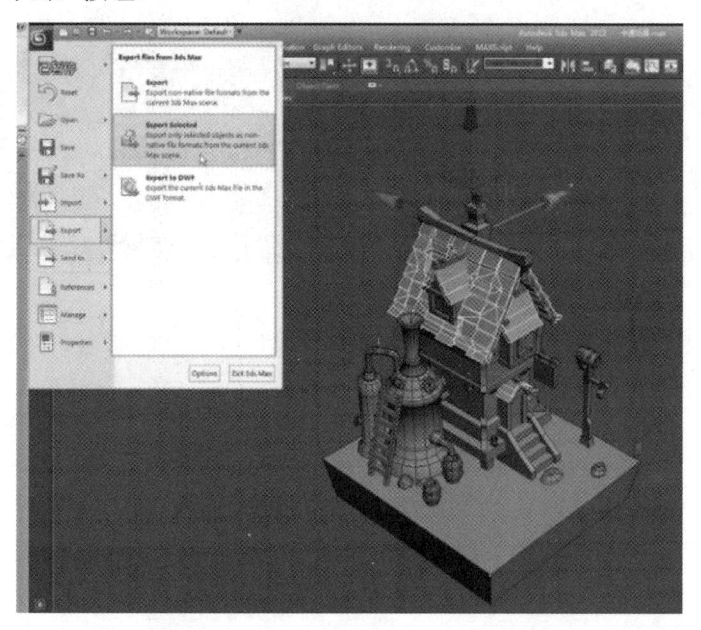

图 3-165　选择【Export Selected】命令

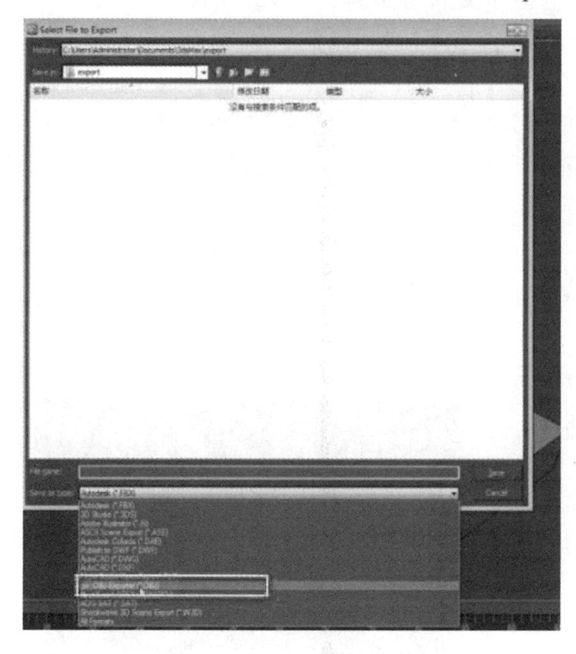

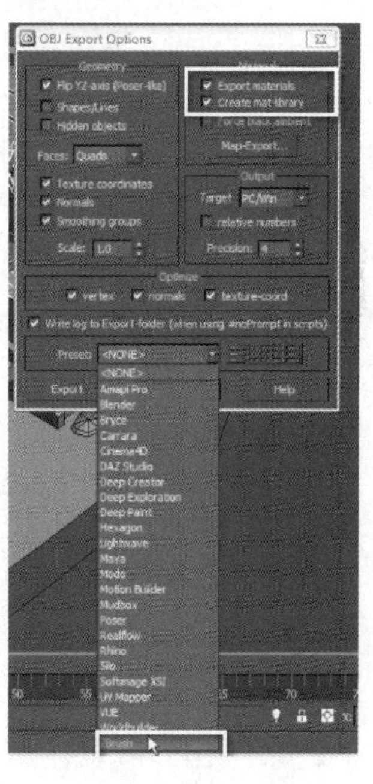

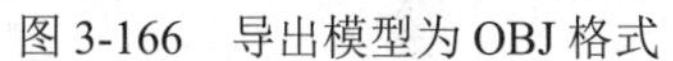

图 3-166　导出模型为 OBJ 格式　　图 3-167　设置导出格式

模型导出之后，需要把之前导出的 UV 图在 Photoshop 中进行编辑。导出的 UV 图为 PNG 格式，这里为其添加一个背景（见图 3-168），并将其改成 PSD 格式。每张 UV 图都进行相同的操作，添加背景完成之后，将它们保存为 PSD 格式。

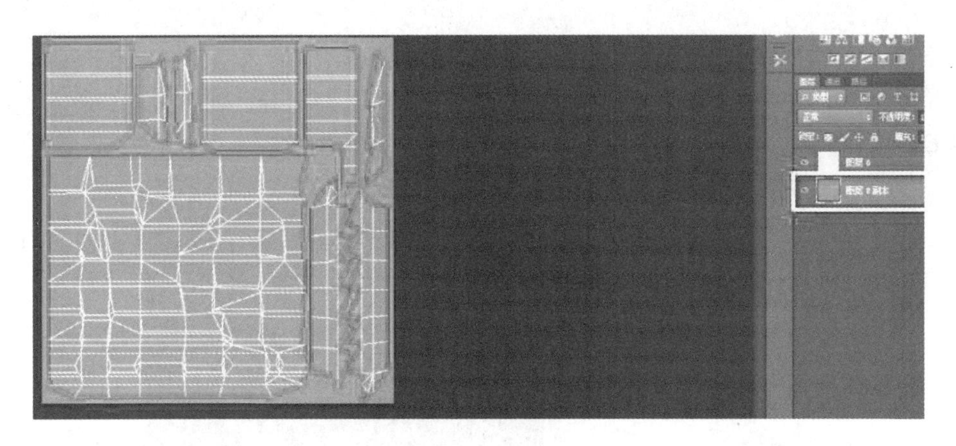

图 3-168　添加背景

模型和 UV 图全部导出之后，就可以开始制作贴图了。之后的 UV 图如果需要改动，每次改动之后都需要重新导出。

3.4　手绘卡通场景贴图制作

3.4.1　绘制手绘卡通场景固有色和光影

制作贴图的第一步是填充所有物体的固有色。把之前导出的 6 个 OBJ 文件导入 CINEMA 4D。

在导入第一个文件时，可以将其直接拖曳到 CINEMA 4D 的场景中，在导入第二个文件时不能直接拖曳，需要把几个文件导入同一个文件。选择【File】（文件）→【Merge】（合并）命令，如图 3-169 所示。先把 6 个 OBJ 文件分别导入场景，再选择【Objects】（模型）选项卡（见图 3-170），此时会显示导入的所有模型，在第一栏中显示模型的名称，在第二栏中双击第一个圆点，当圆点变成红色时，就可以隐藏这个模型了。

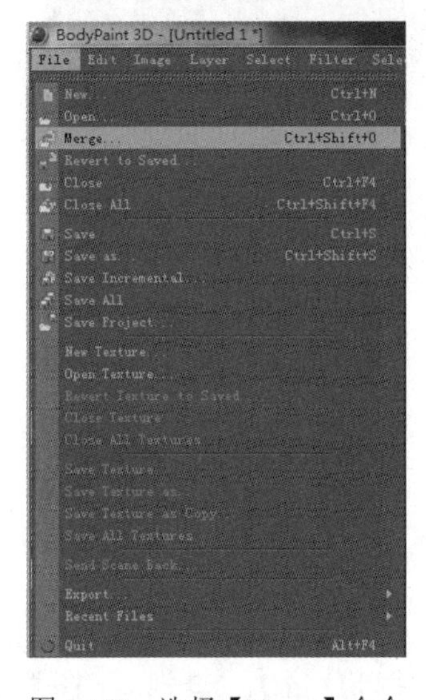

图 3-169　选择【Merge】命令

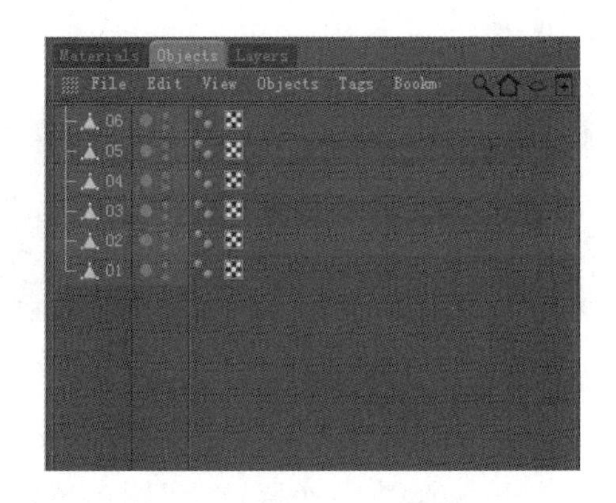

图 3-170　选择【Objects】选项卡

导入模型完成之后，把贴图也全部导入。直接把贴图拖入右侧的【Materials】(材质球)选项卡（见图3-171）中，拖入贴图之前，可以先把其他模型隐藏起来，只显示拖入贴图的这个模型，这样在添加材质时不容易搞混。按照同样的方法依次把其他贴图导入。导入贴图之后，选择【Edit】(编辑)→【Layer Manager（expanded/compact)】[图层管理（扩展/紧凑)]命令，如图3-172所示。

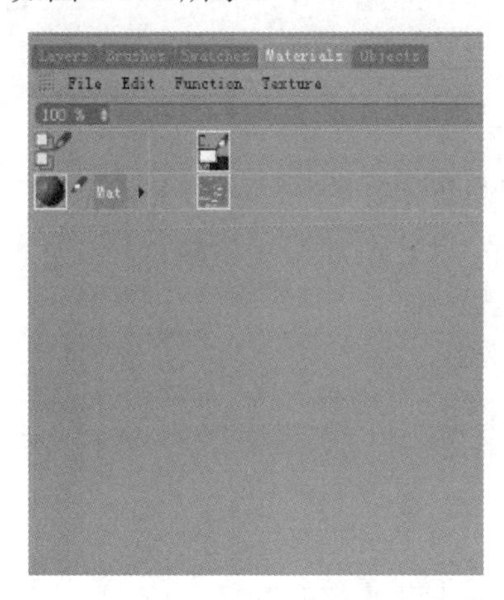

图3-171　插入【Materials】选项卡

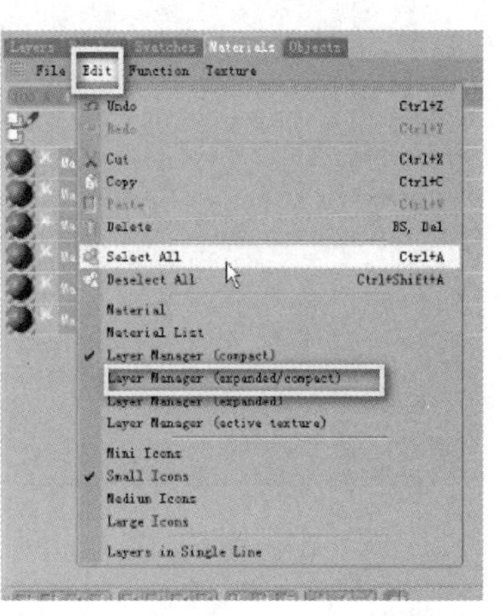

图3-172　选择【Layer Manager（expanded/compact)】选项

把材质球赋予相应的模型，如图3-173所示。

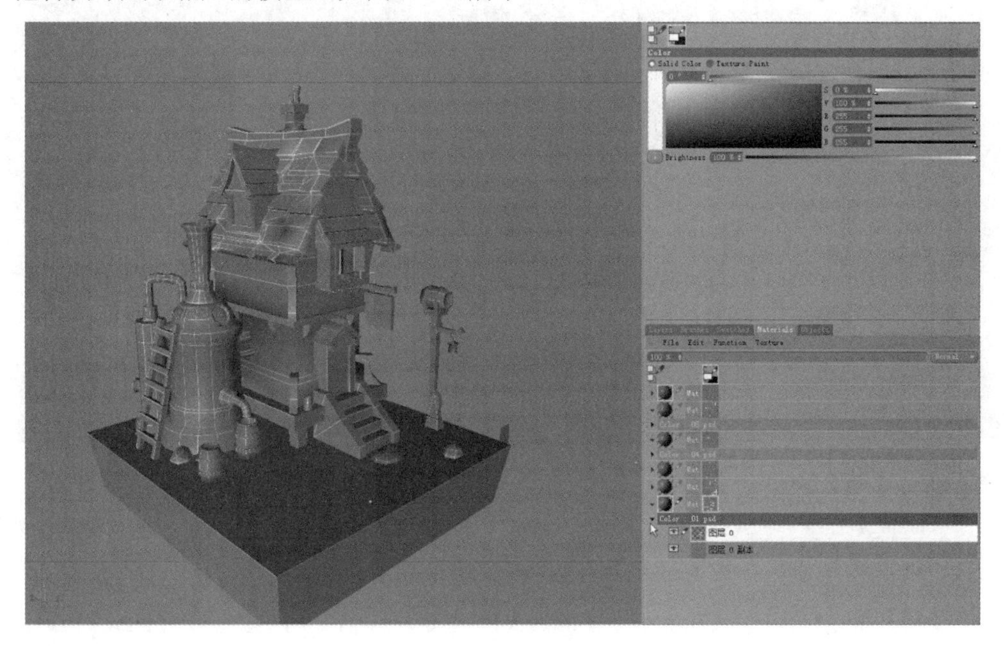

图3-173　把材质球赋予模型

下面开始绘制固有色了。不要在UV线框层或底色层进行绘制，而应在图层上右击，在弹出的快捷菜单中选择【New Layer】(新建图层）命令，新建图层，如图3-174所示。每个材质球下面的图层中都要新建一个图层，方法都是一样的。新建后，可以调整UV线框层的不透明度，如图 3-175 所示。在绘制的过程中视线不受线框的影响。

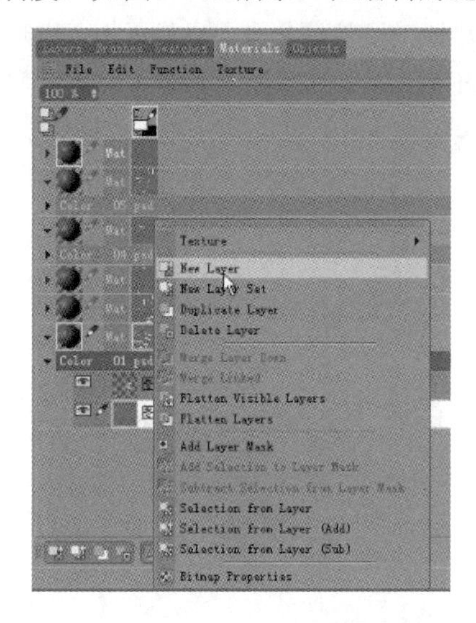

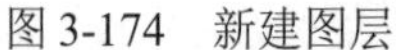
图 3-174　新建图层

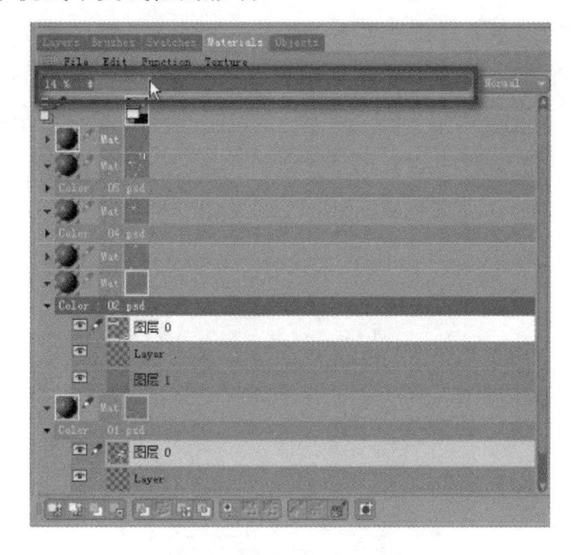

图 3-175　调整不透明度

调整好所有图层后，选择【Display】（显示）→【Constant Shading】（常量着色）命令，如图 3-176 所示。这样显示的贴图颜色才是正确的。打开【Texture】（贴图）窗口，拖入原画。这样在绘制贴图时可以使用原画的颜色。绘制贴图，如图 3-177 所示。

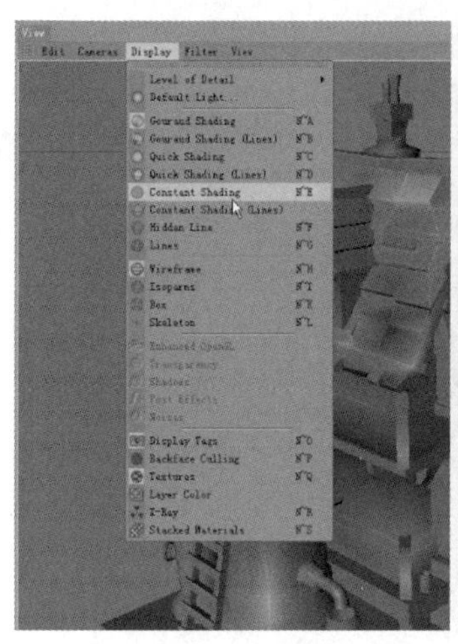

图 3-176　选择【Constant Shading】命令

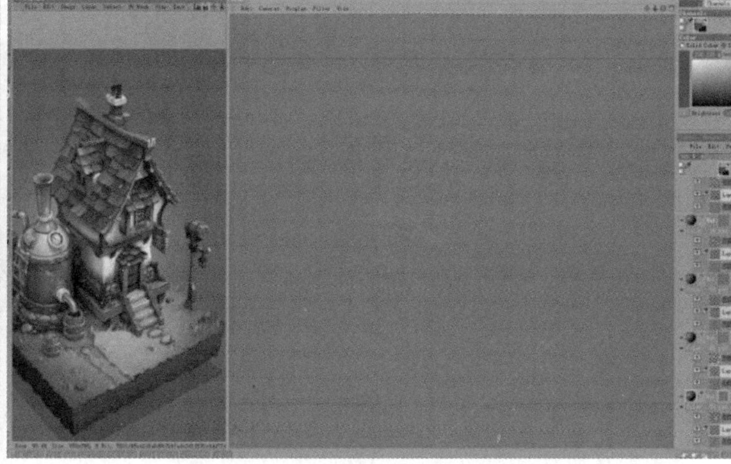

图 3-177　绘制贴图

下面设置常用快捷键。在左侧空白处右击，在弹出的快捷菜单中选择【Command Manager】（自定义设置）命令，打开【Command Manager】（自定义设置）窗口。设置【Name Filter】（名字查找）为【brush】（笔刷），【Shortcut】（快捷键）为【B】，并单击【Assign】（指定）按钮，这样就把笔刷的快捷键设置成了 B 键，如图 3-178 所示。当然，也可以使用同样的方法设置橡皮的快捷键为 E 键，如图 3-179 所示。

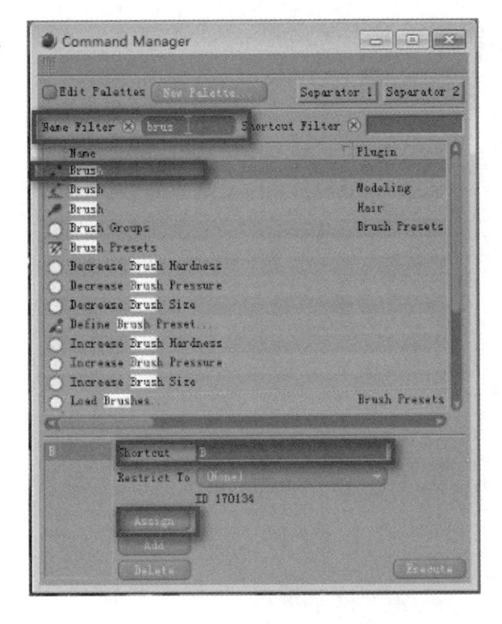

图 3-178　设置笔刷的快捷键

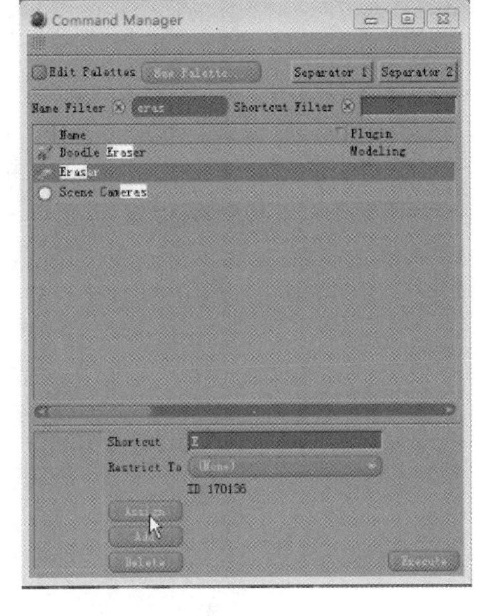

图 3-179　设置橡皮的快捷键

快捷键设置完成后，在后面绘制贴图的过程中使用起来会比较方便。

下面绘制固有色。选择模型所在的图层，选择原画上的颜色，先铺一层固有色。绘制固有色，如图 3-180 所示。在模型视图上可能会有些不太容易绘制的位置，可以切换模式在贴图视图中绘制。选择【Texture】（贴图）窗口中的【Text】（文本）菜单，在下拉菜单中选择所绘制的图层（见图 3-181），就会显示这层的贴图。可以直接在这一层上进行修改。

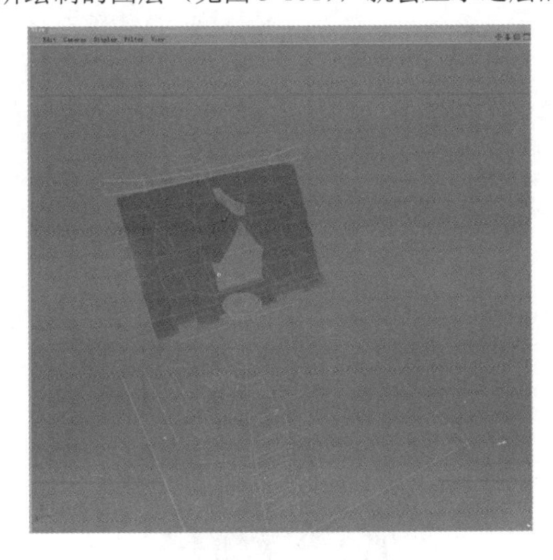

图 3-180　绘制固有色

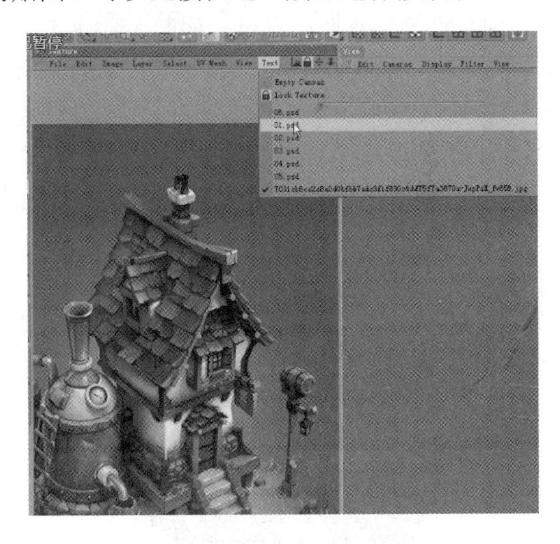

图 3-181　选择图层

这样第一个屋顶的固有色就绘制完成了，下面绘制第二张贴图。在绘制第二张贴图时，应选择第二个材质球中的图层。注意图层一定要分清楚，不要弄乱了。同样选择每个物体的颜色，开始铺颜色。对于一些不好绘制的位置，同样可以在【Texture】（贴图）窗口中进行，而对于一些规则的位置可以使用套索工具，如图 3-182 所示。

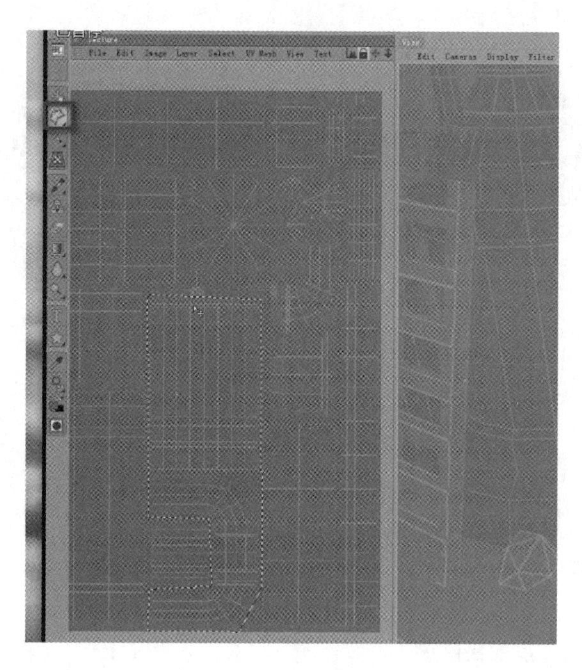

图 3-182　使用套索工具

后面的固有色的绘制方法都是一样的，按照上面的方法一次铺好，主要应注意材质球和模型是一一对应的，并且要找准固有色，可以通过先拾取原画的颜色再调整的方法确定固有色。对于一些绘制不到的位置，可以通过隐藏模型绘制，也可以在贴图窗口中绘制，并通过选区固定需要的区域。

固有色铺完之后，可以添加贴图到 3ds Max 中查看效果。先在 CINEMA 4D 中保存之前制作的文件，按 Ctrl+S 快捷键保存，文件保存之后贴图也会跟着保存。下面先打开 3ds Max 再打开【Material Editor】(材质编辑器）窗口，如图 3-183 所示。在材质球上右击，在弹出的快捷菜单中选择【6×4 Sample Windows】命令，如图 3-184 所示。

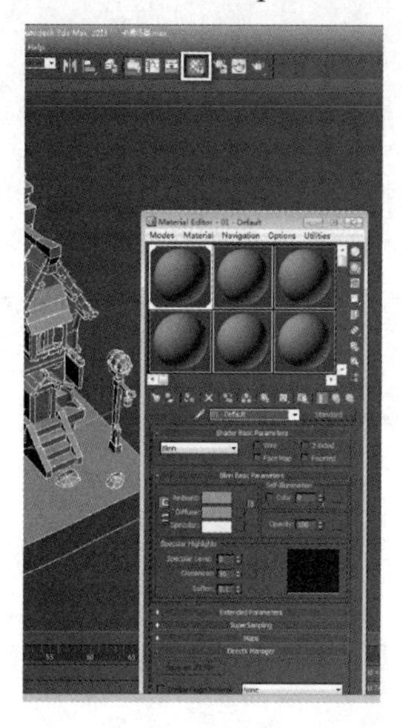

图 3-183　【Material Editor】窗口

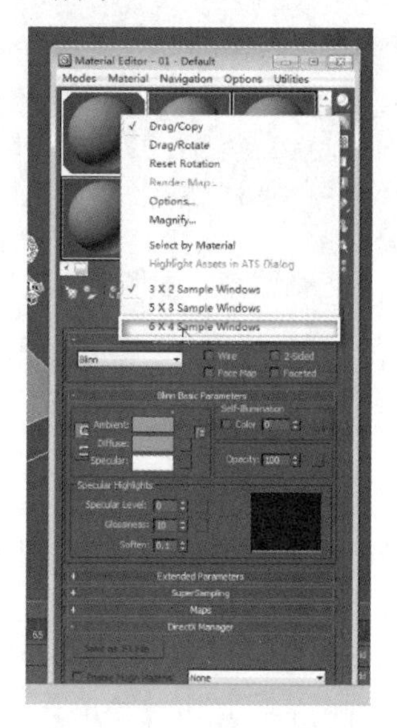

图 3-184　选择【6×4 Sample Windows】命令

在【Material Editor】（材质编辑器）窗口中单击【Diffuse】（漫反射）后面的灰色按钮，如图 3-185 所示。在弹出的【Material/Map Browser】对话框中选择【Bitmap】（位图）选项，如图 3-186 所示。

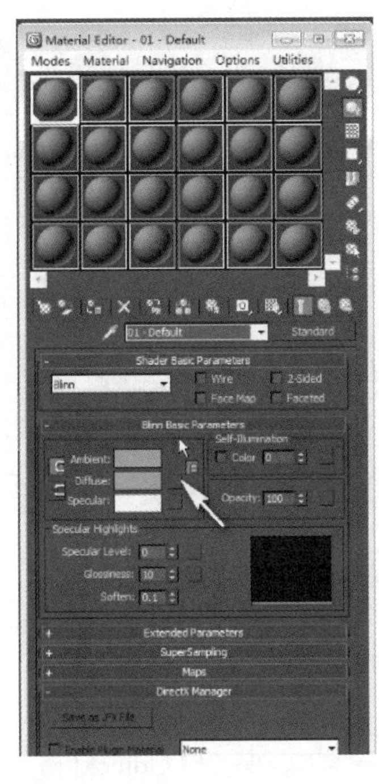

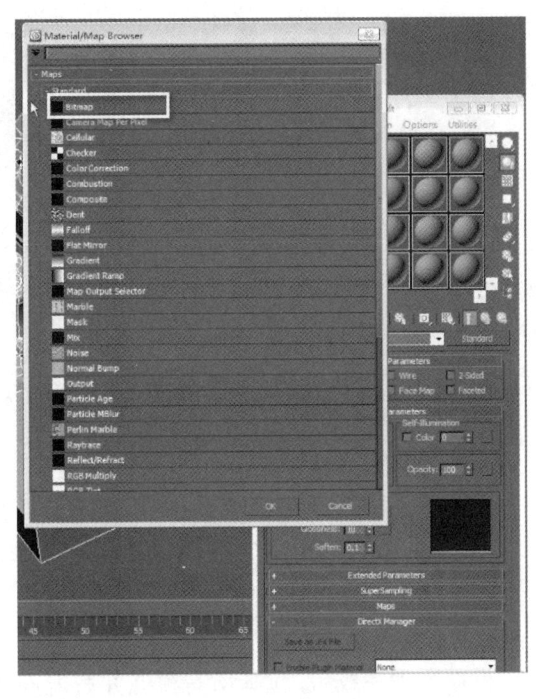

图 3-185 【Material Editor】窗口

图 3-186 【Material/Map Browser】对话框

为材质球添加贴图，如图 3-187 所示。分别单击【指定】按钮和【显示】按钮，把材质球赋予对应的模型，如图 3-188 所示。此时，贴图会显示在模型上。

图 3-187 为材质球添加贴图

图 3-188 把材质球赋予模型

在指定材质时，只能将材质指定到对应的模型上，而不是为整体模型一起指定材质。因为每张贴图都会添加到一个单独的材质球上，所以在这里会有 6 个对应的材质球，如图 3-189 所示。

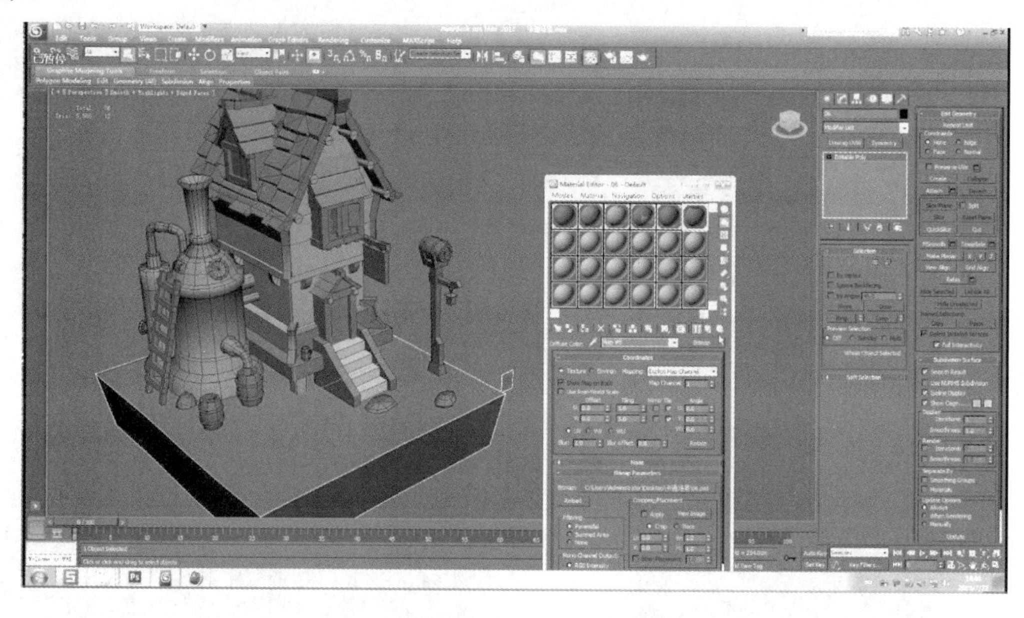

图 3-189 指定材质

贴图添加完成后，选择所有模型并右击，在弹出的快捷菜单中选择【Object Properties】（物体属性）命令，如图 3-190 所示。勾选【Vertex Channel Display】（顶点着色）复选框，如图 3-191 所示。

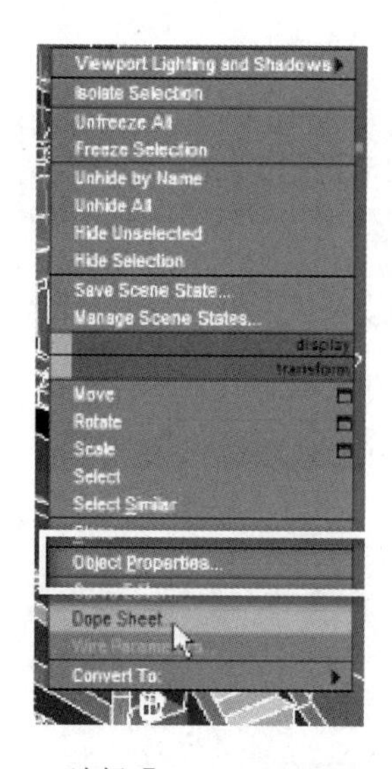

图 3-190 选择【Object Properties】命令

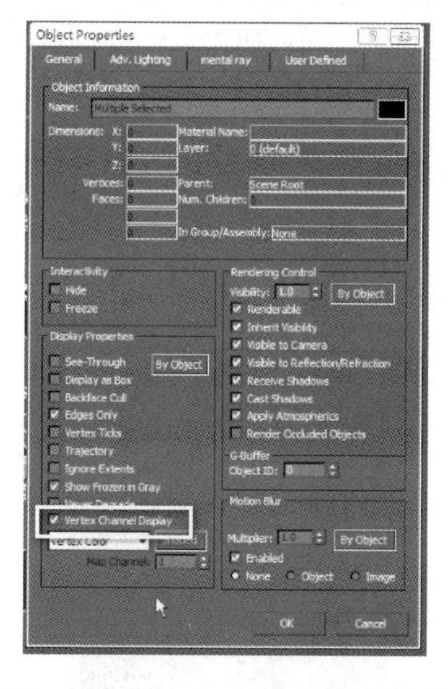

图 3-191 勾选【Vertex Channel Display】复选框

固有色绘制完成后，开始绘制贴图的光影。在绘制光影时，应新建图层。在绘制的过程中应新建几个图层，以便之后的修改。

下面绘制屋顶的光影，屋顶的下半部分应该亮一些，上半部分应该暗一些。在绘制光影时，在【Texture】（贴图）窗口中框选屋顶，如图3-192所示。这样在绘制时就不会影响其他部分。

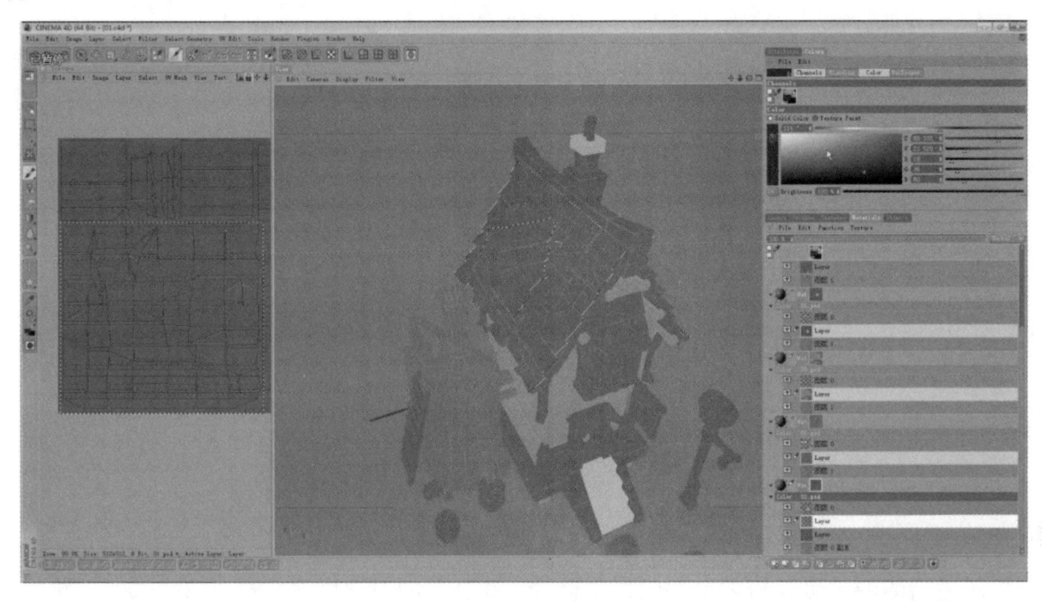

图3-192　框选屋顶

在绘制光影时应调节饱和度稍微高一些，因为绘制的是卡通场景，所以要打造渐变的效果（见图3-193），且使过渡自然。底面一些不受光的面应调节得暗一些。小屋顶的绘制方法也是一样的。差不多有个大的关系之后就可以先画下一个，查看整体的效果，再一起调整。

在第二个材质球中，新建一个图层，绘制明暗关系。首先确定明暗面，上面的面应亮一些，下面的面应暗一些，圆柱体中间亮两边暗。对于一些在模型上绘制时不好调整的，也可以先保存再在Photoshop中进行调整。明暗关系如图3-194所示。在绘制的过程中，各种软件应配合使用。

图3-193　渐变的效果

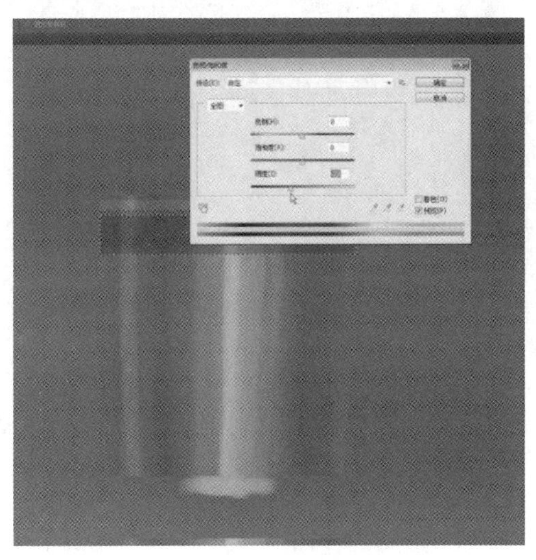

图3-194　明暗关系

在 Photoshop 中修改贴图并保存之后，返回 CINEMA 4D，应更新图层。右击图层，在弹出的快捷菜单中，选择【Revert Texture to Saved】（纹理更新）→【Texture】（贴图）命令，更新图层，如图 3-195 所示。

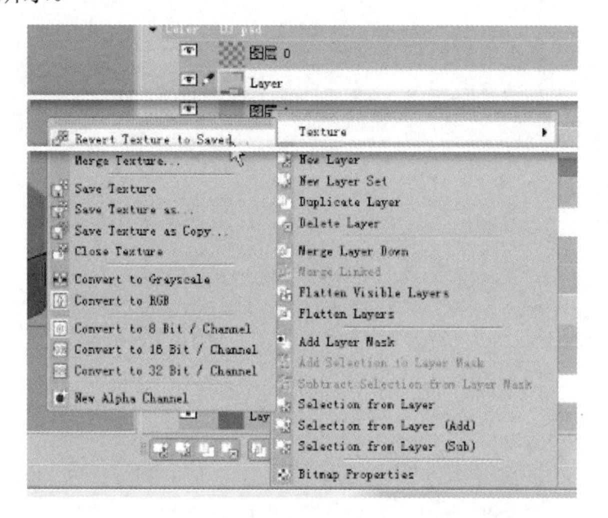

图 3-195 更新图层

更新之后的图层可以与之前的明暗层合并。其金属的对比度比较高，圆柱体中间比较亮，饱和度比较高，可以调整为偏冷一些；两边比较暗，颜色应倾向暖色调，绘制出体积感。对于这种比较卡通的物体，饱和度可以适当调高一些。在绘制的过程中，一定要把素描关系绘制准确，颜色冷暖变化如图 3-196 所示。

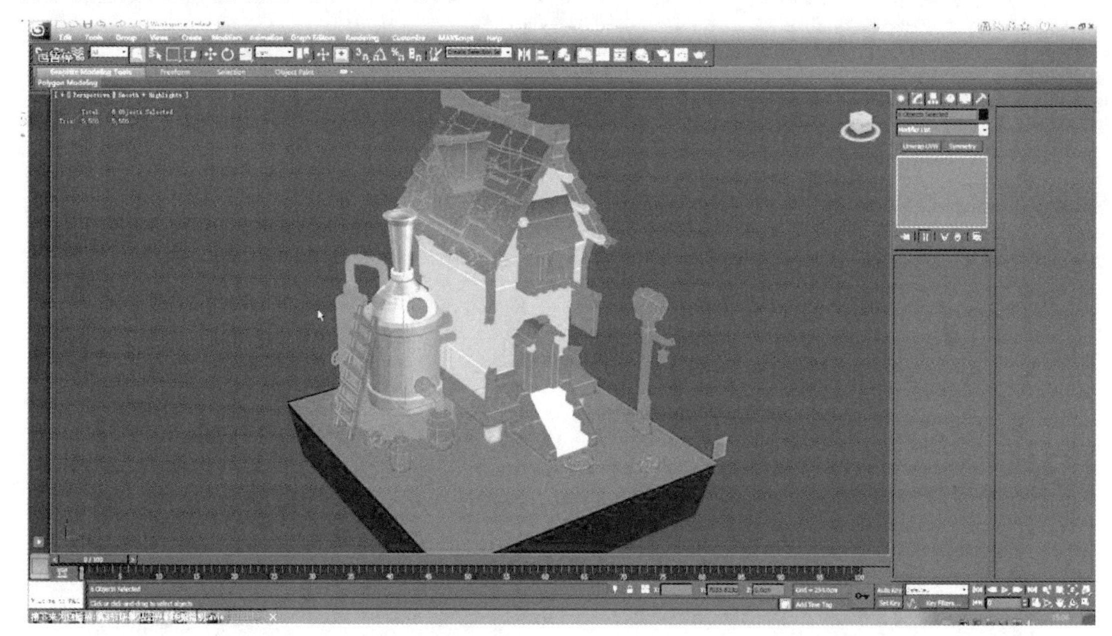

图 3-196 颜色冷暖变化

在绘制房子主体的明暗时，应先在【Texture】（贴图）窗口中框选房子主体（见图 3-197），再绘制明暗。

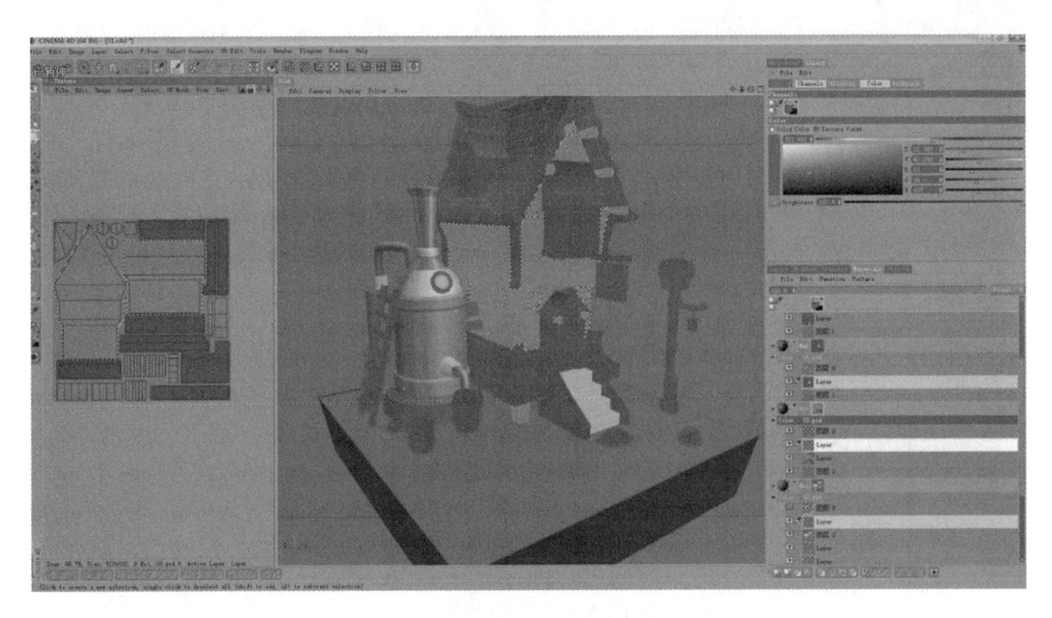

图 3-197　框选房子主体

受光面会亮一些，背光面会暗一些，上面被屋顶遮住的位置会有阴影，应暗一些，下面没有遮挡的位置会相对亮一些，过渡要自然，下面有些转折的小结构也要通过明暗关系体现出来，上面的面要亮一些，下面的面要暗一些。明暗渐变如图 3-198 所示。

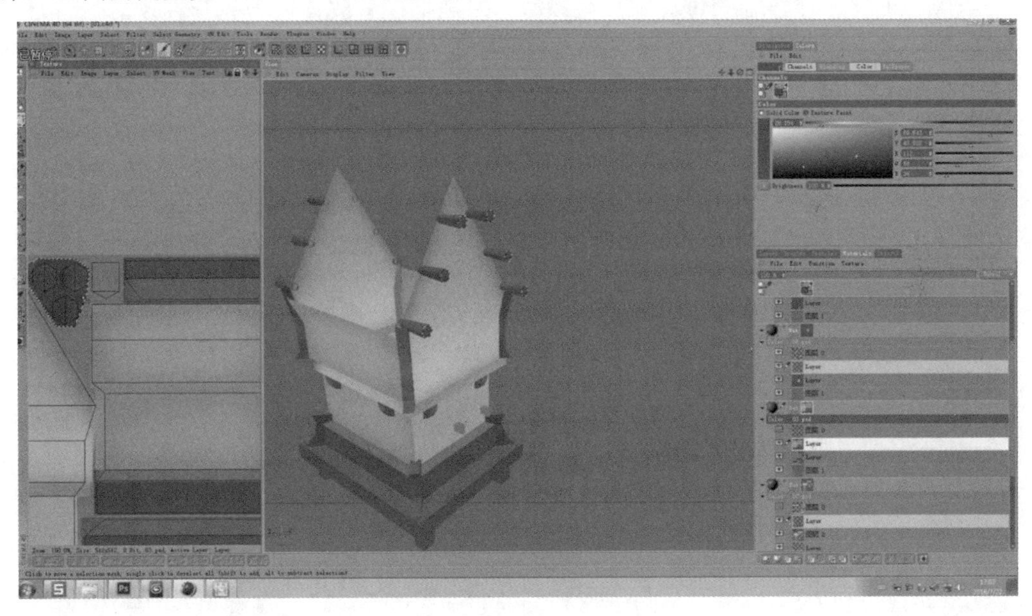

图 3-198　明暗渐变

因为基本上模型中的所有物体都是有明暗关系的，所以在绘制时每一部分都要照顾到。上面提及的明暗关系基本都是大方向上的明暗关系，当然一些小结构也是有明暗关系的。比如，每一块瓦片都是有自己的明暗关系的，需要用明暗来显示出瓦片的结构。绘制结构，如图 3-199 所示。

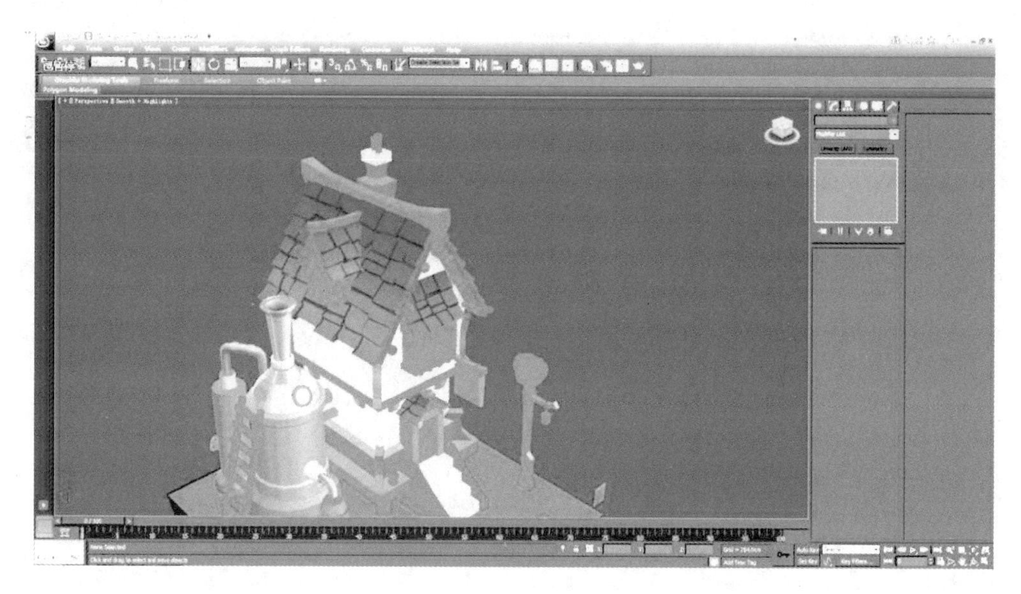

图 3-199 绘制结构

在绘制时，可以显示线框，按照模型的结构进行。这里主要绘制瓦片的结构，所以瓦片上的小破损暂时不管。

先把暗部绘制完成之后，再将亮部提亮，亮部的饱和度可以适当调高一些，同时也可以绘制一点颜色变化。在绘制的过程中，可以时不时地把模型放置远一些查看效果。因为现在还只是绘制了基本的固有色及明暗关系，没有开始绘制细节，所以放置远一些查看整体效果，如图 3-200 所示。

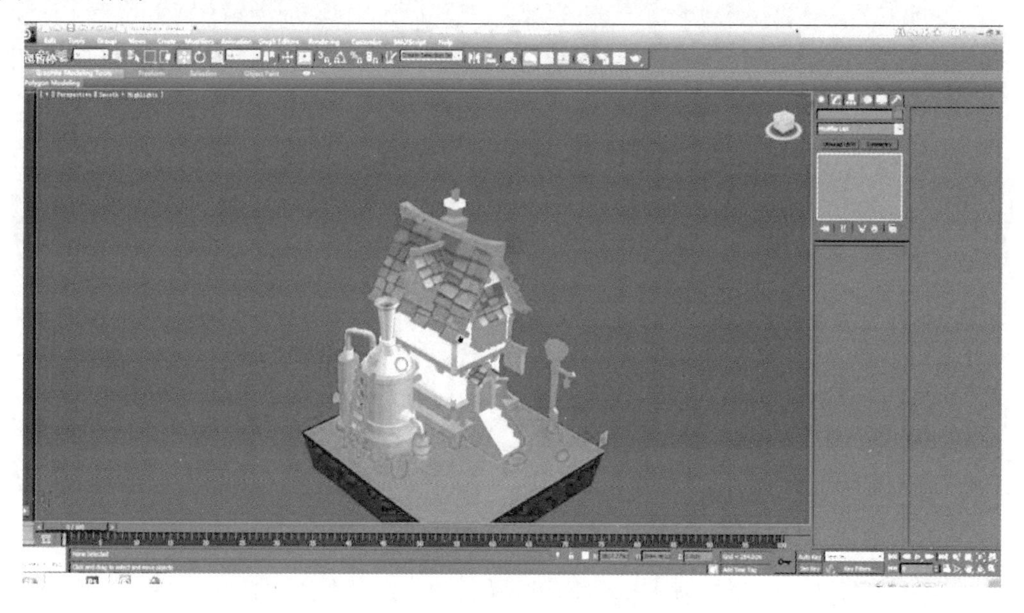

图 3-200 绘制明暗关系

其他模型的绘制方法也都一样。下面绘制一些小结构的明暗关系，每个转折面的亮度都是不一样的，在绘制时需要注意下面的亮度不会超越上面的亮度。需要锁定的结构部分可以使用选区绘制，如图 3-201 所示。在绘制的过程中，如果发现 UV 摆放得不合理，要及时调整。

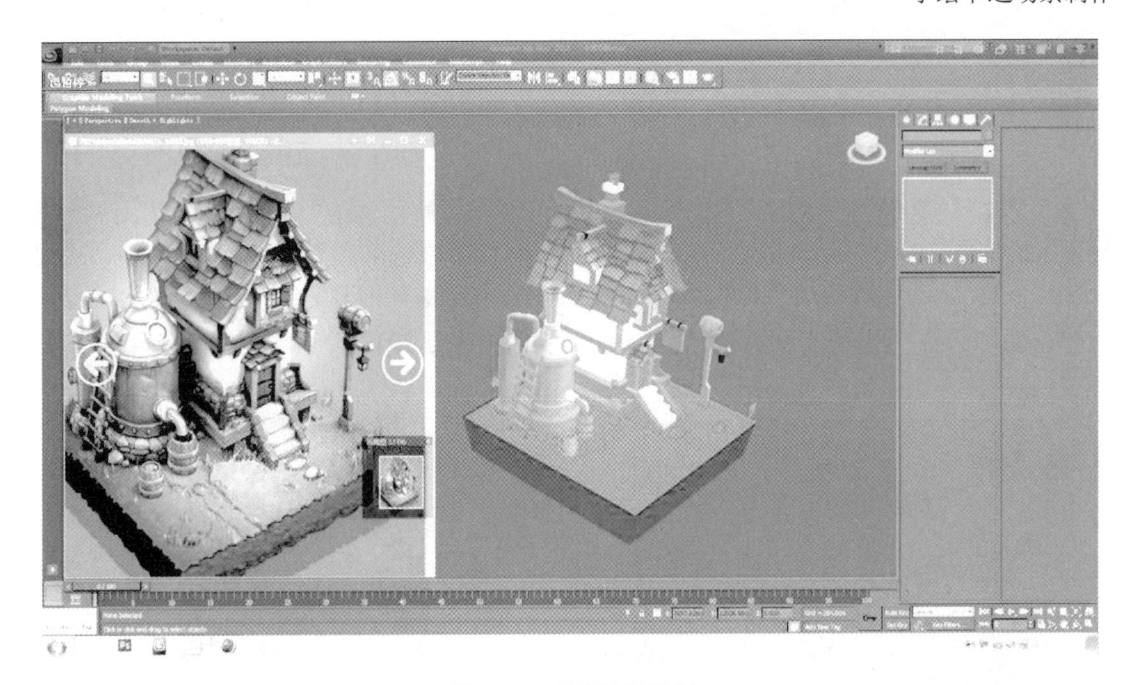

图 3-201　使用选区绘制

在绘制的过程中，可以在 Photoshop 中通过调节色相/饱和度，提升画面的整体效果。调整色相/饱和度，如图 3-202 所示。

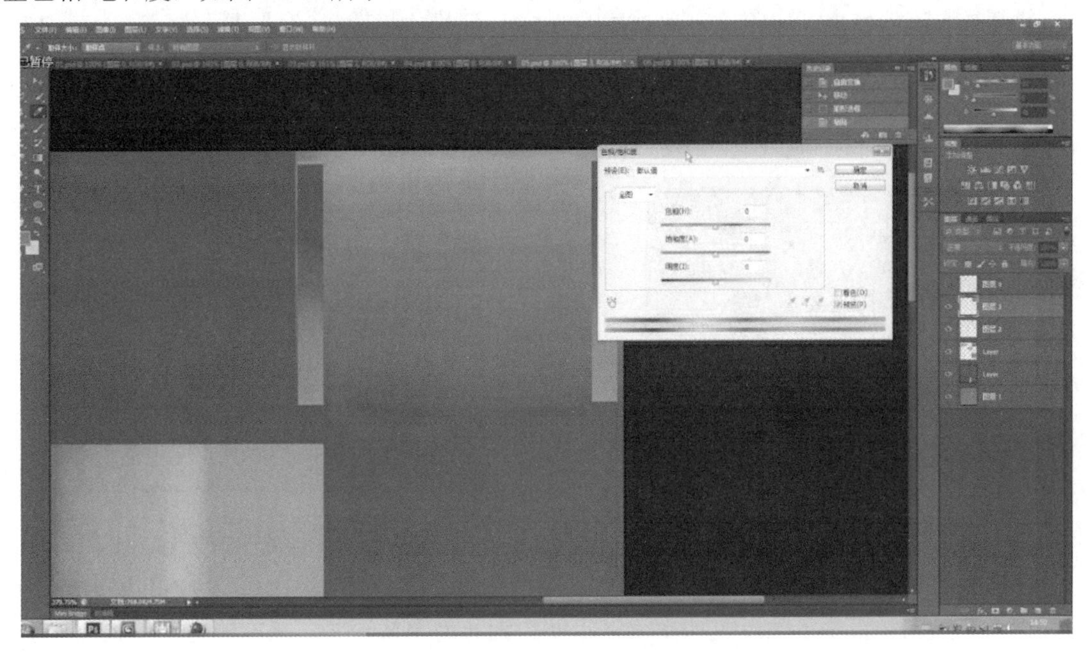

图 3-202　调整色相/饱和度

基本上光影的绘制方法都是一样的，主要是要找准明暗面，且过渡要自然，多结合各种软件来调节贴图效果。

3.4.2 绘制手绘卡通场景结构

在绘制结构时，应新建图层，以便后期调整。

下面以屋顶为例细化瓦片。这时可以把瓦片上的一些小结构绘制出来，每块瓦片的边缘不可能都是平整的，会有些过渡，同时瓦片之间也是有缝隙的，缝隙颜色会深一些，瓦片边缘会亮一些，瓦片表面应适当有些颜色变化，这样比较好看。细节变化如图 3-203 所示。

因为上面和下面的瓦片有叠加关系，所以下面的瓦片上会有阴影。绘制阴影，如图 3-204 所示。

图 3-203 细节变化

图 3-204 绘制阴影

绘制瓦片上的破损，如图 3-205 所示。瓦片上破损的边缘也是有明暗对比的，这样才能突出破损的结构。

绘制几处瓦片上的破损后，在 Photoshop 中将其复制到瓦片上，并调整破损。可以改变瓦片的明度、色相等，以节省制作时间。复制和调整如图 3-206 所示。

图 3-205 绘制破损

图 3-206 复制和调整

在绘制结构时，对于一些之前没有注意到的阴影关系也需要添加，且应多次调整笔刷的大小，在贴图和模型之间反复切换，将暗部的饱和度调低一些，亮部的饱和度调高一些，提高边缘高光。此外，也可以在瓦片的缝隙中添加脏迹、划痕、破损。添加脏迹，如图 3-207 所示。

其他部分的绘制方法相同。对于比较大的或重要的结构，可以使用重一点的颜色突出显示。绘制结构，如图 3-208 所示。按住 Shift 键可以绘制直线。

图 3-207　添加脏迹

图 3-208　绘制结构

在绘制屋顶侧面的细节时，要有瓦片覆盖在屋顶上的体积感。绘制结构转折，如图 3-209 所示。

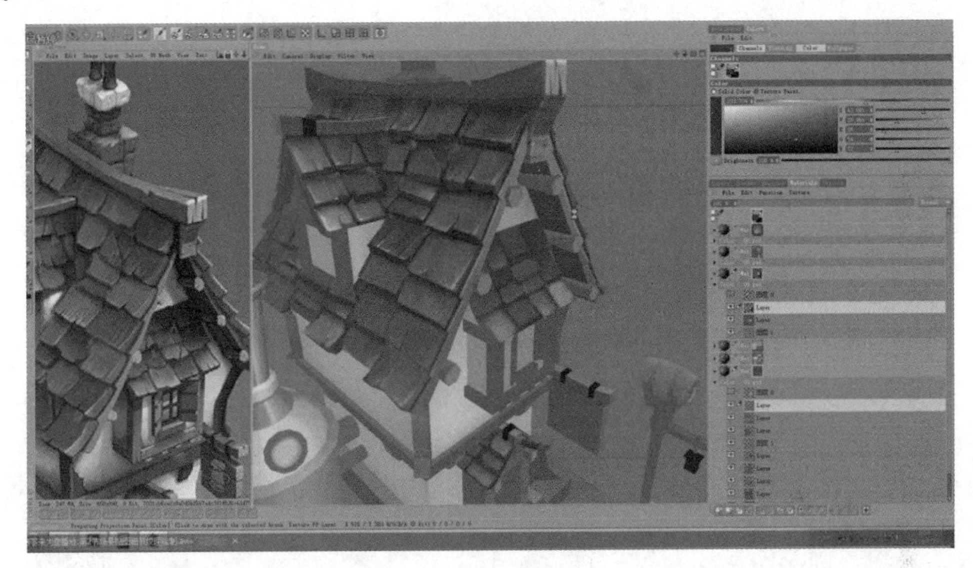

图 3-209　绘制结构转折

在手绘卡通场景中，有很多木条结构。在绘制木条结构时，首先要区分木条的明暗面，可以单独显示要绘制的物体，这样在绘制时比较容易查找。将向上的面提亮，向下的面调暗，区分开明暗面后，开始绘制体积结构，如图 3-210 所示。

图 3-210　绘制体积结构

窗户里面的结构可以直接在贴图上绘制，不需要制作模型，这样比较节省模型资源。首先绘制体积结构，可以使用 Photoshop 中的图层样式绘制，如图 3-211 所示。

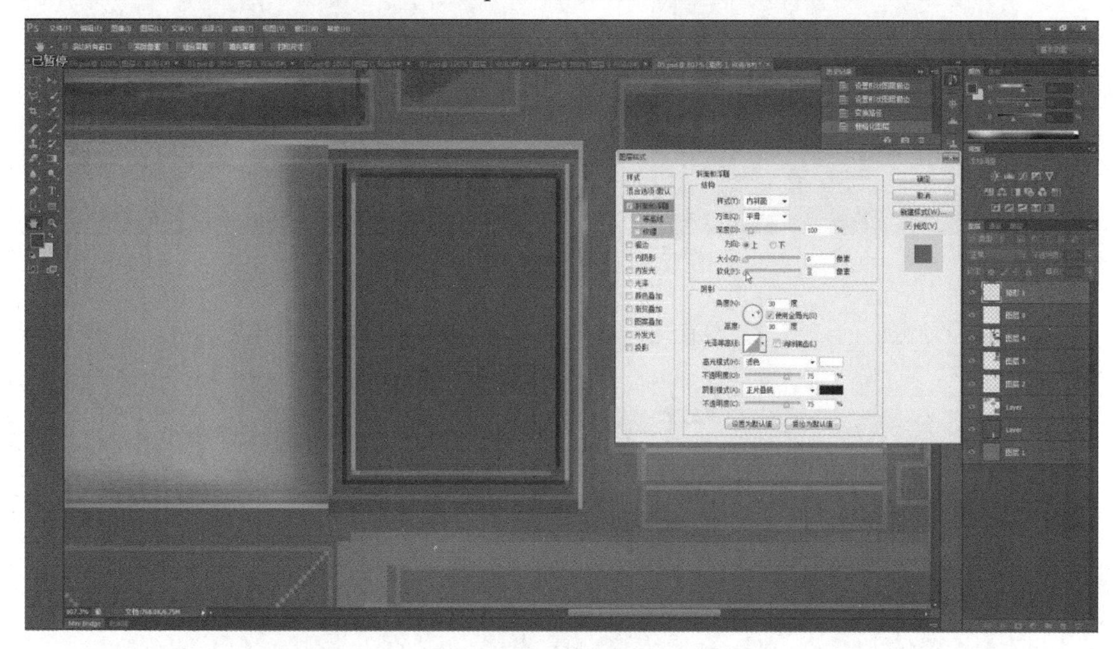

图 3-211 绘制结构 1

在 Photoshop 中绘制完成之后可以返回模型，绘制具体的结构，如图 3-212 所示。

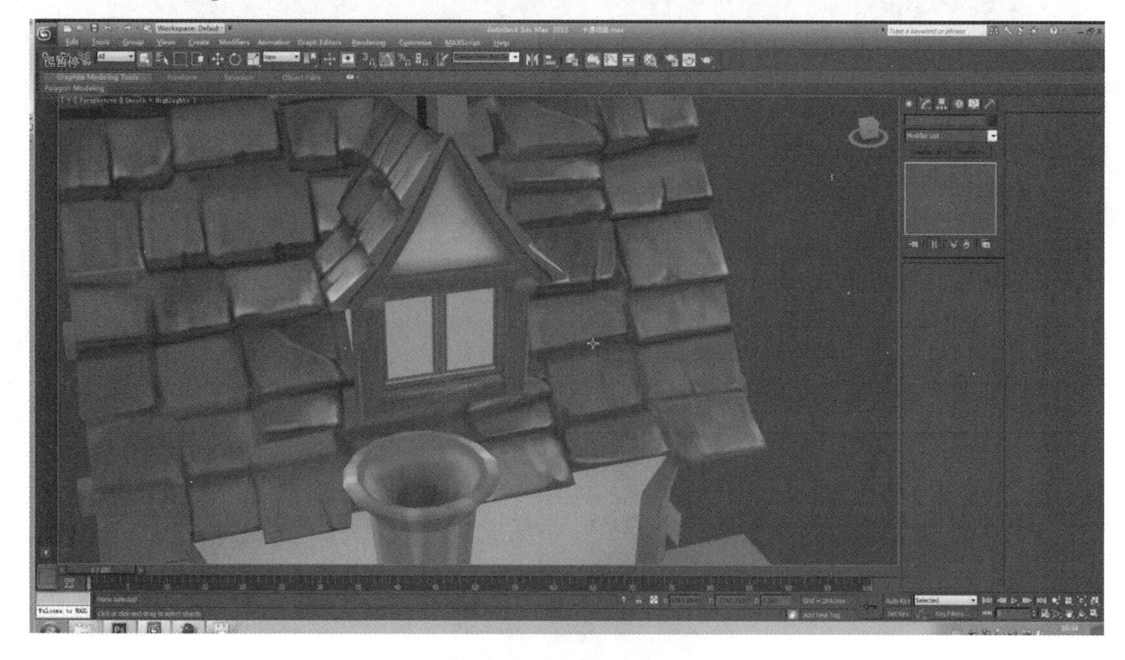

图 3-212 绘制结构 2

在绘制玻璃时，可以先在 Photoshop 中把玻璃的区域框选出来，再设置渐变效果，如图 3-213 所示。

图 3-213　设置渐变效果

像这样的墙，可能会有一些掉皮，如剥落的效果，可以使用重一些的颜色加深剥落的部分，使用亮一些的颜色提亮边缘，这样就会出现斑驳、脏旧的效果，如图 3-214 所示。

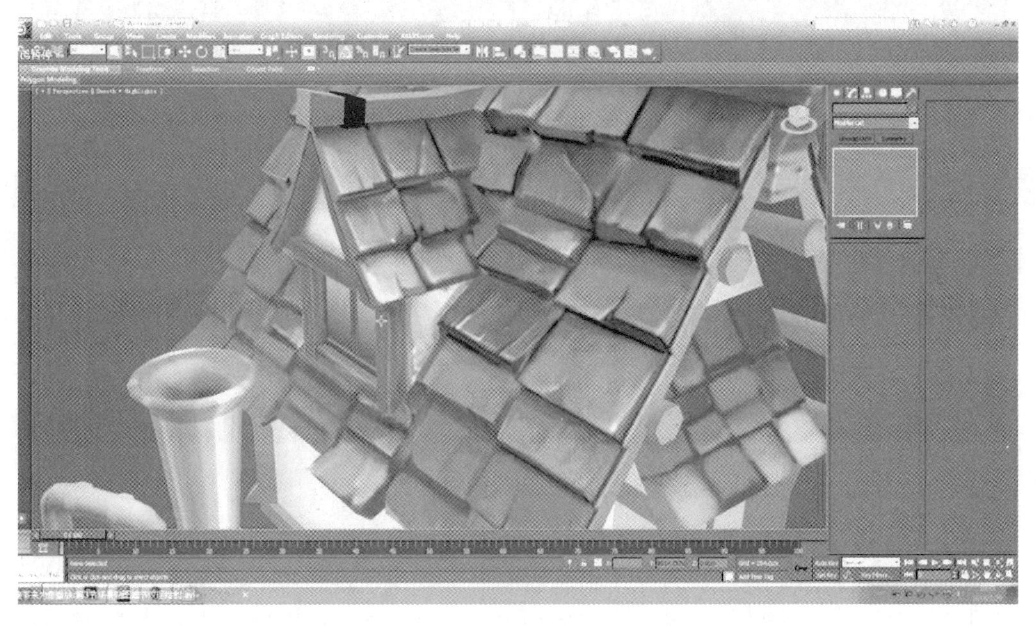

图 3-214　斑驳、脏旧的效果

在绘制质感时，主要靠高光和反光体现；在绘制划痕和破损时，要根据生活气息体现。金属的高光和反光相对来说会比较强，石头的高光和反光会比金属弱一些，木头的高光和反光会更弱一些。在绘制时，要注意一个整体的把控，这些都是在绘制的过程中需要注意的地方。在绘制时最好对模型进行整体绘制，这样颜色的统一性比较容易把控。如果每次都是绘制一个物体，每次绘制的感觉可能都不太一样，这样在全部绘制完成后整体效果就有可能会不协调、不统一。

在 CINEMA 4D 中可以开启笔刷的抖动功能，如图 3-215 所示。抖动功能开启之后，可以调节抖动范围，如图 3-216 所示。使用其用来绘制一些脏迹。

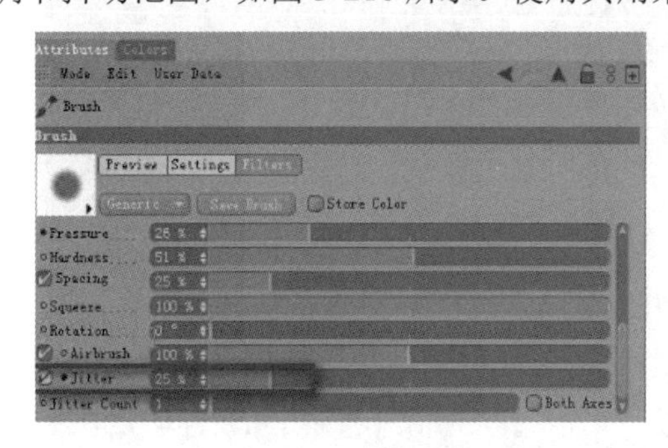

图 3-215 开启抖动功能

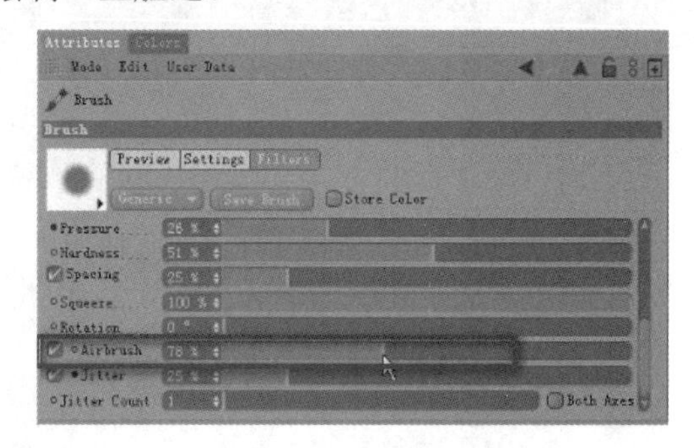

图 3-216 调节抖动范围

这样绘制出来的画面将不会太单调。绘制完成后，可以关闭抖动功能。添加抖动纹理，如图 3-217 所示。

图 3-217 添加抖动纹理

完成效果如图 3-218 所示。

至此，贴图制作基本完成。首先，绘制固有色。其次，绘制整个场景的光影关系，在通常情况下是上面亮、下面暗。在场景中整体的光影关系绘制完成之后，就可以开始绘制每个小物体之间的光影关系。通过光影关系表现出物体与物体之间的叠加关系。最后，绘制一些小的破损、剥落、磕碰，以丰富贴图的细节。由于绘制的是卡通场景，因此在颜色的运用上可以将饱和度调高一些，使整体的色调更明亮一些，在绘制贴图的过程中，应尽量不使用纯黑色，因为使用纯黑色会让画面不透气且不好看。另外，在绘制时还要注意不同材质的反光度是不一样的，由于金属一定会比木头亮，其反光也会比木头亮，因此要考虑绘制物体的材质、受光信息等。

图 3-218　完成效果

在绘制的过程中，只使用某一个软件可能不能完全满足要求，可以 Photoshop 和 CINEMA 4D 交替使用，运用软件中的一些特殊功能完成贴图的制作。

本章小结

认真学习本章，读者可以体会到在制作场景之前需要先仔细分析原画，再根据原画材质的不同设置贴图的分布。这也会影响到模型及 UV 的制作。请自行完成下面的两个场景练习，如图 3-219 和图 3-220 所示。

图 3-219　场景练习 1

图 3-220　场景练习 2

第4章 次世代道具制作

本章主要介绍次世代道具概述、次世代道具案例分析，以及次世代枪械制作。

次世代是由日语原字“次世代”进入中国而来的，字面意思是“下一代”。次世代游戏原指对应次世代主机的游戏，简单来说，就是只能在Play Station 3、XBox360、Wii及其更高版本的主机上运行的游戏。

次世代游戏能更好地模拟人物，使游戏人物更加真实。

伴随着索尼公司的Play Station 3和微软公司的XBox360的发布，游戏进入了高画质、高品质时代。由于Play Station 3和XBox360都使用的八核处理器，因此与传统PC游戏相比，其在品质上更上了一个台阶。

本书中所说的次世代道具，也就是这些高品质游戏场景中的物体，基本上除了有生命的角色，还有一些较大的场景，以及其他在游戏中能看到的都可以包括在道具范围中。

4.1 次世代道具概述

4.1.1 次世代道具效果欣赏及分析

制作次世代道具和手绘道具还是有很大区别的，具体如下。

为了达到一定的真实效果，在制作的过程中会有高模制作。高模上的细节会比较多，在原画中能看到的结构信息基本上都需要在模型中体现出来，这也是导致高模面数比较多的一个原因。此外，在制作贴图部分时，也不是只有之前的一张漫反射贴图了，而是采用法线贴图描绘物体表面细节的凹凸变化，采用颜色贴图表现物体的颜色和纹理，采用高光贴图表现物体在光线照射条件下体现的光泽效果，并且贴图尺寸也会相应扩大。次世代游戏在引擎中还可以创造一些特效以丰富画面。

次世代游戏的相关标准必须具备的五大基本要点如下。

（1）实现实时环境光散射、实时光线追踪、动态毛发技术。

（2）天气标准：支持实时动态天气效果。

（3）画面标准：支持裸眼3D、DX12（PC）、1080P分辨率与60FPS（家用游戏主机）。

（4）玩法标准：全面支持体感、动作捕捉技术。

（5）音效标准：支持TrueAudio等音频技术。

图4-1、图4-2、图4-3所示为次世代道具成品效果。

图 4-1　成品效果 1

图 4-2　成品效果 2

图 4-3　成品效果 3

4.1.2　次世代道具和手绘道具制作的区别

在制作手绘道具时，一般按照原画制作人体结构，很多细节是通过贴图完成的，并不需要在模型上体现出来，所以模型的面数相对较少。在制作贴图阶段，手绘道具会把光影关系绘制在贴图上，这个手动绘制上的光影关系是不会随着引擎中环境光的变化而实时变化的。

在次世代道具中，会制作一个高模，把所有原画上的结构信息都制作在模型上，之后为了减轻引擎的负担，会在制作完成后制作一个低模，低模上的细节是不需要制作的，这样会减少很多模型的面数。通过烘焙法线的方法把在高模上的细节烘焙到低模上，让原本没有细节且面数较低的低模看起来和高模一样。此外，还会制作颜色贴图、高光贴图，有些还需要用到粗糙度贴图、金属度贴图等。

手绘道具基本是通过制作一张贴图达到所有效果的，而次世代道具则会根据不同的需要制作多张贴图。

在上面的介绍中提到在制作次世代道具时需要用到法线贴图、高光贴图等，那么法线贴图、高光贴图等名词又是什么意思呢？下面将逐一进行说明。

法线贴图（Normal Map）：次世代道具美术制作的基础，是沿着物体法线方向进行凹凸计算的一种贴图。当沿着法线方向进行观看时，法线贴图能够呈现相当逼真的凹凸效果，从而只用几千面的模型就能够呈现出接近高模的效果。图 4-4 所示为法线贴图。

漫反射贴图（Diffuse Map）：表现物体本身的色彩、纹理信息的贴图，是使物体不受阴影、强光等影响的固有颜色贴图，即物体在白色漫射光情况下的色彩。图 4-5 所示为漫反射贴图。

图 4-4　法线贴图

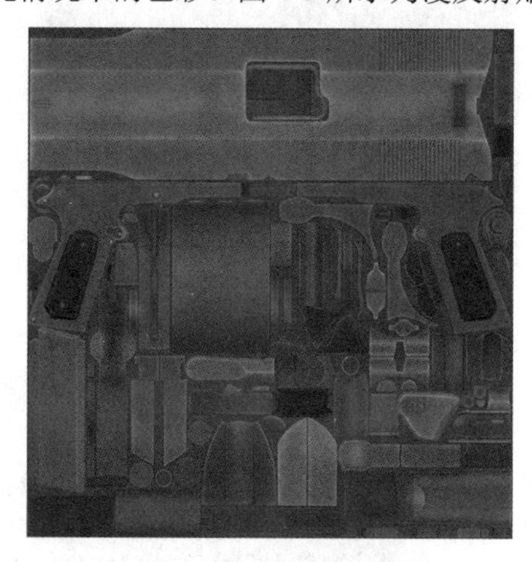

图 4-5　漫反射贴图

高光贴图（Specular Map）：表现物体表面反光信息的贴图，包含高光强度和高光色彩两个属性。高光强度可以表现物体反光的强弱，高光色彩可以表现物体反光的颜色。高光贴图是在次世代道具制作中表现质感的重要工具。图 4-6 所示为高光贴图。

AO 或 OCC 贴图（Ambient Occlusion Map）：表现物体之间阴影关系的贴图，用于辅助制作漫反射贴图和高光贴图，通常不会单独使用。图 4-7 所示为 AO 贴图。

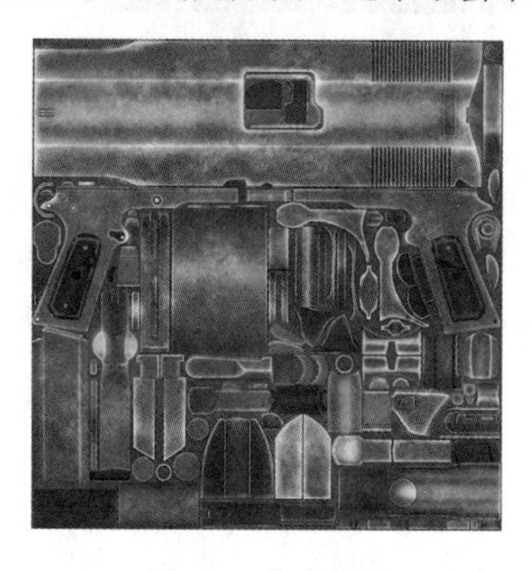

图 4-6　高光贴图

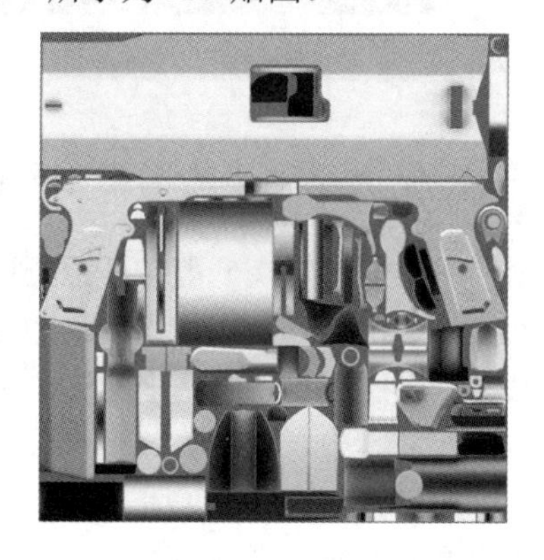

图 4-7　AO 贴图

除了上述几种常用的贴图，还有一些不常用贴图，具体如下。

透明贴图（Opacity Map）：通过黑、白、灰色表现物体的透明信息，通常用于制作树叶、玻璃等透明物体。

自发光贴图（Emissive Map）：表现物体发光信息的贴图，通常用于制作发光物体，如灯泡等。

下面了解一些在制作游戏道具的过程中常用的其他名词。

模型的面数：游戏模型中三角形的面数。因为在运行 3D 游戏时需要考虑到计算机的性能或游戏机的性能，所以都会对游戏模型进行面数的限制。比如，限制 3000 面，即要求模型中的三角形的面数大概为 3000 面。

高模：高面数的模型，没有任何面数限制，用于表现作品的更多细节，尽量增强模型的品质，让作品看上去更加丰富。图 4-8 所示为游戏模型高模。

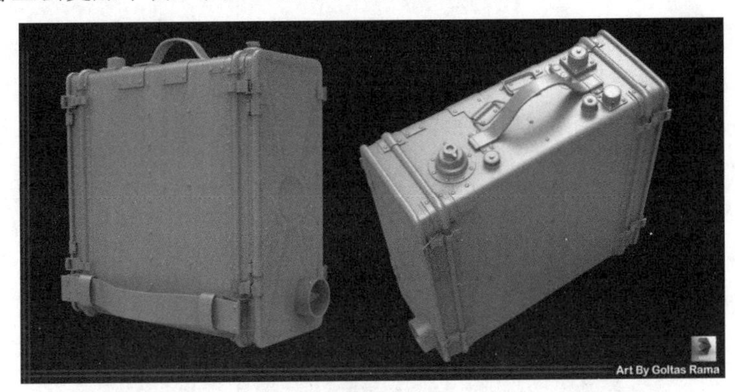

图 4-8　游戏模型高模

低模：低面数的模型，是游戏中实际看到的模型，为了保证游戏的流畅，会有一定的面数限制，需要用尽量精简的面数，尽可能体现较为丰富的模型外轮廓。图 4-9 所示为游戏模型低模。

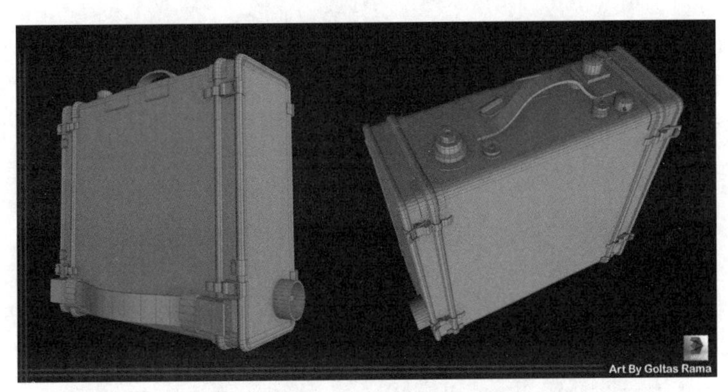

图 4-9　游戏模型低模

UV：贴图坐标，指把 3D 模型的坐标信息映在平面上，为贴图绘制做准备。

模型烘焙：次世代道具制作的基础技术，指把高模的丰富细节通过贴图的方式烘焙到低模上，从而使低模拥有接近高模的游戏效果。

贴图尺寸：贴图的像素尺寸，通常为 128、254、512、1024、2048 等这样的倍数关系。尺寸一般为正方形，如 512 像素×512 像素、1024 像素×1024 像素等。贴图尺寸越大，制作的贴图越精细，同时对计算机配置的要求也越高。

贴图数量：在一个游戏模型中使用的贴图数量。对于次世代道具来说，如果要求的贴图尺寸为 2048 像素×2048 像素，通常是说漫反射贴图、高光贴图、法线贴图各一张，也就是实际上是 3 张或更多尺寸为 2048 像素×2048 像素的贴图，而并非只有一张。如果没有特殊说明，则默认是尺寸为 2048 像素×2048 像素的正方形贴图。

4.2 次世代道具案例分析

1. 分析原画

分析原画是游戏制作过程中很重要的一步。制作游戏之前，花费一些时间分析原画的设计，找到合理的参考，对后期的制作会有很大帮助。这里选择了一个涉及大部分技术的案例进行分析。图 4-10 所示为案例原画，这张桥梁图的原画设计鲜明，风格贴近欧式建筑，桥面可以升起和落下。

图 4-10 案例原画

为了能够在制作时确定和更好地把握作品风格，需要找一些比较有参考价值的真实照片作为参考。图 4-11 所示为参考图。

图 4-11 参考图

掌握作品的大体效果后，就要考虑个别重要物体的设计逻辑。在图 4-10 中，可以看到木头材质的水车和桥面，但是由于桥柱挡住了水车，看不见水车全貌，因此可以先以现实生活中的水车作为参考，添加自己的设计，这样才会有比较理想的效果。

在制作的过程中，每制作完成一个物体，都要仔细分析原画，养成好的习惯，这样一方面可以进一步了解题材，另一方面又会产生新的想法。在对原画进行分析时，主要研究桥面和水轮的运转逻辑。图 4-12 所示为原画分析。

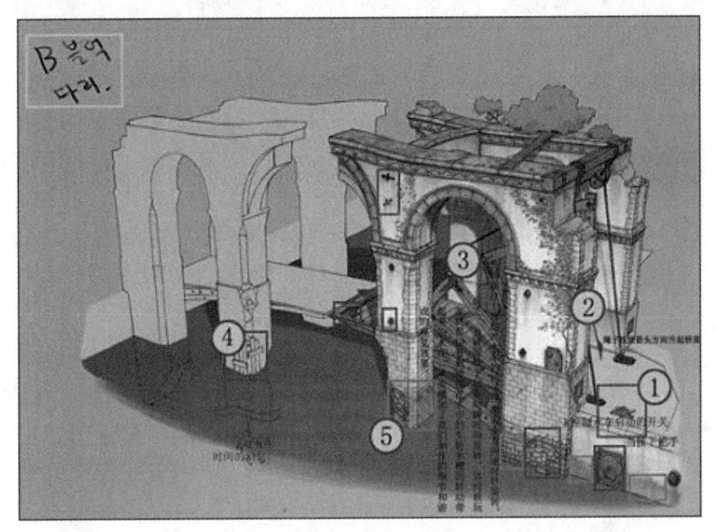

图 4-12　原画分析

①：制水车启动和关闭的开关。

②：绳子按照此箭头方向拉动，吊起桥面。

③：当桥面上升时，车轮逆时针旋转；当桥面放下时，车轮顺时针旋转，这时可以看到浸没在水中的车轮水槽因转动而带起的水花。

④：框内因桥柱的损坏而添加的固定木板、因风吹日晒而锈迹斑斑的金属材质，以及石柱损坏的程度。

⑤：桥柱与水面交界的结构，因长期与水接触，在颜色上会比水面以上的部分更深一些。

由于现实中的水车是会旋转的，因此游戏中的物体应参考现实中的情况进行制作，箭头代表水车的运作逻辑。图 4-13 所示为水车的运动示意图。

图 4-13　水车运动示意图

当桥面上升时，车轮会逆时针旋转，其中一部分会浸没在水中，时间长了自然会留下很多潮湿的痕迹。反之，当桥面放下时，车轮顺时针旋转，此时早已浸没在水中的车轮水槽就会因转动而激起部分水花。这样的分析不仅会使作品更加贴近实际生活，而且会增加作品的制作细节，同时也会突显游戏的视觉效果。墙面的设计比较简单，可以在藤蔓上花费一些时间来装饰干净的墙面。在图 4-12 中，④框内因桥柱的损坏而添加的固定木板、因风吹日晒而锈迹斑斑的金属材质，以及石柱损坏的程度，都是原画中提供的桥使用程度和存在时间的信息。类似的分析需要经常进行，这些工作对制作会有很大帮助。

2. 制作模型

在开始制作时，首先搭建一个表示结构和比例的简单模型，以确定比例和进一步了解作品。在制作的过程中，备份的简单结构模型如图 4-14 所示。

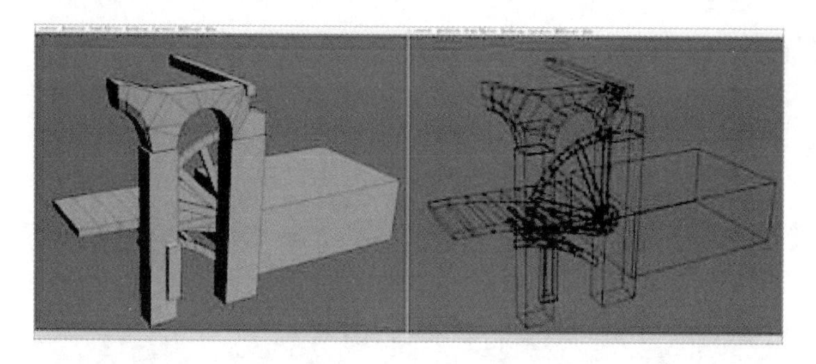

图 4-14　备份的简单结构模型

在制作次世代道具的过程中，法线贴图是比较关键的一张贴图。通过它可以在游戏运转中的低模上表现出大量 3D 细节，而这张贴图上的结构细节都来自制作好的高模。高模的制作要求体现模型结构和模型细节的厚度、深度、材质效果等。因为要表现的效果非常多，所以高模的制作时间也是比较耗时的。图 4-15 所示为高模。

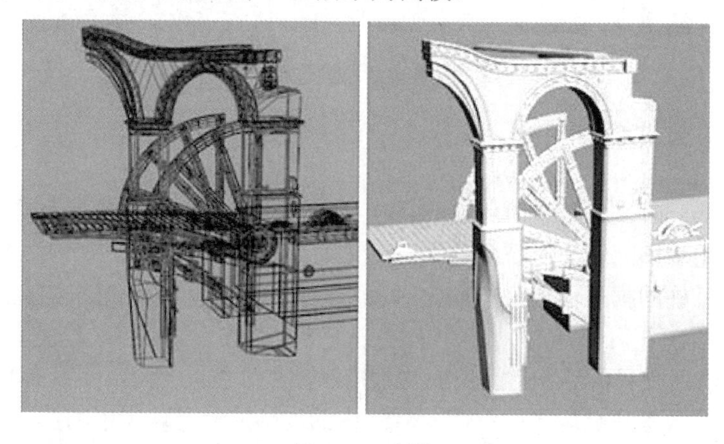

图 4-15　高模

以上提到了高模的制作也有体现物体深度和材质的作用，这些主要由模型的导角大小和卡线距离决定。图 4-16 所示为水车上硬木板的导角和卡线效果。

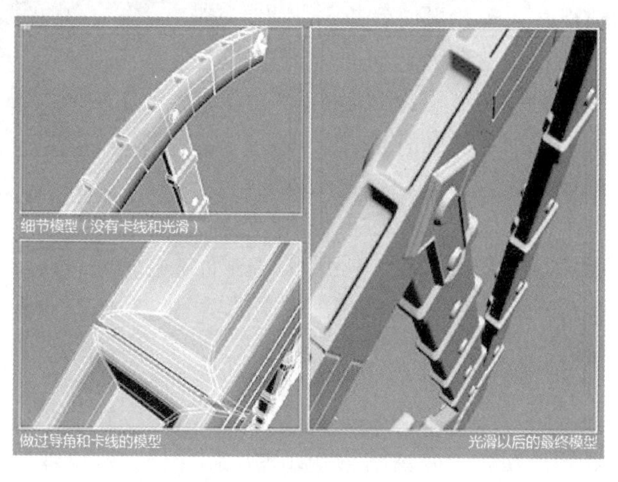

图 4-16　导角和卡线效果

在制作高模的过程中，可以经常保存过程文件，每个部件都保存为简单模型、细节模型、最终模型 3 个部分。简单模型在制作低模时有很大的作用，在制作高模时应尽量将制作低模的规格、要求全部考虑进去。在制作低模时，布线规整的模型可以直接修改，这样会得到事半功倍的效果。细节模型指形体、比例没有问题且布线规整的模型，没有卡线和光滑。这个模型的作用是在制作的过程中出现错误或有其他制作想法时便于修改。最终模型就是可以直接看到高模效果的模型，使用最终模型进行制作可以提高整体制作速度。

有了在制作高模的过程中保存的文件，制作低模就很方便了，一般只要布线流畅、规整，不浪费多余的面数即可。注意，应先保证所有面都能够起到作用，再根据规定减去面数或增加面数。低模如图 4-17 所示。

图 4-17　低模

在制作低模时，要了解法线的性质，以及什么样的细节需要在低模上表现，什么样的细节通过烘焙法线就可以很好地表现。这些在制作低模时是至关重要的。在一般情况下，在制作的过程中，从不同的视角可以看到的突出或凹陷比较明显的结构都需要体现。图 4-18 所示框中的结构都需要在低模上体现。

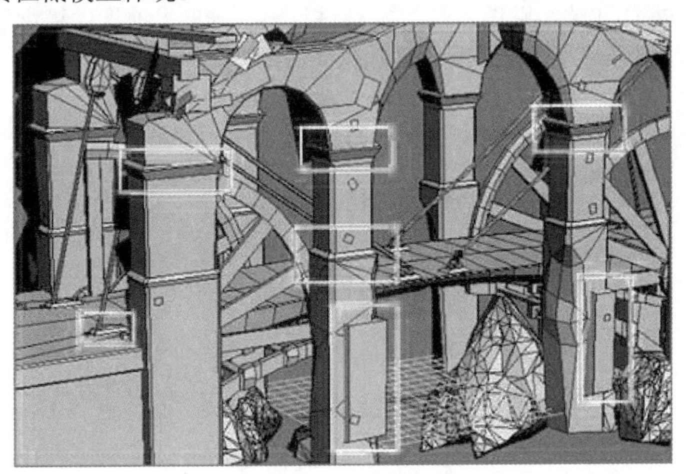

图 4-18　需要在低模上体现的结构

例如，原画中墙面的裂痕、砖块的结构、脏迹等都可以使用 3ds Max，以及生成法线贴图的软件、插件来表现。图 4-19 为拱形墙面的低模效果、法线信息及最终效果。

图 4-19 低模效果、法线信息及最终效果

3. UV 布线

UV 摆放不能浪费过多空间，且 UV 共用是保证贴图精度比较重要的环节，合理的 UV 共用是游戏制作中重要的要求之一。图 4-20 所示为模型 UV。

那么 UV 共用在作品中体现的效果如何呢？图 4-21 所示选框内的 UV 是存在共用的。在这里要注意，UV 共用不能重复率太高，以免使得作品上到处都是重复的细节。

图 4-20 模型 UV

图 4-21 UV 共用部分

4. 制作灯光贴图和法线贴图

高模制作完成并拆分完成 UV 的低模后，就可以在 3ds Max 中烘焙得到灯光贴图（Lighting Map）和法线贴图了。如果高模和低模都制作得很好，那么基本上可以一次性完成烘焙，并且得到满意的灯光贴图和法线贴图。烘焙本身没有多少难度，前期的模型制作是决定灯光贴图和法线贴图效果的关键。图 4-22 所示为制作完成的灯光贴图和法线贴图。

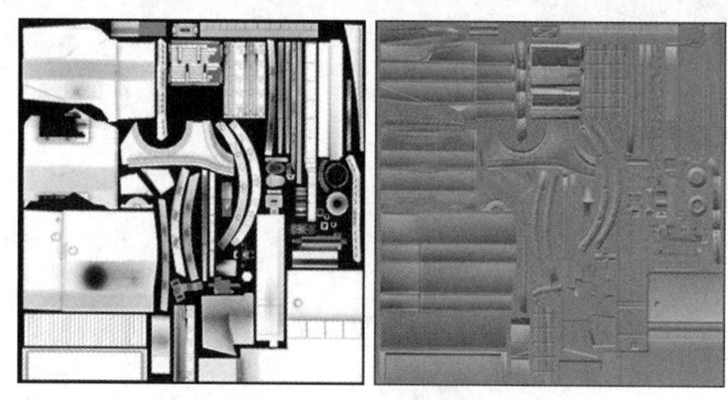

图 4-22 灯光贴图和法线贴图

5. 制作漫反射贴图

虽然在制作贴图时可以使用素材，但是还需要良好的素描基础和色彩感觉，因为很多高光阴影关系都要使用手绘板一笔一笔绘制出来，用来加强效果，一张尺寸为 2048 像素×2048 像

素的贴图需要绘制到每个细节。其具体的绘制步骤如下。

使用选好的基础材质为贴图定位颜色，如果选不到好的材质，则使用颜色直接填充，图4-23中框内为颜色填充区域，其他部分则为材质纹理，将之前制作的灯光贴图通过Photoshop的正片叠底图层模式叠加在填充了颜色的贴图上，就会得到有颜色且有明暗的贴图。

不仅要按照不同物体的不同材质效果叠加适合的材质和破损痕迹，而且要按照项目或个人需要，通过手绘板给贴图绘制更加丰富的颜色。至于选择的材质是什么样的质感和什么样的颜色，则应依靠自己的观察和色彩感觉。此外，如果是在游戏项目中制作的，则要照顾整个场景的色彩和风格。

绘制每个物体的光影色彩关系时，绘制的内容包括阴影、物体与物体之间的光影影响和颜色反光，还要绘制因为物件存在的时间比较长而存留下的污渍和使用的痕迹，这是次世代游戏需要的真实信息。图4-23所示为漫反射贴图绘制过程。

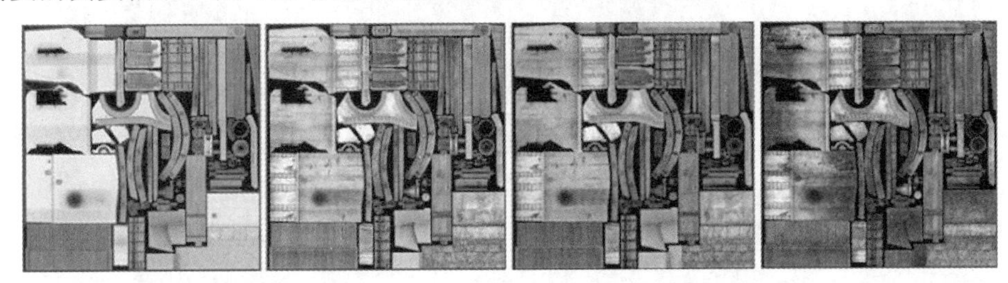

图4-23　漫反射贴图绘制过程

6. 制作法线贴图

下面制作法线贴图并将其命名为Normal map 02，它的处理主要是将在制作漫反射贴图时绘制在贴图上的纹理、脏迹和破损通过Photoshop插件Normal Filter和软件Crazy Bump转化成法线信息，并将这些信息通过Photoshop的图层模式叠加在已经制作完成的法线贴图上。这样就得到了图4-24所示的法线贴图。

7. 制作高光贴图

高光贴图的好坏也会影响最终效果，一般金属和皮质物体的高光贴图体现得比较强烈，而石头和木头材质物体的高光贴图体现得非常弱。图4-25所示为最终定稿的高光贴图，其中有部分呈现略带彩色的偏白区域是场景中被水浸湿的部分，添加颜色会让水呈现更加丰富的色彩，但是在绘制时也要有一定的度量，不然就会显得很乱。

图4-24　法线贴图

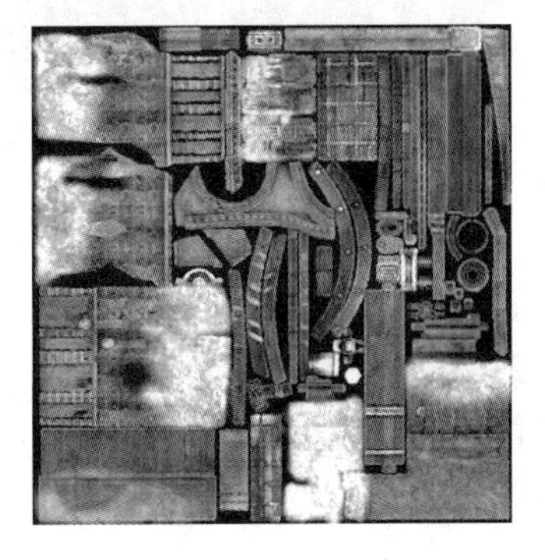

图4-25　高光贴图

8. 制作透明贴图

透明贴图是通过 Alpha 通道将需要显示的部分显示，将不需要显示的位置透明化的一张贴图，用于制作植被、链条、布料、头发等需要贴图部分透明的物体。本案例中主要制作一些藤蔓和墙面上的铁钉。添加藤蔓可以为整个作品增添很多大自然的生气，而添加墙面的铁钉主要是为了给有 UV 共用的墙面增加一些不同点。图 4-26 所示为透明贴图在墙面上的运用。从图 4-26 中可以看到，左侧和右侧墙面上的铁钉数量、方向、大小都有着略微的变化。这样设计不仅可以改善因 UV 共用而造成的墙面相同信息过多的情况，而且让作品有了更加丰富的细节。

因为藤蔓在这个作品中用得比较多，所以需要给每个藤蔓和叶子增加法线的细节，进而增加真实、厚实的效果。图 4-27 所示为透明贴图的 Diffuser map 和 Mask（遮罩）通道。

图 4-26 透明贴图在墙面上的运用

图 4-27 透明贴图的 Diffuser map 和 Mask（遮罩）通道

此外，还要注意藤蔓对墙面的影响。制作相互影响效果的方法有很多种，这里选择在贴图上对准藤蔓的位置绘制能看到的阴影、污迹、反光颜色，虽然比较麻烦，但是效果比较自然。图 4-28 所示为藤蔓细节。

把制作完成的模型、贴图导入 UT3 引擎。图 4-29 所示为作品在 UT3 中增添了水面天空环境的截图效果。

图 4-28　藤蔓细节

图 4-29　截图效果

在拿到原画时，首先需要对原画进行分析。如果原画是自己设计的，则能够领悟得更加透彻。但是通常情况下，拿到的原画都是其他设计师设计的，这就需要充分领会设计师的意图。不要一拿到原画就立刻制作，而应花费一些时间，对原画进行仔细分析和思考。先充分考虑，再进行制作，这样才能做出符合设计师意图和风格的作品，同时对整体的制作效果也会有很大的帮助，可以少走弯路。那么如何分析一张游戏原画呢？具体步骤如下。

首先，感觉原画。在拿到原画后，要观察原画带来的整体感觉，这很重要。如果整体风格不一样，那么无论细节怎么刻画都没有意义，所以一定要先从整体入手。另外，原画通常绘制得比较笼统，需要自己设计并添加一些细节。注意，这些细节要在了解了作品风格的基础上进行添加，否则，添加的细节就会与作品整体风格不相符。图 4-30 所示为案例原画。

图 4-30　案例原画

其次，分析整体结构。在读懂原画整体感觉之后，下面需要思考原画的整体比例结构。要制作符合设计意图的模型，首先要掌握模型的比例结构。图 4-31 所示为结构分析图。

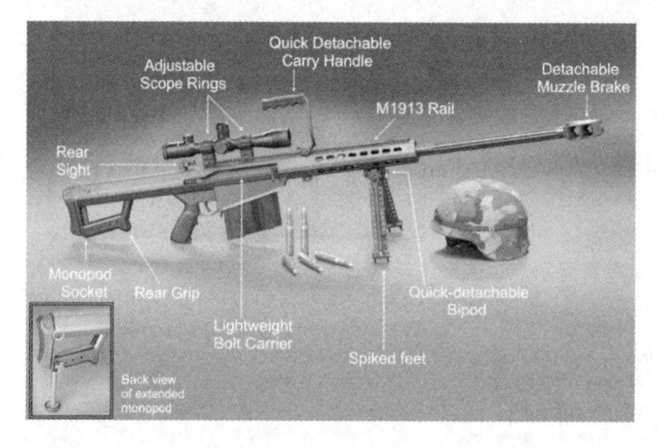

图 4-31　结构分析图

最后，思考复杂结构的制作方法。做到对结构比例心中有数之后，还有一个需要思考的就是一些复杂结构的制作方法。例如，枪架和枪身直接衔接部分看起来比较复杂，怎样制作出比较好的效果呢？在制作之前，要仔细思可以有几种制作方法、哪种制作方法比较简单、怎样做效果比较好等。

提示：在遇到不好确定的复杂结构时，可以尝试在 3ds Max 中简单制作。对于复杂结构，要先寻找到一种合适的制作方法，再开始制作。这样工作效率比较高，模型的质量也会比较好。否则，若进行到中途或全部制作完成后才发现用另外一种方法会更好，就来不及了。

4.3　次世代枪械高模制作

4.3.1　制作枪械中模的大体结构

前面已经讲过如何分析原画，按照前面的分析方法，先观察枪械的大体结构，然后制作一个初始模型。先把枪械看成一个基本几何体，然后按照基本几何体的形状和比例，制作一个基本模型，并确保基本比例和原画相符，不断细化模型，进而完成整个枪械的制作。具体步骤如下。

打开 3ds Max，开始创建枪身。单击【Create】（创建）按钮，选择【Geometry】（几何体）选项卡，并单击【Box】（长方体）按钮，在前视图中创建一个长方体，如图 4-32 所示。

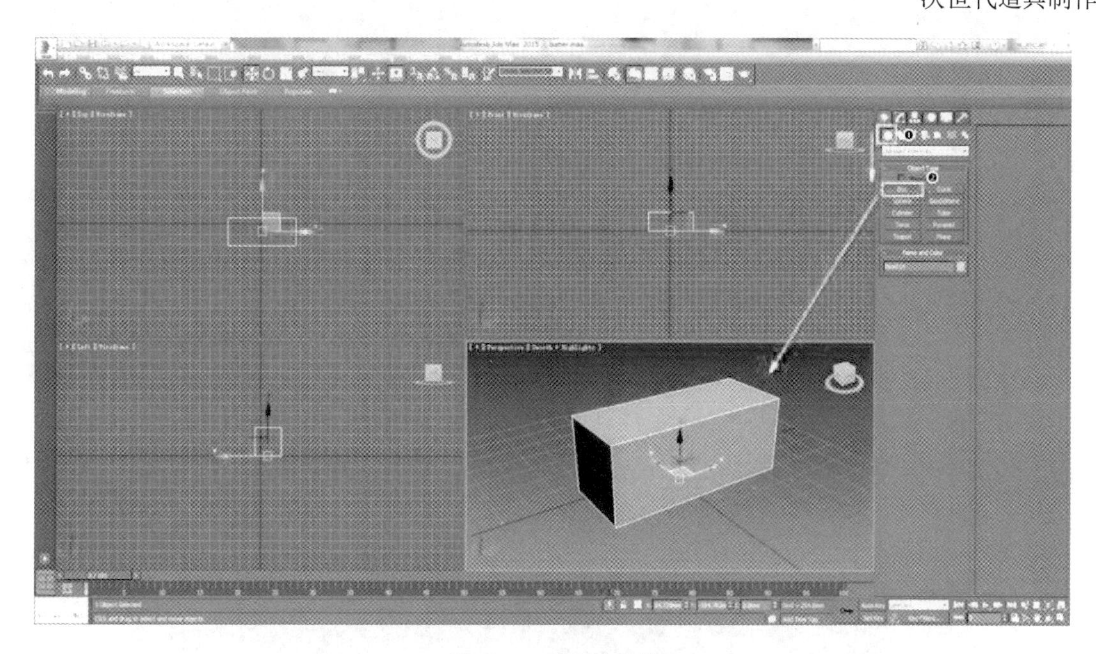

图 4-32　创建长方体

调整长方体变成枪身的轮廓，右击，在弹出的快捷菜单中选择【Convert To】（转换为）→【Convert to Editable Poly】（转换为可编辑多边形）命令（见图 4-33），塌陷长方体为可编辑多边形物体，以便进行下一步修改。

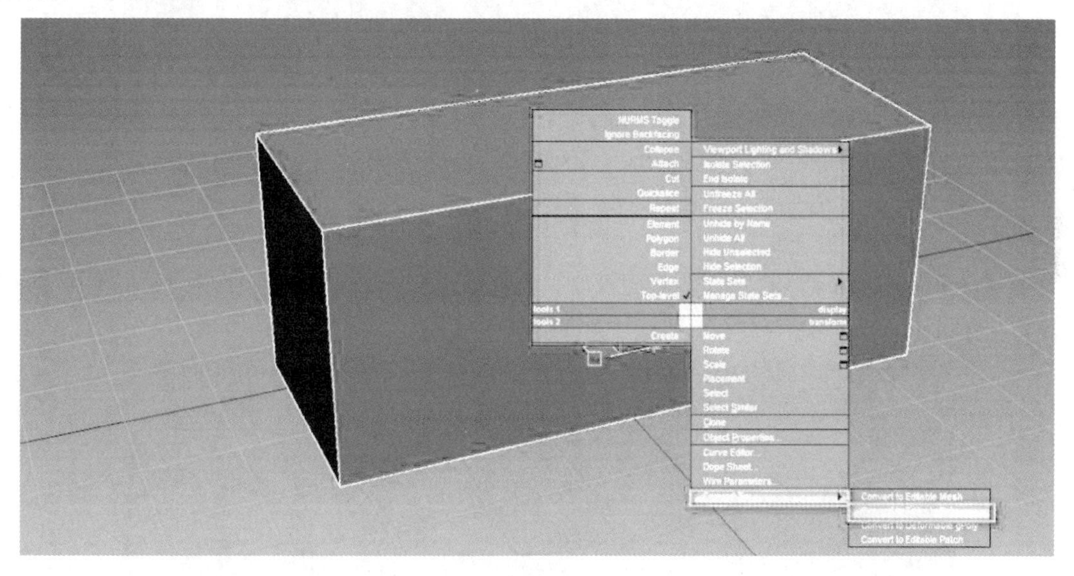

图 4-33　转换为可编辑多边形

要想把长方体拉成枪身，段数还不够，需要先增加横向段数，切换为线选择模式（快捷键为 2）并选择长方体侧面的线，如图 4-34 所示。

在视图上右击，在弹出的快捷菜单中单击【Connect】（连接）选项左侧的按钮，或在【Edit Edges】（线段编辑）面板中，单击【Connect】（连接）选项右侧的按钮，打开【Connect Edges】（连接编辑）面板，进行加线，如图 4-35 所示。

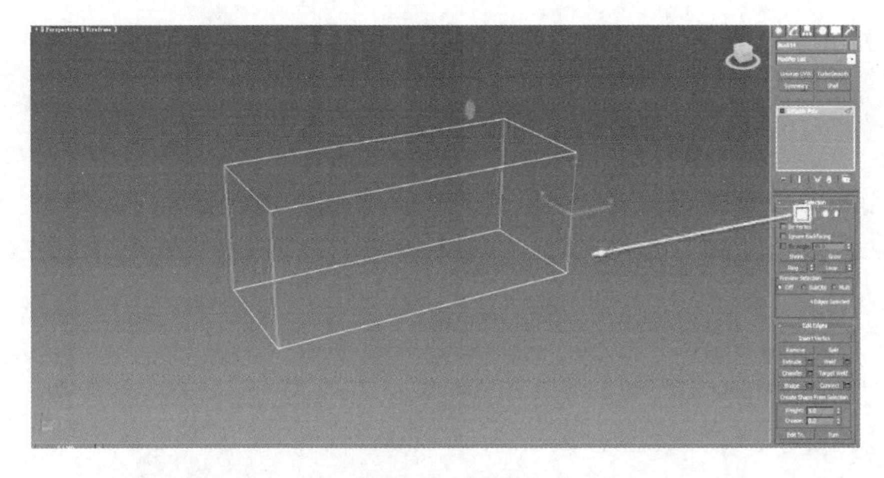

图 4-34　选择线

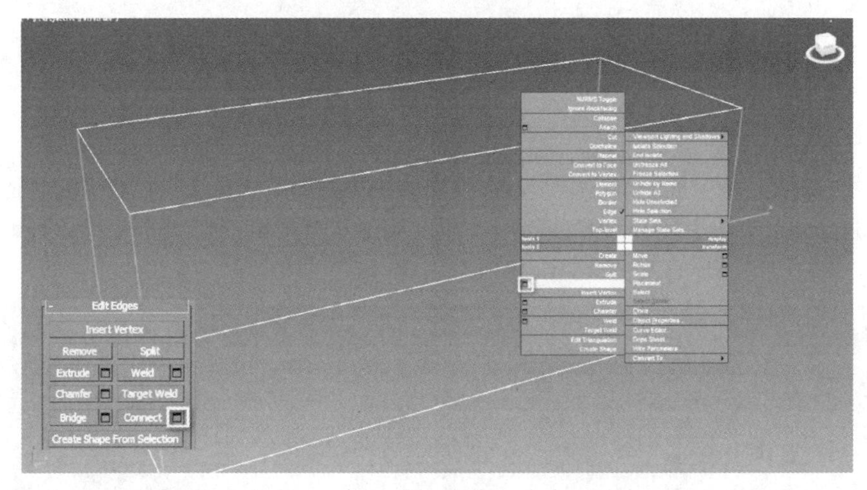

图 4-35　加线

在【Connect Edges】（连接编辑）面板中，先修改【Segments】（段数）为 3，再单击【√】（确定）按钮，完成加线，这样便在枪身侧面添加了 3 条线，如图 4-36 所示。

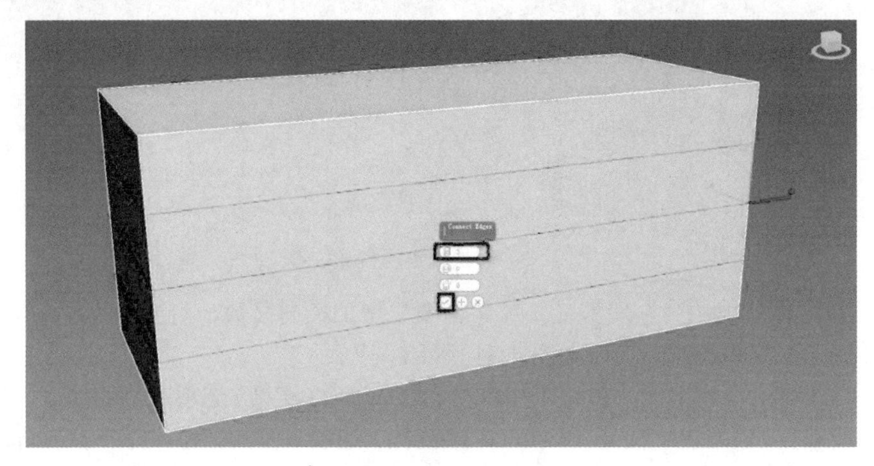

图 4-36　添加 3 条线

下面调整顶点，制作枪身的外轮廓。切换为点选择模式，选择并移动工具。调整顶点如图 4-37 所示。

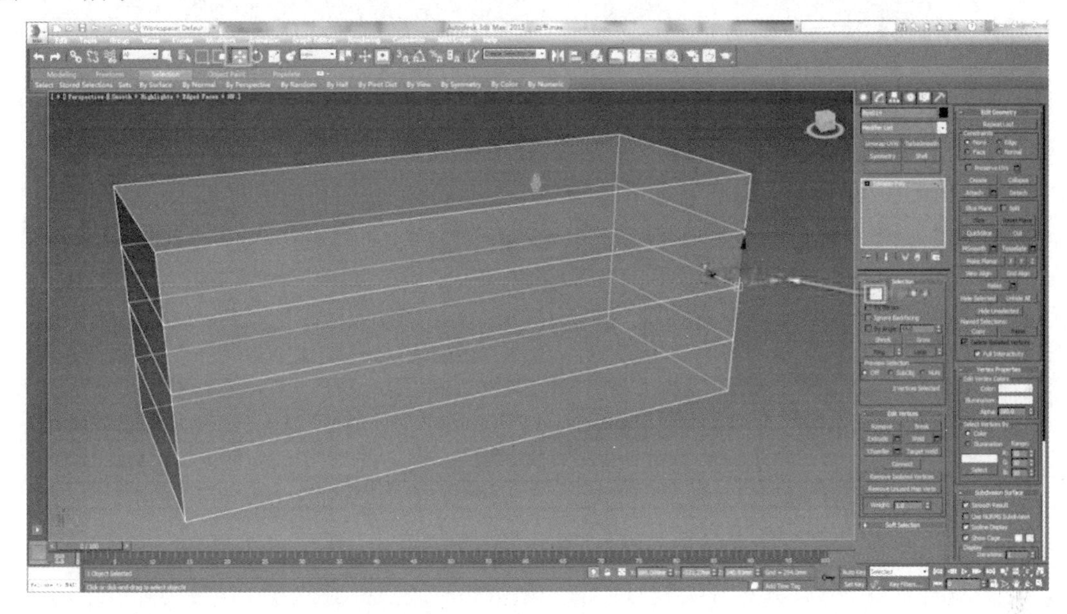

图 4-37 调整顶点

按照参考图的形状，分别沿着 Y 轴、Z 轴和 X 轴移动顶点，制作出枪身的外轮廓，如图 4-38 所示。

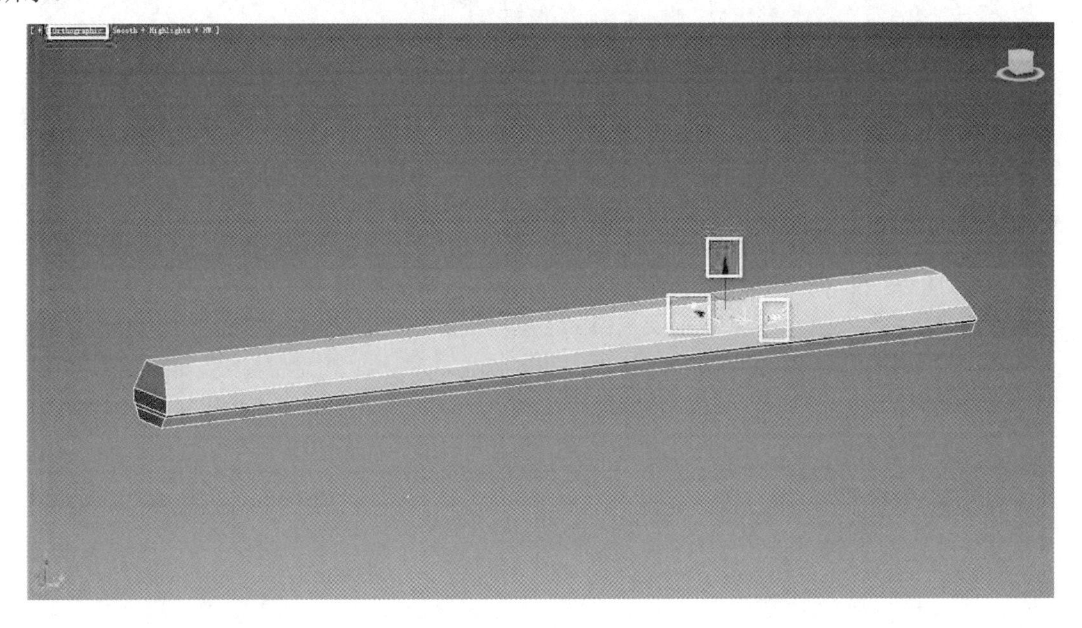

图 4-38 枪身的外轮廓

大体结构制作完成后，下面制作枪身上的上膛口。切换为线选择模式，先单击【Connect】（连接）按钮在模型上加线，再使用移动工具按照参考图和原画调整线的位置，如图 4-39 所示。

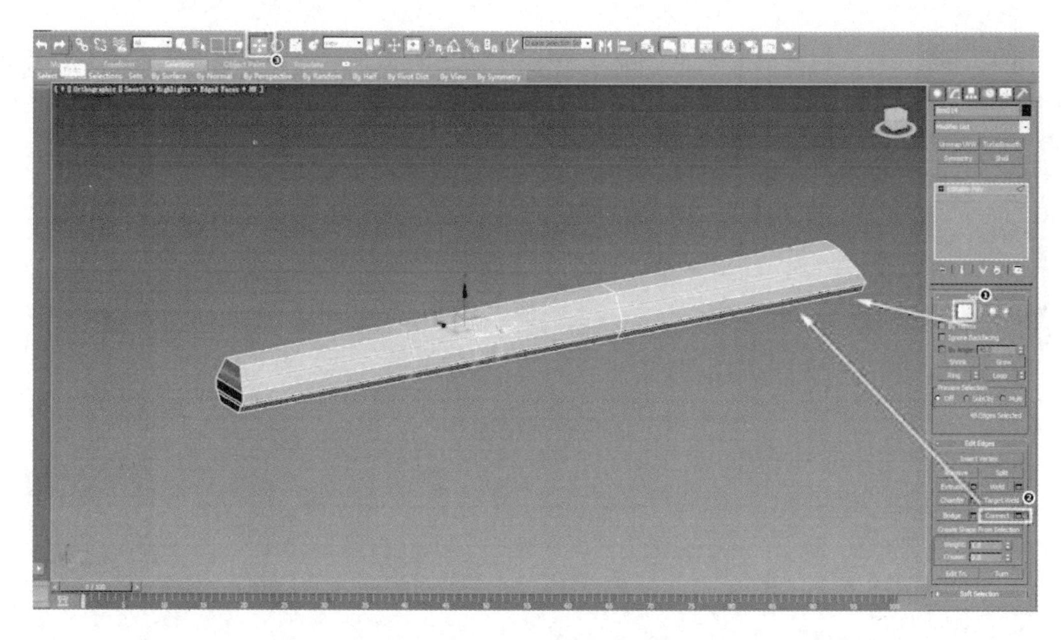

图 4-39 加线并调整线的位置

切换为面选择模式，并选择要删除的面，删除完成之后将选择方式切换为开放边选择模式，选择删除面后面的开放边，并按住 Shift 键移动光标沿着 Y 轴移动。图 4-40 所示为上膛口制作步骤。

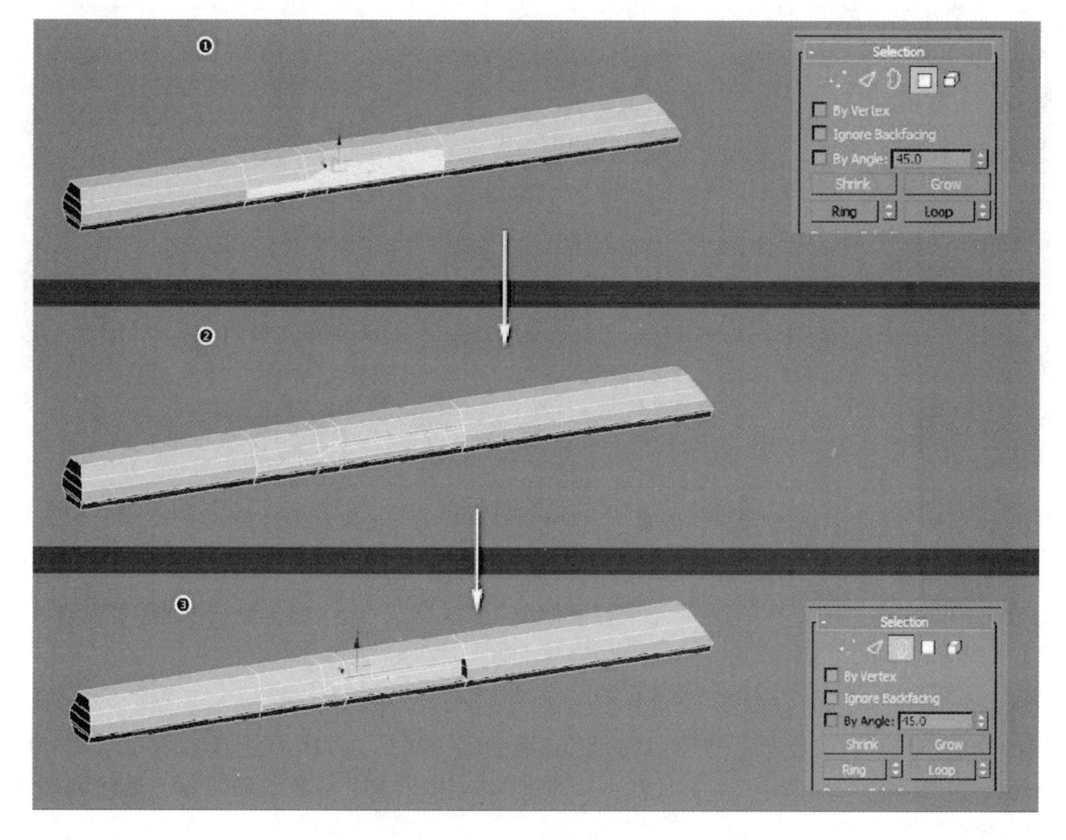

图 4-40 上膛口制作步骤

下面制作弹夹口。同样按照上面的步骤单击【Create】（创建）按钮，选择【Geometry】（几何体）选项卡，并单击【Box】（长方体）按钮，在前视图中创建一个长方体。右击，在弹出的快捷菜单中选择【Convert To】（转换为）→【Convert to Editable Poly】（转换为可编辑多边形）命令，塌陷长方体为可编辑多边形物体，以便进行下一步修改。切换为线选择模式并选择长方体侧面的线，单击【Connect】（连接）按钮，给模型增加段数，并分别切换为点、线、面选择模式进行调整，调整为对应造型。图 4-41 所示为弹夹口制作步骤。

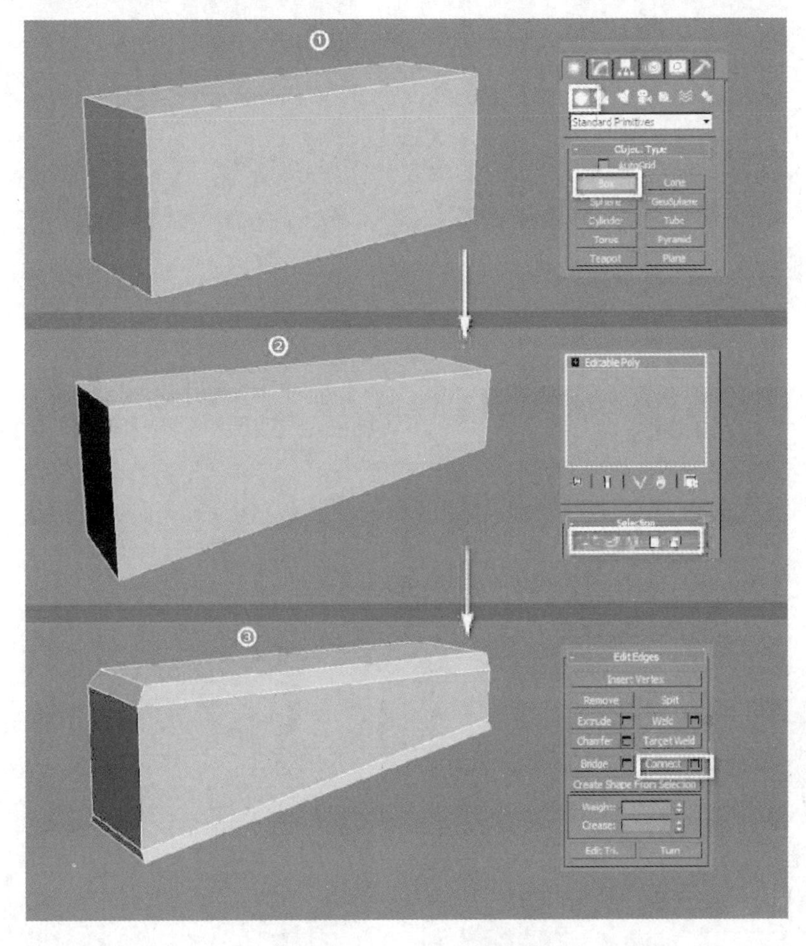

图 4-41　弹夹口制作步骤

下面制作弹夹。同样按照上面的步骤，先单击【Create】（创建）按钮，选择【Geometry】（几何体）选项卡，并单击【Box】（长方体）按钮，在前视图中创建一个长方体，再切换为可编辑多边形模式，单击【Connect】（连接）按钮，给模型加线，并分别在点、线、面选择模式下进行调整，把弹夹结构制作出来。先切换为面选择模式，选择要删除的面，按【Delete】键删除，再使用【Cap】（补面）命令把空的面补上，最后选择前、后两个点并单击【Connect】（连接）按钮在两个点之间加线。图 4-42 所示为弹夹制作步骤。

下面制作后座。先创建一个长方体，然后在模型上加线并对模型进行调整。图 4-43 所示为后座制作步骤。

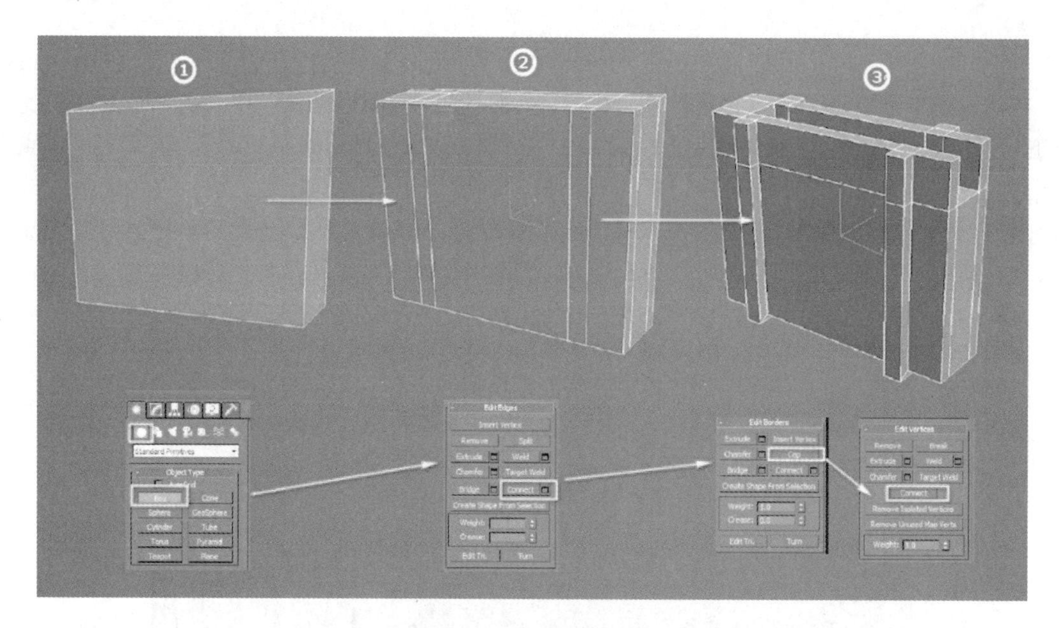

图 4-42 弹夹制作步骤

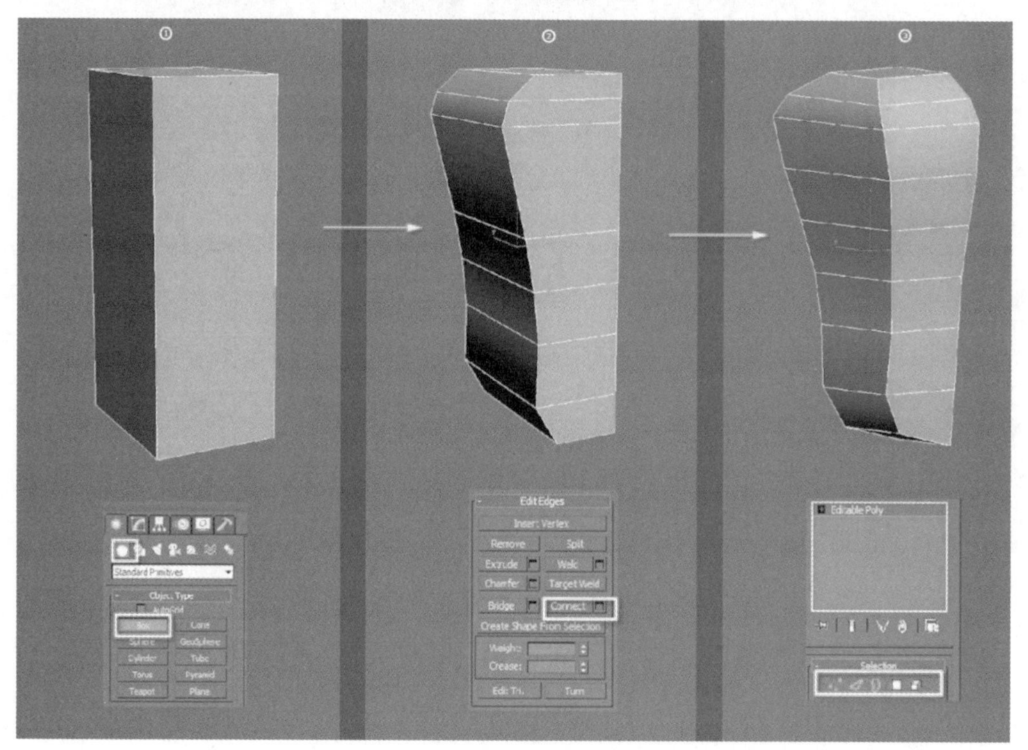

图 4-43 后座制作步骤

下面制作后把手。同样先创建一个长方体，并在模型上加线，然后调整点，把后把手的基本形状制作出来。如图 4-44 所示，单击【Connect】（连接）按钮加线，先把凹槽部分的形状制作出来，然后选择凹槽的面并单击【Extrude】（挤出）按钮让面向里挤出（见图 4-45），挤出后调整点，让模型看起来平整。

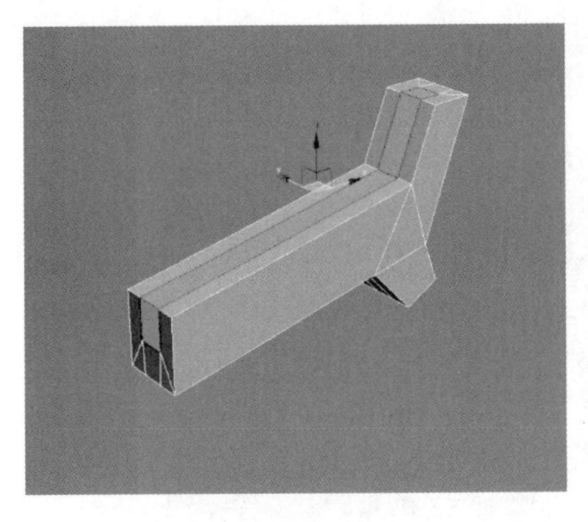

图 4-44　后把手加线

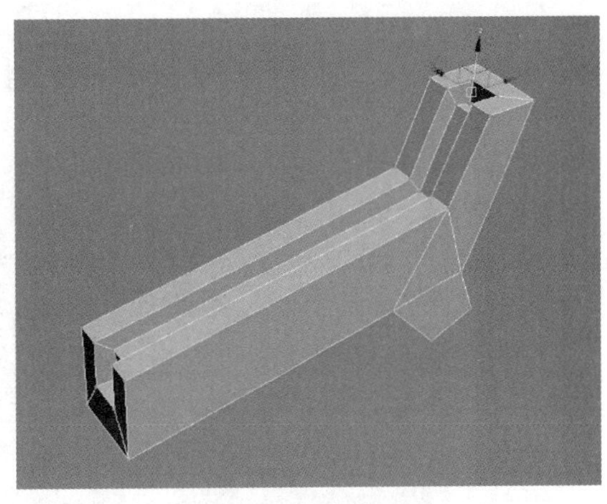

图 4-45　向里挤出

下面制作后把手的插座。先创建一个长方体，再切换为可编辑多边形模式，并将物体选择方式切换为线选择模式，选择周围的一圈线，单击【Connect】（连接）按钮，在模型上加线。先把需要凸出部分的面制作出来，然后在面选择模式下选择凸出部分的面，并单击【Extrude】（挤出）按钮向外挤出面。插座加线挤出，如图 4-46 所示。根据原画调整插座的形状，切换为点选择模式，选择模型底部的点进行缩放，让形状和原画更接近。缩放点如图 4-47 所示。

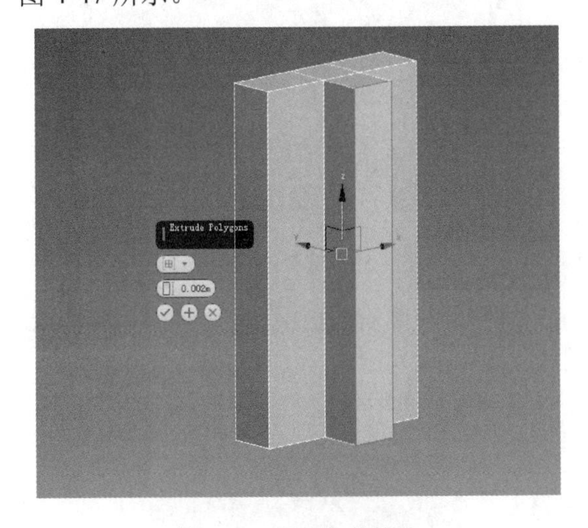

图 4-46　插座加线挤出

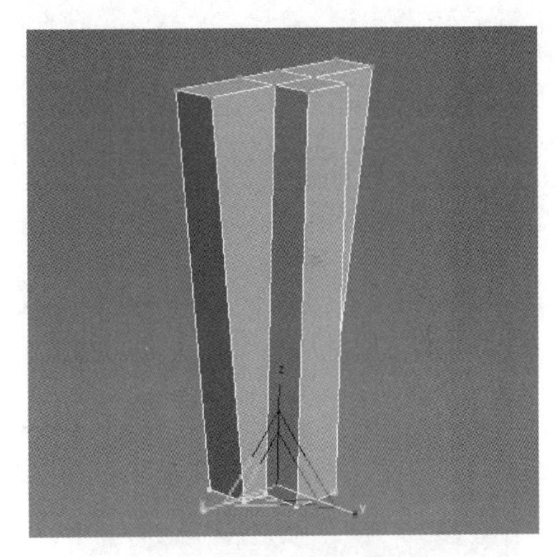

图 4-47　缩放点

下面制作枪管。单击【Create】（创建）按钮，选择【Geometry】（几何体）选项卡，并单击【Cylinder】（圆柱体）按钮，先在视图中创建一个圆柱体，再切换为可编辑多边形模式，并将物体选择方式切换为线选择模式，选择圆柱体侧面的线，单击【Connect】（连接）按钮，给模型加线，选择增加的线，使用移动、缩放工具对其进行调整。图 4-48 所示为枪管制作步骤。

下面继续制作手柄。还是使用同样的方法，先创建基础模型长方体，然后切换为可编辑多边形模式，并分别在点、线选择模式下对模型进行调整，把手柄的基本形状制作出来，如图 4-49 所示。因为手柄的四边都是比较圆滑的，所以要让其变得圆滑，应先选择四边的线，如图 4-50 所示。

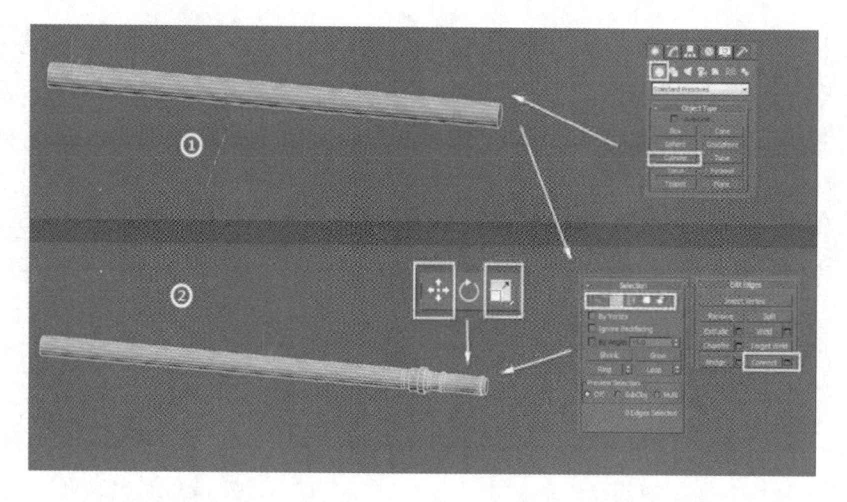

图 4-48　枪管制作步骤

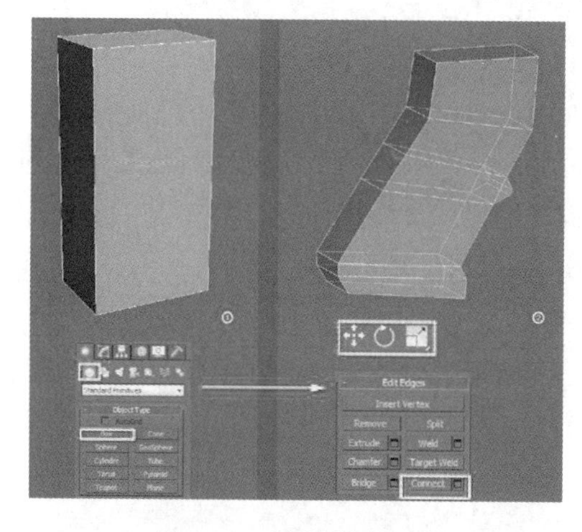

图 4-49　手柄的基本形状

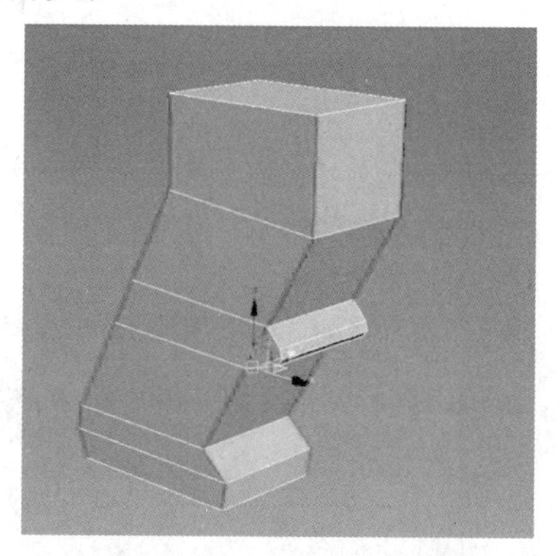

图 4-50　选择四边的线

选择好四边的线后，单击【Chamfer】（切角）按钮，在弹出面板中，把切角的数量设置为 2，切角的大小以原画的标准进行调整，再单击【√】（确定）按钮，完成切角操作，如图 4-51 所示。在切角操作完成后，切换为点选择模式，规整调整切角后形成的点，把多余的点、线、面删除。图 4-52 所示为手柄中模。

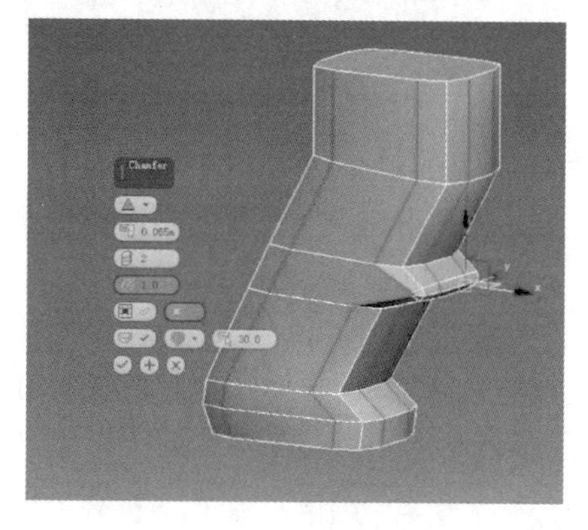

图 4-51　切角操作

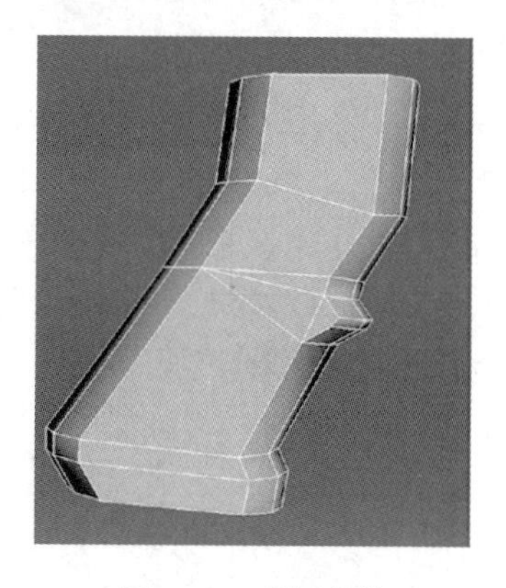

图 4-52　手柄中模

下面制作扳机的几个结构。不管制作什么模型，都要先创建一个基础模型，然后对基础模型进行调整，这里也是先创建一个长方体，然后在模型上使用【Connect】（连接）命令进行加线，在点选择模式下调整模型。图 4-53 所示为扳机中模。使用上面的方法把扳机的其他几个结构制作出来。图 4-54 所示为扳机结构。

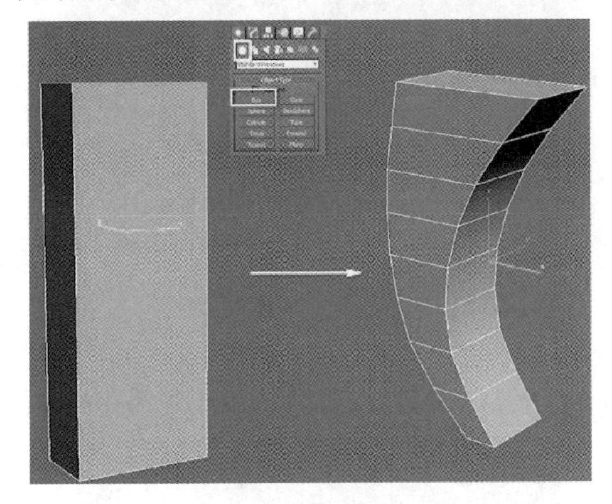

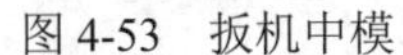

图 4-53　扳机中模

图 4-54　扳机结构

下面拼接前面制作完成的模型，拼接效果如图 4-55 所示。可以看出，还有很多物体没有制作，如瞄准镜、支撑架、卡槽等。

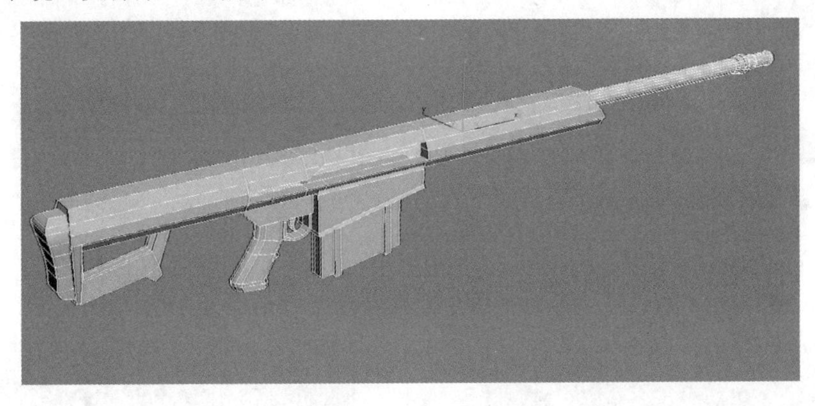

图 4-55　拼接效果

下面制作支撑架。虽然支撑架有左、右两个，但是左、右两个支撑架的结构是一样的，所以在制作时可以先制作一个，另一个直接镜像复制即可。由于支撑架的制作比较复杂，因此可以把它分为几部分来进行。

这里先从支撑架的主体开始制作。先创建圆柱体，再切换为可编辑多边形模式，在圆柱体上增加两条线。选择中间的面，使用【Extrude】（挤出）命令让面向外挤出，并旋转模型，让其倾斜，如图 4-56 所示。因为原画上的支撑架是斜的，所以需要倾斜模型。

使用同样的方法制作底座。先创建一个长方体，并将其转变为可编辑多边形，选择顶面，单击【Inset】（插入）按钮在顶面上插入一个凹槽的面，如图 4-57 所示。

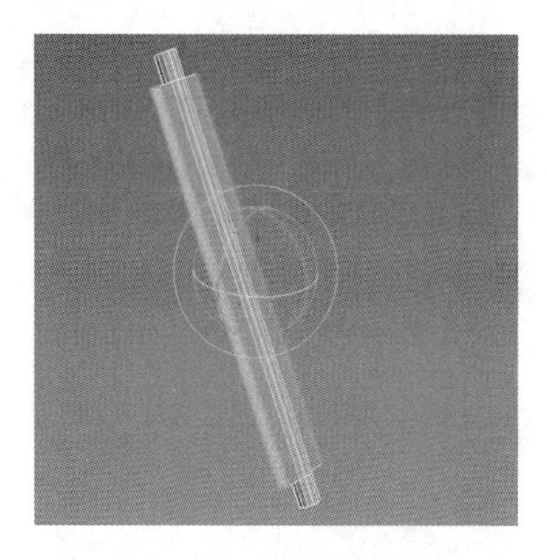

图 4-56 制作支撑架主体

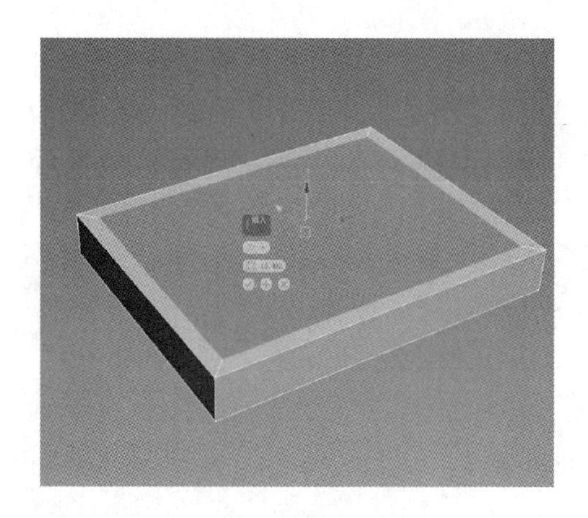

图 4-57 插入面

插入面完成后，选择插入的面，单击【Extrude】（挤出）按钮让面向下挤出，形成一个凹槽，如图 4-58 所示。把底部钉子制作出来，放在底座的 4 个角的下面，如图 4-59 所示。

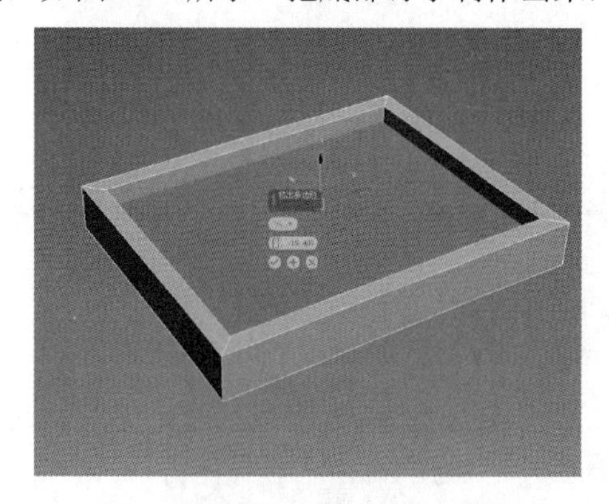

图 4-58 形成凹槽

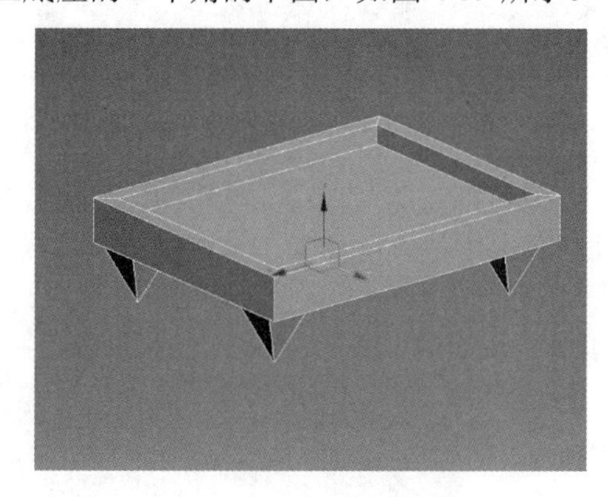

图 4-59 底部钉子

使用同样的制作方法把枪身衔接部分制作出来，如图 4-60 所示。把制作完成的几个模型拼接在一起，使用【Collapse】（塌陷）命令把模型合并。支撑架如图 4-61 所示。

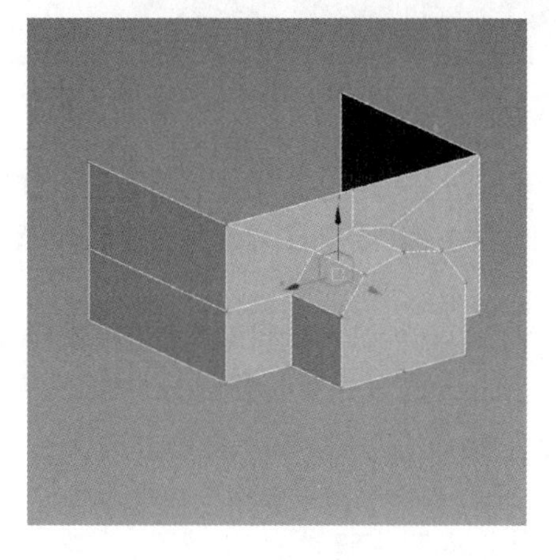

图 4-60 枪身衔接部分

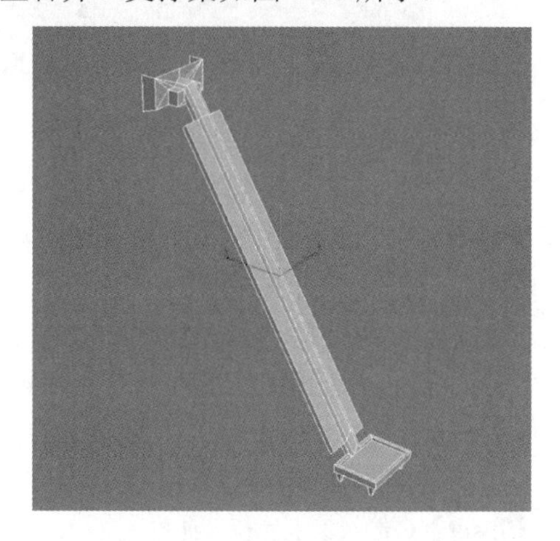

图片 4-61 支撑架

选择制作完成的支撑架，并选择【Symmetry】（镜像）命令，设置镜像的轴向为 *Y* 轴，右击，在弹出的快捷菜单中选择【Collapse All】（全部塌陷）命令，完成支撑架的制作。图 4-62 所示为镜像支撑架制作步骤。

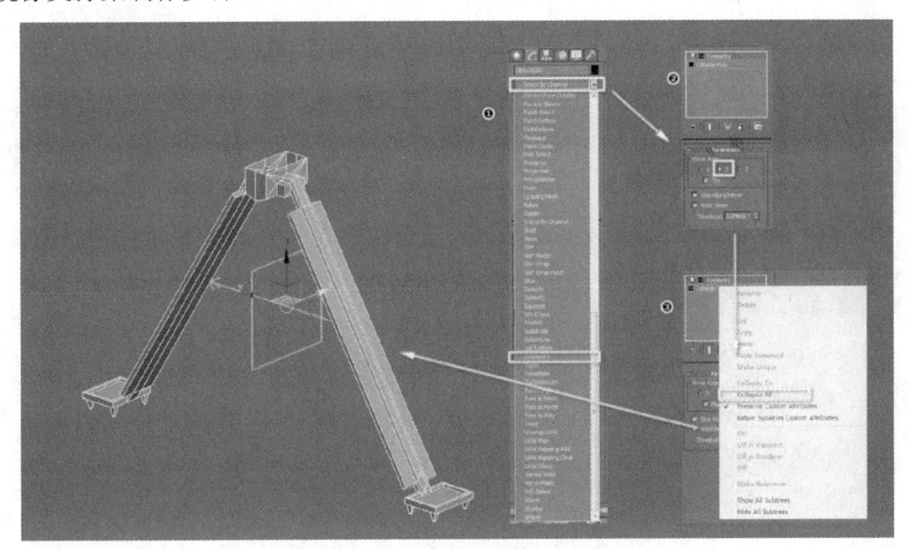

图 4-62　镜像支撑架制作步骤

下面制作瞄准镜卡槽。同样创建一个基础长方体，先调整长方体的基本形状，再将长方体转换为可编辑多边形，在线选择模式下选择四周的一圈线，单击【Connect】（连接）按钮给模型加线。切换为面选择模式，选择加线完成后形成的面，单击【Extrude】（挤出）按钮，挤出凸出的卡槽。图 4-63 所示为瞄准镜卡槽制作步骤。

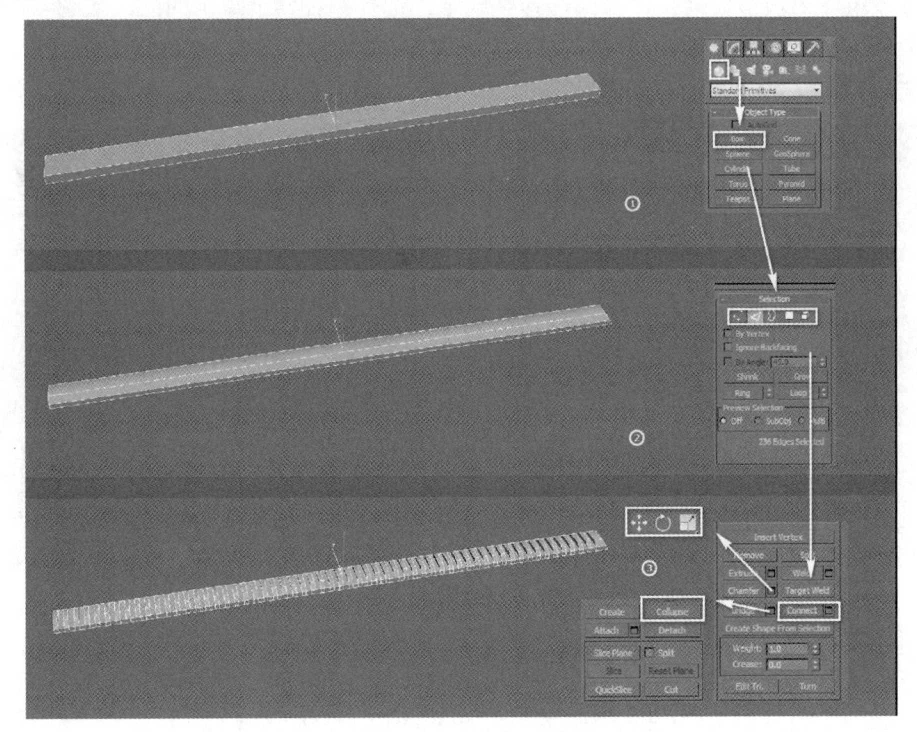

图 4-63　瞄准镜卡槽制作步骤

下面制作瞄准镜。先单击【Create】（创建）按钮，选择【Geometry】（几何体）选项卡，并单击【Cylinder】（圆柱体）按钮，在视图中创建一个圆柱体，再切换到可编辑多边形模式，调整瞄准镜的基本形状，给模型加线，并分别在点、线、面选择模式下将模型调整到一个接近原画的形状。瞄准镜中模如图 4-64 所示。

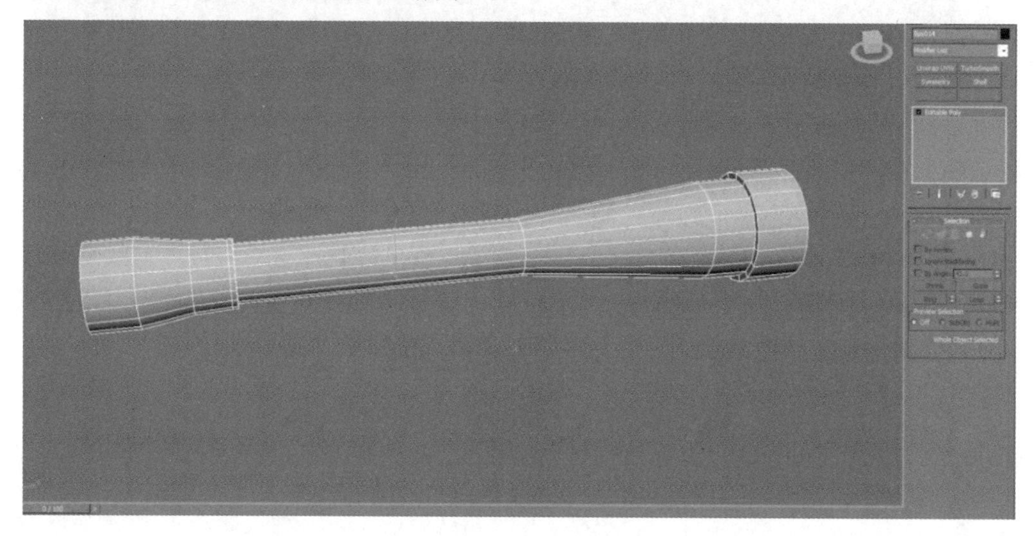

图 4-64 瞄准镜中模

下面制作瞄准镜的底座。因为底座的前面与后面是一样的，所以同样可以和制作支撑架一样只制作一半，另一半通过镜像获得。首先，创建一个圆柱体，设置段数为 18，并将圆柱体转换为可编辑多边形。其次，在面选择模式下，选择圆柱体上、下的面，如图 4-65 所示。最后，单击【Extrude】（挤出）按钮，将模型向外挤出，并选择点，把挤出的面拍平，把多余的线删除，如图 4-66 所示。

图 4-65 选择面

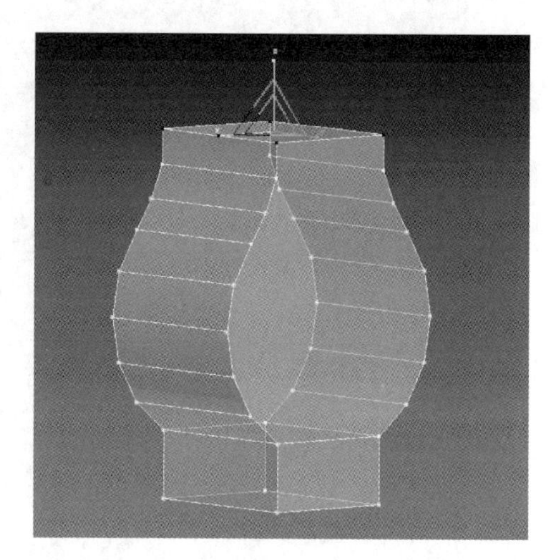

图 4-66 拍平挤出的面

选择底面，单击【Bevel】（倒角）按钮，挤出并缩放底面，如图 4-67 所示。继续选择挤出的面，单击【Extrude】（挤出）按钮再次挤出一个底面，如图 4-68 所示。

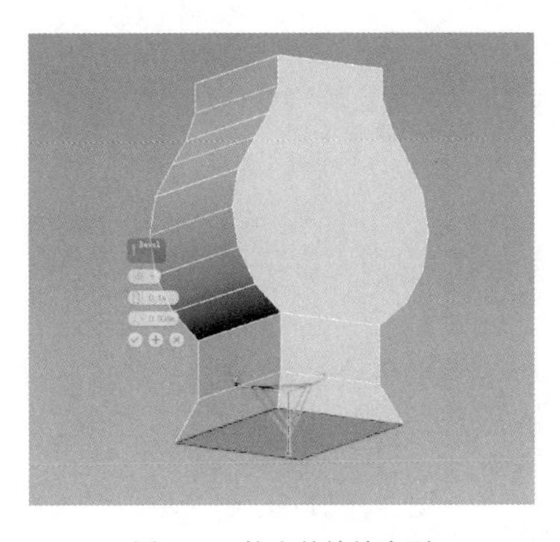

图 4-67　挤出并缩放底面

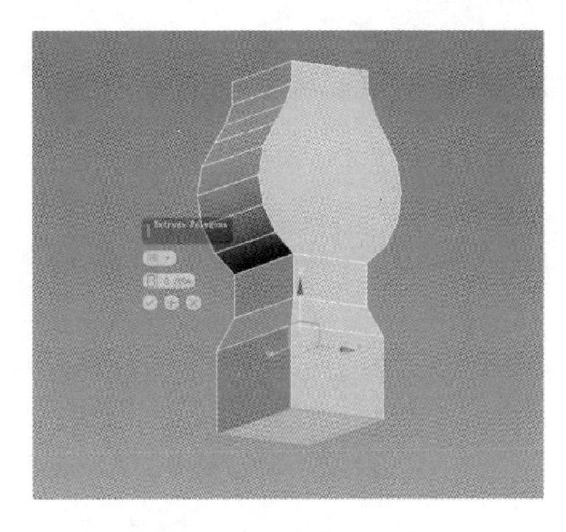

图 4-68　再次挤出底面

在面选择模式下，选择挤出的前、后两个面，单击【Extrude】（挤出）按钮挤出两个面，并根据原画对挤出的面进行适当调整，如图 4-69 所示。选择【Symmetry】（镜像）命令，并把镜像的轴向设置为 *Z* 轴，右击，在弹出的快捷菜单中选择【Collapse All】（全部塌陷）命令，完成瞄准镜底座的制作，如图 4-70 所示。

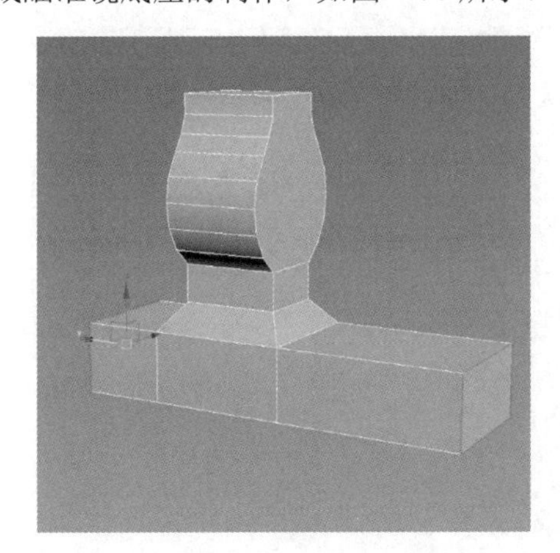

图 4-69　调整挤出的面

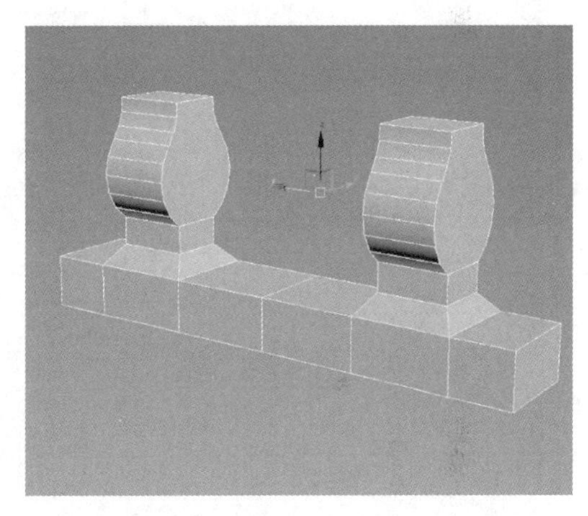

图 4-70　完成瞄准镜底座的制作

此外，还有一些小物体的制作方法都是类似的，在这里就不再进行说明。把完成的模型拼接在一起，整个中模的最终效果如图 4-71 所示。

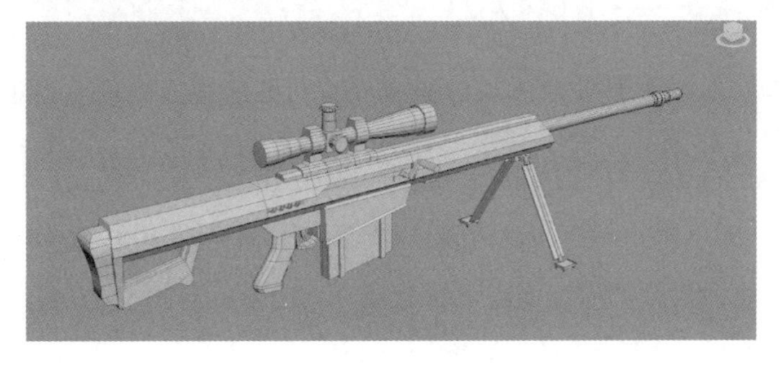

图 4-71　中模的最终效果

4.3.2 制作枪械高模的细节及卡线

在制作高模之前，应先把之前制作的文件进行简单的整理，以防因文件太多而产生混乱。具体步骤如下。

在 3ds Max 的工具栏中单击【Layer】（层管理）按钮（见图 4-72），打开层管理界面。

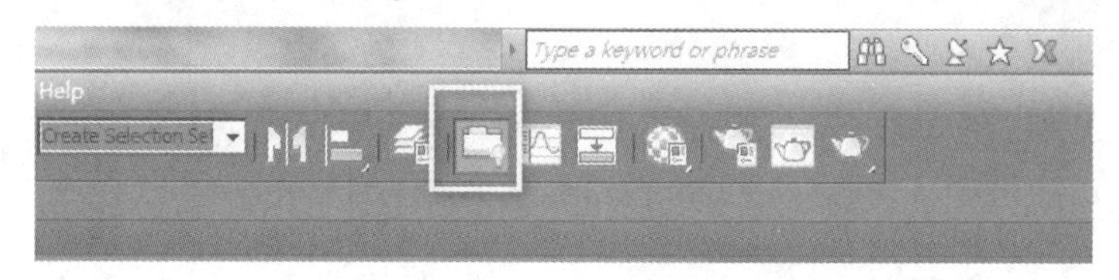

图 4-72 单击【Layer】按钮

选择之前制作完成的初始模型，并单击【Create New Layer】（创建新层）按钮，创建一个新层，这样软件会自动将选择的文件添加到刚刚创建的新层中。整理文件，如图 4-73 所示。

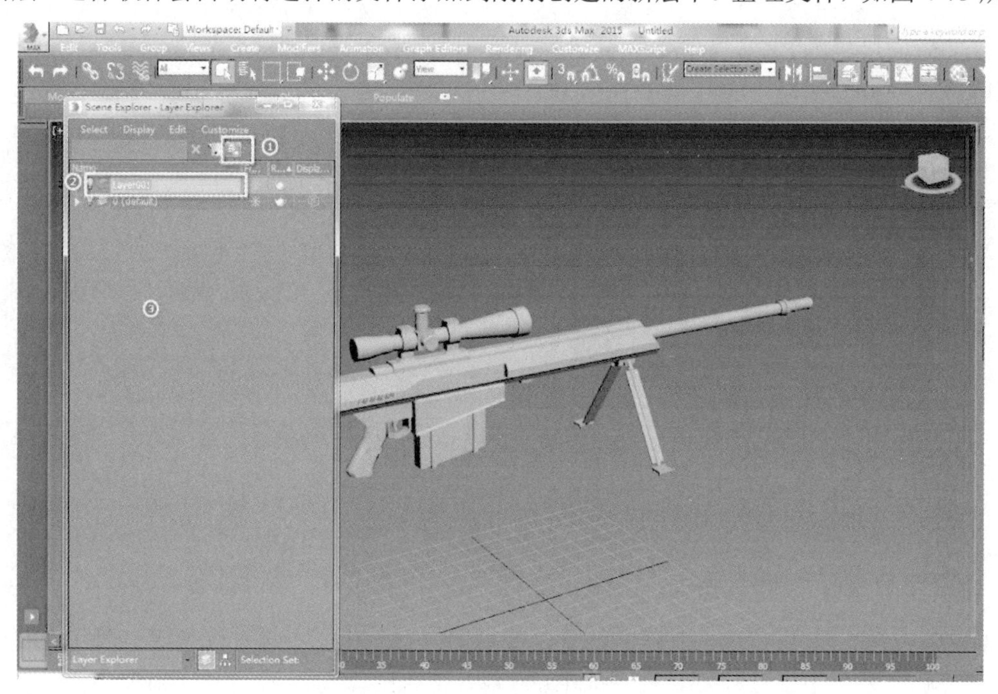

图 4-73 整理文件

下面制作高模。高模就是让原本看起来有棱有角的底模或中模变得更加圆滑，使其边角不再生硬。在制作高模时，会用到【TurboSmooth】（涡轮平滑）命令，添加这个命令之后模型会变形。如图 4-74 所示，右侧的形状就是使用【Box】（长方体）命令和【TurboSmooth】（涡轮平滑）命令后的效果，形状完全发生了改变。在添加【TurboSmooth】（涡轮平滑）命令之前，需要通过卡线的方式固定原有的形状，只让模型的边角部分变得平滑，而不是整体变得平滑，要让模型添加【TurboSmooth】（涡轮平滑）命令之后还能保持原有的形状，如图 4-75 所示。

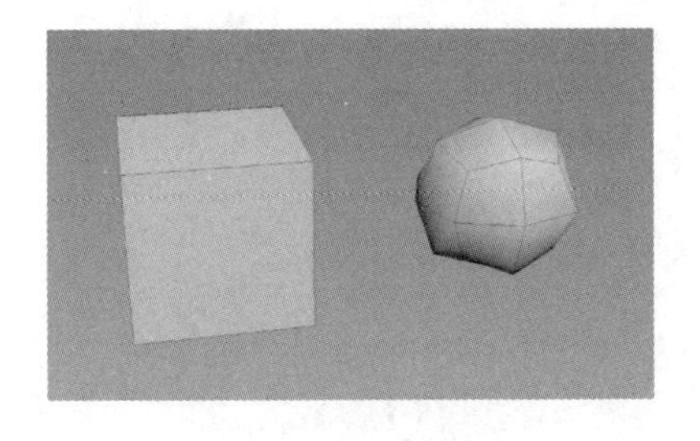

图 4-74　涡轮平滑 1

图 4-75　涡轮平滑 2

卡线就是在模型的结构线上增加保护线。如果一个长方体不想在添加【TurboSmooth】（涡轮平滑）命令之后变成球体，那么需要把长方体的每条边线都加上保护线，保护线是分布在结构线两侧的，一侧一条。卡线如图 4-76。在这样的情况下，添加【TurboSmooth】（涡轮平滑）命令就可以达到想要的效果。添加【TurboSmooth】（涡轮平滑）命令后的效果如图 4-77 所示。

图 4-76　卡线

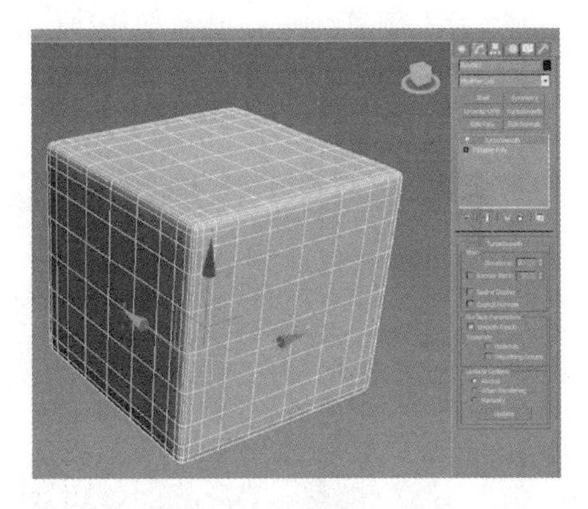

图 4-77　添加【TurboSmooth】命令后的效果

下面制作枪身。在可编辑多边形模式下，制作枪身上的一些小结构。首先通过加线制作枪身上的一些洞，然后通过观察模型结构找到结构线。因为模型结构比较复杂，所以在寻找结构线时要仔细，找到结构线后应为每条结构线都添加两条保护线，左、右侧各一条。添加好保护线之后，给模型添加【TurboSmooth】（涡轮平滑）命令。枪身卡线过程如图 4-78 所示。枪身效果如图 4-79 所示。

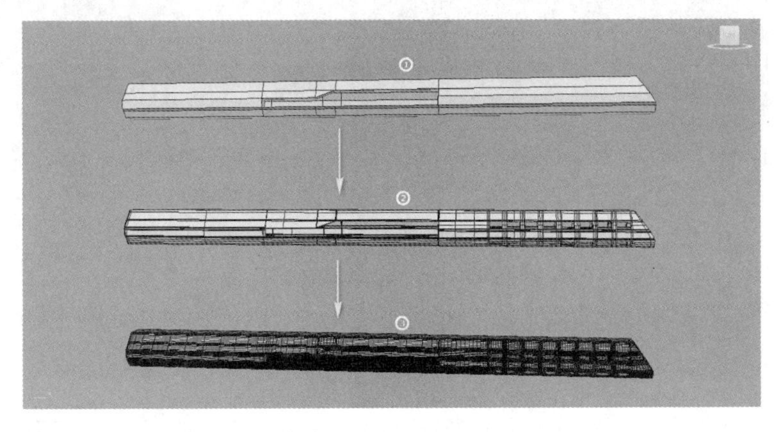

图 4-78　枪身卡线过程

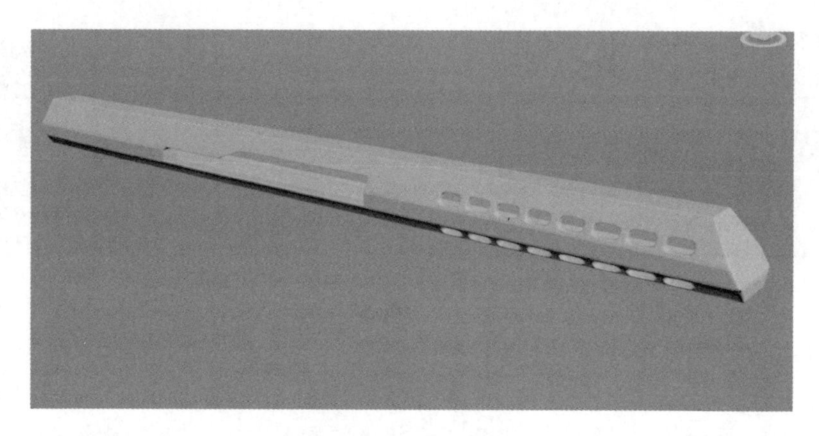

图 4-79　枪身效果图

下面制作卡槽。制作卡槽的步骤和制作枪身的步骤类似。首先在可编辑多边形模式下把卡槽的凹凸结构制作出来，其次使用【Connect】（连接）命令给模型添加保护线，最后给模型添加【TurboSmooth】（涡轮平滑）命令。图 4-80 所示为卡槽卡线过程。图 4-81 所示为卡槽效果。

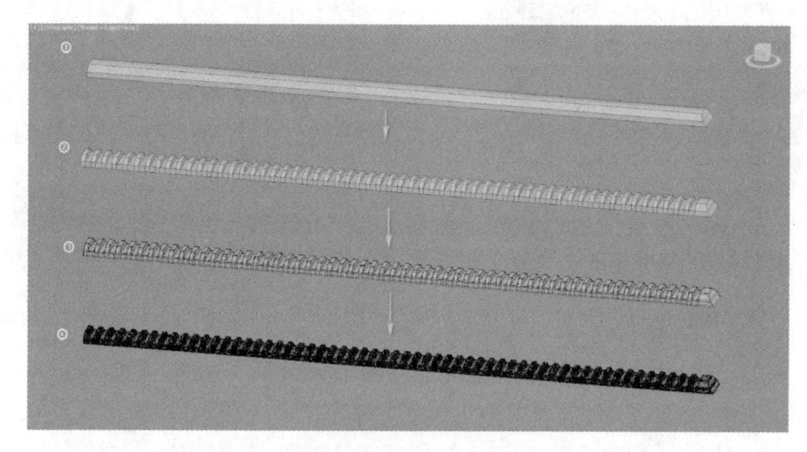

图 4-80　卡槽卡线过程

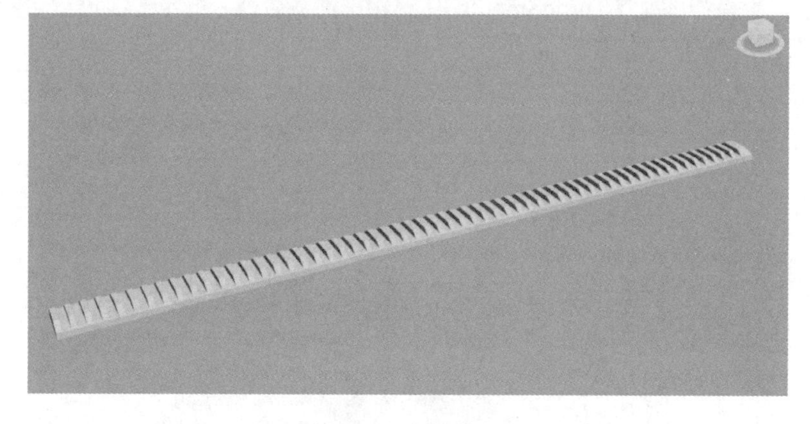

图 4-81　卡槽效果

下面制作手把。同样使用【Connect】（连接）命令，但是要注意因为把手是比较圆滑的，所以在添加完线之后还需要手动把线调整得圆滑一些，而且有些比较圆润的位置是不需要卡线的，因为卡线之后会显得很生硬。添加完保护线之后，给模型添加【TurboSmooth】（涡轮平滑）命令。手把卡线过程如图 4-82 所示。

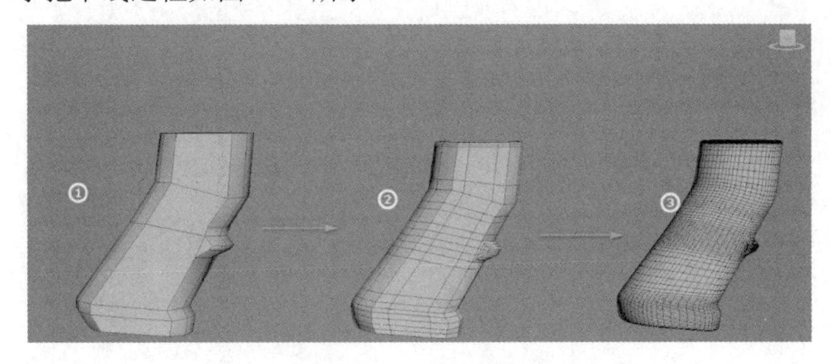

图 4-82　手把卡线过程

下面制作与后座的连接部分。与后座的连接部分的制作步骤可以参考上面的步骤。图 4-83 所示为连接部分卡线过程。

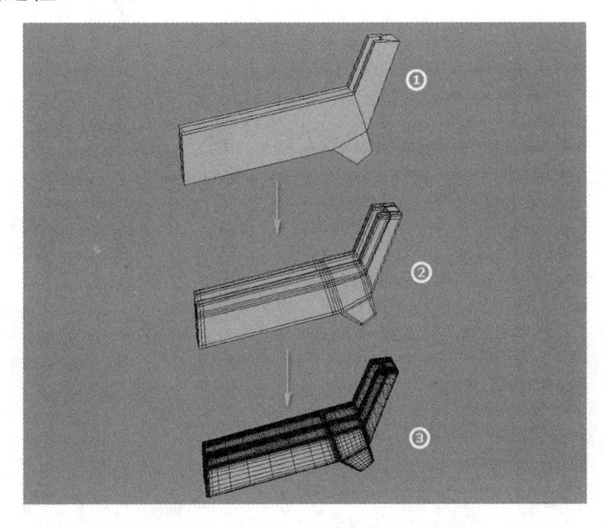

图 4-83　连接部分卡线过程

下面制作后座。其制作步骤与上面的制作步骤也是一样的。图 4-84 所示为后座卡线过程。

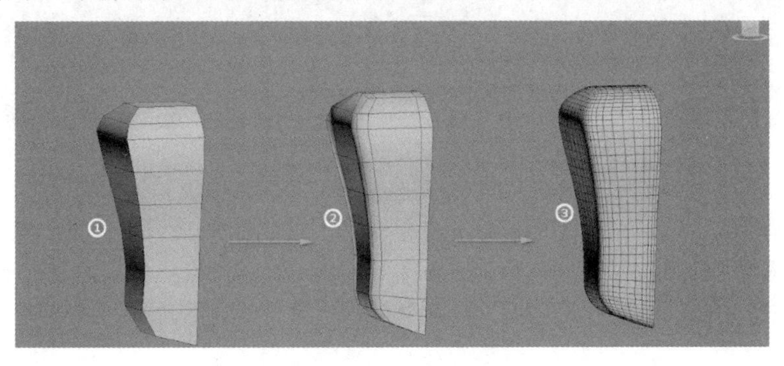

图 4-84　后座卡线过程

下面制作后座和手把的连接部分。其卡线过程如图 4-85 所示。

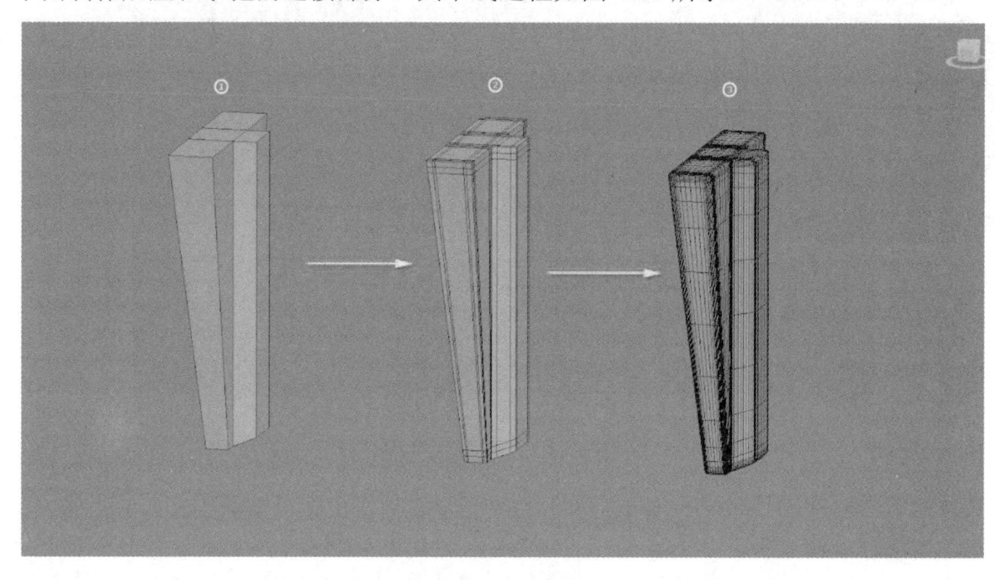

图 4-85　卡线过程 1

下面制作手把和枪身的连接部分。使用【Connect】（连接）命令，先在结构线下面添加两条线，再给模型添加【TurboSmooth】（涡轮平滑）命令。图 4-86 所示为卡线过程。

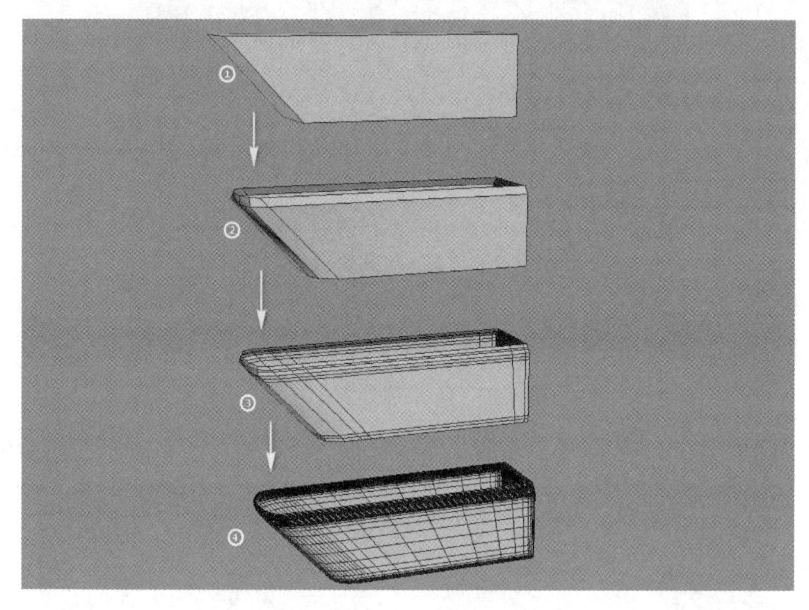

图 4-86　卡线过程 2

下面制作弹夹口。首先，在可编辑多边形模式下，制作弹夹口上面的一些结构。其次，分别选择横向和纵向的线，并选择【Connect】（连接）命令为枪身各自添加一条新线。最后，给模型添加【TurboSmooth】（涡轮平滑）命令。弹夹口卡线过程如图 4-87 所示。弹夹口效果如图 4-88 所示。

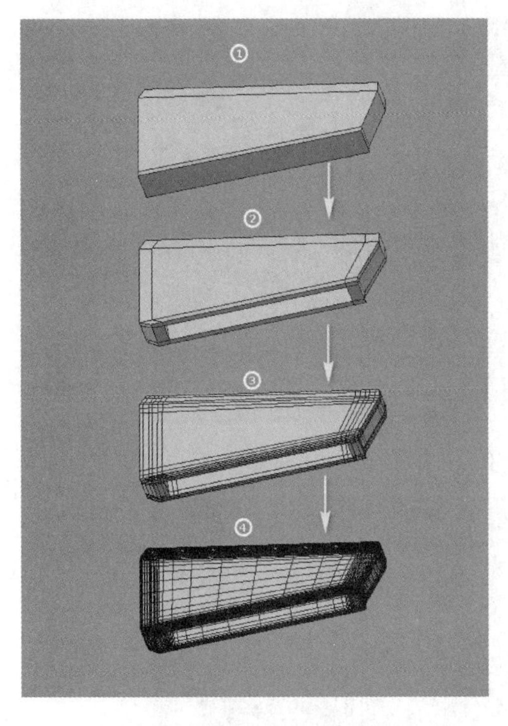

图 4-87　弹夹口卡线过程

图 4-88　弹夹口效果

下面制作弹夹。其制作步骤与上面的制作步骤是一样的。图 4-89 所示为弹夹卡线过程。图 4-90 所示为弹夹效果。

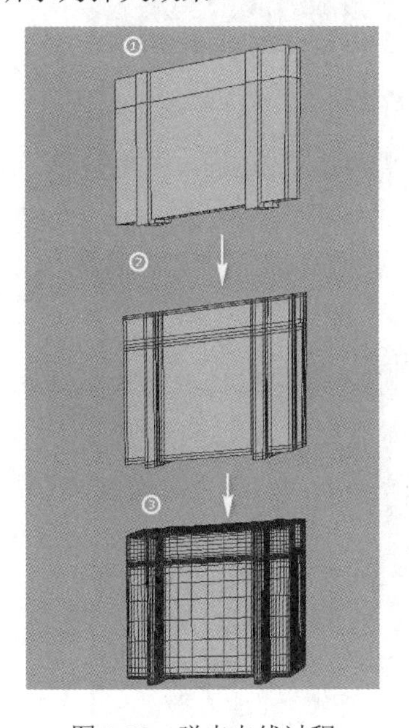

图 4-89　弹夹卡线过程

图 4-90　弹夹效果

下面制作瞄准镜。其制作步骤与上面的制作步骤类似，也是使用【Connect】（连接）命令和【TurboSmooth】（涡轮平滑）命令。图 4-91 和图 4-92 所示为瞄准镜卡线过程。

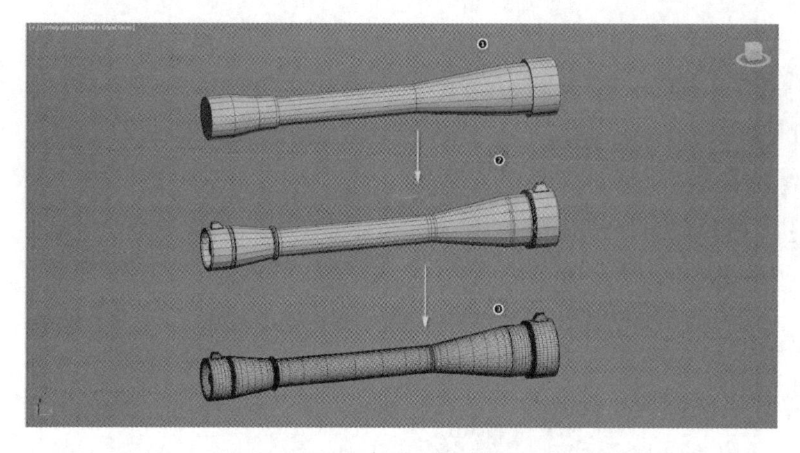

图 4-91 瞄准镜卡线过程 1

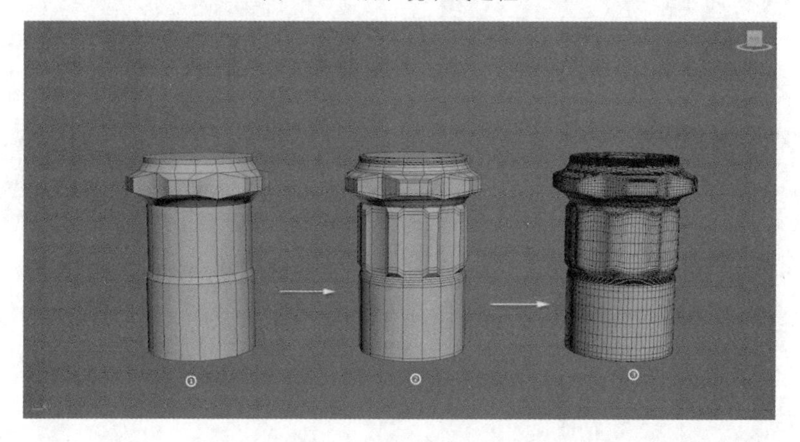

图 4-92 瞄准镜卡线过程 2

下面制作瞄准镜的支撑架。图 4-93 所示为瞄准镜支撑架的卡线过程。图 4-94 所示为瞄准镜支撑架的效果。

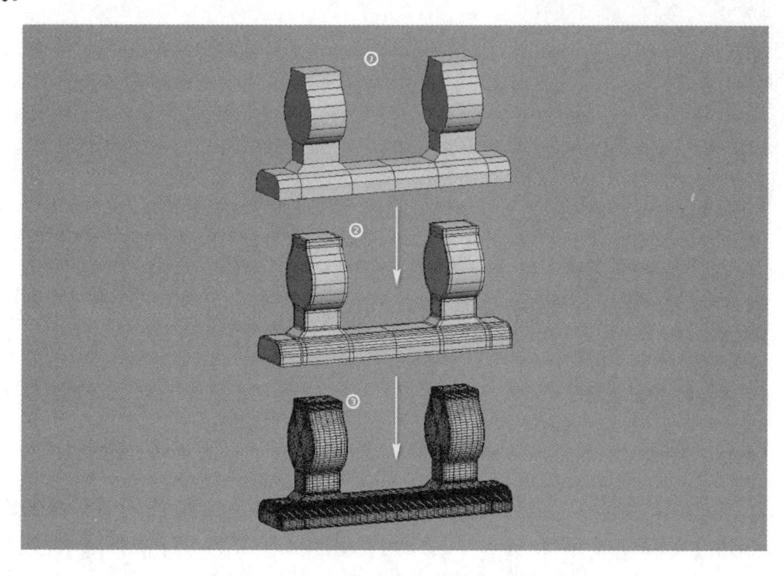

图 4-93 瞄准镜支撑架的卡线过程

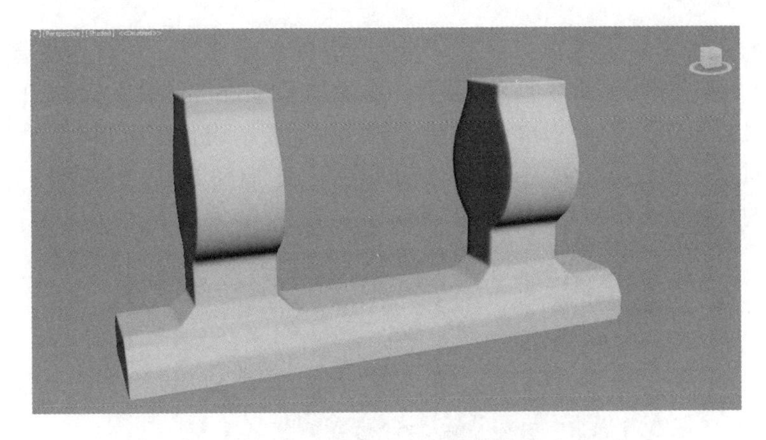

图 4-94　瞄准镜支撑架的效果

下面继续制作这把枪的支撑架。首先，在可编辑多边形模式下，把支撑架上面的一些小结构制作出来。其次，分别选择横向和纵向的线，并选择【Connect】（连接）命令为枪身各自添加一条新线。最后，给模型添加【TurboSmooth】（涡轮平滑）命令。枪支撑架的卡线过程如图 4-95 所示。枪支撑架的效果如图 4-96 所示。

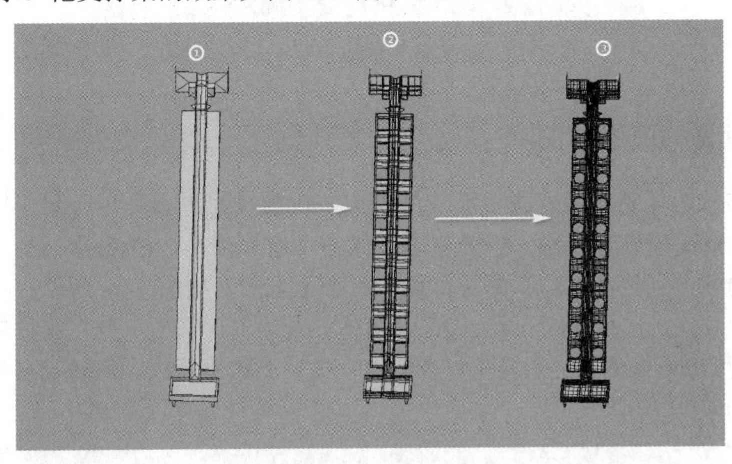

图 4-95　枪的支撑架卡线过程

图 4-96　枪支撑架的效果

下面制作一些小零件。因为枪的小零件比较多，在这里就不再一一示范了，只拿一个小的弹簧卡线过程供参考。因为前面已经制作完成弹簧的中模了，所以这里直接为模型添加【TurboSmooth】（涡轮平滑）命令即可。当然，在添加【TurboSmooth】（涡轮平滑）命令之前，应确保弹簧的底面和顶面已经被删除，如果未删除则需要卡线。因为使用【TurboSmooth】（涡轮平滑）命令对于开放边是无效的，所以如果顶面和底面在开放边没有封口的情况下是可以直接涡轮平滑的。弹簧卡线过程如图 4-97 所示。

图 4-97　弹簧卡线过程

4.3.3　布尔运算的使用方法

下面介绍布尔运算的使用方法。那么在 3ds Max 建模时怎么使用布尔运算呢？虽然布尔运算经常在 3ds Max 建模时使用，但是很多时候布尔运算都不会被使用。

首先，创建两个几何体，即一个圆柱体和一个正方形，如图 4-98 所示。这样可以更好地介绍布尔运算。其次，选择【Geometry】（几何体）选项卡，单击黑色三角按钮，在弹出的下拉列表中选择【Compound Objects】（复合运算）选项并单击【Boolean】（布尔）按钮，进行布尔运算，如图 4-99 所示。

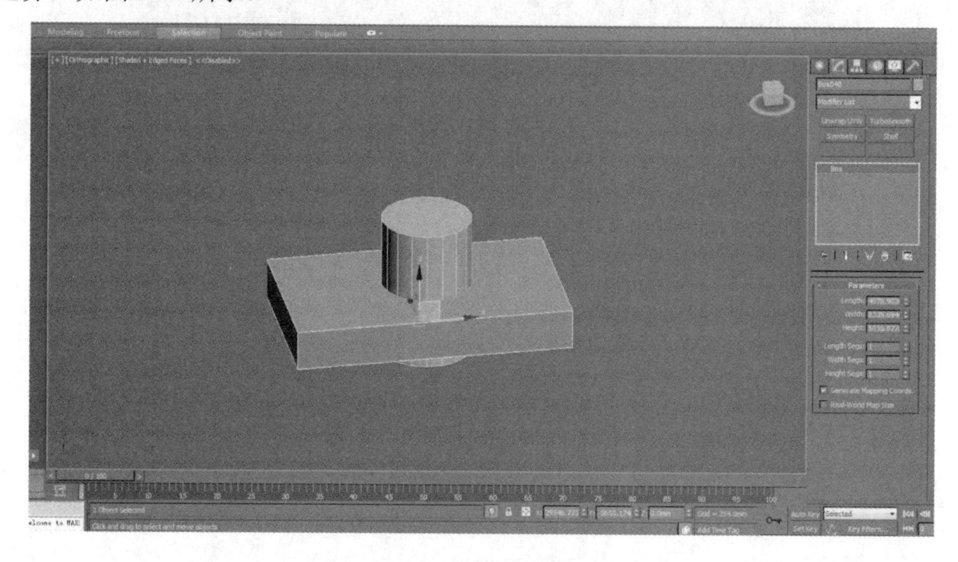

图 4-98　创建几何体

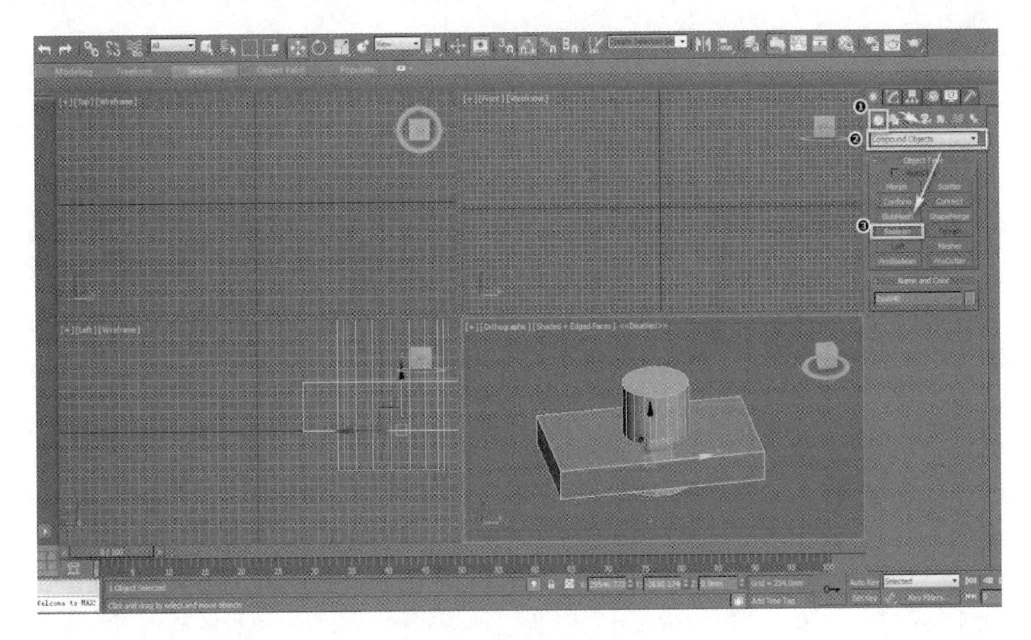

图 4-99　布尔运算 1

在【Pick Boolean】（拾取布尔运算对象）选项组中，单击【Pick Operand B】（拾取运算对象）按钮并选择圆柱体，会看到相交的部分被挖空了，如图 4-100 所示。

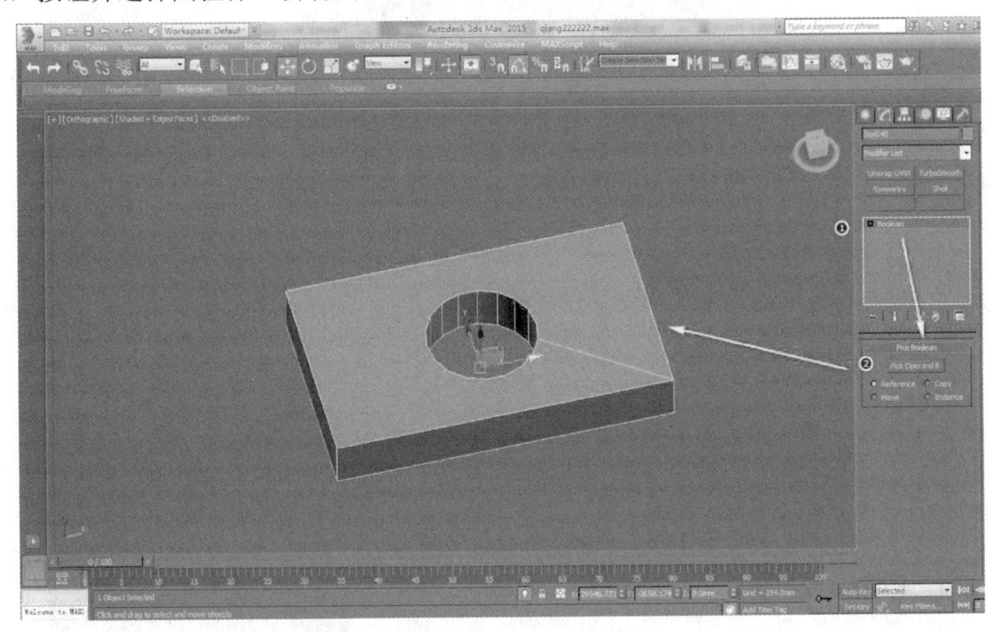

图 4-100　布尔运算 2

下面来看其他选项，使用不同选项能得到不同的效果。使用【Union】（并集）选项，在进行布尔运算之后，两个物体会合并在一起；使用【Intersection】（交集）选项，在进行布尔运算之后，被拾取的物体会被留下；使用【Subtraction（A-B）】（差集）选项，在进行布尔运算之后，选择的物体会减去拾取的物体，如图 4-100 所示就是正方形减去圆柱体；使用【Subtraction（B-A）】（差集）选项，在进行布尔运算之后，圆柱体减去正方形，如图 4-101 所示。

图 4-101　布尔运算 3

在制作枪管时，需要使用布尔运算。首先，把需要使用布尔运算删除的物体制作出来，如图 4-102 所示。

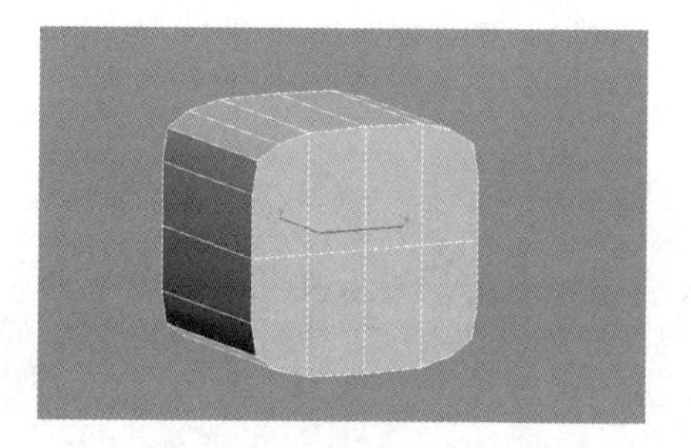

图 4-102　制作物体

其次，把制作完成的物体放在需要挖洞的位置，准备进行布尔运算，如图 4-103 所示。

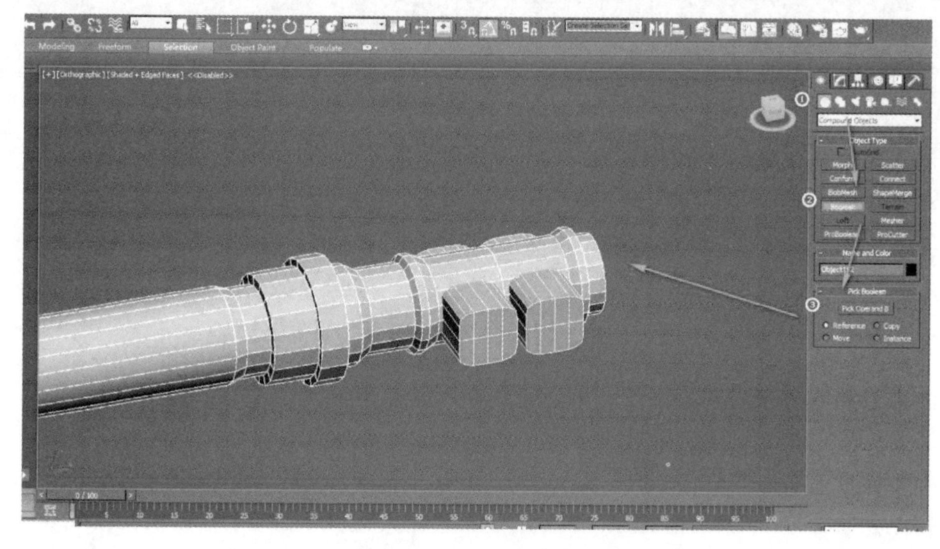

图 4-103　放置物体

最后，进行布尔运算，最终效果如图 4-104 所示。

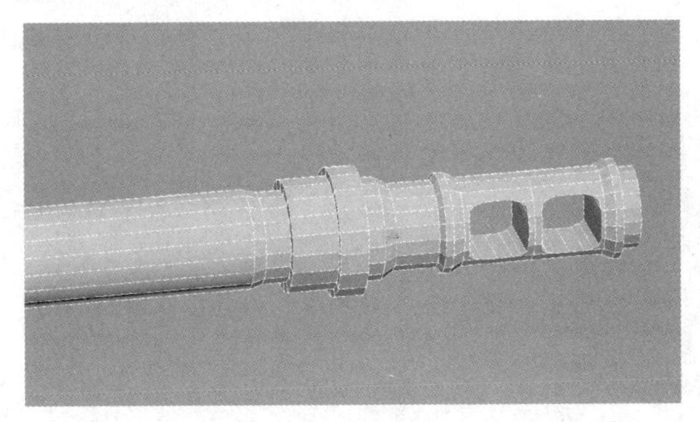

图 4-104　最终效果

4.3.4　添加【TurboSmooth】（涡轮平滑）命令

下面把在 4.33 节中使用布尔运算制作完成的枪管中模制作成高模。先在可编辑多边形模式下，把枪身上的一些小结构制作出来，然后使用【Connect】（连接）命令，分别选择横向和纵向的线，并选择【Connect 】（连接）命令为枪身各自添加一条新线，最后给模型添加【TurboSmooth】（涡轮平滑）命令。具体步骤如图 4-105 所示。图 4-106 所示为枪管的高模效果。

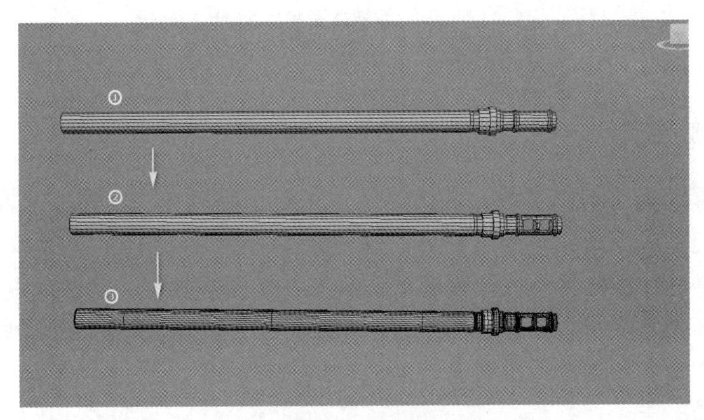

图 4-105　具体步骤

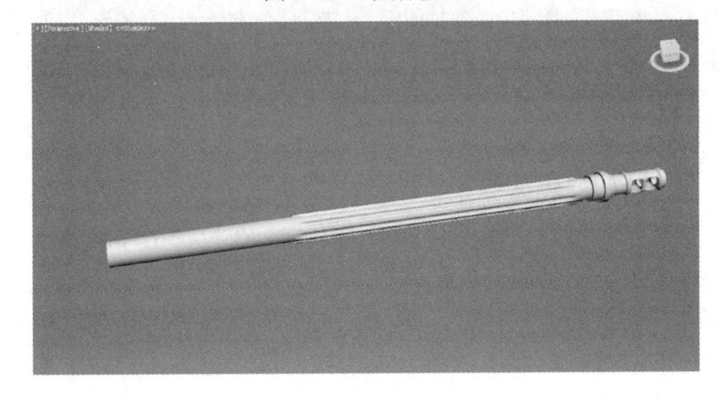

图 4-106　枪管的高模效果

整体高模效果如图 4-107 所示。

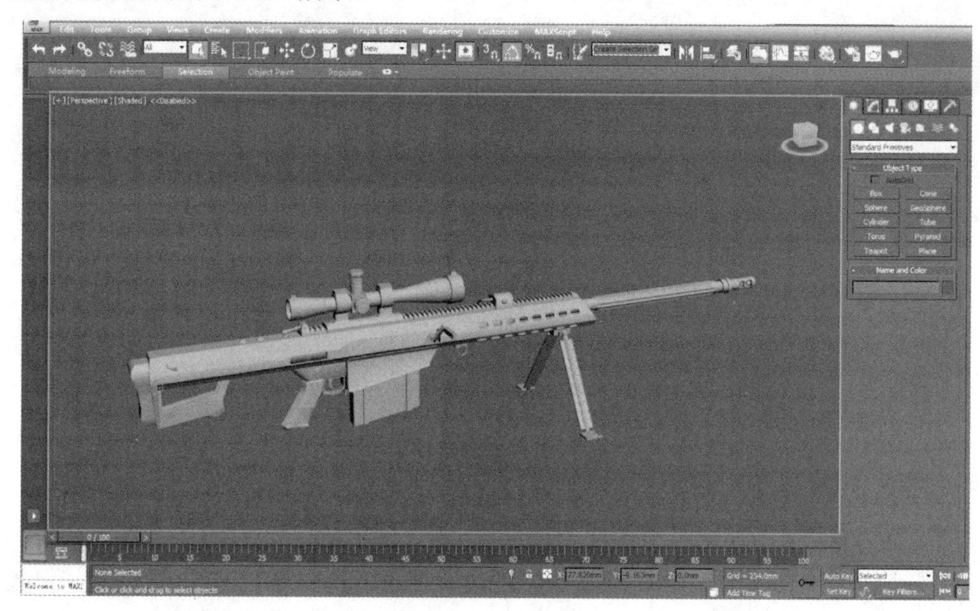

图 4-107 整体高模效果

4.4 次世代枪械低模制作

4.4.1 制作枪械低模

下面开始讲解低模的制作过程。低模的制作相对于高模较为简单，只需要注意一些具体事项，就可以快速完成，是相对难度较低、耗时较少的一个环节。

前面已经描述过什么是低模，低模即低面模型，指面数较低、在游戏中实际使用的模型。低模的制作不像高模那样可以不限面数，放开制作，在制作低模时需要用尽可能少的面表现较丰富的效果。那么，在制作低模时有哪些具体的要求呢？下面逐一进行介绍。

1. 低模的面数

就个人作品而言，模型使用多少个三角面，都不会有太大的关系，但是如果作为项目，为了让游戏运行流畅，都会对制作的模型进行面数限制。根据游戏面向的平台、效果及游戏上市时间的不同，相应面数的限制也会有所不同。无论要求面数是多少，在分配面数时，均需要注意以下几点。

首先，把主要的面数用在物体整体的外轮廓造型上，并根据面数限制，逐渐增加局部结构的面数。例如，在制作枪械时，需要把面有限地分配在枪身主体结构上，先保证主体结构的圆滑，再根据物体的大小，将面分配到弹夹、枪管等附件上。

其次，弧面越大，需要的面数越多。例如，在制作汽车的轮子时，由于汽车的轮子是圆柱体的，因此圆柱体的段数一定要比较高。再比如，汽车的头部，由于整体结构是方形的，因此不需要添加太多的面数。

最后，不要出现大于四边的面，这也是在制作低模时尤其需要注意的。在制作高模时，模型是四边面还是五边面，纯粹从效果的角度来考虑，只要对造型没有影响，模型的面数是几边形都可以。但是在游戏模型中，如果有大于四边的面存在，则可能会对游戏中的显示效果产生影响，所以在制作游戏模型时，都需要将五边面、六边面等通过连接线的方式变成三角面或四边面。另外，在有些情况下，如果顶点位置有过于分开的四边面，那么显示效果也会出问题。为了保证效果，需要将其连接为三角面。三角面连线如图 4-108 所示。

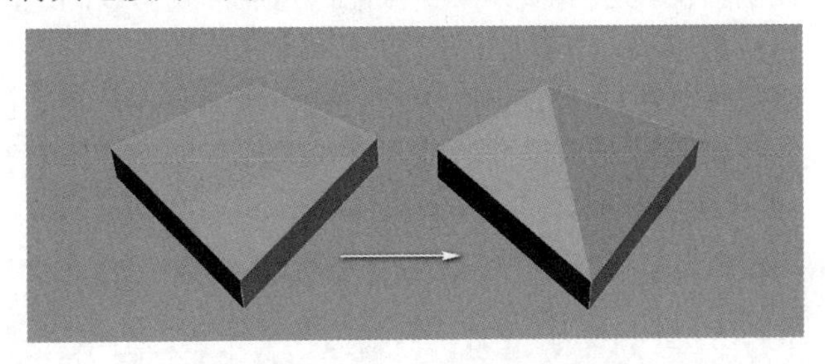

图 4-108　三角面连线

2. 低模的布线和优化

高模的布线技巧为应尽可能保持模型的面数为四边面，不需要计较面数，尽可能让模型布线都是四边面，且避免三角面的出现。然而在场景的低模中，三角面可以大量出现（角色模型需要避免在运动处出现三角面），关键是减少模型的面数，而不是保持模型布线为四边面。

另外，在优化低模的面数时，需要尽量减少对模型外轮廓没有影响部分的面，把多余的面用在可以对外轮廓起到帮助的位置。如图 4-109 所示，为了节约面数，把中间部分对模型轮廓造型没用帮助的线移除，进而产生三角面，以减少模型的面数。

还有一个优化方法，就是前面说过的为主体结构添加更多的面，对较小的且次要的结构的面数进行精简。如图 4-110 所示，在左图中，外侧的圆柱体和内侧的圆柱体使用了同样的段数，这样使得主要结构段数不够，而不重要的位置使用了太多的段数。这时需要改成右图中的段数，为主要结构增加更多的面数，让轮廓更圆滑，而对中间相对较小的结构减少面数，不需要在细小的结构上浪费太多的面数。

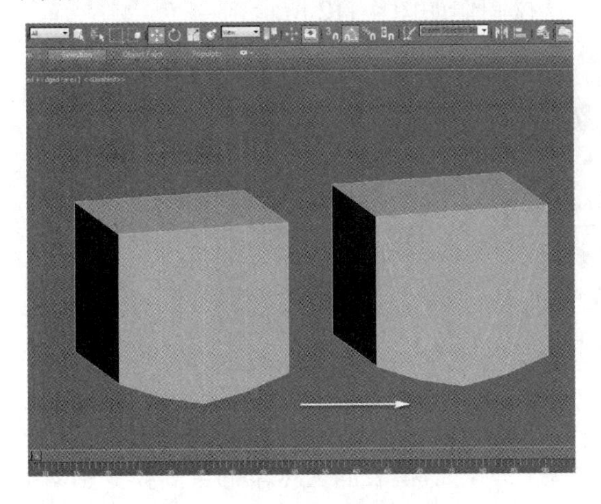

图 4-109　低模精简面数

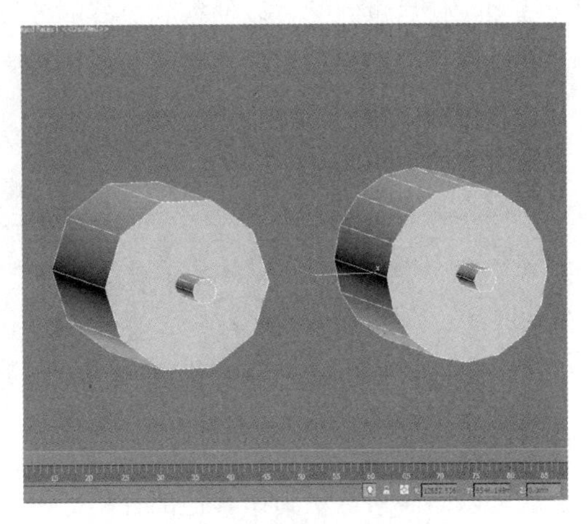

图 4-110　精简小结构

3. 低模和高模的匹配

在制作游戏时很重要的一个步骤就是模型烘焙，把高模的细节烘焙到低模上，从而使低模拥有和高模相同的细节。然而，烘焙的效果会直接受到低模和高模匹配程度的影响，低模轮廓和高模越接近，烘焙的效果就越好。在烘焙低模时，应紧贴高模表面，让低模轮廓和高模尽量接近。这在模型烘焙中是很有必要的。

以上内容就是低模制作的注意事项。只要保证这几点，就可以制造出符合游戏制作标准的低模。下面根据上述注意事项，开始制作低模。

下面先从枪身开始制作。图 4-111 所示为枪身低模制作。在高模上创建长方体并紧贴高模轮廓，制作出低模的轮廓。至此，建模的基本方法应该已经被熟练掌握，具体过程在这里不再一一列出。

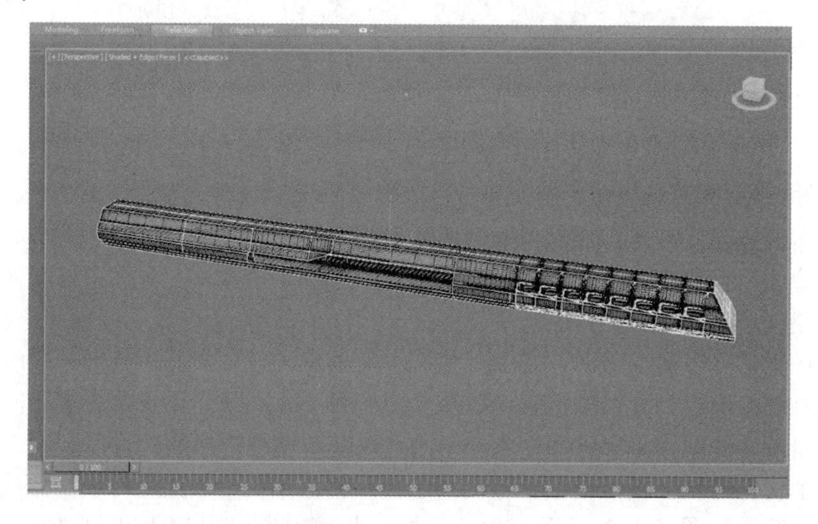

图 4-111 枪身低模制作

按照同样的办法，分别制作出枪身其他部分的结构。需要注意，应尽量贴合模型的边缘轮廓，使用的面越多，和高模越接近，烘焙出来的效果也越好。在练习时，可以稍微多地使用一些面，使尽量匹配，以便得到更好的效果。低模制作如图 4-112 所示。

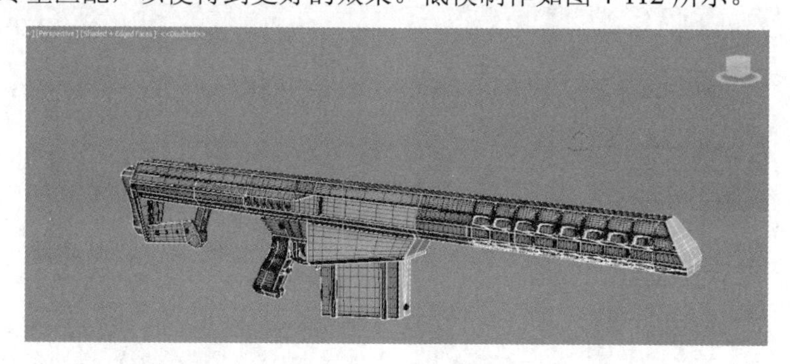

图 4-112 低模制作

这里以同样的方法制作其他部分的低模。在制作时，低模表面应尽量贴合高模，沿着高模轮廓制作出低模的造型。因为制作低模只用于匹配高模轮廓，既不用考虑比例结构，又不需要添加【TurboSmooth】（涡轮平滑）命令进行平滑，所以不需要考虑布线，只需要留意有没有大于四边的面即可。整体模型都很容易制作，相信学生可以轻松完成。整体模型制作如图 4-113 所示。

图 4-113 整体模型制作

下面进行低模布线。最终效果如图 4-114 所示。

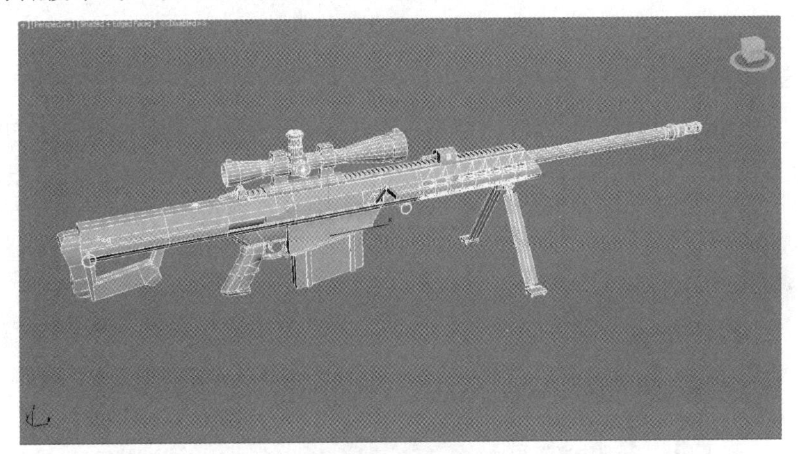

图 4-114 最终效果

4.4.2 对低模进行光滑组和 UV 的合理分配

1. 光滑组的合理分配

光滑组是基于模型面的一种属性，用于控制模型面与面之间过渡的软硬程度。

每个面都可以设置一个或多个光滑组。当不同面之间的光滑组为同一数值时，面与面之间过渡为光滑状态；当光滑组为不同数值时，面与面之间过渡为尖锐状态。

例如，两个相邻的面，A 面的光滑组的数值为 1、2，而 B 面的光滑组的数值为 2、3，这样因为两个面之间共有一个光滑组为 2，所以这两个面之间的过渡是平滑的。

那么，模型的光滑组对烘焙又有什么影响呢？在制作转角小、比较圆滑的模型时，光滑组要尽量统一，这样烘焙上去不会产生奇怪的接缝，效果也会比较好。

既然光滑组统一效果更好，那么是不是将模型面都设置光滑组为同一数值就可以了呢？这样也是不行的。

如果面与面之间的夹角过大，那么当将模型全部设置成同一数值的光滑组时，会让模型表面产生黑色的阴影，而且这样的阴影无法消失。光滑组对比效果如图 4-115 所示。在图 4-115 中，左侧模型的光滑组是统一的数值，可以看到模型的边缘都有黑色的阴影；右侧模型的光滑组是不同的数值，可以看到模型过渡得很尖锐。因此，在制作转角比较大、边缘比较硬的模型时，光滑组要尽量设置为不同的数值。

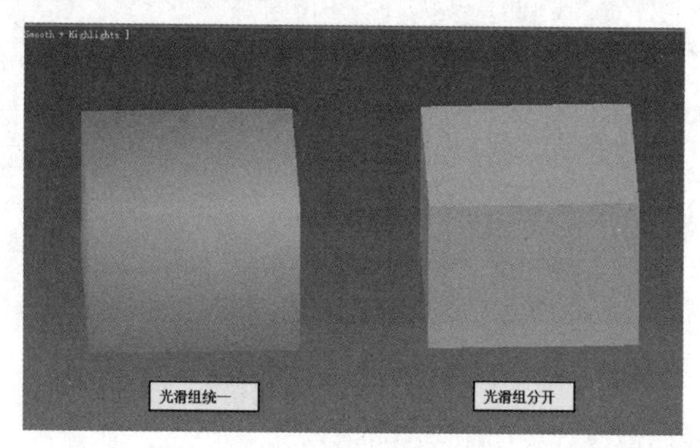

图 4-115　光滑组对比效果

2．UV 的合理分配

在制作次世代枪械时，UV 拆分应该遵循一个规定，那就是光滑组在断开时 UV 必须断开，而 UV 在断开时光滑组不需要断开。当 UV 断开时，光滑组无所谓断不断开。根据这个原理，将低模的 UV 拆分好，并摆放在 UV 框中。图 4-116 所示是在低模中拆分完成的 UV。

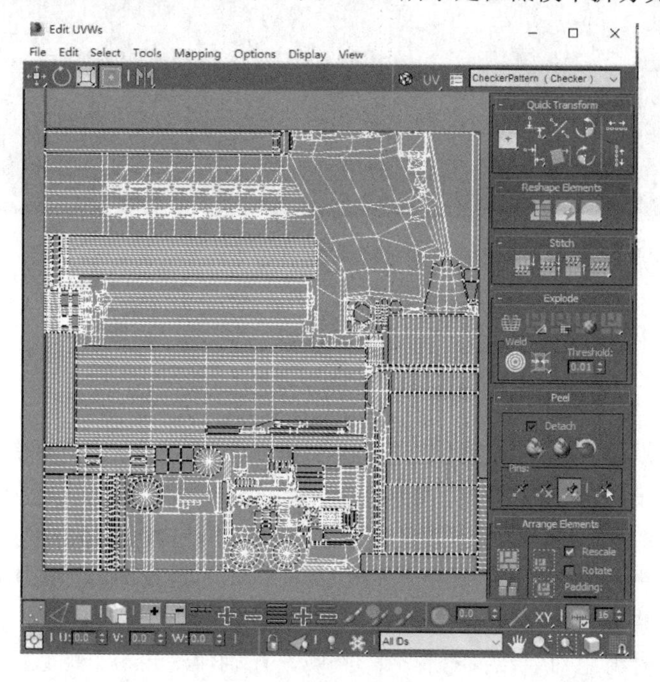

图 4-116　低模拆分 UV

4.4.3 烘焙法线贴图及 AO 贴图

下面烘焙模型。由于在对模型进行烘焙时会比较慢，因此建议在第一次烘焙时，不要烘焙全部模型。为了熟悉过程，建议先对个别零件进行烘焙。例如，先只烘焙枪身，待熟悉过程之后，再进行整体烘焙，这样会节约大量的等待时间。

在第一次设置烘焙时，可能会感觉有些烦琐，多练习几次就能熟练了。

选择低模，按 0 快捷键打开烘焙面板，或选择【Rendering】（渲染）→【Render To Texture】（渲染贴图）命令，打开烘焙面板。下面将逐步介绍烘焙面板中的功能。图 4-117 所示为烘焙面板。

在【Path】（路径）选项中，可以输入贴图烘焙后的存储路径，如图 4-118 所示。这个路径在烘焙时还可以进行修改。

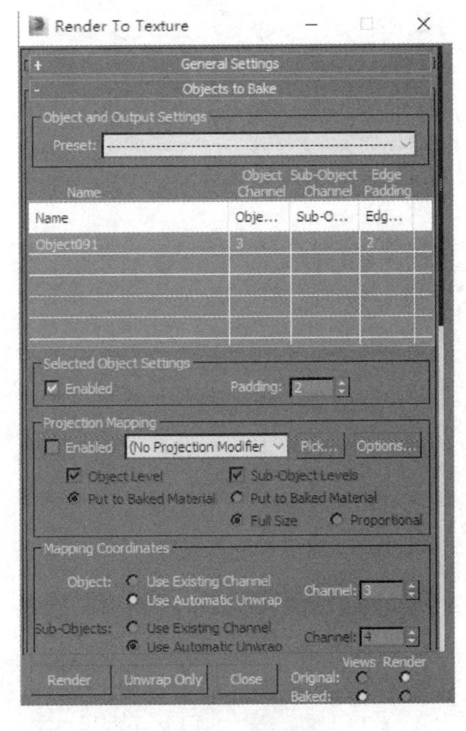

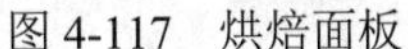
图 4-117　烘焙面板

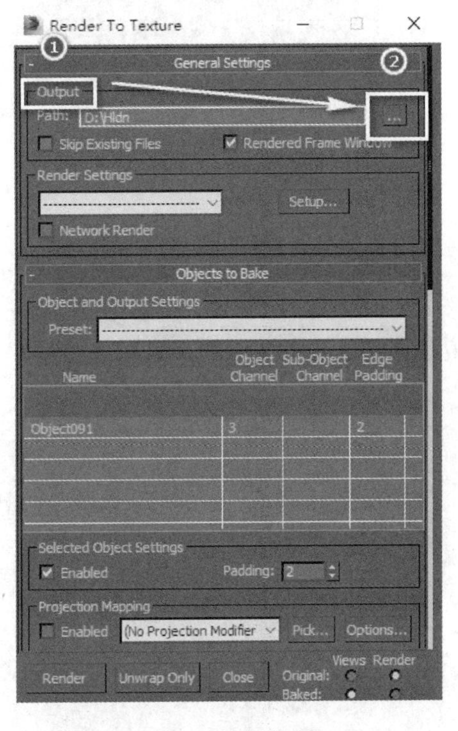

图 4-118　存储路径

下面烘焙法线贴图。先把高模和低模匹配好，然后选择低模，按 0 快捷键打开烘焙面板，单击【Projection Mapping】（投影映射）选项组中的【Pick】（匹配）按钮，打开如图 4-19 所示的对话框。按 Ctrl+A 快捷键，并全选模型。图 4-119 所示为操作流程。

注意：这一步骤可能会需要等待几分钟，另外，还有可能造成 3ds Max 崩溃。如果遇到这种情况，那么不要一次匹配太多数量的高模，可以分几步进行烘焙。

高模匹配完成之后，低模会出现一团一团的线，由于模型比较复杂，因此线也会比较杂乱。此时，可以单击【Cage】（笼）选项组中的【Reset】（重置）按钮，重置线，线就会自动吸附到低模上的线上去。重置线，如图 4-120 所示。

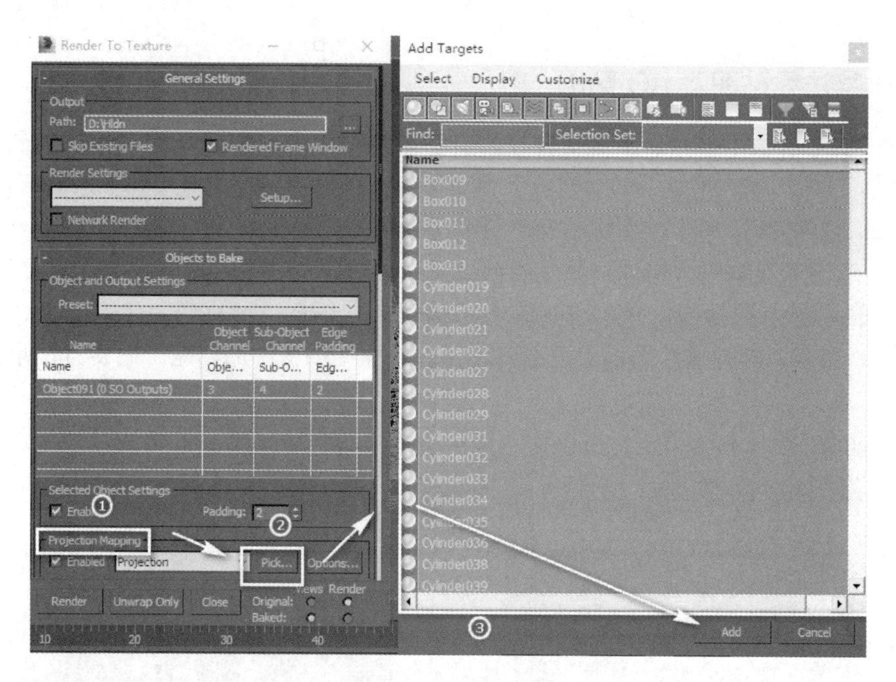

图 4-119 操作流程

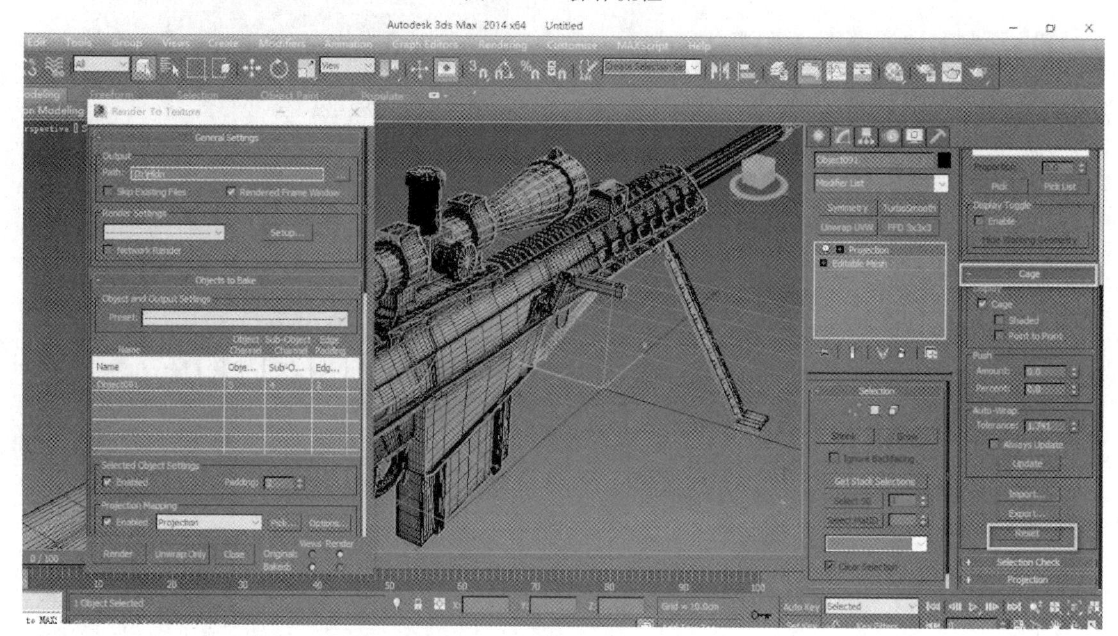

图 4-120 重置线

选择【Cage】（笼）选项组，调整【Push】（拾取）选项组中的【Amount】（总数）选项，让线放大直到完全包裹住高模，如图 4-121 所示。

单击【Output】（输出）选项组中的【Add】（添加）按钮，会弹出选择烘焙贴图的面板。在面板中选择【NormalsMap】（法线贴图）选项，并单击【Add Elements】（添加实例）按钮，确定烘焙贴图的类型。图 4-122 所示为添加法线贴图的操作步骤。

下面修改贴图尺寸。默认贴图尺寸是512像素×512像素，这里把贴图尺寸改成2048像素×2048像素，如图4-123所示。

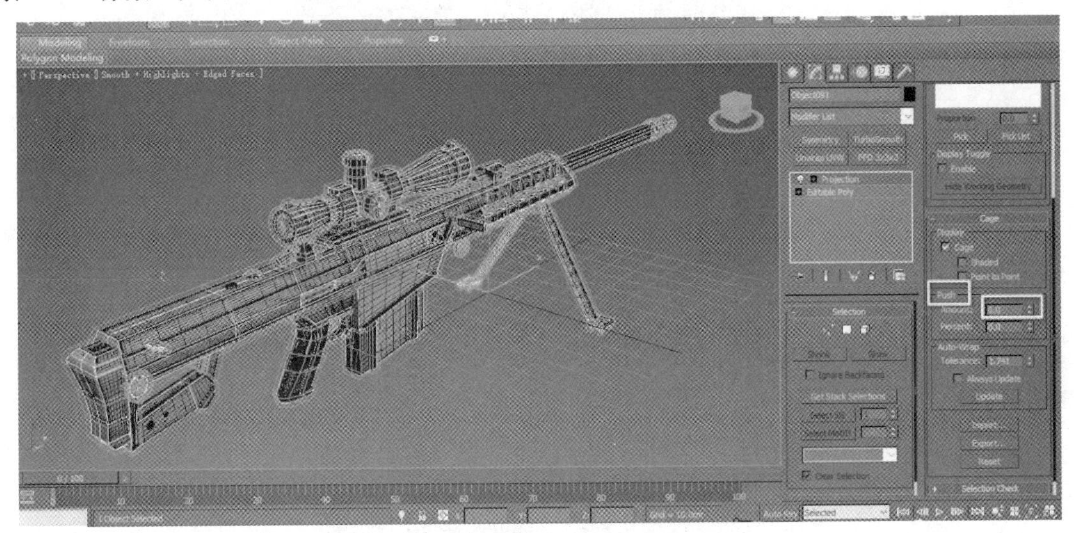

图4-121　调整【Amount】选项

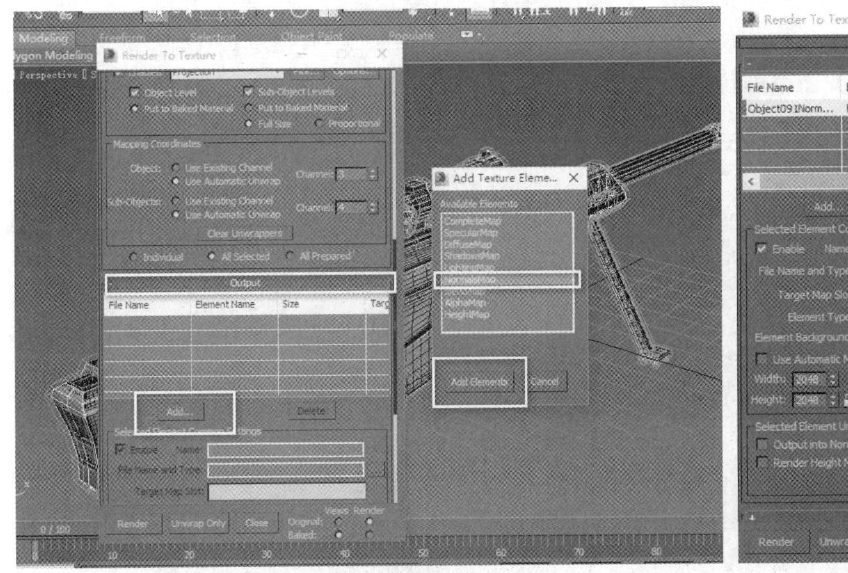

图4-122　添加法线贴图的操作步骤

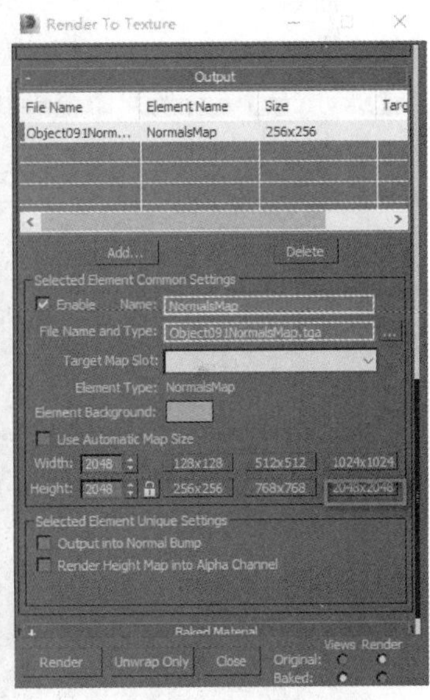

图4-123　修改贴图尺寸

修改完成后，单击烘焙面板中的【Render】（渲染）按钮（见图4-124），之后耐心等待。注意，计算机的配置会对渲染速度有一定的影响。

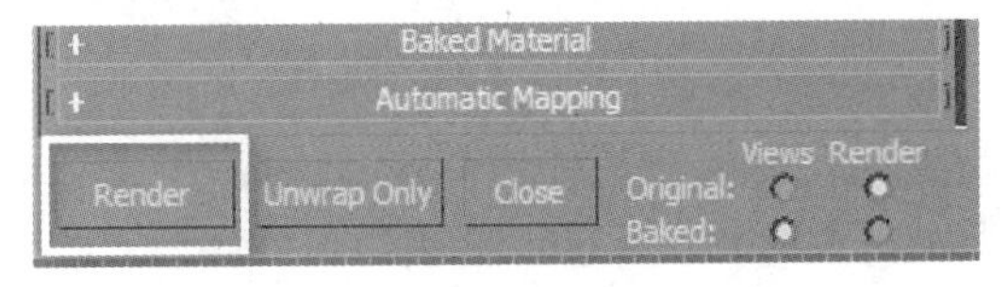

图4-124　单击【Render】按钮

烘焙完成后，法线贴图效果如图 4-125 所示。

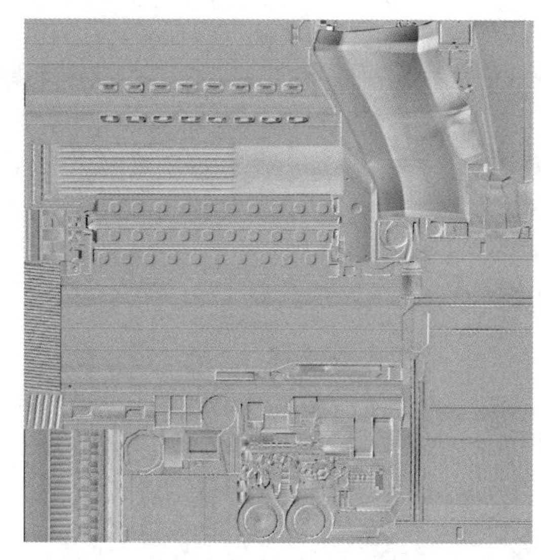

图 4-125　法线贴图效果

下面烘焙 AO 贴图——灯光贴图。这里烘焙的灯光贴图的效果与烘焙 OCC 贴图是一样的，但是比烘焙 OCC 贴图的速度快，烘焙方法和烘焙法线贴图类似，只需要给 3ds Max 场景中添加【Skylight】（天光）命令即可。添加【Skylight】（天光）命令，如图 4-126 所示。

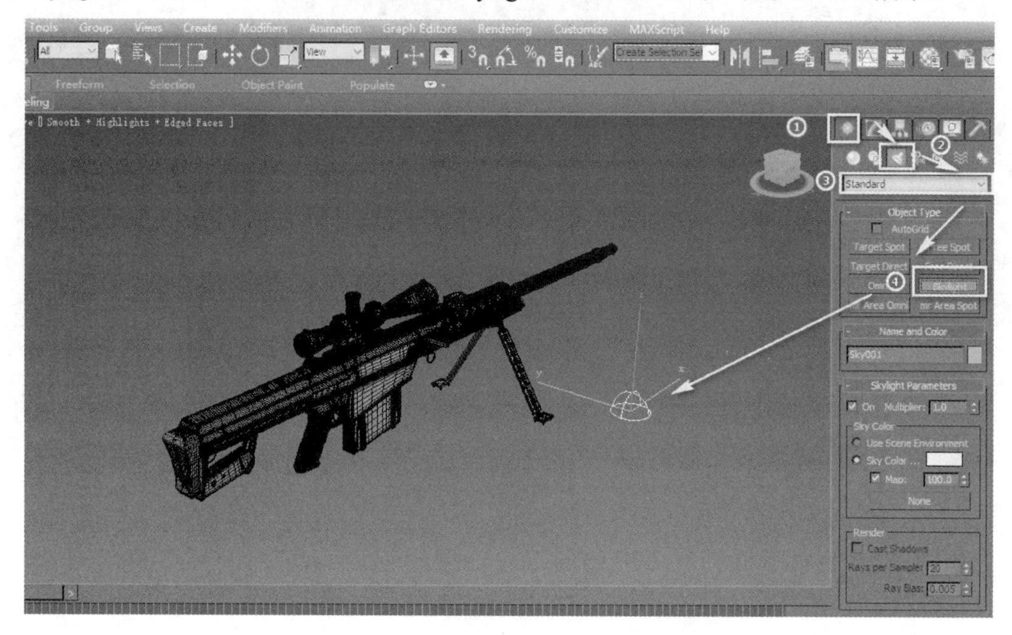

图 4-126　添加【Skylight】命令

添加【Skylight】（天光）命令后，需要按 F10 快捷键，在【Advanced Lighting】（高级光照材质）选项卡中选择【Select Advanced Light】（选择高级灯光）下拉列表中的【Light Tracer】（灯光捕捉）选项，如图 4-127 所示。

图4-128所示为烘焙完成的AO贴图——灯光贴图效果。

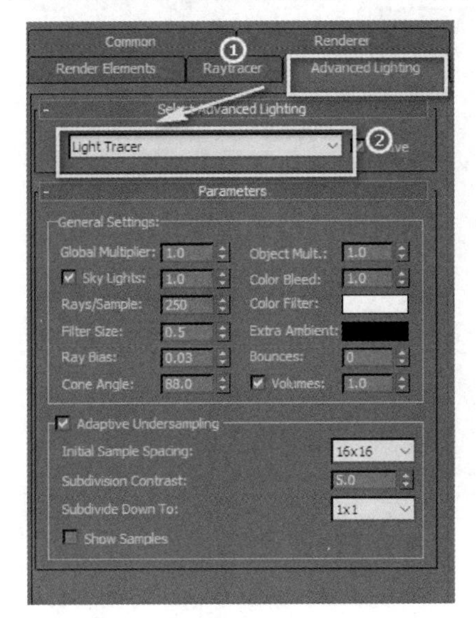

图4-127　选择【Light Tracer】选项

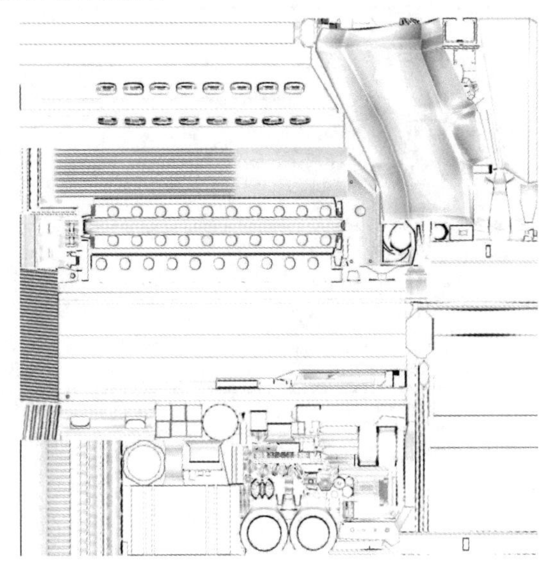

图4-128 灯光贴图效果

4.5　次世代枪械贴图制作

4.5.1　制作颜色贴图

首先打开Photoshop，其次按Ctrl+N快捷键，新建画布，并调整画布尺寸为2048像素×2048像素，最后单击【确定】按钮。图4-129所示为新建画布操作步骤。

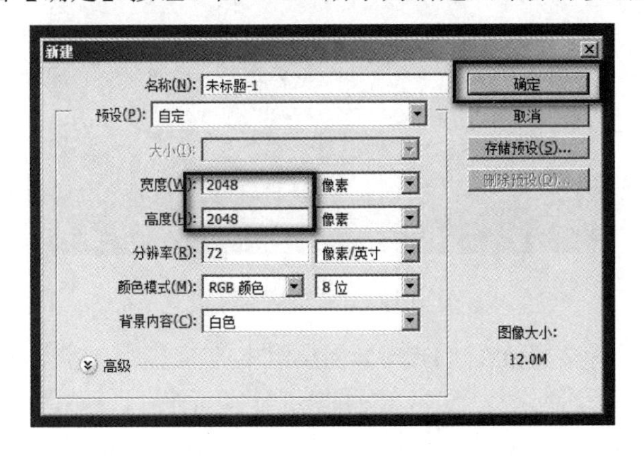

图4-129　新建画布操作步骤

先把法线贴图拖入CrazyBump中，并将其转换成漫反射贴图，再导出，如图4-130所示。

在图层编辑面板中为需要制作的几张贴图（颜色贴图、高光贴图、法线贴图）各新建一个图层组。为文件分层，如图4-131所示。

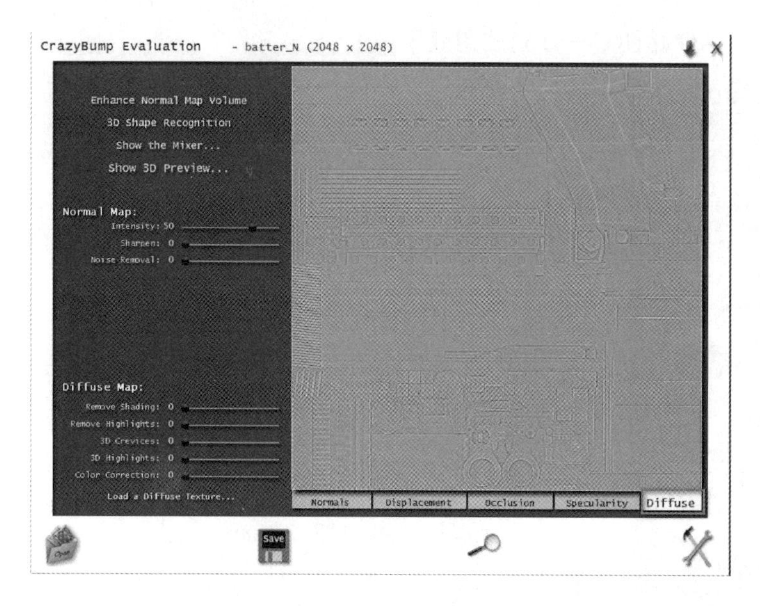

图 4-130 转换贴图

图 4-131 为文件分层

在【DIFF】图层组中，新建一个图层，填充枪械的基本颜色，如图 4-132 所示。

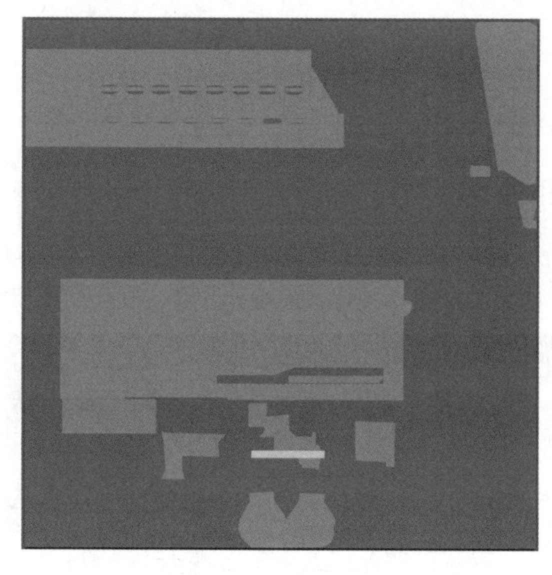

图 4-132 填充基本颜色

把 AO 贴图和漫反射贴图放在【DIFF】图层组中的嘴上面，应注意 AO 贴图要使用正片叠底的方式，并且调整不透明度为 50%（见图 4-133），而漫反射贴图要使用叠加的方式。

寻找一些金属纹理，注意应寻找一些较为整齐的纹理，并使用叠加的方式将其放在 AO 贴图、漫反射贴图之下，基本颜色之上。添加纹理，如图 4-134 所示。

下面添加污迹、破损、划痕，同样将它们放在 AO 贴图、漫反射贴图之下，基本颜色之上。最终效果如图 4-135 所示。

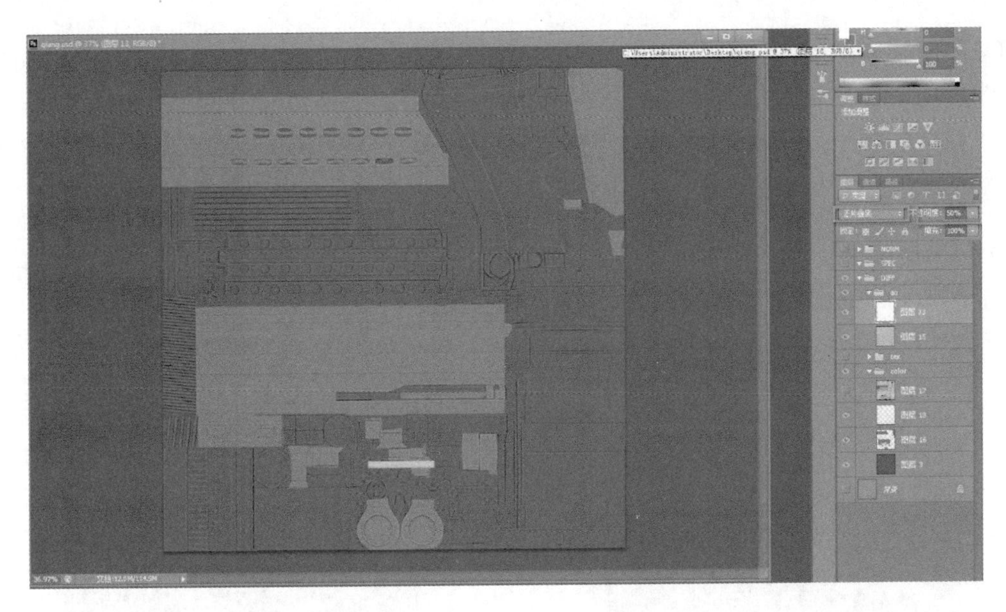

图 4-133　不透明度调整

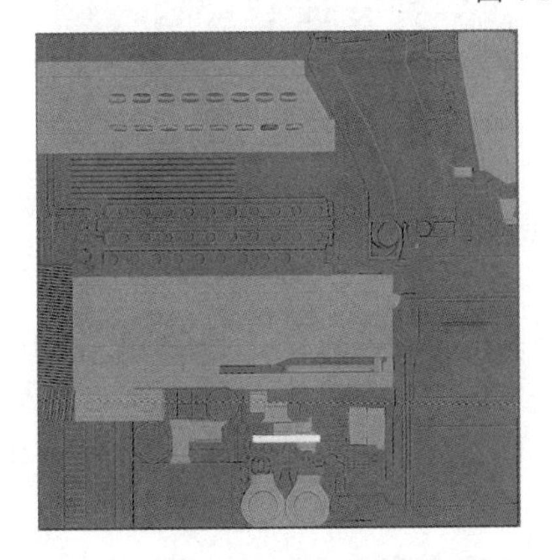

图 4-134　添加纹理

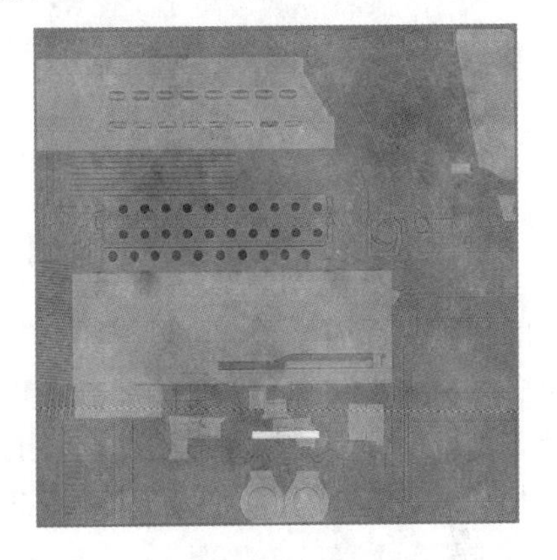

图 4-135　最终效果

到这里，颜色贴图基本制作完成。颜色贴图效果如图 4-136 所示。

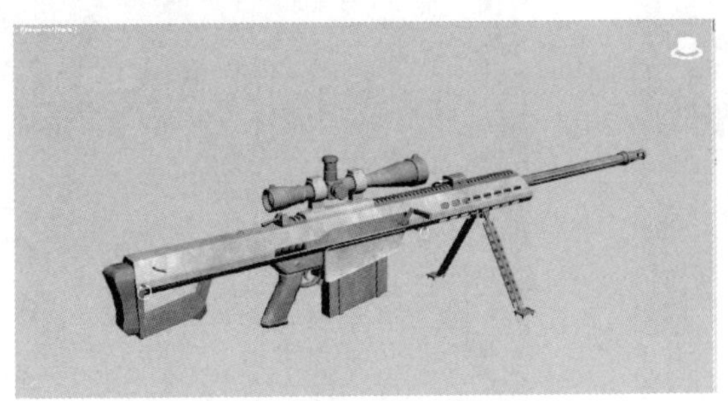

图 4-136　颜色贴图效果

4.5.2　制作高光贴图和法线贴图

高光贴图是表现物体表面反光信息的贴图，包含高光强度和高光色彩两项属性。高光强度可以表现物体反光的强弱，高光色彩可以表现物体反光的颜色。高光贴图是在次世代枪械制作中表现质感的重要贴图。

可以这样理解，如反光的物体，像金属等，在高光贴图呈现偏白色，而不反光的物体，像塑料、木头等，在高光贴图中呈现偏黑色。根据这个原理，可以制作高光贴图，如图 4-137 所示。

因为这把枪是偏新的，所以这里的法线贴图没有什么变化，还是之前烘焙的那张法线贴图，如图 4-138 所示。

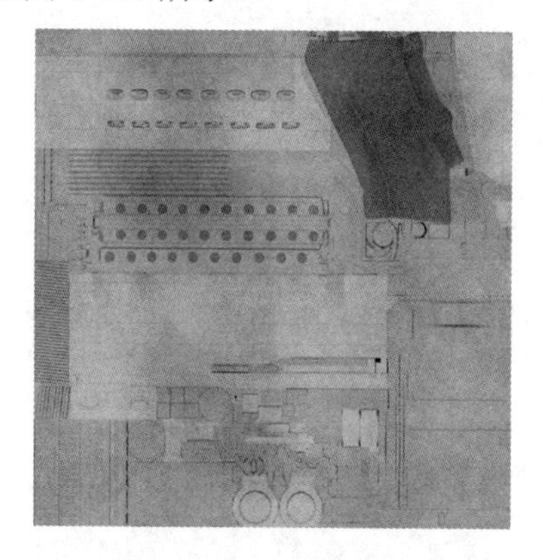

图 4-137　高光贴图

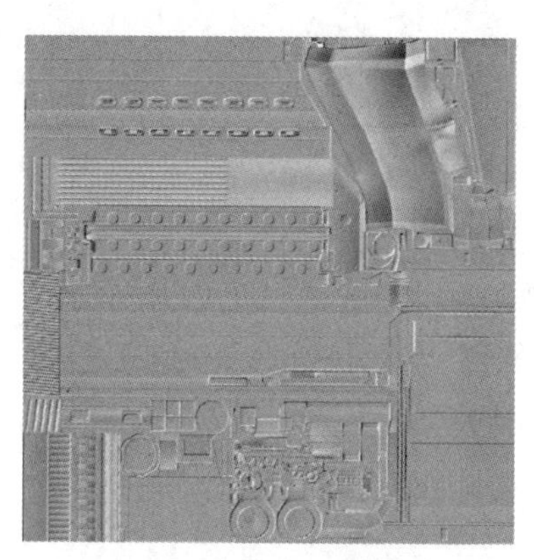

图 4-138　法线贴图

4.5.3　在 3ds Max 中查看最终效果

贴图都制作完成后，就可以在 3ds Max 中查看最终效果了。注意，应先把贴图添加到对应的材质球上（见图 4-139），再将材质球赋予模型。

把 3 张贴图分别添加到对应的位置上。注意，在添加法线贴图时，要先选择【Normal Bump】（法线凹凸）选项再进行添加，如图 4-140 所示。

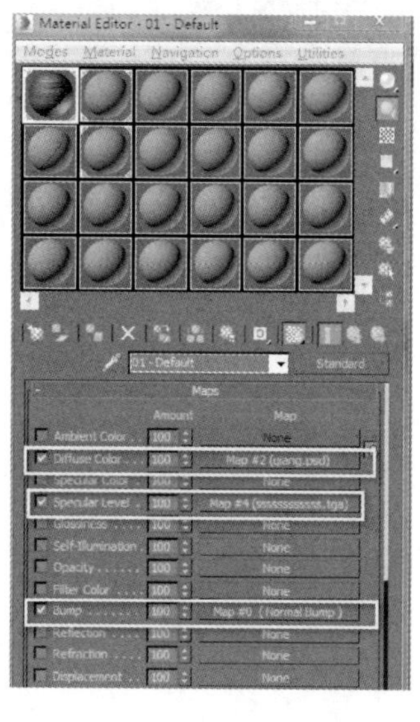

图 4-139　添加贴图到对应的材质球

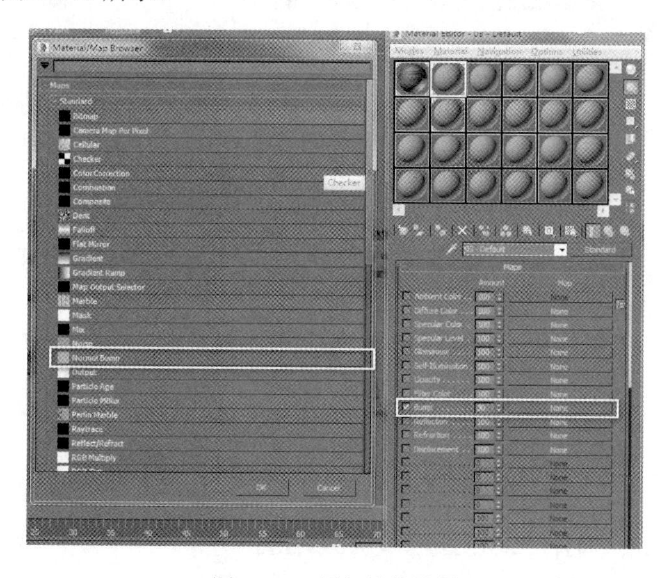

图 4-140　添加法线贴图

制作完成之后，就可以观察这把枪的整体效果了。图 4-141 所示为次世代枪械的最终效果。

图 4-141　最终效果

本章小结

要完成次世代枪械的制作，无非是多观察身边的物体。因为次世代游戏中的物体接近现实中的物体，所以不管从模型的造型还是从贴图的质感上来讲，在制作次世代枪械时都可以仿照现实中的枪械。另外，也要多进行不同的练习，尝试制作不同贴图上的材质和细节。

第 5 章 次世代场景道具制作

本章主要讲解如何使用 Maya 及 ZBrush 制作次世代雕刻道具的流程。运用本章中的知识，不但可以制作简单道具，而且可以制作相对复杂的小型场景或人物。

注意，通过对前面几章的学习，在制作中模时，完全可以使用 3ds Max。而在本章中使用 Maya 制作中模，主要为了通过简单的制作让读者了解 3ds Max 和 Maya 在游戏制作中的一些相通之处，也算是对 Maya 进行初步了解。在正常工作中，是使用 3ds Max 建模还是使用 Maya 建模都是可以的，根据个人习惯，一般不做强制干涉。

5.1 道具中模制作

5.1.1 使用 Maya 制作大体形状比例

选择圆柱体工具，如图 5-1 所示。在顶视图中创建一个基本模型，如图 5-2 所示。得到如图 5-3 所示效果。

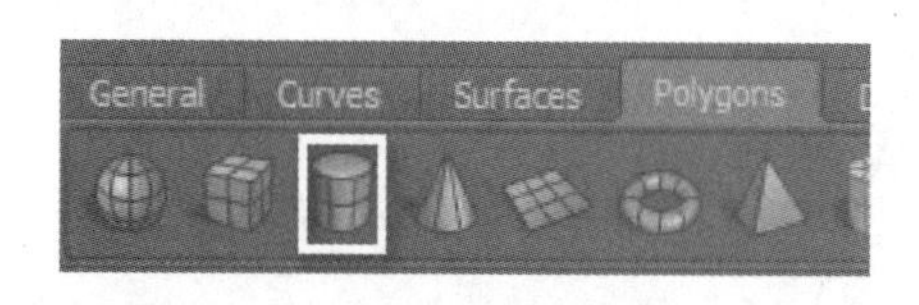

图 5-1 创建基本模型 1

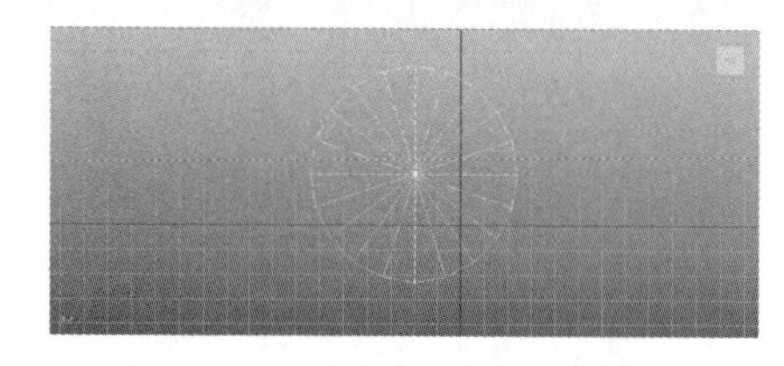

图 5-2 创建基本模型 2

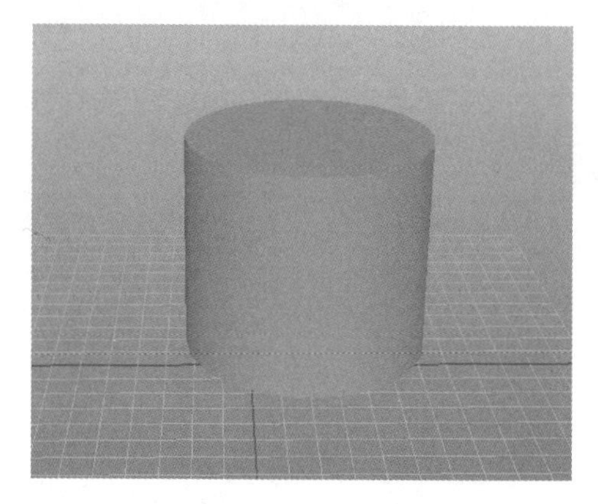

图 5-3 创建基本模型 3

如图 5-4 所示，调整圆柱体的参数并将坐标归零。

右击点模式，在正视图中调整圆柱体的高度，如图 5-5 所示。

打开多边形编辑面板，使用相关命令为圆柱体添加一圈线，如图 5-6 所示。

图 5-4 调整参数

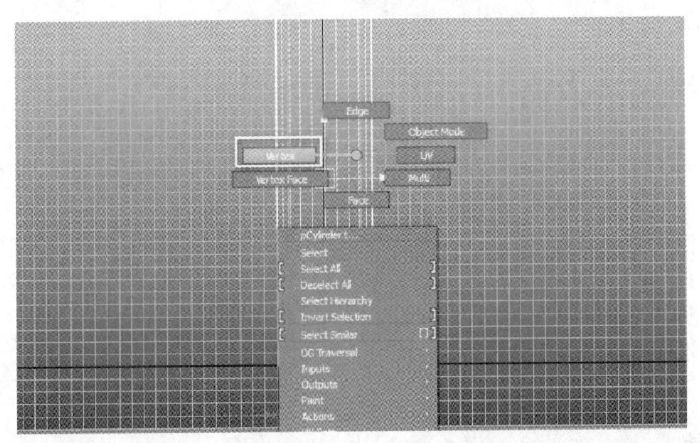

图 5-5 右击点模式

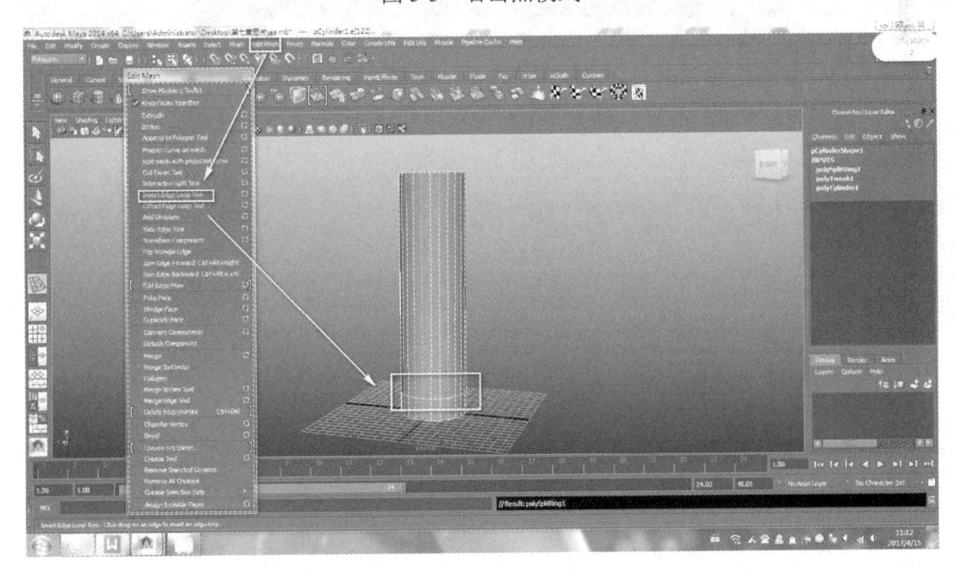

图 5-6 编辑多边形

右击面模式，如图 5-7 所示。选择圆柱体底部的一圈面，如图 5-8 所示。

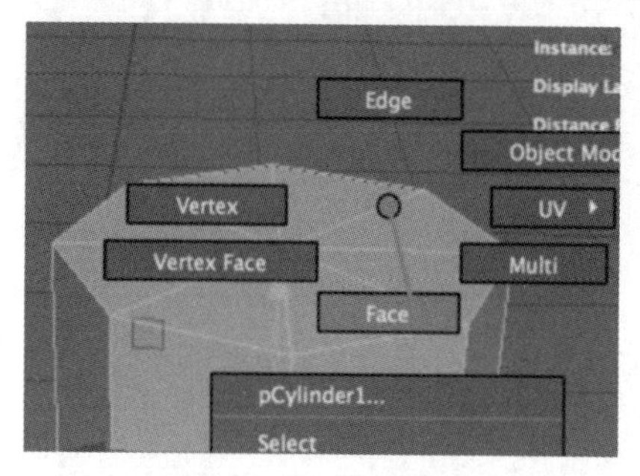

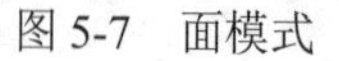
图 5-7　面模式

图 5-8　选择面

选择多边形编辑面板中的【Extrude】（挤出）命令，出现如图 5-9 的操作手柄，拖动小方块对新挤压出来的面进行相应轴上的缩放。

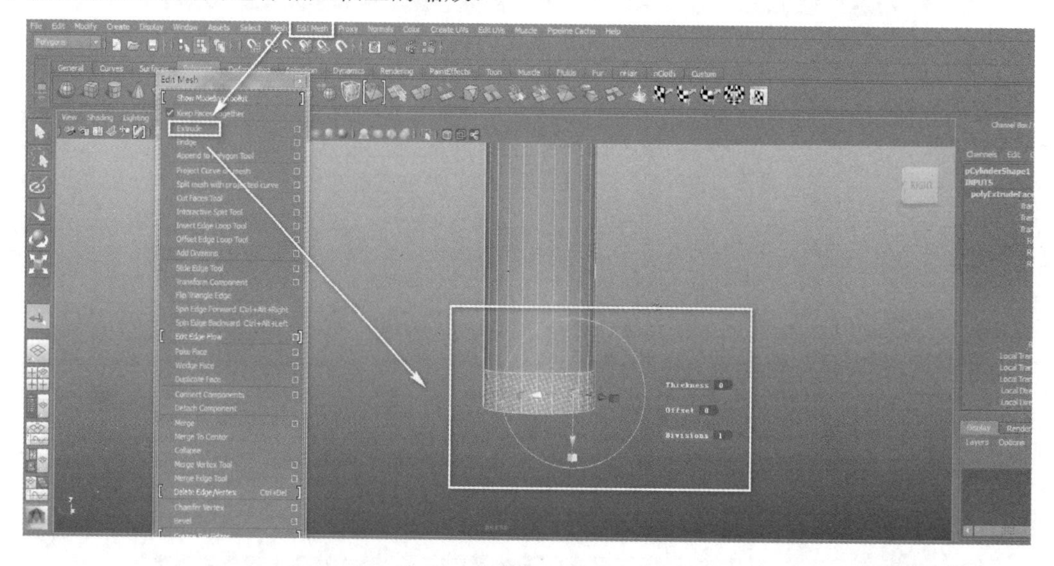

图 5-9　编辑多边形

切换到正视图，右击边模式，如图 5-10 所示。双击一圈边，使用移动工具将上面的一条边向下移动，达到一个梯形坡面效果，如图 5-11 所示。

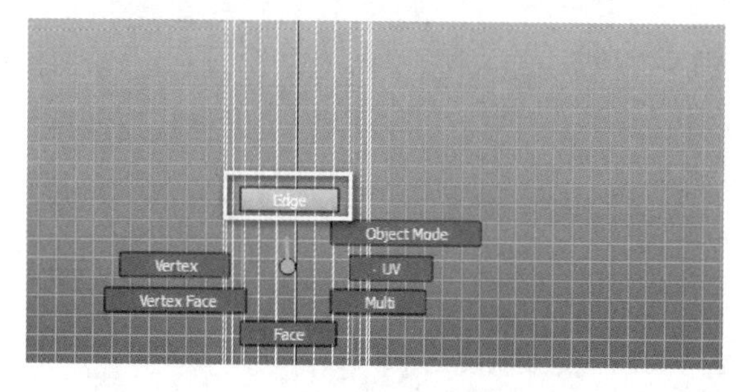

图 5-10　右击边模式

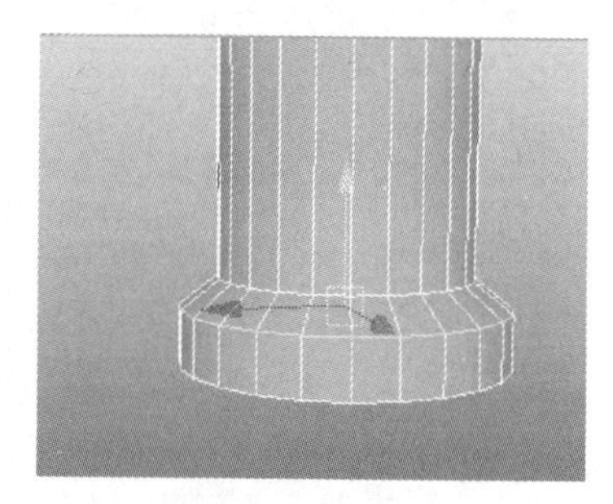
图 5-11　移动边

打开多边形编辑面板，选择【Insert Edge Loop Tool】（插入循环边）命令，为底座上添加合适的段数，如图 5-12 所示。

使用移动和缩放工具进行调整，达到如图 5-13 所示效果。

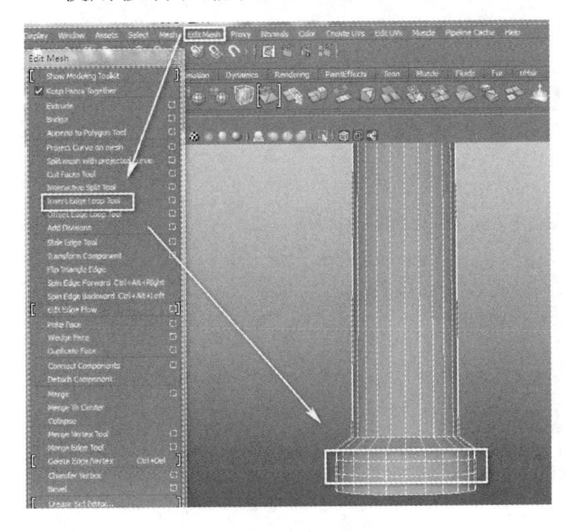

图 5-12　插入循环边

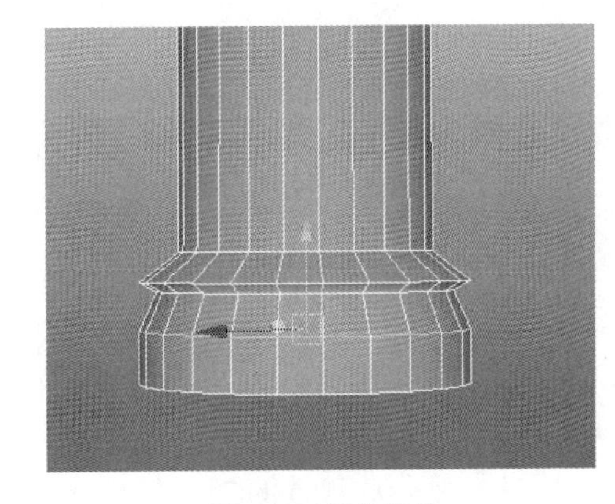

图 5-13　调整效果

创建一个圆柱体并将圆柱体移动到合适的位置，如图 5-14 所示。
复制上述圆柱体（快捷键为 Ctrl+D），如图 5-15 所示。

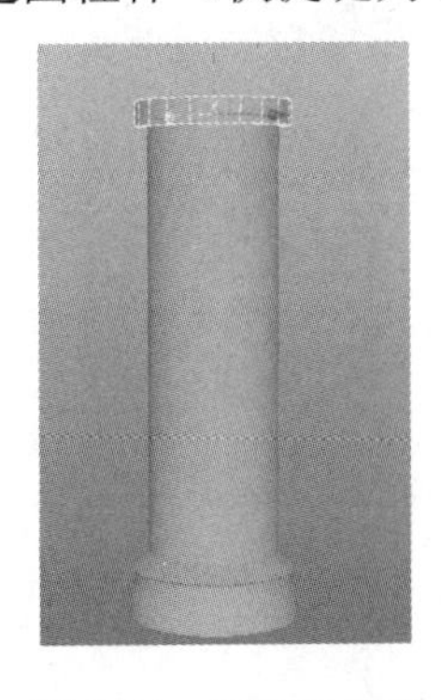

图 5-14　创建圆柱体

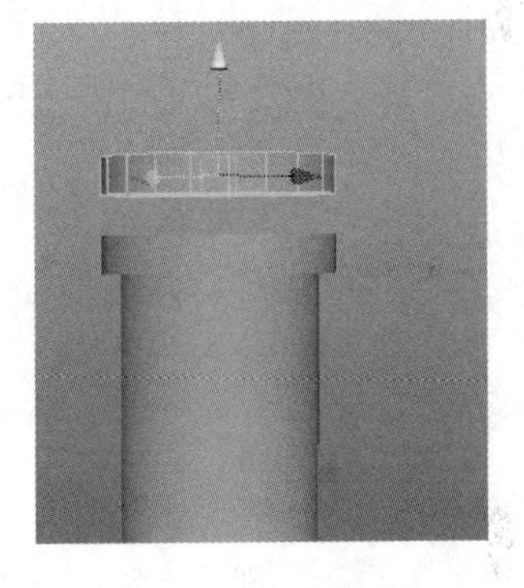

图 5-15　复制圆柱体

右击要编辑的点，使用缩放工具调整形状，达到梯形圆柱体效果，如图 5-16 所示。
继续复制两个圆柱体，并使用移动和缩放工具调整形状，达到如图 5-17 所示效果。

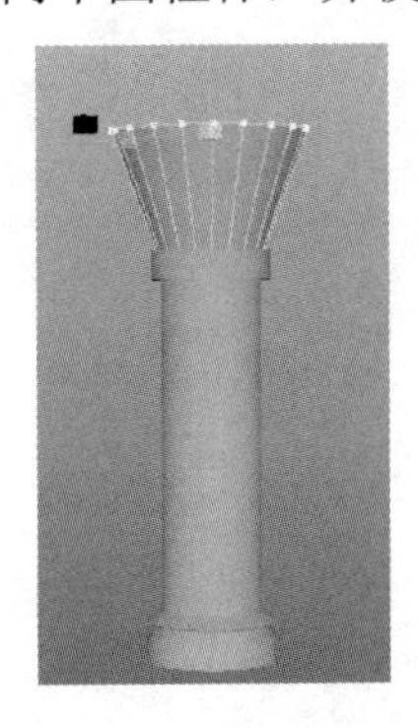

图 5-16　调整效果 1

图 5-17　调整效果 2

为中间环添加一圈线，并使用缩放工具将其调整成如图 5-18 所示效果。

继续为柱子的底座添加两圈线，如图 5-19 所示。

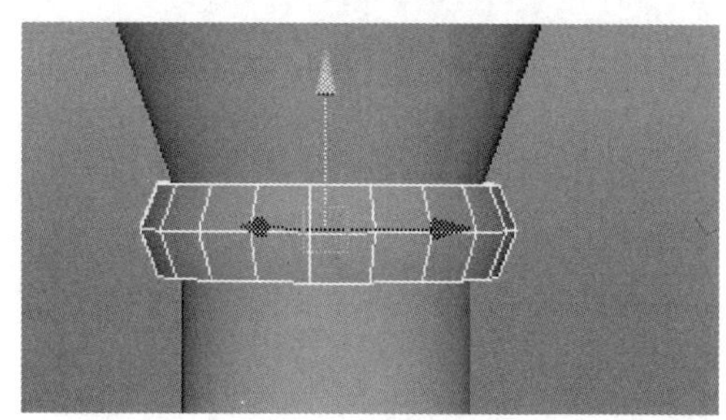

图 5-18 调整效果 3

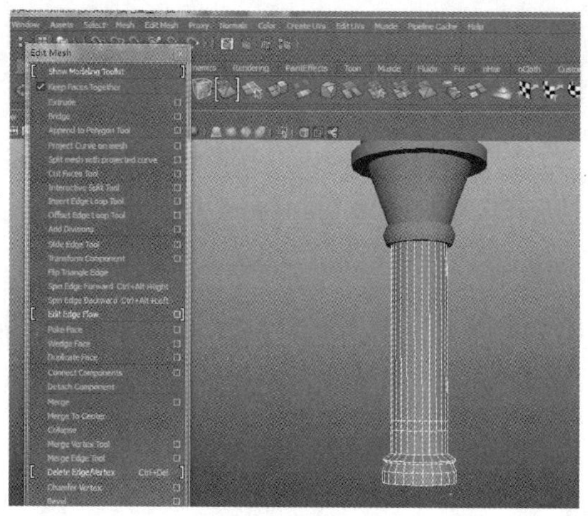

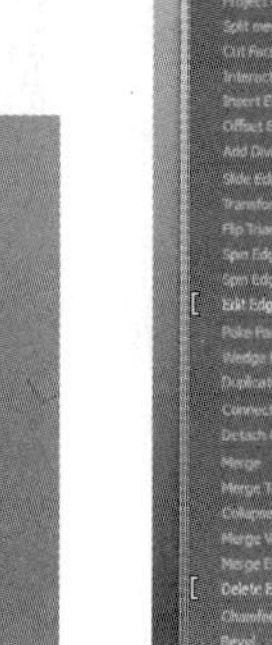

图 5-19 添加线

框选柱子底座的所有点并使用缩放工具调节点，如图 5-20 所示。

如图 5-21 所示，整体柱子主体模型的大体结构制作完成。

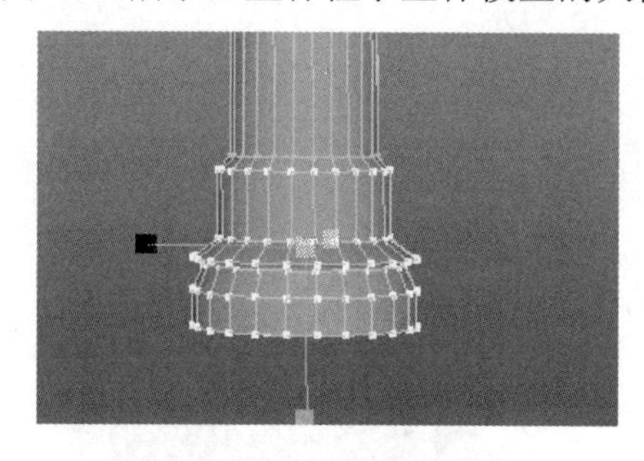

图 5-20 框选所有点

图 5-21 柱子主体模型的大体结构

选择长方体工具，创建一个长方体，如图 5-22 所示。

创建完成的长方体如图 5-23 所示。

打开多边形编辑面板，选择【Insert Edge Loop Tool】（插入循环边）命令，为长方体添加合理的段数，如图 5-24 所示。

图 5-22 创建长方体

图 5-23 创建的长方体

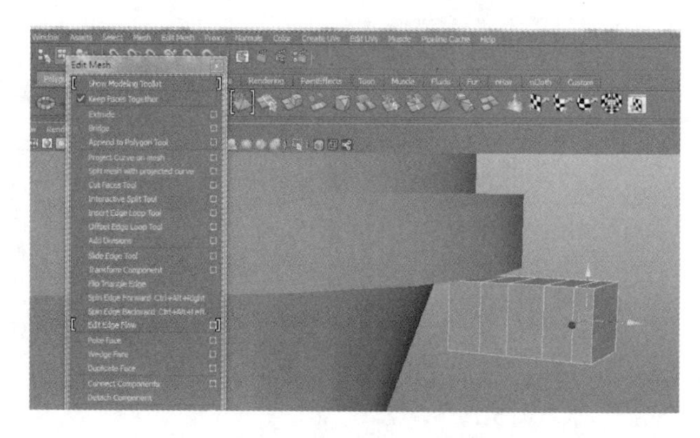

图 5-24 插入循环边

使用移动、旋转、缩放工具调节模型的点、线、面，达到如图5-25所示效果。

移动物体，让长方体和柱子主体模型的位置更加合理化，如图5-26所示。

复制并旋转这个结构，如图5-27所示。

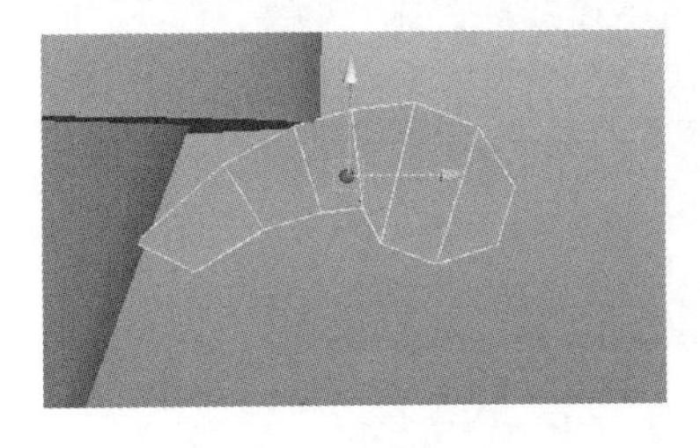

图5-25　调整效果

图5-26　调整位置

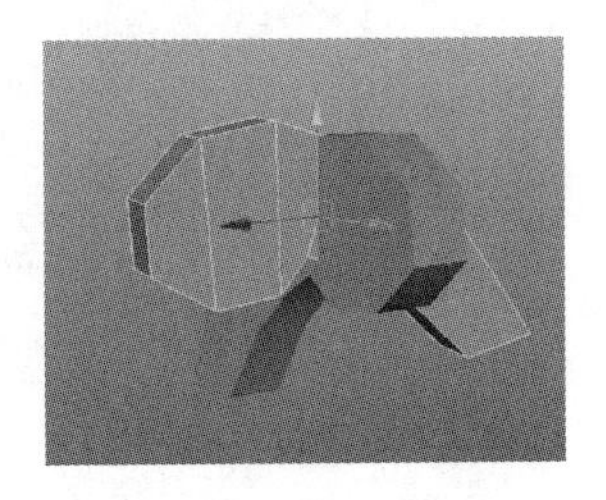

图5-27　复制并旋转

删除复制的结构的多余的面，形成一个合理的穿插结构，如图5-28所示。

复制并旋转结构，达到如图5-29所示效果。

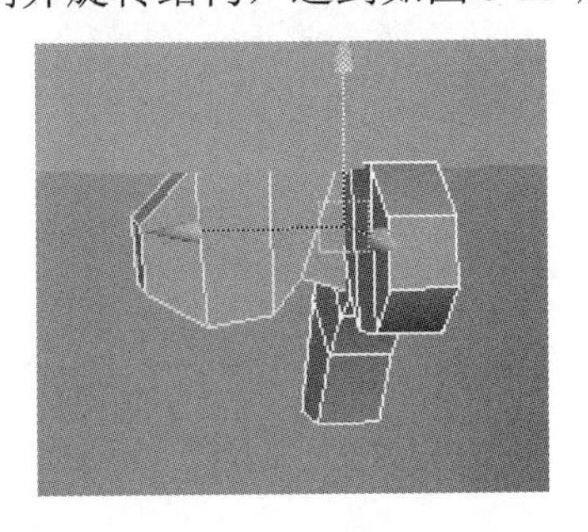

图5-28　穿插

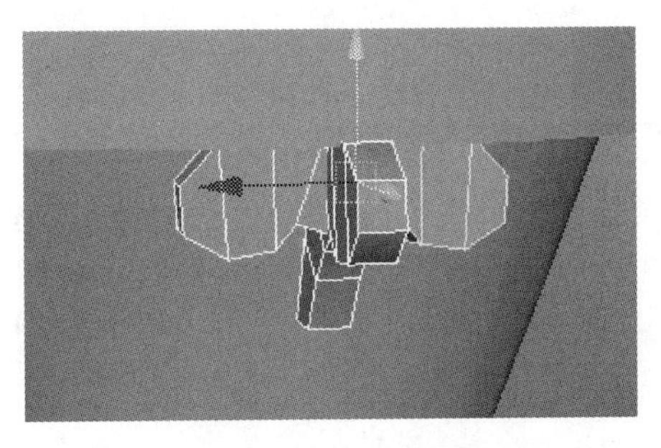

图5-29　复制并旋转

在多边形编辑面板中继续选择圆柱体工具，如图5-30所示。

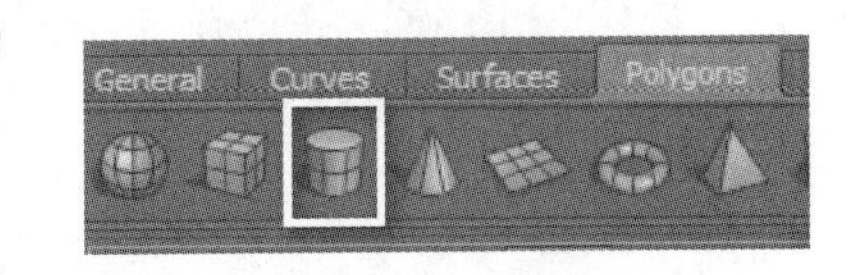

图5-30　选择圆柱体工具

如图5-31所示，将圆柱体的 Z 轴归零。

使用【Insert Edge Loop Tool】（插入循环边）命令，在圆柱体结构处添加一圈线，如图5-32所示。

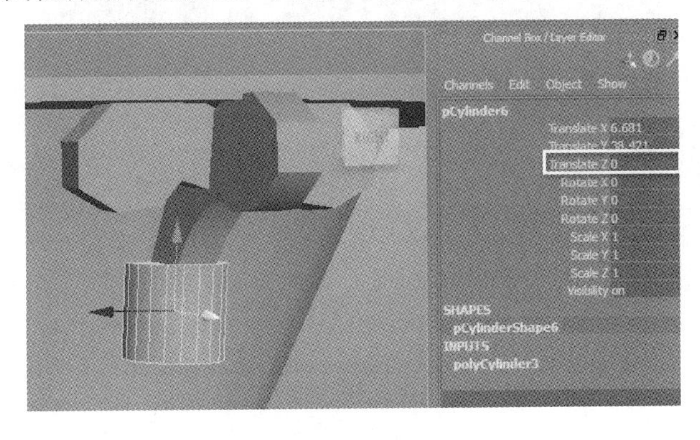

图5-31　归零

图5-32　加线

选择面，如图5-33所示。

双击所选面中的另一个面，此时会选择整圈面，如图5-34所示。

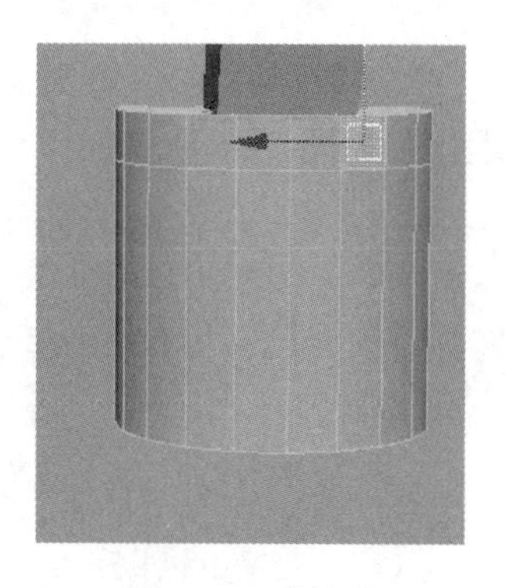

图 5-33　选择面

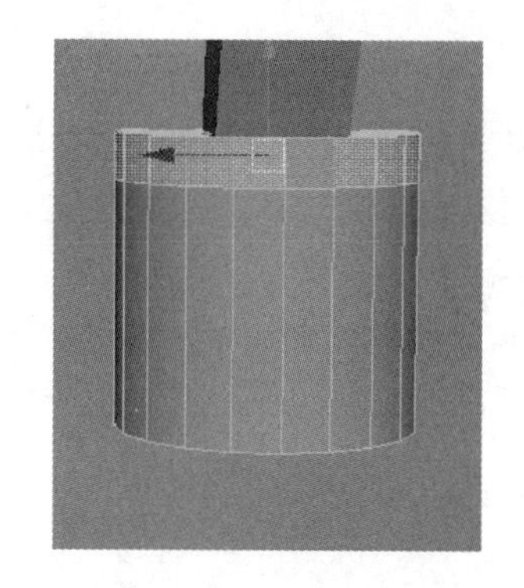

图 5-34　选择整圈面

按 Shift+右键快捷键，选择 Extrude Face，如图 5-35 所示。选择下面的一条线，并调整其形状，如图 5-36 所示。

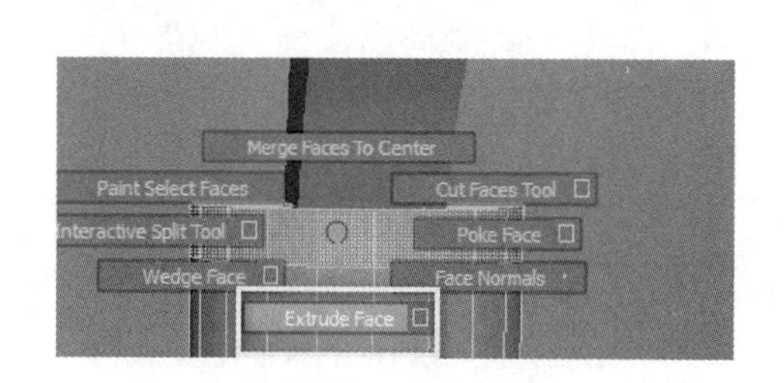

图 5-35　挤压面

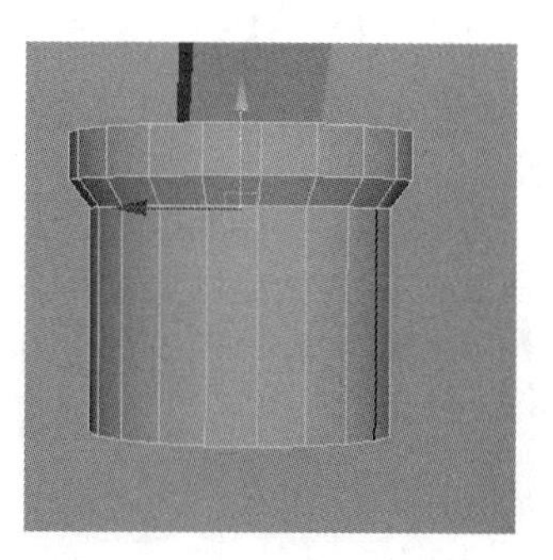

图 5-36　调整形状

按住 Shift 键，并选择 3 个要合并的模型，如图 5-37 所示。在打开的【Mesh】对话框中选择【Combine】(合并) 选项，合并模型，如图 5-38 所示。

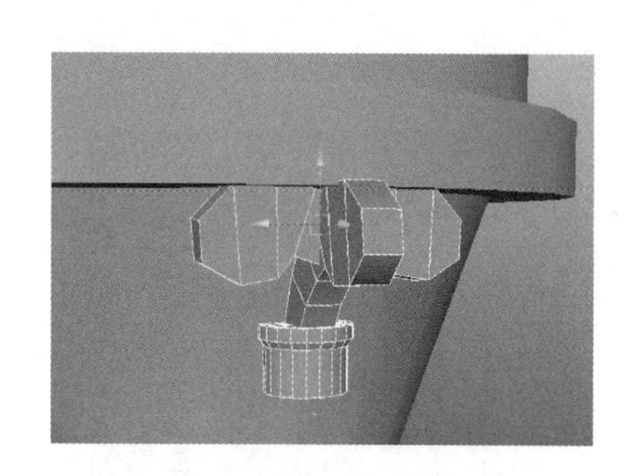

图 5-37　选择模型

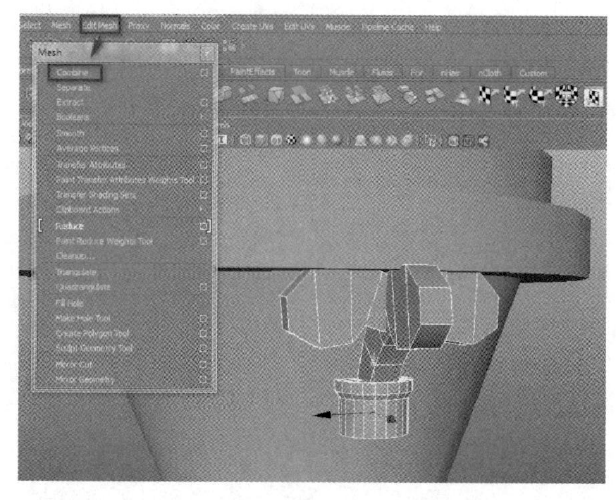

图 5-38　合并模型

合并完成的模型会有残留文件，如图 5-39 所示。这时需要清除残留文件，选择【Edit】(编辑) →【Delete by Type】(按类型删除) →【History】(构造历史) 命令，如图 5-40 所示，此时，残留文件已清除，如图 5-41 所示。

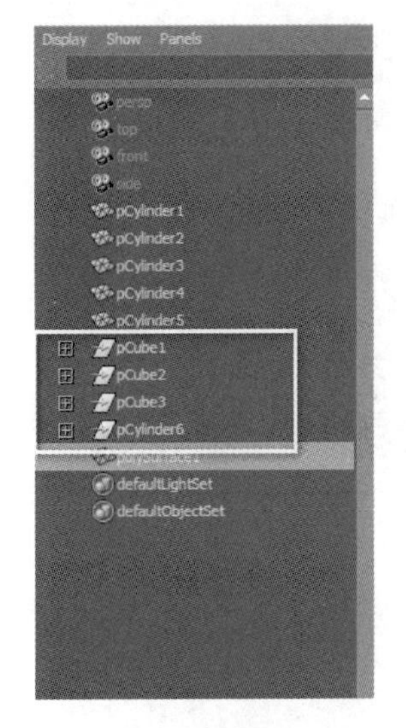

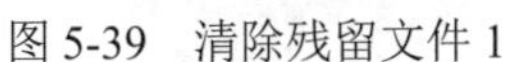
图 5-39　清除残留文件 1

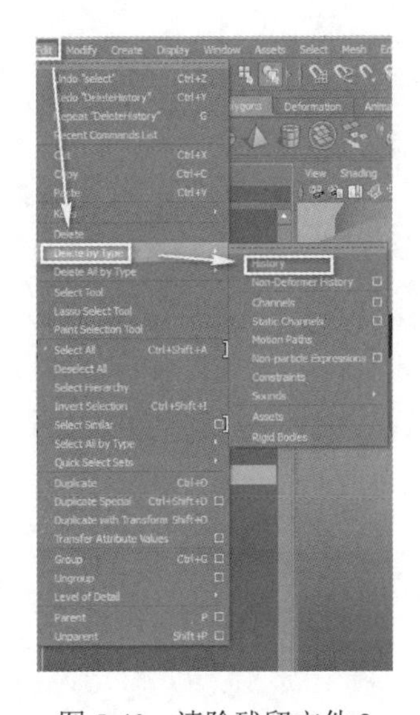
图 5-40　清除残留文件 2

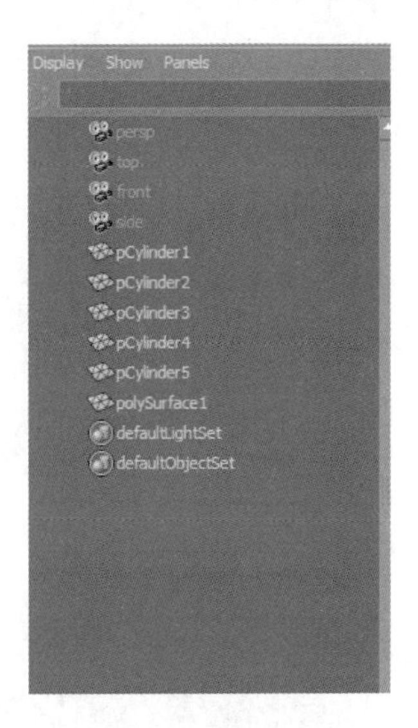

图 5-41　清除残留文件 3

选择【Insert】(插入)命令，坐标轴变成虚线显示，如图 5-42 所示。在这样的情况下，可以编辑坐标轴，按快捷键 V 并拖动坐标轴，将旁边的小零件的坐标中心放到整个中心物体的坐标中心，如图 5-43 所示。图 5-44 所示为调整完成的效果。

图 5-42　调整坐标 1

勾选【Duplicate Special】(特殊复制）后面的复选框，如图 5-45 所示。

调整图 5-46 中的数值。其中，Instance 表示关联复制，即在编辑当前物体时，关联复制的物体也随之改变；Rotate 表示调整 *Y* 轴旋转角度；Number of copies 表示复制物体的数量。调整完成后，单击【Apply】按钮即可。图 5-47 所示为调整结果。

此时，在 Maya 中完成的中模基本完成，效果如图 5-48 所示。

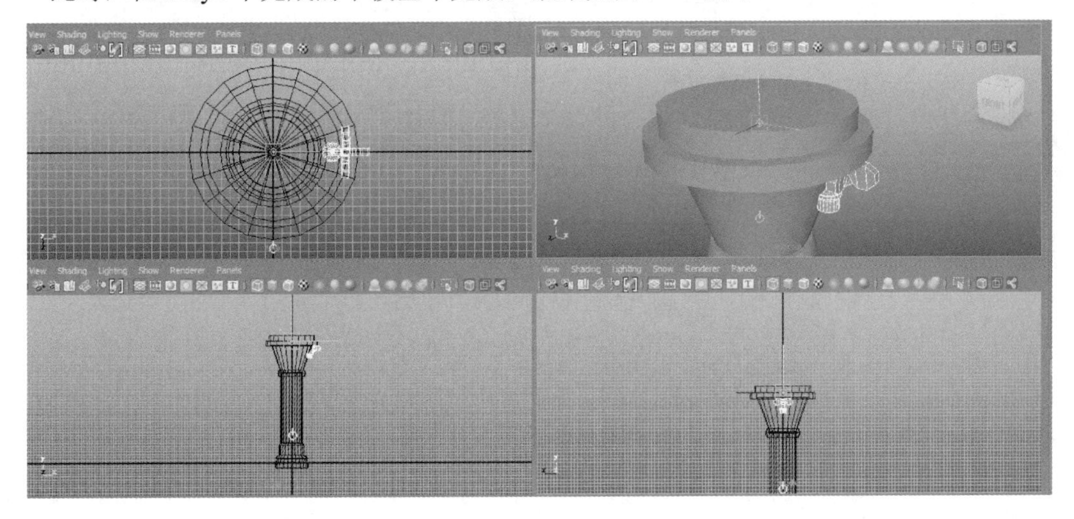
图 5-43　调整坐标 2

图 5-44　调整坐标 3

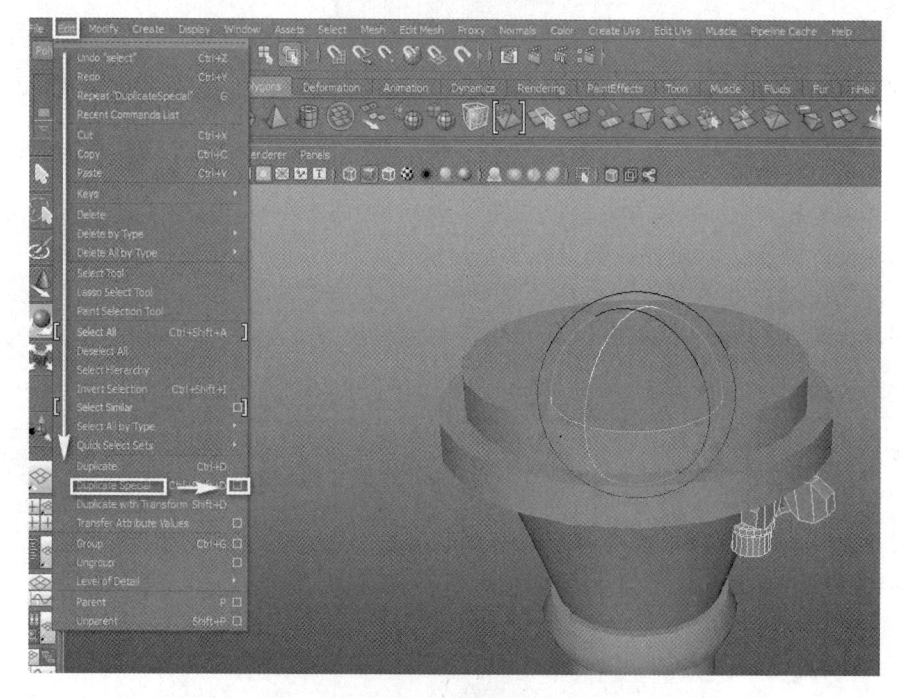

图 5-45　旋转角度

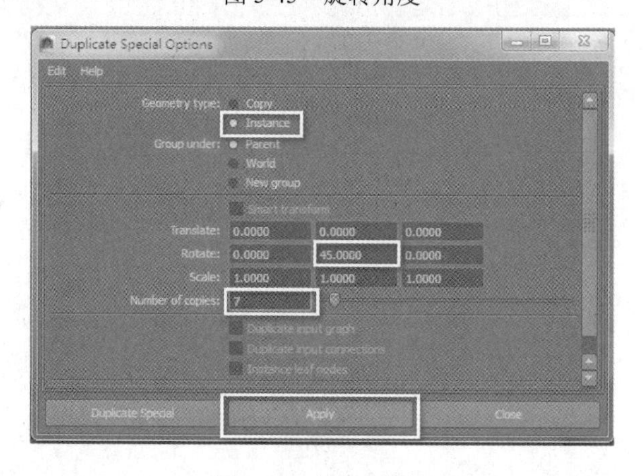

图 5-46　关联复制 1

图 5-47　关联复制 2

图 5-48　中模效果

5.1.2　完成中模的布线要求

基本结构有了，下面开始细化柱子的模型。

经过前面的练习，相信学生都已经非常熟悉传统的高模制作流程了，这里主要强调需要在 ZBrush 进行的制作。

ZBrush 是一款可以在模型表面进行 3D 绘画的软件，可以通过类似雕刻的方式，制作出 3D 模型。因为模型并不是真正的油泥，所以为了让软件比较容易雕刻，必须使模型的布线分布均匀，并且要保证模型的布线都接近正方形。

那么，这与传统的高模制作方法具体有什么不同呢？模型的布线对比如图 5-49 所示。

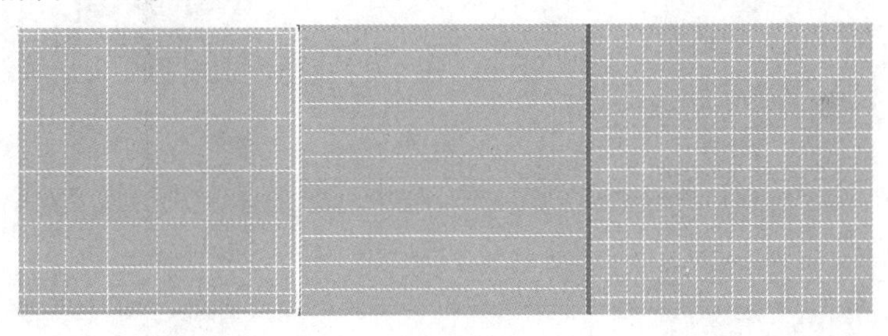

图 5-49　模型的布线对比

在图 5-49 中，左图使用的是平常制作高模的方法，为边角添加控型线，是为了保证细分之后边缘不会变形，以确保模型结构，但是这样会出现一个问题，就是模型平面和边角的面数分配不均衡，会让边缘的面过于密集而中间的面比较稀少，在雕刻时容易导致中间部分的精度不足。

中间的图虽然面数分配平均，但都是长方形的面，在细分之后，会导致横向和纵向的面数分配不均衡，这样也很难雕刻。

右图是适合雕刻的模型，所有面数大小相等，而且都是接近正方形的面。

在制作模型时，要尽量保持模型的所有面大小相当，尽量避免出现个别位置面数过多，其他位置面数不足的情况。对于需要雕刻的部分，面数可以尽量多一些；对于不需要雕刻的部分，可以减少面数。另外，应尽量保持所有面的形状都是正方形，避免过长的长方形和三角形的出现。

下面通过案例讲解如何制作出适合 ZBrush 雕刻的模型。

另存一份初始模型的文件，将新储存的文件作为导入 ZBrush 的高模进行制作，如图 5-50 所示。为了制作方便，可以先隐藏一部分模型，只保留柱子主体模型，如图 5-51 所示。

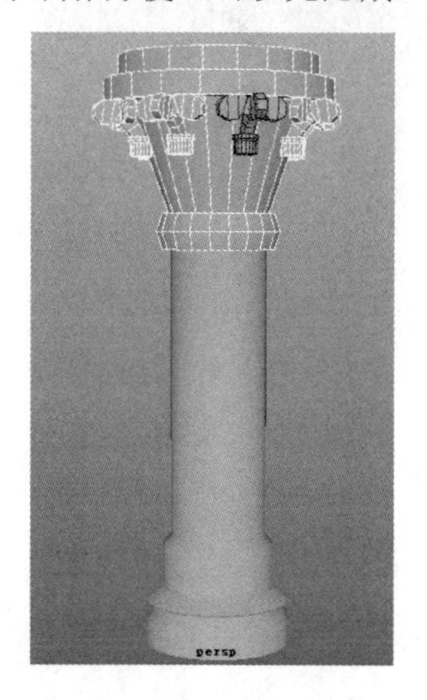

图 5-50　模型备份

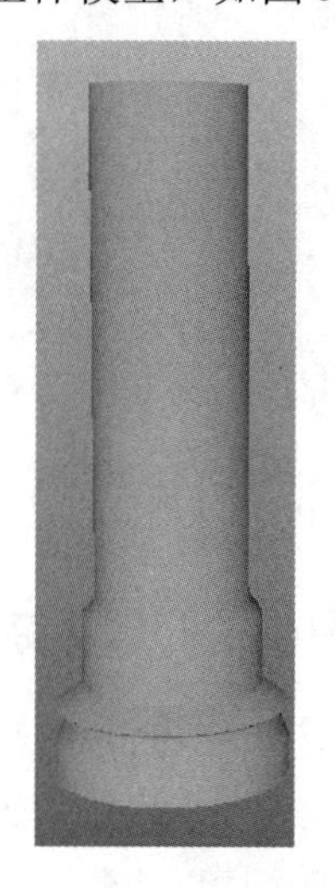

图 5-51　柱子主体模型

选择一圈纵向的长方形的线，使用环加线工具，在纵向的线上平均添加横向的线，如图 5-52 所示。完成其余位置的加线操作，如图 5-53 所示。

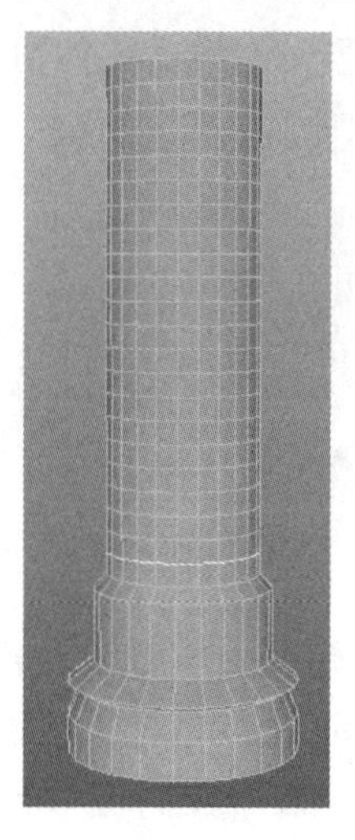

图 5-52　加线 1

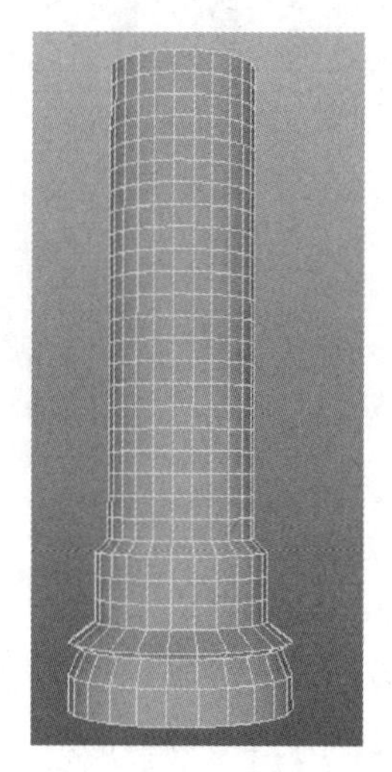

图 5-53　加线 2

选择物体并按 Shift+右键快捷键，在弹出的快捷菜单中选择【Smooth】（细分级别）命令，细分模型，如图 5-54 所示。图 5-55 所示为细分级别后的效果。可以发现，圆柱体的边角应该坚硬的位置是软的，这时需要为其添加一些线，让其边角效果达到预期的要求。

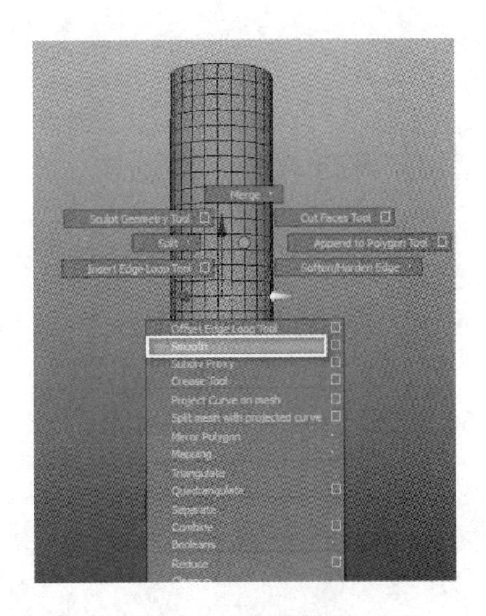

图 5-54　细分模型

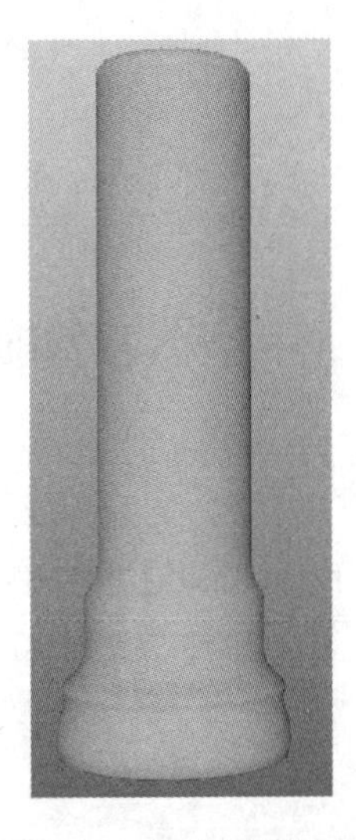

图 5-55　细分后的效果

在前面的章节已经讲过在卡边角线时，在需要卡线的模型两侧应该都添加一圈线，而导入 ZBrush 的模型是不可以这样卡线的。这样卡线，会出现很难进行雕刻的情况。先选择一条边，然后按 Shift+右键快捷键，在弹出的快捷菜单中选择【Bevel Edge】(倒边)命令，如图 5-56 所示。勾选【Bevel Edge】(倒边)命令后面的复选框，调节线与线之间的距离。

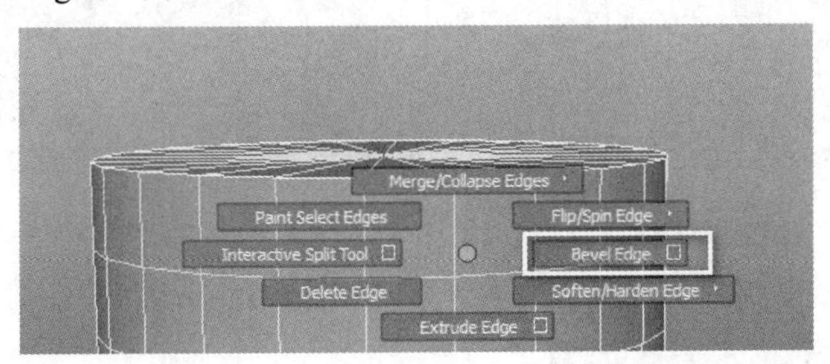

图 5-56　倒边 1

为其余的边角加上倒边，如图 5-57 所示。

如图 5-58 所示，完成整个模型卡线的制作。这样进入 ZBrush 之前的模型就制作完成了。

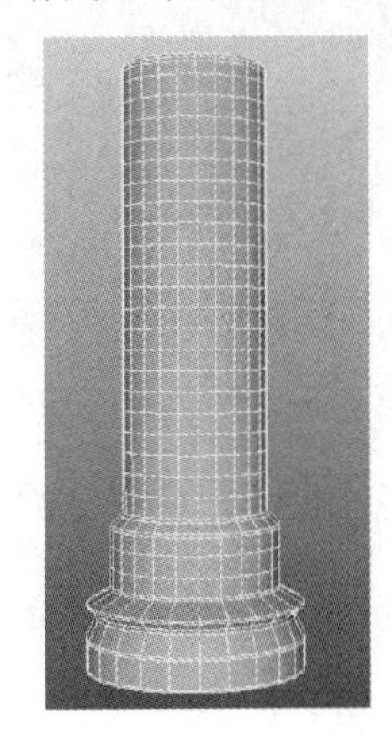

图 5-57　倒边 2

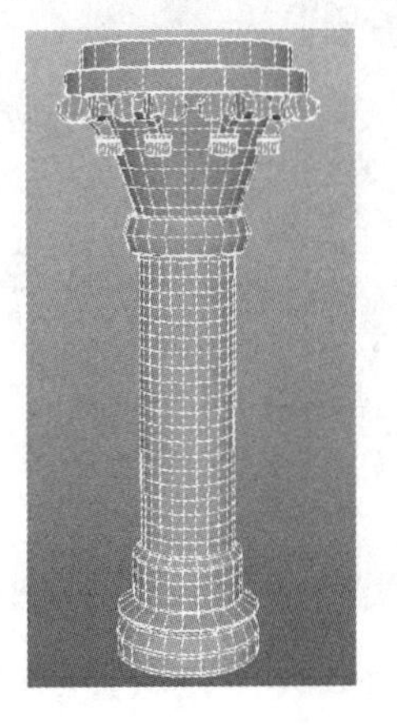

图 5-58　完成卡线的制作

5.2 ZBrush 高模制作

5.2.1 ZBrush 中导入及基础结构雕刻

Maya 中导出 OBJ 文件之前，需要先选择【Window】→【Settings/Preferences】→【Plug-in Manager】命令，如图 5-59 所示。

勾选【objExport.mll】栏中的两个复选框如图 5-60 所示。

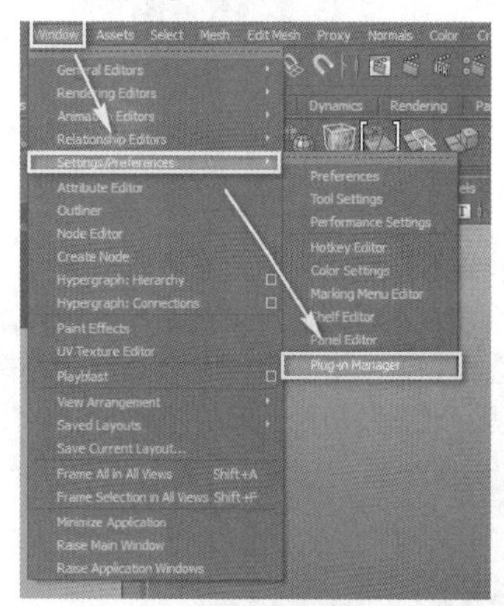

图 5-59 导出设置 1

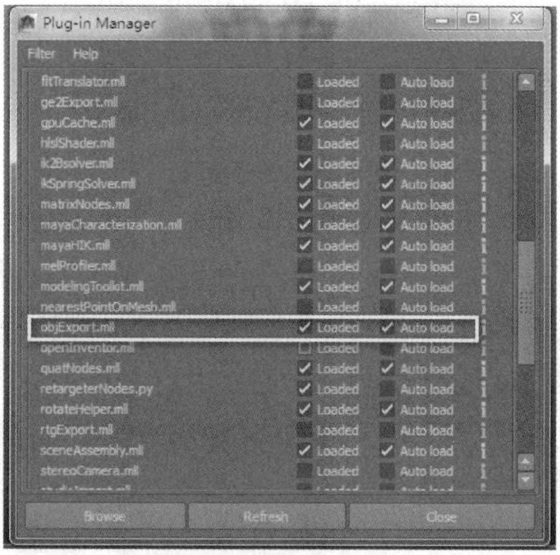

图 5-60 导出设置 2

清除历史路径，如图 5-61 所示。重置坐标，如图 5-62 所示。

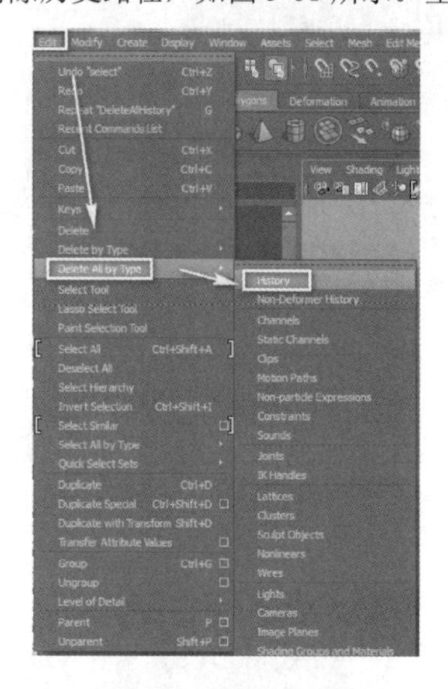

图 5-61 清除历史记录

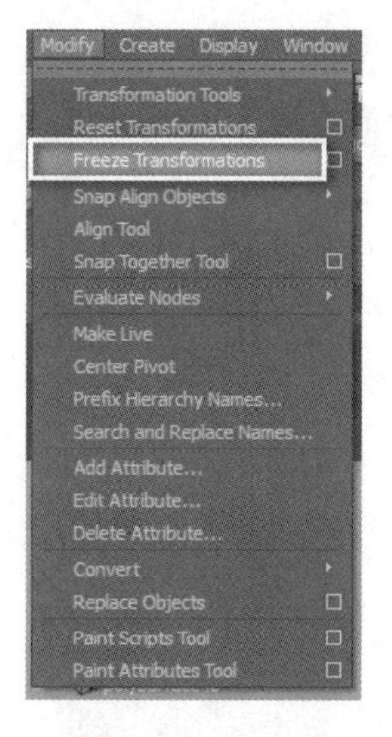

图 5-62 重置坐标

如图 5-63 所示，勾选【Export Selection】后面的复选框。选择 OBJ 格式，如图 5-64 所示。

下面在 ZBrush 中进行雕刻制作。首先对整体柱子模型进行雕刻，其次逐渐细化柱子模型，最后完成整个柱子模型的雕刻。

下面来看如何导入之前在 Maya 中导出的模型。

打开 ZBrush，如图 5-65 所示。单击【Import】（输入）按钮，即可导入模型。

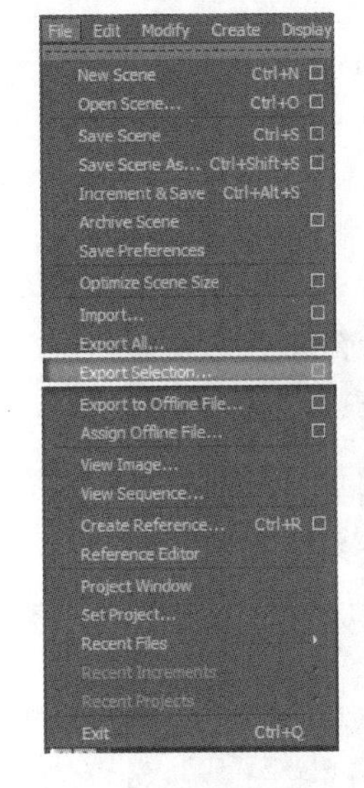

图 5-63　导出物体 1

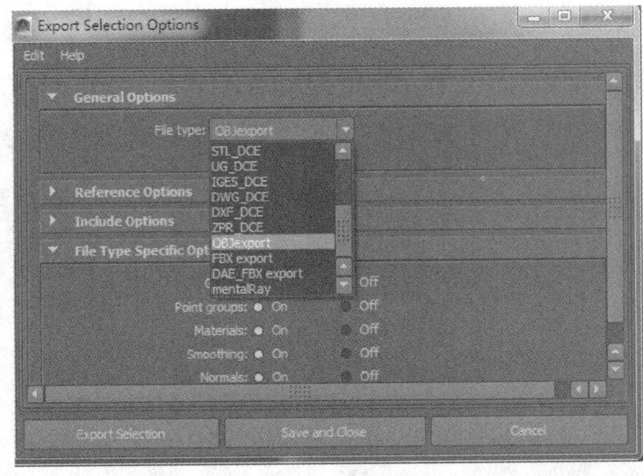

图 5-64　导出物体 2

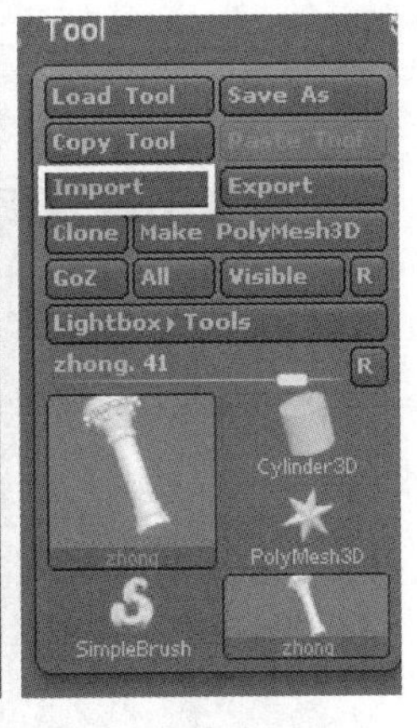

图 5-65　打开 ZBrush

导入模型之后，在 ZBrush 的操作窗口中长按鼠标左键并拖动，即可出现需要雕刻的模型。打开【Sub Tool】面板，如图 5-66 所示。可以发现，模型是一个整体。

这时需要先单击图 5-67 所示的【Auto Groups】（自动分组）按钮，然后单击图 5-68 所示的【Groups Split】（按组分离），即可达到分离元素的效果。因为这样操作后，所有元素都将分离，不便于后期导出模型，所以最好的方法是在 Maya 中导出模型之前把可以放在一起的模型合并，把需要分离的模型分开。在导入模型到 ZBrush 中时直接单击【Groups Split】（按组分离）按钮，即可自动分离成在 Maya 中预设的效果。

模型分离完成后，应进行保存，如图 5-69 所示。

ZBrush 文件一般保存为 ZTL 格式，如图 5-70 所示。

下面选择一个材质球，如图 5-71 所示。

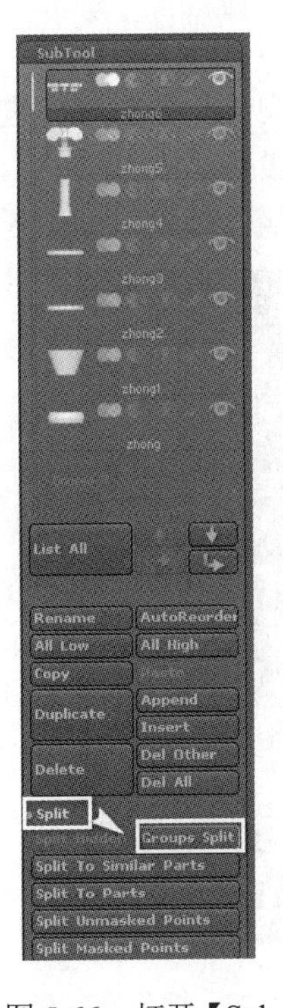

图 5-66　打开【Sub Tool】面板

Polygroups
Auto Groups
Uv Groups
Auto Groups With UV

图 5-67　自动分组

Split
Split Hidden
Groups Split
Split To Similar Parts
Split To Parts
Split Unmasked Points
Split Masked Points

图 5-68　按组分离

图 5-69　保存

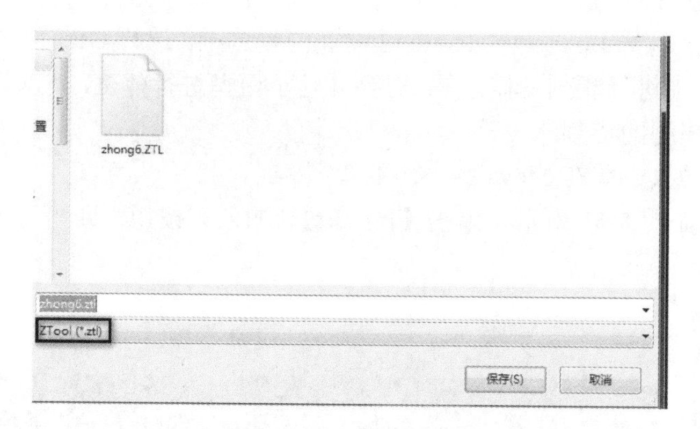

图 5-70　保存文件

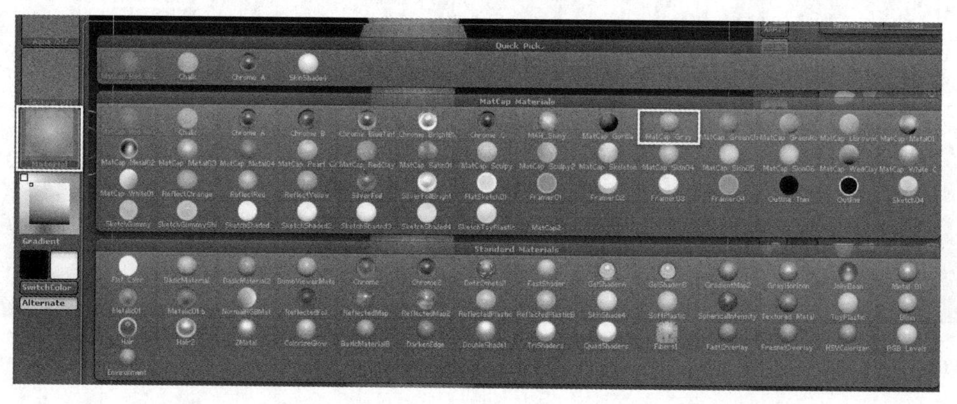

图 5-71　选择材质球

分别选择每个物体，并对物体进行细分。如图 5-72 所示，单击【Divide】按钮，将每个物体增加到合适的级别。

细分模型后的整体效果，如图 5-73 所示。

图 5-72　细分

图 5-73　细分效果

图 5-74 所示为细分后的模型，如果想要让它和左侧对称的模型进行镜像雕刻，由于现在

是按组自动分离的，因此不能进行镜像雕刻，那么就需要删除细分级别，把它们重新合并到一起。

图 5-75 所示为两个物体都删除细分级别。如图 5-76 所示，在【Sub Tool】面板中选择两个物体，并使用【MergeDown】（向下合并）命令，将物体合并，以便进行镜像雕刻。

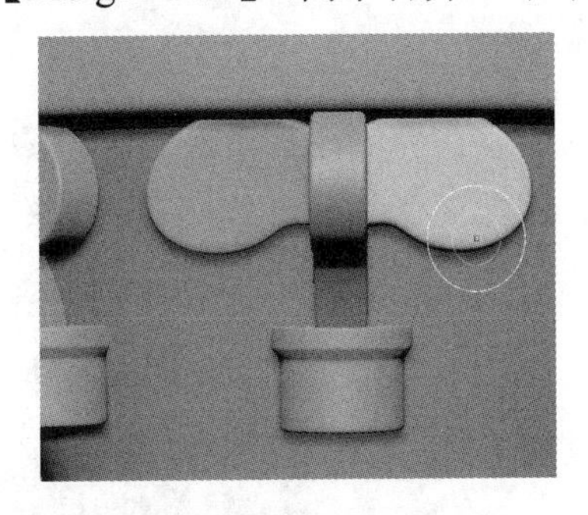

图 5-74　镜像雕刻 1

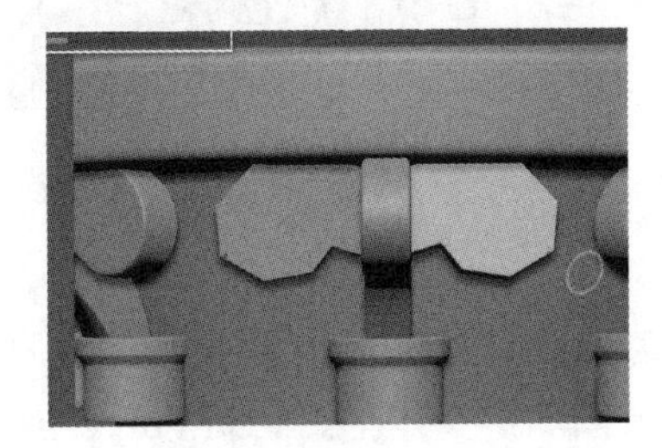

图 5-75　镜像雕刻 2

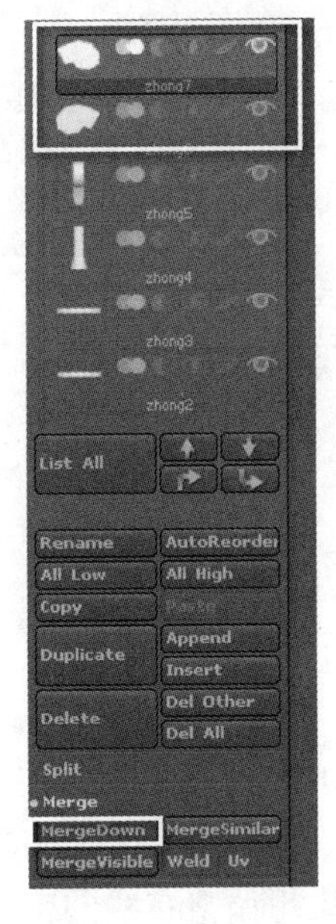

图 5-76　向下合并

在图 5-77 中实施镜像操作（快捷键为 X）。

下面制作模型上的叶子形状的物体，如图 5-78 所示。

如图 5-79 所示，选择 Mask 笔刷，并按 Ctrl 键，运用画笔在想要制作叶子的部分绘制一个叶子的形状。注意，可以使用镜像工具进行雕刻。

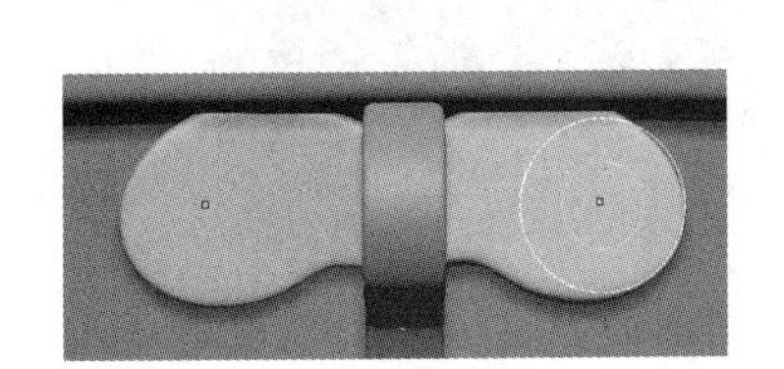

图 5-77　镜像雕刻 3

图 5-78　叶子形状的物体

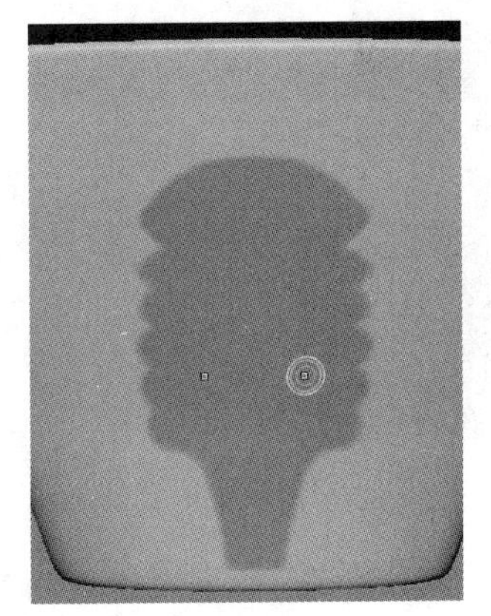

图 5-79　笔刷

在叶子的形状绘制完成后，单击【Extract】按钮，通过调节【Thick】选项调节挤出模型的厚度，如图 5-80 所示。

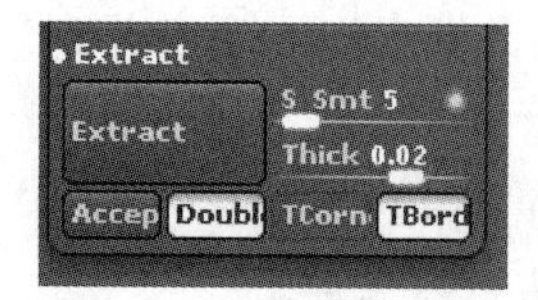

图 5-80　调节挤出厚度

图 5-81 所示为挤出模型。此时，请不要着急动操作面板，一旦动了，挤出模型就会消失。完成挤出操作后，单击【Accept】(分离)按钮，如图 5-82 所示。观察【Sub Tool】面板，如图 5-83 所示。这样叶子模型就分离开了。在对模型进行雕刻之前应先把模型上的遮罩取消。

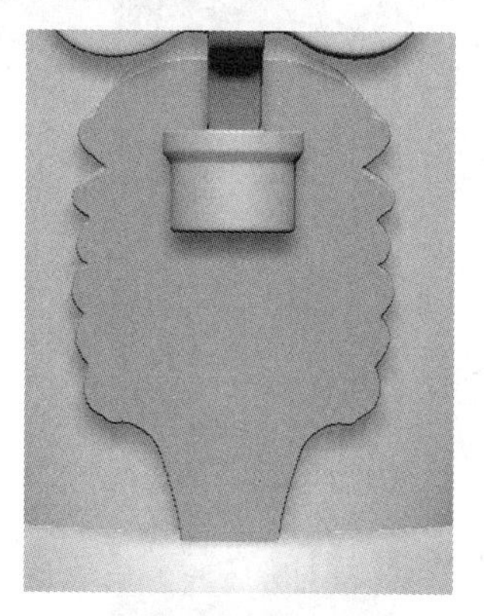
图 5-81　挤出模型

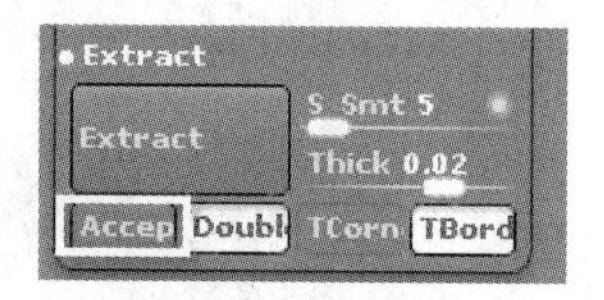

图 5-82　分离模型 1

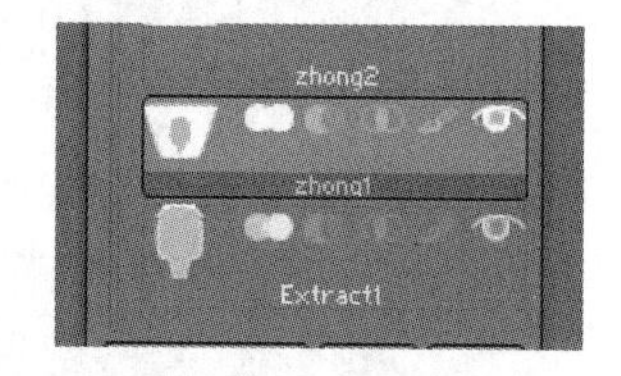

图 5-83　分离模型 2

选择挤出的叶子模型，并在线框模式下观察布线，会发现布线比较乱，不是想要的布线效果。这时需要对这个模型重新布线。单击【ZRemesher】按钮(见图 5-84)，即可得到如图 5-85 所示效果。如果想调整布线的密度，可以调节图 5-84 中的【Target Polygons Count】选项。其数值越大线越密，数值越小线越疏。由于叶子模型是一个基础形状，后期还会在上面添加级别进行细节雕刻，因此这里不需要添加太多的面数。但是为了布线便于后期雕刻，可以多次调节【Target Polygons Count】选项，直到布线达到想要的效果，如图 5-86 所示。

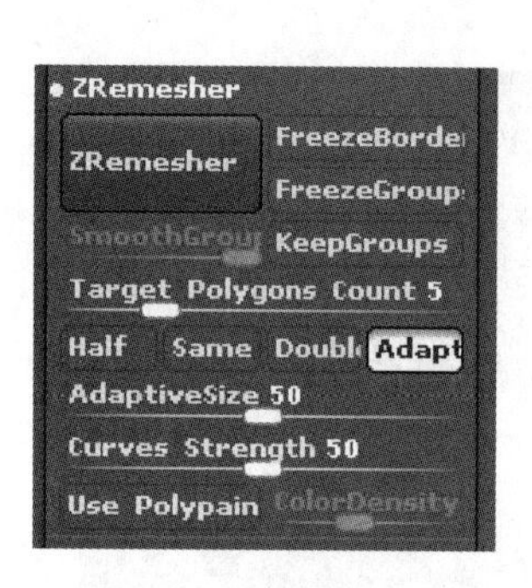

图 5-84　调整布线 1

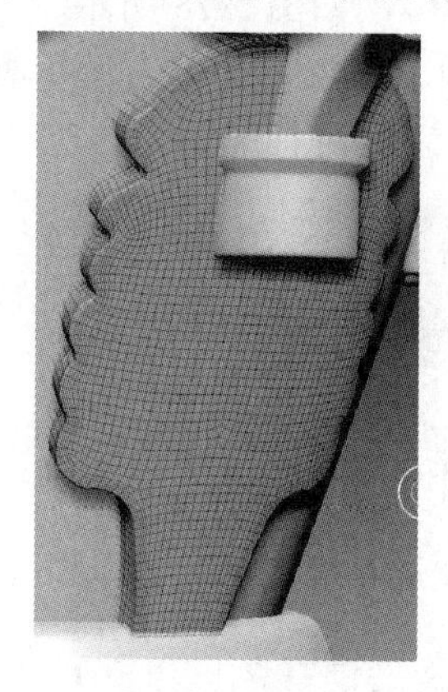
图 5-85　调整布线 2

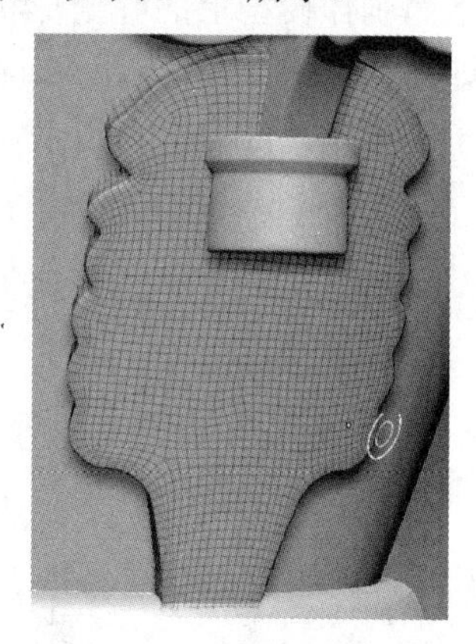
图 5-86　调整布线 3

下面进行雕刻。首先需要对叶子模型进行一些调整，在这里需要使用 Move 笔刷，如图 5-87 所示。

选择【镜像】命令（快捷键为 X）或打开如图 5-88 所示界面，单击【Activate Symmetry】按钮。按钮下方对应的是镜像的轴向，选择想要对称雕刻的轴向。如图 5-89 所示，在进行镜像雕刻时要保证选框内的图标是开启状态。

图5-87　Move笔刷

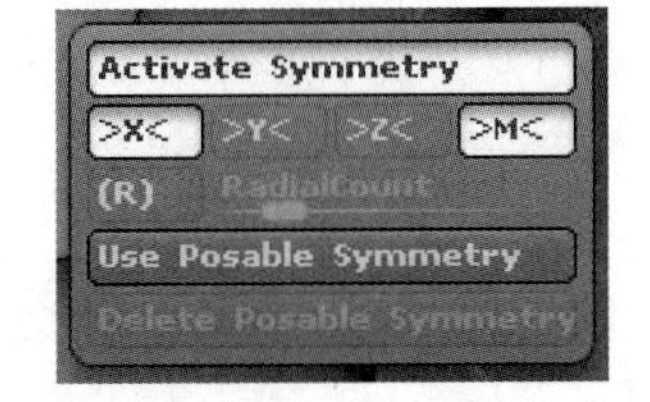

图5-88　镜像1

图5-89　镜像2

如图5-90所示，使用Move笔刷完成模型整体调整。

下面介绍两个常用笔刷，一个是Clay笔刷（见图5-91），另一个是Smooth笔刷（见图5-92）。使用Clay笔刷可以刷出物体鼓出来的效果，就像泥巴一样；使用Smooth笔刷可以把不平整的面变得更加平整。这两款笔刷在日常中使用较多。

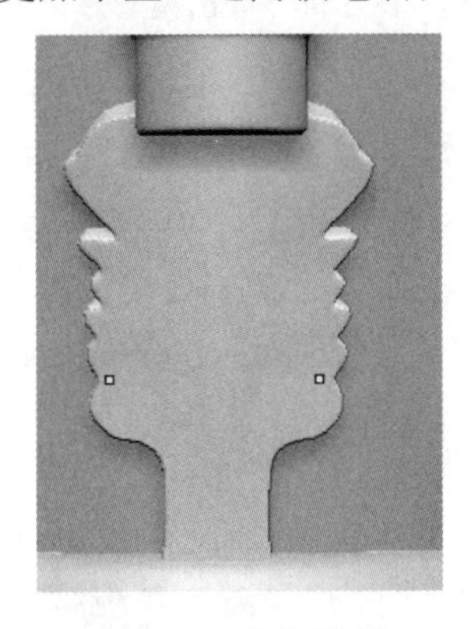

图5-90　镜像雕刻

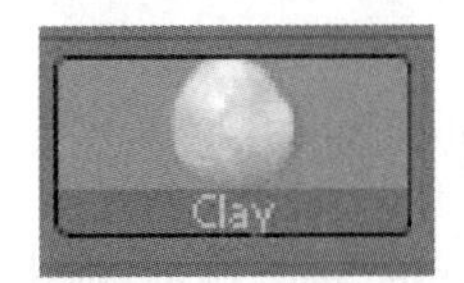

图5-91　Clay笔刷

图5-92　Smooth笔刷

如图5-93所示，先使用Clay笔刷绘制出叶子上端鼓出来的效果，再使用Smooth笔刷进行调整。

使用Move笔刷，调整出如图5-94所示效果。

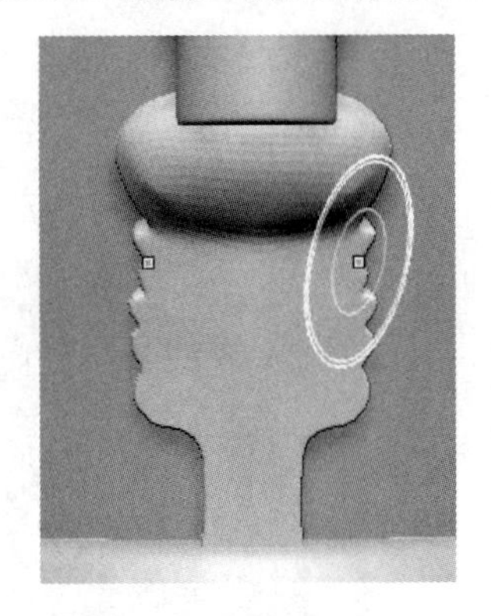

图5-93　镜像雕刻

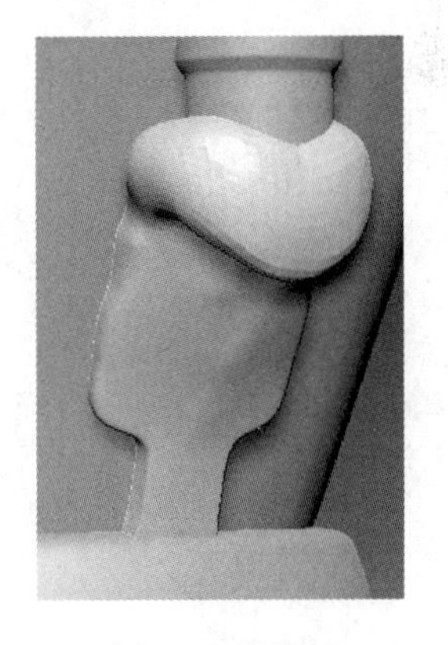

图5-94　雕刻

如图5-94所示，在模型上Move笔刷移动过的部分上的网格显示比较明显，由此可知这个模型的布线不均匀了。这时可以使用【DynaMesh】命令（见图5-95）调整布线，让模型的布线更加均匀。

至此，整个中模的大体结构就基本制作完成了，只需要复制叶子即可。如图5-96所示，将制作好的叶子先导出为OBJ格式，并使用Maya进行复制，然后导入ZBrush。

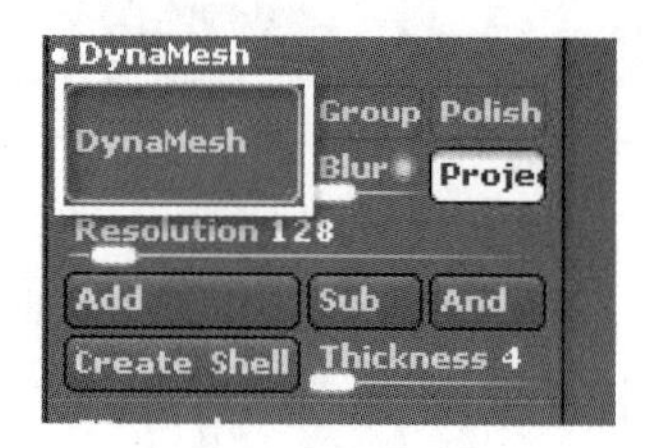

图5-95 调整布线

图5-96 导出模型

5.2.2 处理结构细节

选择Standard笔刷，如图5-97所示。按快捷键L，打开如图5-98所示界面。调节【LazyRadius】选项，数值越大画笔后面的尾巴越长，画笔也越稳定。雕刻效果如图5-99所示。

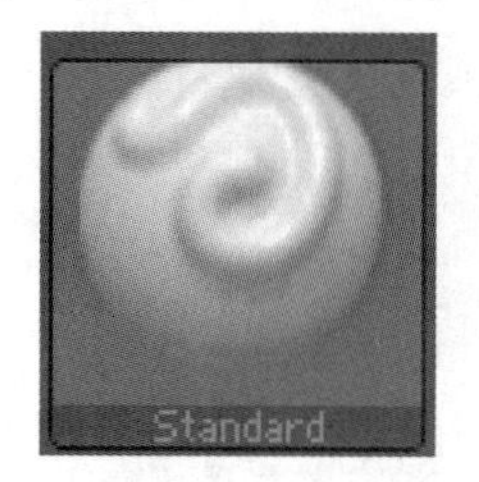

图5-97 Standard笔刷

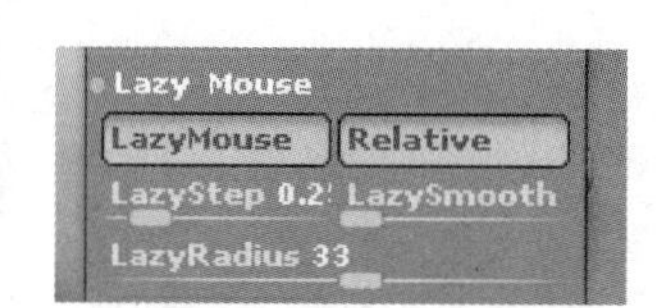

图5-98 调整参数

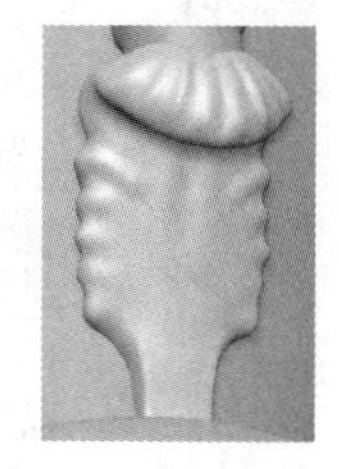

图5-99 雕刻效果

使用Standard笔刷制作出叶子上的整体筋脉，效果如图5-100所示。

要想达到图5-101和图5-102中的效果，需要使用更多笔刷进行制作。这里简单介绍几款常用笔刷。

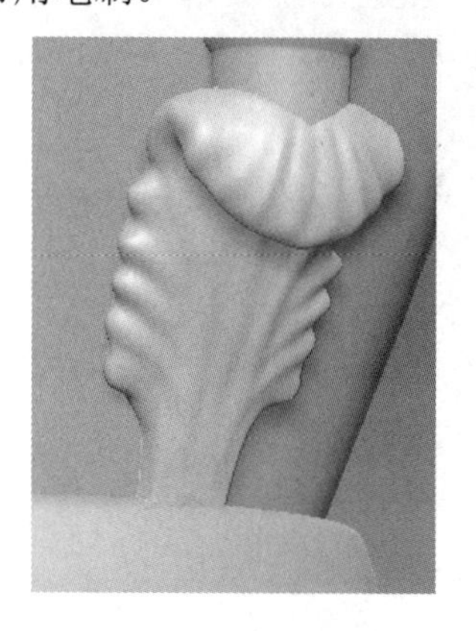

图5-100 雕刻细节1

图5-101 雕刻细节2

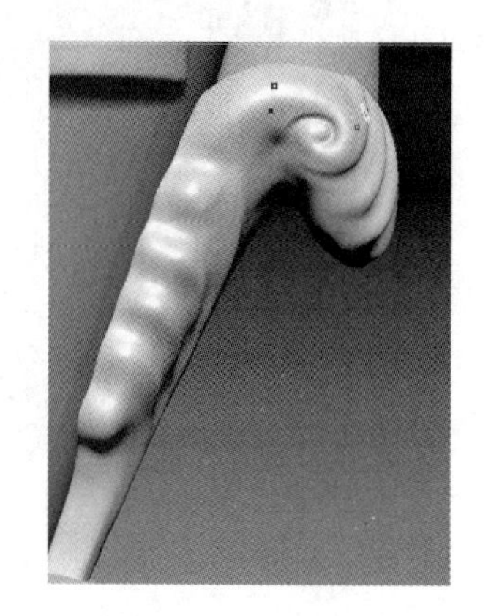

图5-102 雕刻细节3

如图5-103所示，使用Flatten笔刷可以将模型的一部分压成平面，也可以提高或降低展平的这部分的表面。使用Flatten笔刷能够在模型表面增加粗糙的平面。

如图 5-104 所示，使用 Layer 笔刷是可以绘制类似梯田的效果。Layer 笔刷常用来制作鳞甲和花纹图腾，可以用一个固定的数值抬高或降低模型的表面。当笔刷重合时，笔画重叠部分不会再次位移，这使得只需要使用 Layer 笔刷很简单地横刷模型表面就可以用固定值进而改变整个区域的位移。

如图 5-105 所示，使用 Inflat 笔刷可以在模型表面产生膨胀效果，制作出表面鼓出的效果。Inflat 笔刷常在一些模型中过细的部分使用。

图 5-103　Flatten 笔刷

图 5-104　Layer 笔刷

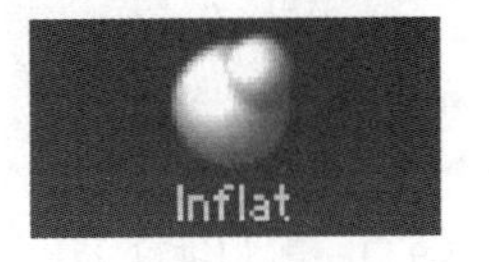

图 5-105　Inflat 笔刷

如图 5-106 所示，使用 Slash3 笔刷可以绘制刀刻边缘的效果。Slash3 笔刷常用于绘制图案纹理边缘效果。

如图 5-107 所示，使用 SnakeHook 笔刷可以在模型表面制作出牛角或卷须等效果。在使用这个笔刷时需要有相当多的多边形支持挤压和拉扯效果。

如图 5-108 所示，Pinch 笔刷是可以收缩模型表面的笔刷。与 Magnify 笔刷的功能相反，Pinch 笔刷在制作服装纹理和褶皱时经常用到，可以沿着模型表面制作真实的坚硬边缘细节。

图 5-106　Slash3 笔刷

图 5-107　SnakeHook 笔刷

图 5-108　Pinch 笔刷

使用 Slash3、Pinch、Flatten、Standard 等笔刷，并结合 Smooth 笔刷可以绘制出如图 5-109 和图 5-110 所示效果。

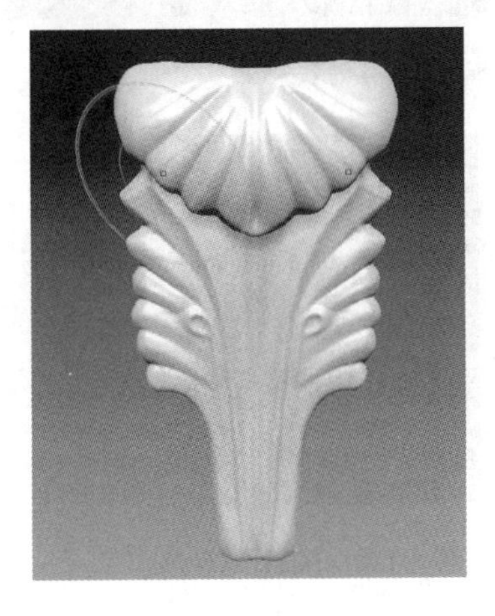

图 5-109　雕刻效果 1

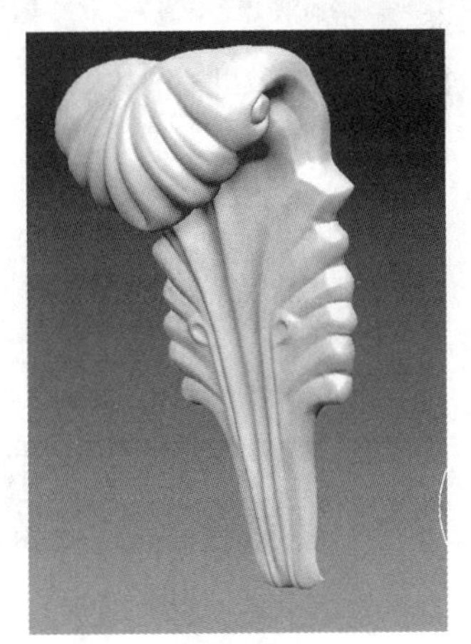

图 5-110　雕刻效果 2

完成叶子的雕刻后，下面继续完成图 5-111 所示的模块的雕刻。使用移动工具雕刻出整体结构。

下面继续完成模型上基础结构的雕刻，主要使用 Clay、Slash3、Flatten 等笔刷，如图 5-112 所示。

接下来把模型的细节雕刻完整，如图 5-113 所示。

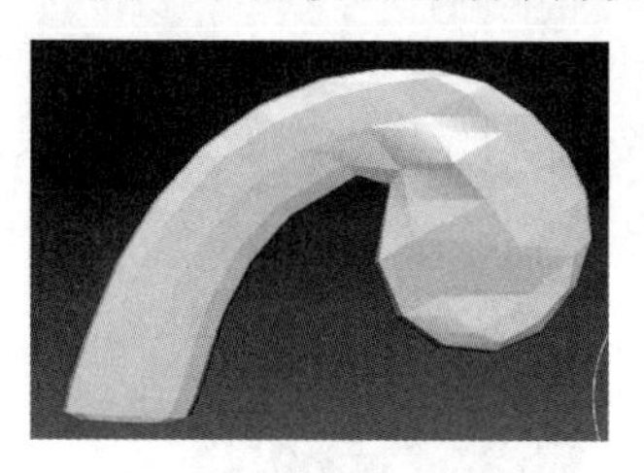

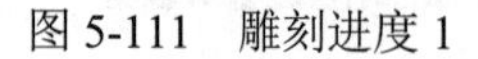

图 5-111 雕刻进度 1

图 5-112 雕刻进度 2

图 5-113 雕刻进度 3

完成了基本需求的模块之后，下面使用之前雕刻完成的模型拼搭整体柱子模型。雕刻效果如图 5-114 和图 5-115 所示。

首先，复制一个叶子的元素，单击【Duplicate】按钮进行复制，如图 5-116 所示。其次，使用移动、缩放、旋转工具（见图 5-117），对模型进行调整。使用移动工具调整叶子的形状，使其达到如图 5-114 所示效果。最后，使用【Duplicate】命令及复制、移动、缩放、旋转工具，完成如图 5-115 所示效果。

如图 5-118 所示，复制出旁边的叶子模型。

图 5-114 雕刻效果 1

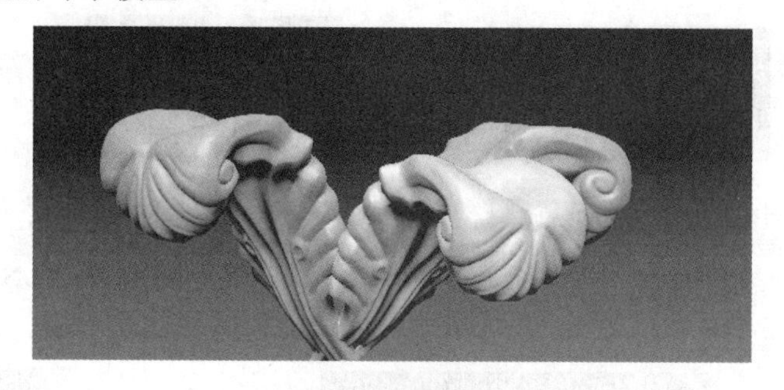

图 5-115 雕刻效果 2

图 5-116 复制

图 5-117 工具

图 5-118 复制模型

完成柱子模型的雕花部分，如图 5-119 所示。

下面继续雕刻柱子模型的其他部分。如图 5-120 所示，给柱子模型的部分结构雕刻破损，主要使用 Clay 笔刷、Flatten 笔刷、Slash3 笔刷。

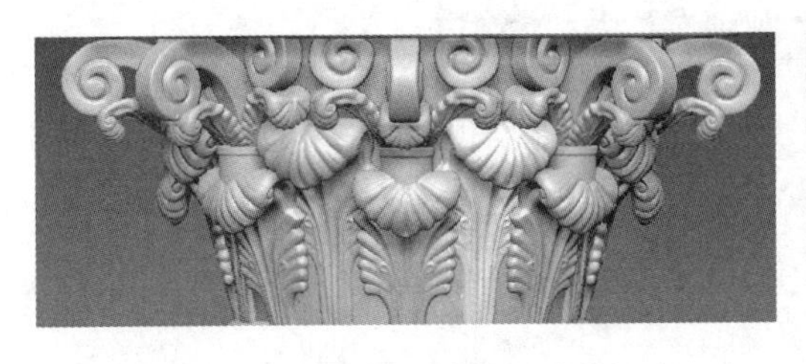

图 5-119　雕刻柱子模型的其他部分

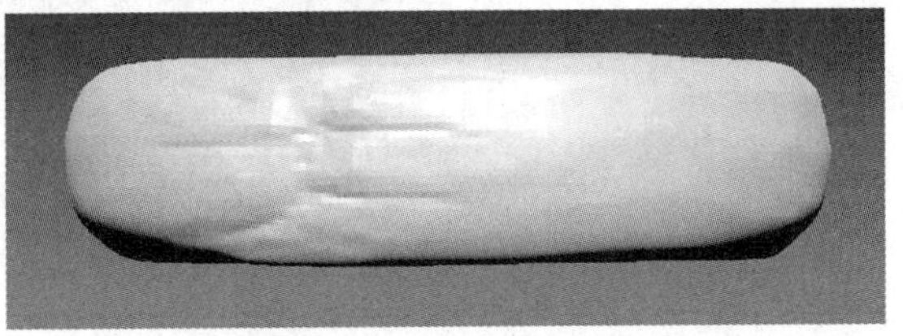

图 5-120　雕刻破损 1

如图 5-121 所示，使用 Hatten 笔刷的一些变体来达到整个柱子模型上的使用痕迹和一些破碎的效果。

下面进行整体柱子模型的雕刻，如图 5-122 所示。完成效果如图 5-123 所示。

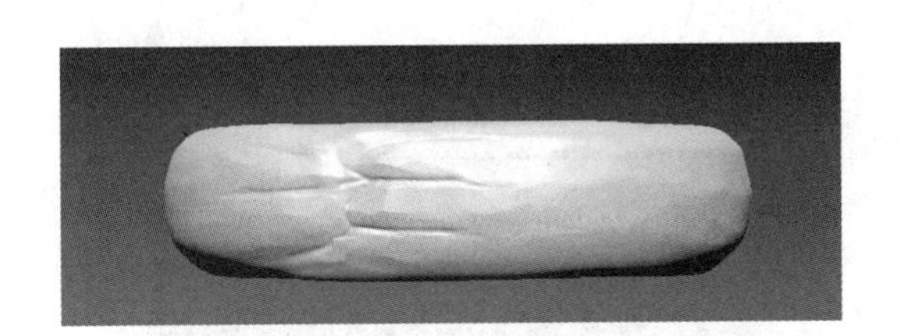

图 5-121　雕刻破损 2

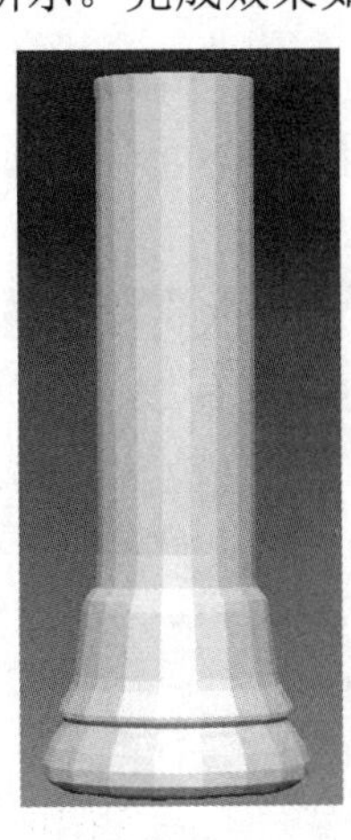

图 5-122　雕刻

图 5-123　完成效果

选择【镜像】命令打开相应界面，并选择需要的轴向，调节图 5-124 中滑块到合适的位置，数字越大代表笔刷越多。使用如图 5-125 所示的 Layer 笔刷，调整【Lazy Mouse】选项，如图 5-126 所示。在绘制时，将光标放到画布上的最高点，同时按住 Shift 键将光标往下移动，这样就可以轻松地拉出一条直线了。

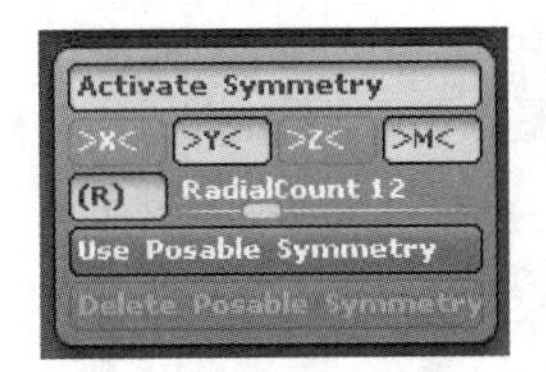

图 5-124　镜像参数

图 5-125　Layer 笔刷

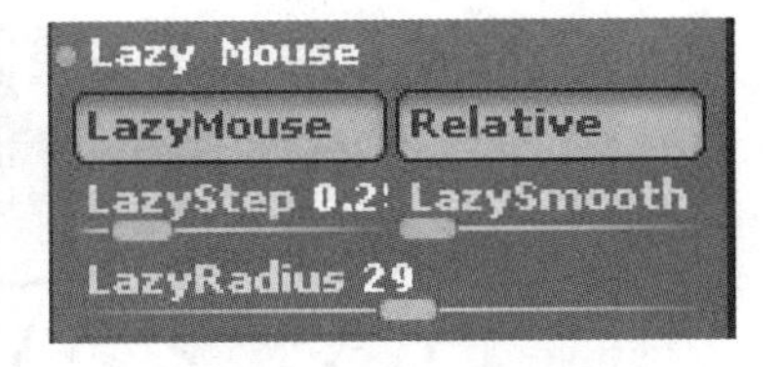

图 5-126　调整参数

5.2.3　使用【Alpha】菜单完成纹理

以上是对整体结构细节的一些雕刻。下面使用【Alpha】菜单中的命令和一些笔刷完成柱子上的一些破损和细节信息的雕刻，让整个作品更加丰富。

图 5-127 所示为一张满是裂缝破损的石头图片。使用这张图片，制作柱子上的破损效果。

图 5-127　纹理

如图 5-128 所示，在 Photoshop 中，在【色彩/饱和度】对话框中将【饱和度】选项调节到最低。

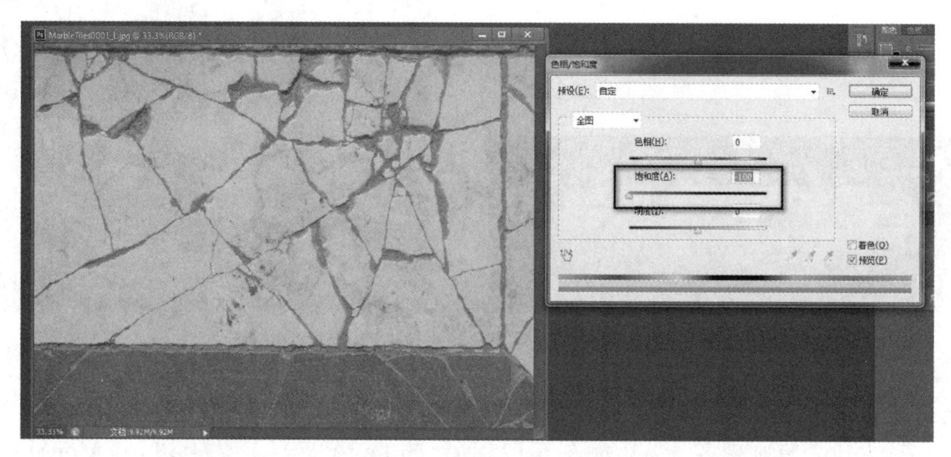

图 5-128　纹理处理 1

在【色阶】对话框中调整多数，使图片的黑白对比度更加明显，如图 5-129 所示。

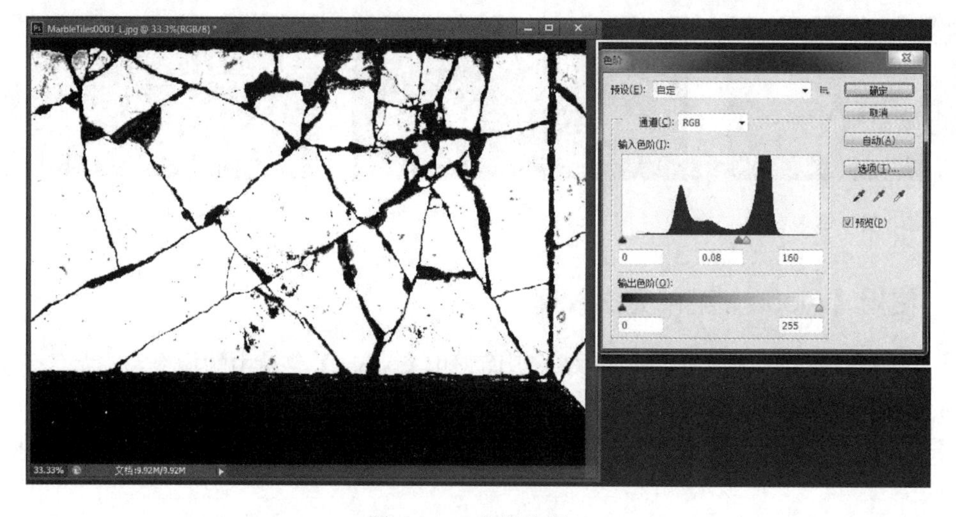

图 5-129　纹理处理 2

在不进行雕刻时，模型上有很多噪点，如图 5-130 所示。

图 5-130　纹理处理 3

如图 5-131 所示，首先，使用裁剪工具裁剪不需要的上面和下面黑边的部分。其次，使用白色笔刷把不需要的黑色噪点覆盖，并用黑色笔刷把裂缝的部位进行强调，使图片的黑白效果更加明显，如图 5-132 所示。

图 5-131　纹理处理 4

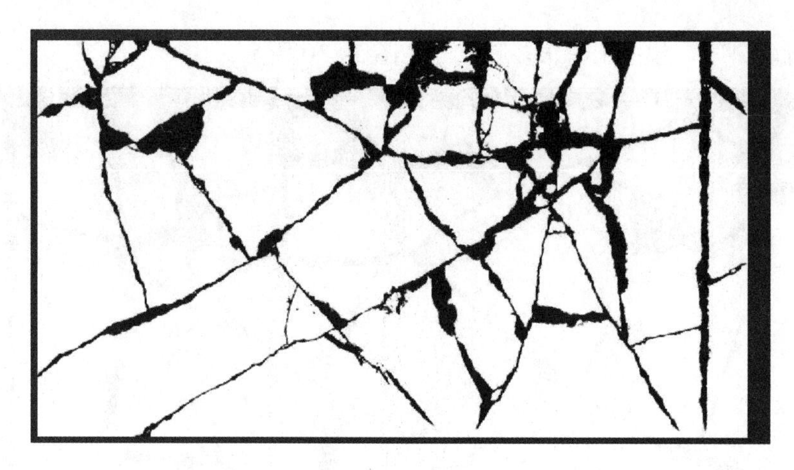

图 5-132　纹理处理 5

按 Ctrl+I 快捷键，使图片进行反向操作，如图 5-133 所示。在 ZBrush 中，黑色代表没有影响，白色代表凸起，这里把图片底部调整为黑色，以便在后期使用反转笔刷时可以轻松地达到裂缝凹进去的效果。

图 5-133　纹理返回

现在得到一张有裂痕的黑白图片。返回到 ZBrush 中，打开柱子模型文件，选择 Alpha 通道，并选择导入的图片，将刚刚制作完成的 Alpha 图片导入，如图 5-134 所示。

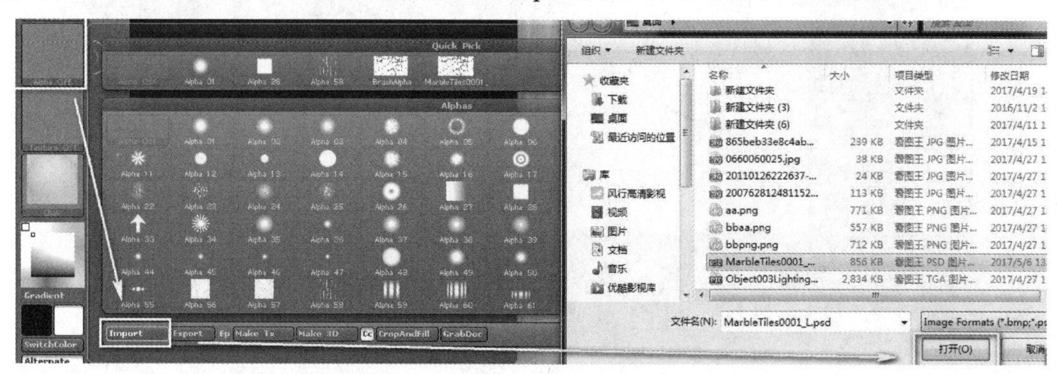

图 5-134　导入图片

先选择【Alpha】菜单，然后单击【Make St】按钮，将当前的 Alpha 图片创建为蒙版。其中，黑色部分是不可雕刻的部分，白色部分是可以雕刻的部分，如图 5-135 所示。

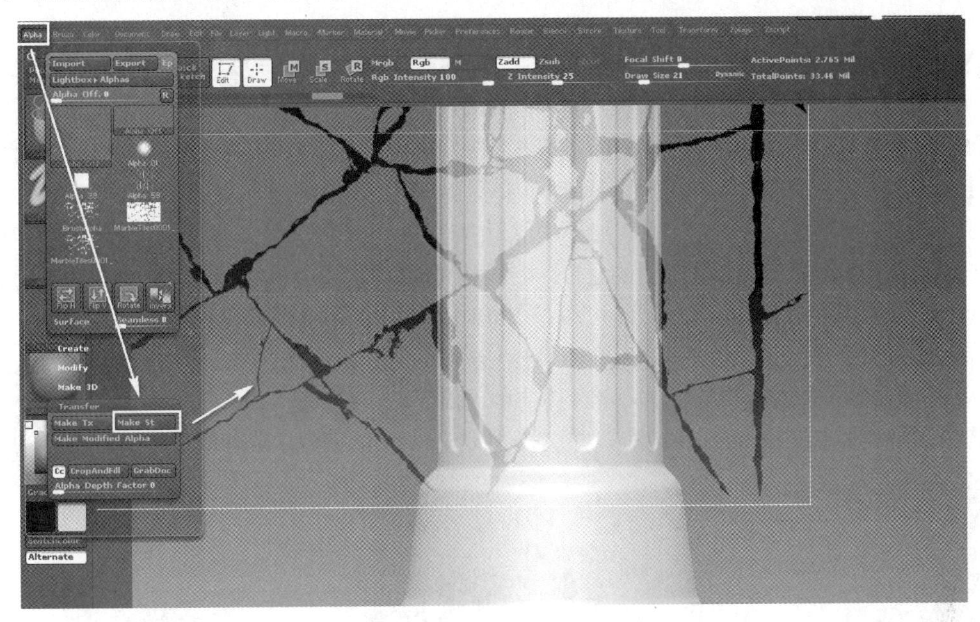

图 5-135　创建蒙版

由于蒙版的位置和大小并不符合要求，没有办法对需要的部分进行雕刻，因此需要对蒙版进行移动、旋转、缩放操作。

按住空格键，在光标所在的位置会出现一个圆形的按钮组，包括上、下、左、右 4 个按钮，如图 5-136 所示。使用这些按钮来可以对蒙版进行调整。

图 5-136　调整蒙版 1

下面解释这 4 个按钮。

【MOV ROT】按钮：移动并旋转按钮，让蒙版沿着模型的走向进行移动，在移动时可自动匹配模型的结构。

【SCL】按钮：缩放按钮，对模型的大小进行缩放。【SCL】按钮左侧的【H】按钮和【V】按钮分别可以对模型进行水平和垂直方向的缩放，以改变蒙版的长度和宽度比例。

【MOV】按钮：移动按钮，对蒙版进行简单平移。与【MOV ROT】按钮功能不同的是，单击【MOV】按钮进行移动，蒙版的移动不会受到模型表面的影响。

【ROT】：旋转按钮，旋转蒙版。如果用这个按钮进行旋转，那么蒙版的位置不容易确定，所以一般会选择【ROT】按钮右侧的【Z】按钮和【S】按钮，对蒙版进行水平方向的旋转。在不小心将蒙版旋转到其他角度时，可以按 Shift 键将蒙版旋转到正交视图。

在蒙版被激活后，模型的移动和旋转等操作方式还是与以前一样，可以移动蒙版或模型，将蒙版中的裂缝匹配到需要的位置，准备雕刻，如图 5-137 所示。

选择画笔为默认的 Standard 笔刷，并选择【Alpha Off】选项，关闭通道，如图 5-138 所示。

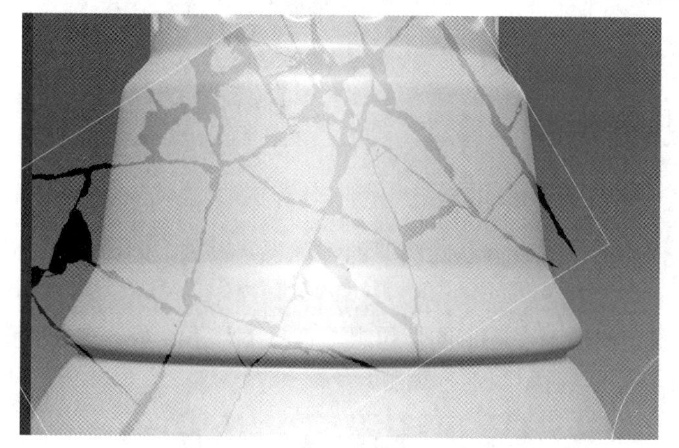

图 5-137 调整蒙版 2

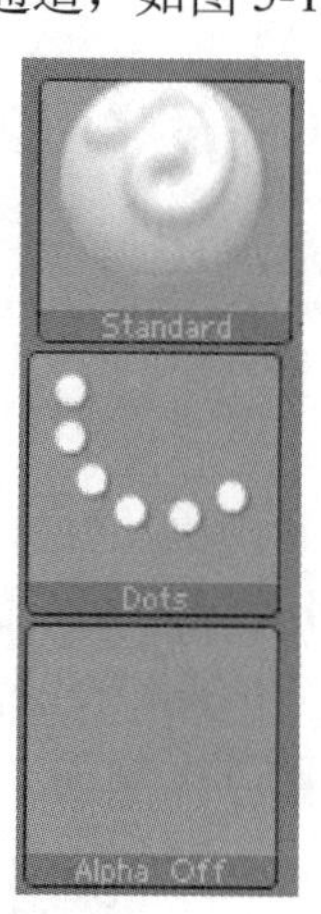

图 5-138 关闭通道

单击【Zsub】按钮，如图 5-139 所示。使用画笔在蒙版的裂缝处进行绘画，可以通过画笔的强度控制裂缝的深浅，如图 5-140 所示。如果想要关闭蒙版，查看模型的效果，只需要按 Alt+H 快捷键即可。反复操作，可以完成想要达到的破损效果。

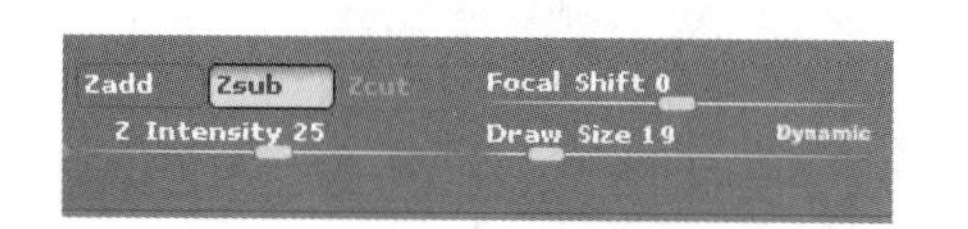

图 5-139 单击【Zsub】按钮

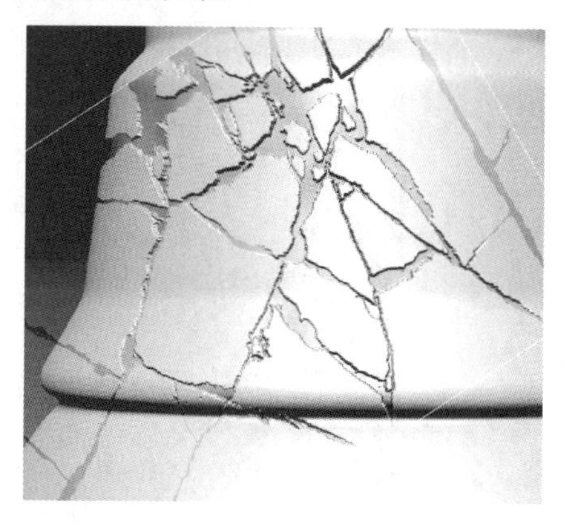

图 5-140 雕刻裂缝 1

图 5-141 所示为雕刻裂缝的完成效果。可以根据自己的模型，添加合适的 Alpha 图片调整整体效果。

以上是对 Alpha 菜单的使用方法的介绍。下面介绍一些在 ZBrush 中绘制裂缝质感的常用笔刷纹理，如图 5-142 所示。

图 5-141　雕刻裂缝 2

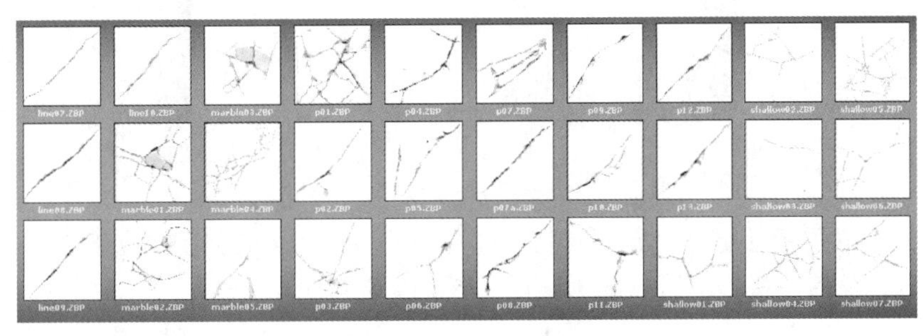

图 5-142　常用笔刷纹理

在使用笔刷之前，先在【Morph Target】面板中单击【StoreMT】按钮，如图 5-143 所示。后期可以结合 Morph 笔刷还原到创建 StoreMT 时的模型。

如图 5-144 和图 5-145 所示，使用笔刷雕刻出想要的裂缝效果。

使用以上方法雕刻出整体模型上需要破损的部分。因为笔刷是固定形状的，所以可以使用 Morph 笔刷还原一部分的模型，让不同的裂缝形成不同的效果。图 5-146 所示为裂缝变细、变尖锐的效果。

场景中需要边缘破损的效果如图 5-147 所示。

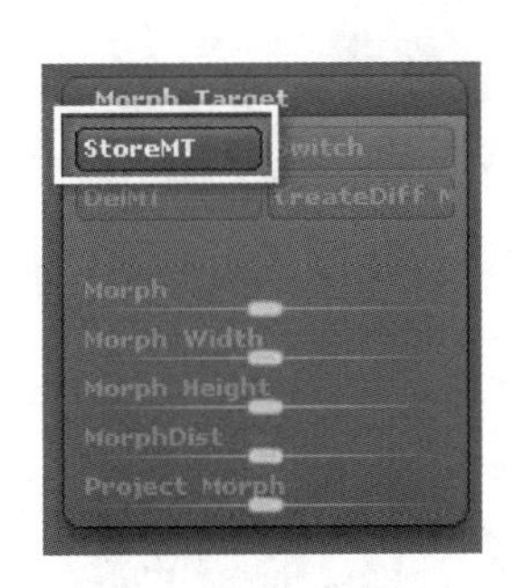

图 5-143　单击【StoreMT】按钮

图 5-144　雕刻效果 1

图 5-145　雕刻效果 2

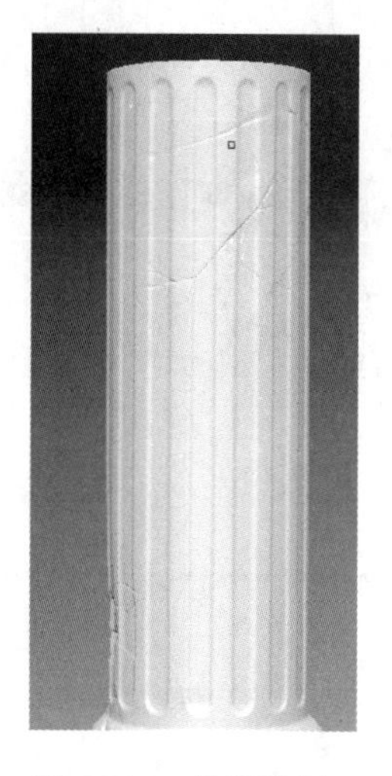

图 5-146　边缘雕刻 1

图 5-147　边缘雕刻 2

下面可以使用凹坑笔刷在一些石头上添加凹坑，如图 5-148 所示。先选择相应的凹坑笔刷，然后在模型上进行雕刻，如图 5-149 所示。

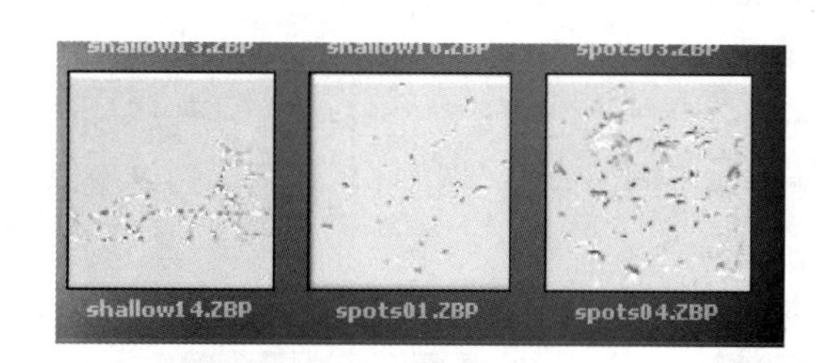

图 5-148　凹坑笔刷

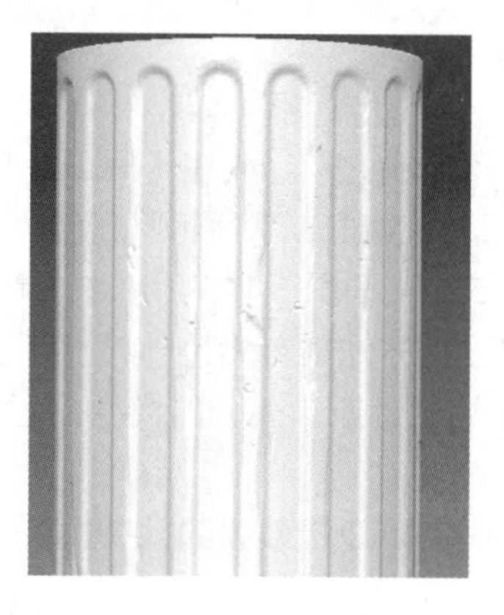

图 5-149　凹坑雕刻

如图 5-150 所示，选择雕刻石头纹理相应的一些笔刷。在雕刻之前，先在【Morph Target】面板中单击【DelMT】按钮（见图 5-151），保存之前雕刻完成的模型，再单击【StoreMT】按钮（见图 5-152），这样在后期使用 Morph 笔刷时就保留了完成之前雕刻的效果。

图 5-150　石头纹理笔刷

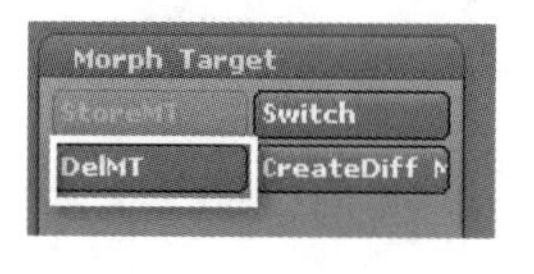

图 5-151　笔刷设置 1

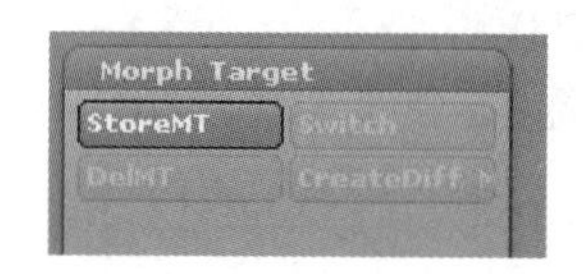

图 5-152　笔刷设置 2

在雕刻纹理之前，应先单击加号按钮，创建一个图层，如图 5-153 所示。这样在雕刻后期可以更好地控制纹理，一旦感觉纹理不合适，就可以很方便地进行修改。

图 5-154 所示为添加纹理之后的效果。

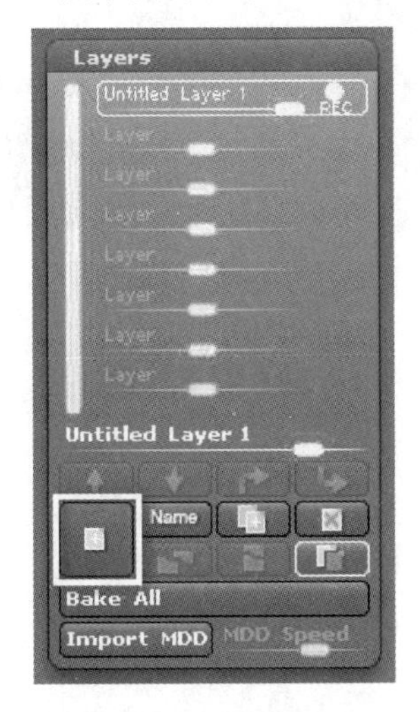

图 5-153 创建图层

图 5-154 纹理效果 1

使用以上方法为柱子模型的底座雕刻破损，如图 5-155 所示。

完成其余部位的雕刻，如图 5-156 所示。

完成整体柱子模型的雕刻，如图 5-157 所示。虽然后期也会在底座上添加一些小细节，但是若面数太多那么在 ZBrush 中操作时会比较卡，所以一些同样的细节在后期进行低模制作时直接复制即可。

图 5-155 纹理效果 2

图 5-156 雕刻效果 1

图 5-157 雕刻效果 2

5.3 道具低模制作

在制作低模之前，需要把 ZBrush 中的高模导出，导出文件为 OBJ 格式。如图 5-158 所示，单击【Del Lower】按钮，删除低级别。当弹出如图 5-159 所示的界面时，说明在删除低级别之前需要把图层合并。单击【Bake All】按钮，如图 5-160 所示。最终结果如图 5-161 所示。

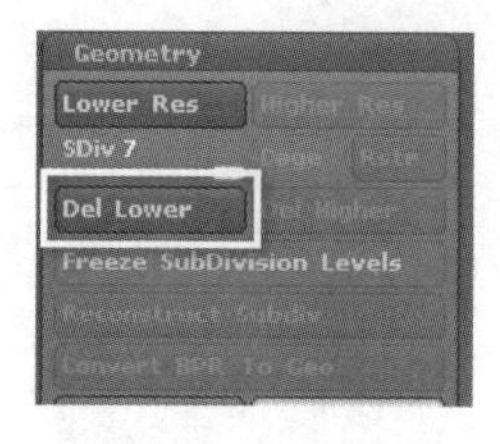

图 5-158　删除层级

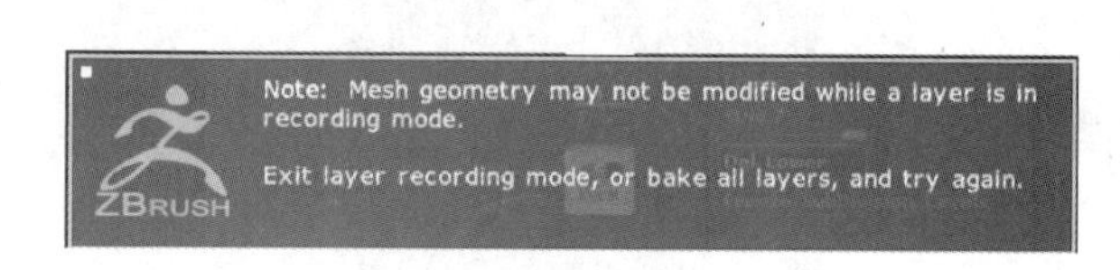

图 5-159　问题提示

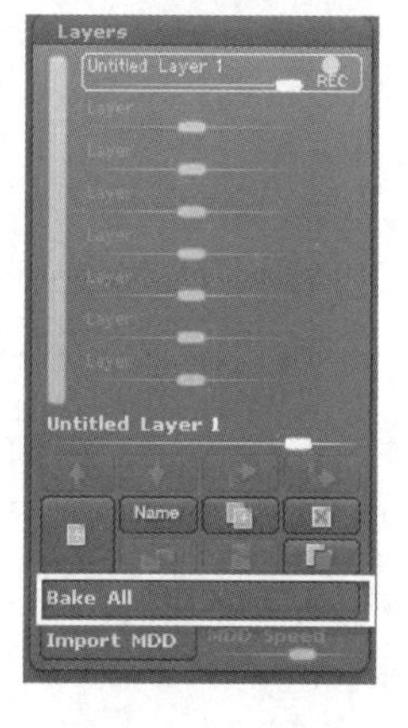

图 5-160　合并 1

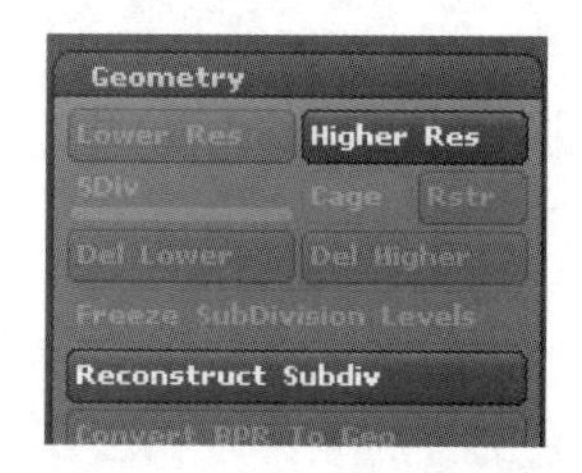

图 5-161　合并 2

选择【Zplugin】→【Decimation Master】命令，如图 5-162 所示。先输入 50，再单击【Pre-process Current】按钮，如图 5-163 所示。显示如图 5-164 所示界面，等待运算完成。

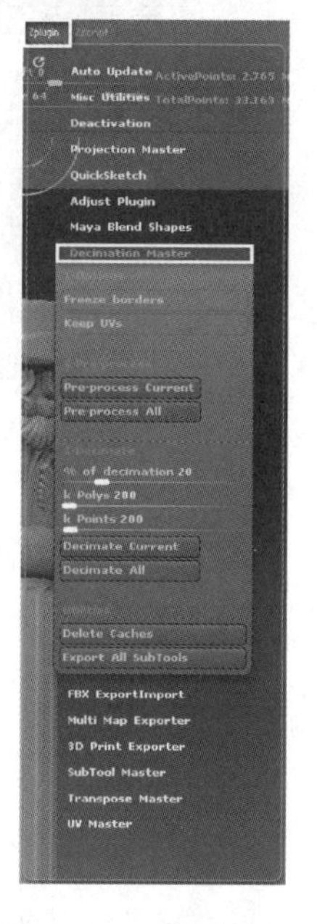

图 5-162　减面设置 1

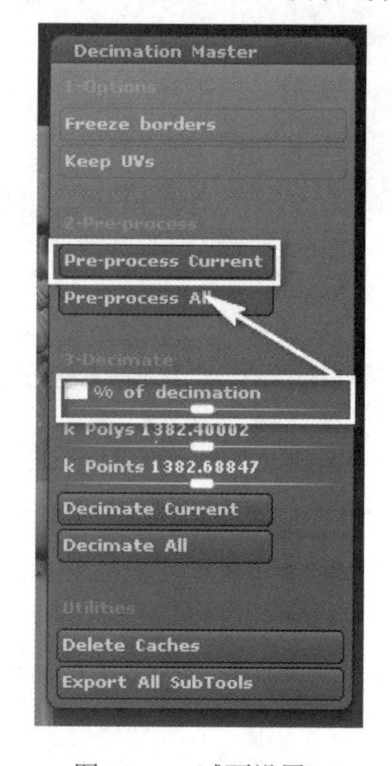

图 5-163　减面设置 2

查看面数，如图 5-165 所示。由于面数较多，因此需要进行减面操作。如图 5-166 所示，输入 20，并单击【Decimate Current】按钮。

图 5-164　运算进行中

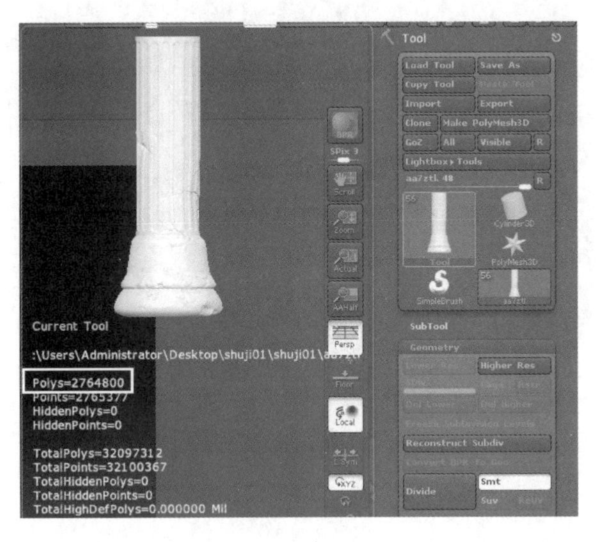

图 5-165　查看面数

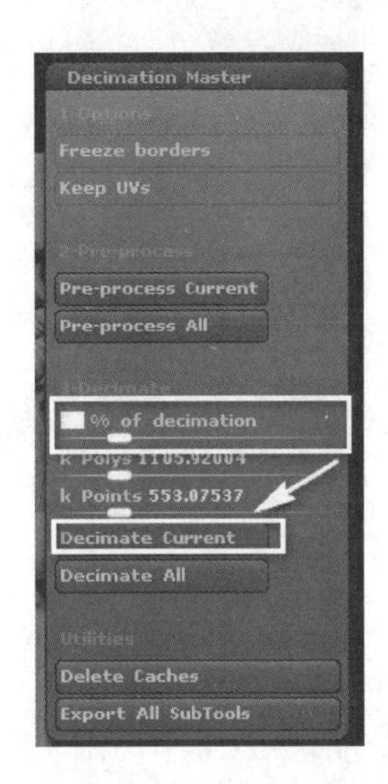

图 5-166　减面操作

减面效果如图 5-167 所示。从图 5-168 中可以发现，完成减面操作的模型的布线都是三角形。

单击【Export】按钮，导出完成减面操作的模型，如图 5-169 所示。

按照上面的方法将所有高模导入 Maya，如图 5-170 所示。

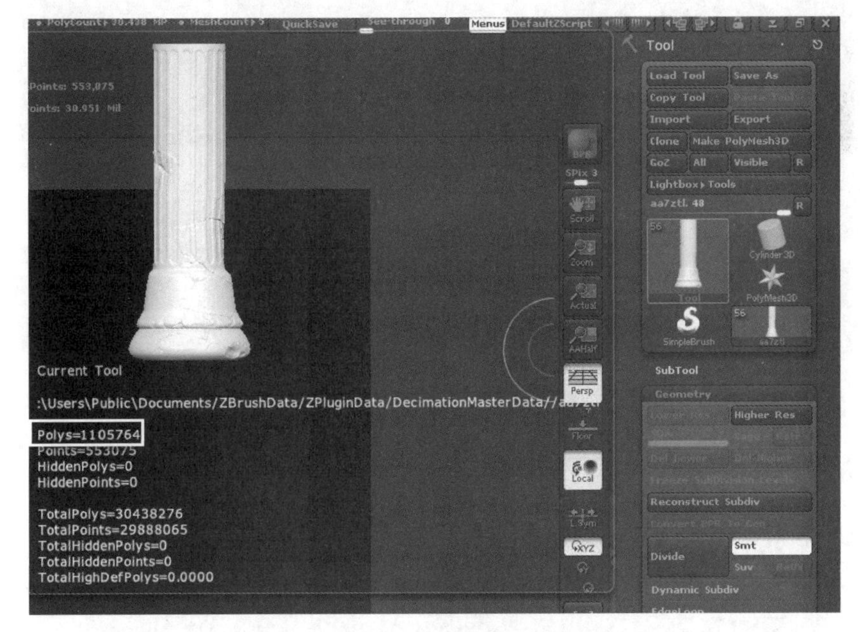

图 5-167　减面效果 1

图 5-168　减面效果 2

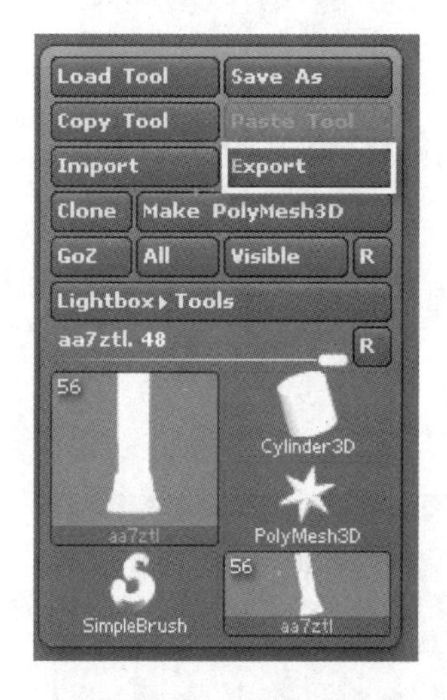

图 5-169　导出模型

图 5-170　导入 Maya

创建一个圆柱体，设置圆柱体的段数并调整圆柱体的大小，如图 5-171 所示。增加圆柱体横向的段数，并根据高模的形状调整布线，如图 5-172 所示。

图 5-171　低模制作 1

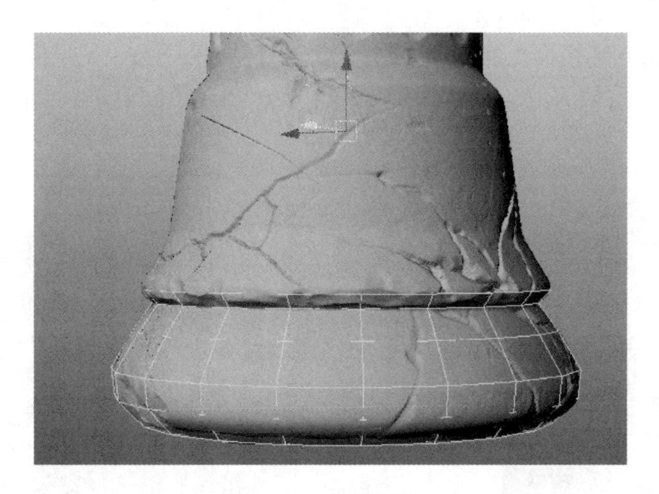

图 5-172　低模制作 2

先单击如图 5-173 所示选框内的图标，独立显示低模（见图 5-174），然后选择最上面的一圈面。

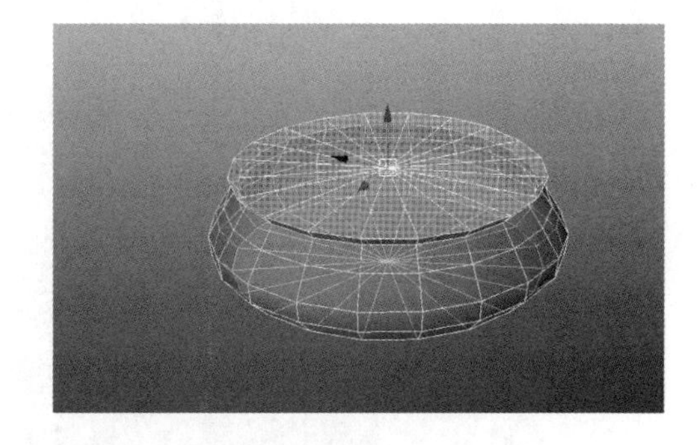

图 5-173　选择模式

图 5-174　独立显示低模

选择【挤出面】命令，挤出模型的面，如图 5-175 所示。

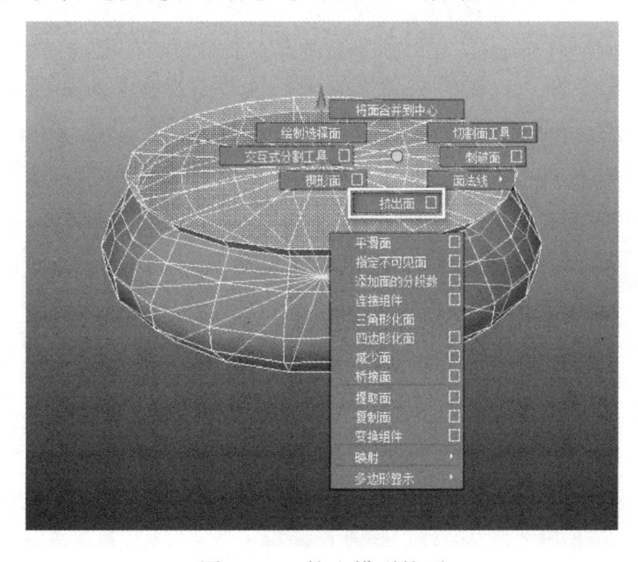

图 5-175　挤出模型的面

使用 Maya 的基础建模命令完成整个柱子模型的主体低模制作，如图 5-176 所示。

由于高模出现了比较大的破损，原始低模不能达到高模的要求，因此需要调整低模，如图 5-177 所示。

图 5-176　完成低模制作

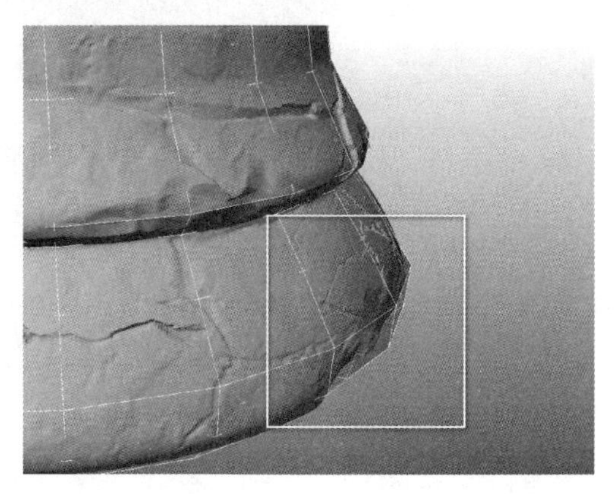

图 5-177　调整低模

使用卡线命令，将高模破损结构绘制出来，如图 5-178 所示。

图 5-178　绘制破损结构

在透视图中，调整低模，使低模与高模的破损位置更加匹配，如图 5-179 所示。

并不是高模中的所有细节都要在低模中制作出来。一般来说，在高模中如图 5-180 所示的细节是不需要制作出来的。此外，小的凹槽或对高模的剪影没有太大影响的细节，也是不需要在低模中制作出来的。

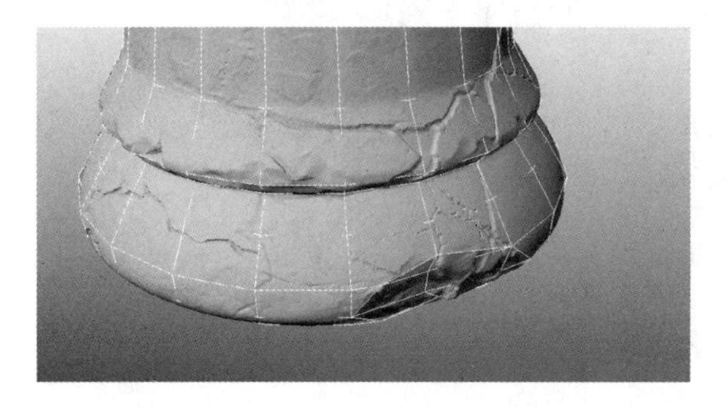

图 5-179　调整低模

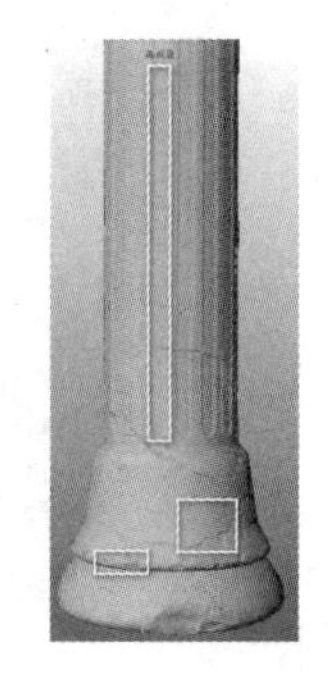

图 5-180　不需要制作的细节

图 5-181 中的叶子的低模使用 TopoGun 制作。

图 5-181　低模制作

在 TopoGun 中打开叶子的高模，如图 5-182 所示。

使用创建点的相关工具（见图 5-183），在高模上创建需要的点，如图 5-184 所示。

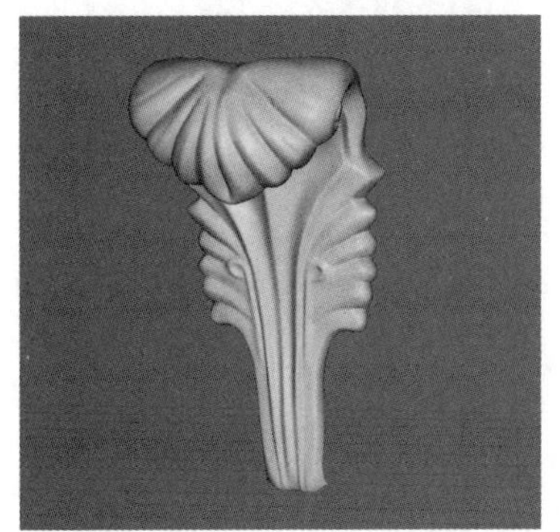

图 5-182　叶子的高模

图 5-183　创建点的相关工具

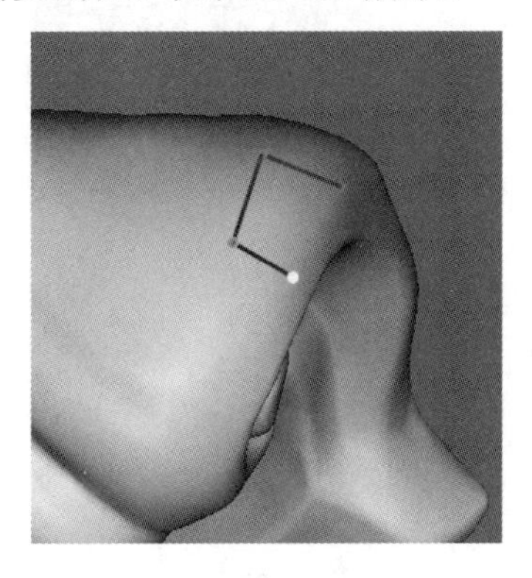

图 5-184　创建点

按住 Ctrl 键可以封闭整个面，如图 5-185 所示。

按 Ctrl 键切换起始点后，创建点，如图 5-186 所示。

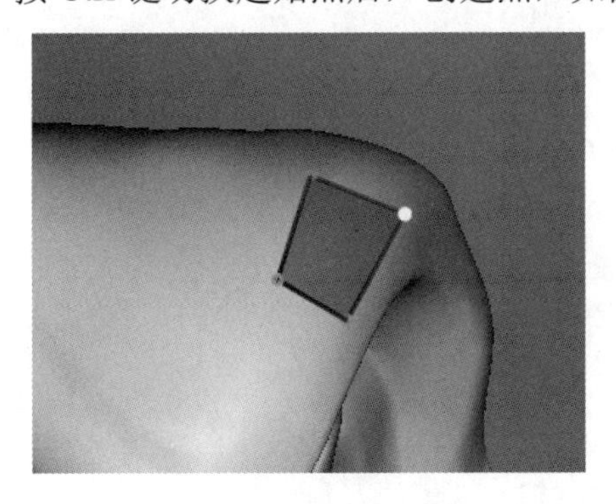

图 5-185　封闭面

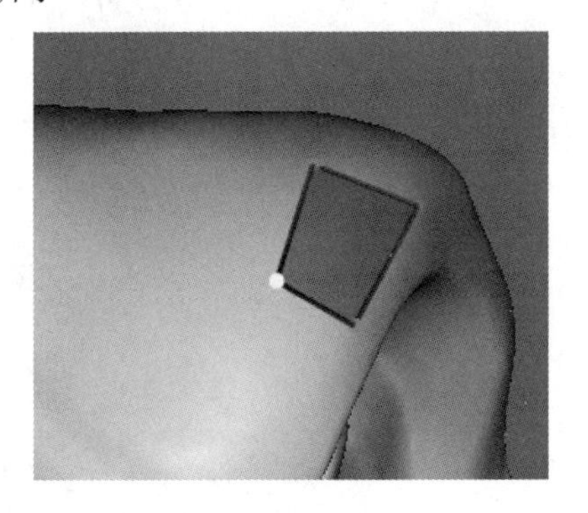

图 5-186　创建点

选择调整点的相关工具，如图 5-187 所示。使用鼠标右键，可以切换创建点和调整点的相关工具。

根据高模的结构调整布线，如图 5-188 所示。

使用以上命令完成其余部位的制作，并在 Maya 中拼搭整体柱子模型。拼搭完成效果如图 5-189 所示。

如图 5-190 所示，完成柱子模型下面雕花的拼搭。

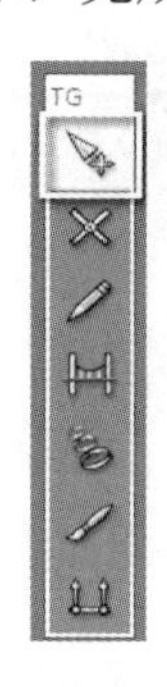

图 5-187　调整点的相关工具

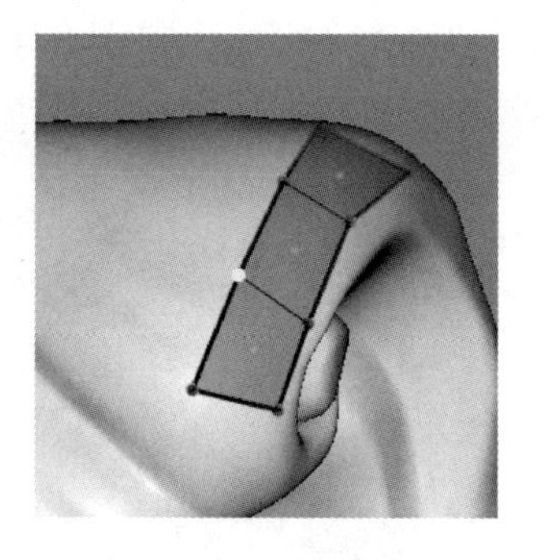

图 5-188　调整布线

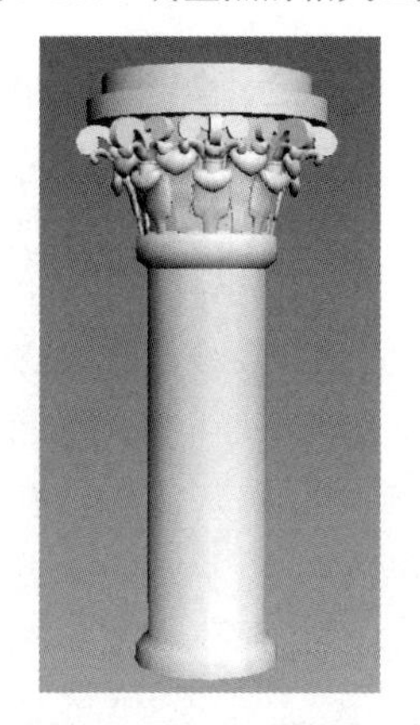

图 5-189　拼搭完成效果

图 5-190　完成雕花的拼搭

5.4　UV 及烘焙制作

完成低模制作之后，需要对模型进行光滑组的设置，如图 5-191 所示。

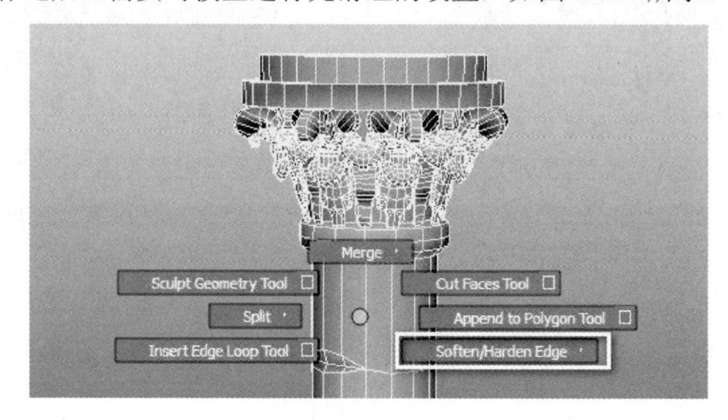

图 5-191　光滑组的设置

如图 5-192 所示，选择软边，将所有模型都设置为一个光滑组。图 5-193 所示是设置为同一个光滑组后的软边效果。

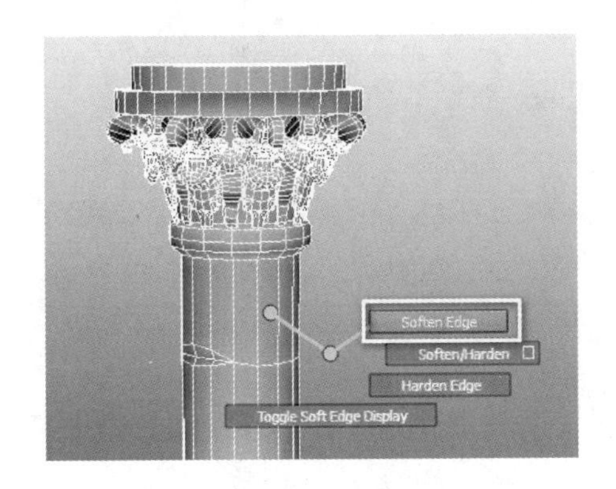

图 5-192　软边设置

图 5-193　软边效果

选择需要变成硬边的线，并选择硬边进行设置，如图 5-194 所示。图 5-195 所示为设置完成后光滑组的效果。

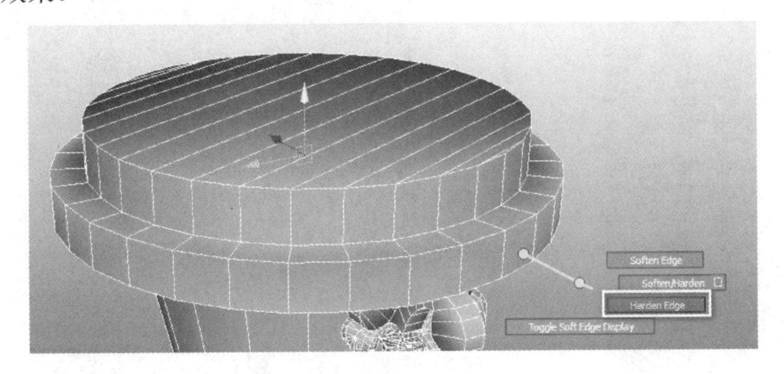

图 5-194　硬边设置

图 5-195　硬边效果

虽然完成了光滑组的设置，但是模型并没有正确显示。此时，需要解锁光滑组，解锁操作如图 5-196 所示。在 Maya 中观察效果，如图 5-197 所示。

至此，完成整个模型的光滑组的设置，效果如图 5-198 所示。

在完成了所有光滑组的设置后，需要对柱子的 UV 进行设置。由于之前已经在制作枪械时讲过了 UV 制作的注意事项，因此在这里就不再一一讲解了。需要把光滑组断开的部分的 UV 也断开。如图 5-199 所示为柱子模型的效果。

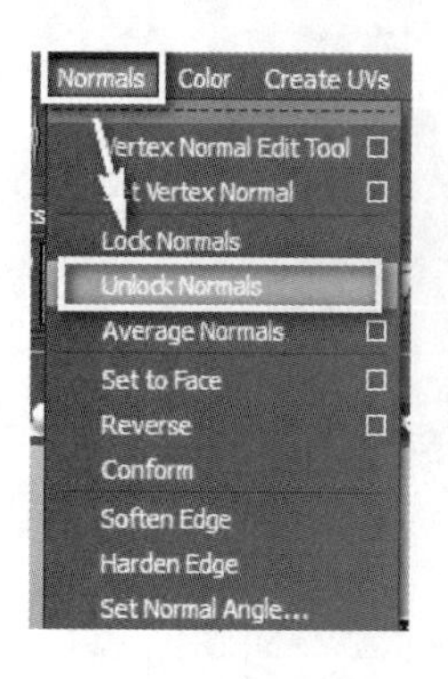

图 5-196 解锁操作

图 5-197 观察效果

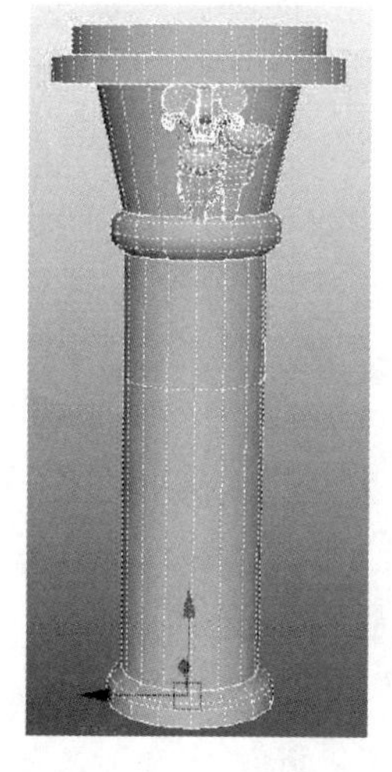

图 5-198 完成效果

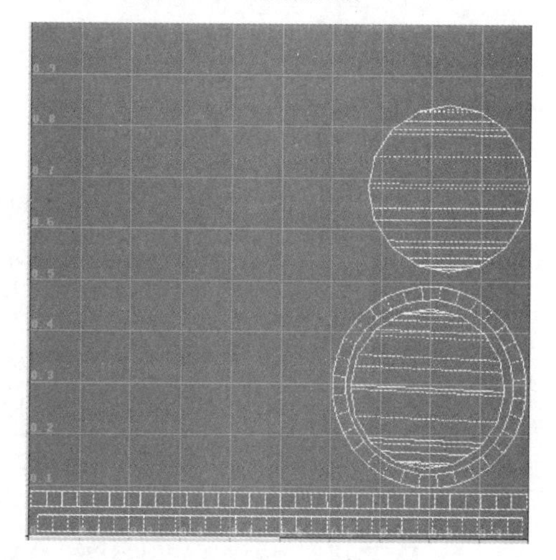

图 5-199 柱子模型的效果

如图 5-200 所示，完成柱子上其他部分 UV 拆分的操作。

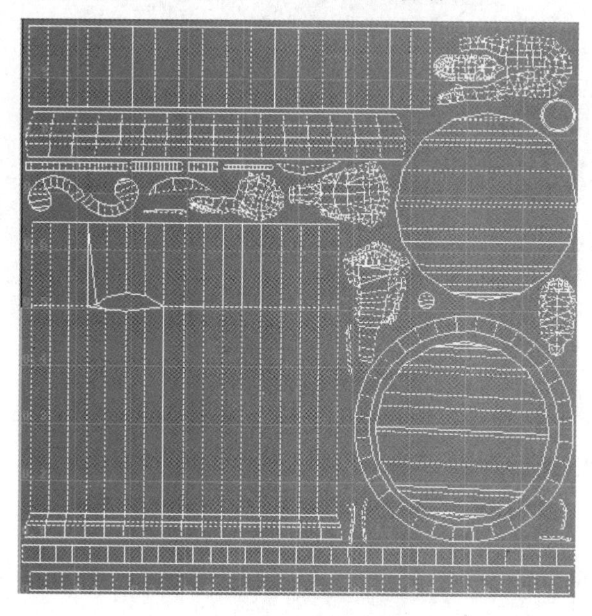

图 5-200 完成 UV 拆分的操作

如图 5-201 所示，打开 xNormal，进行法线贴图的烘焙。

图 5-201　烘焙法线贴图

导入高模的 OBJ 文件，并单击【High definition meshes】按钮，如图 5-202 所示。

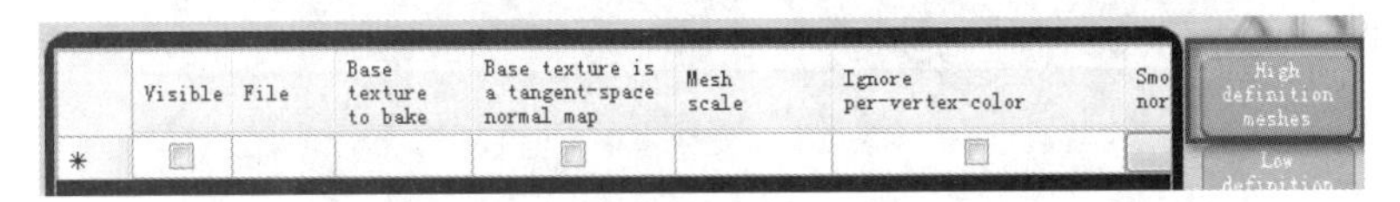

图 5-202　导入 OBJ 文件

右击第一个图层，增加模型，如图 5-203 所示。

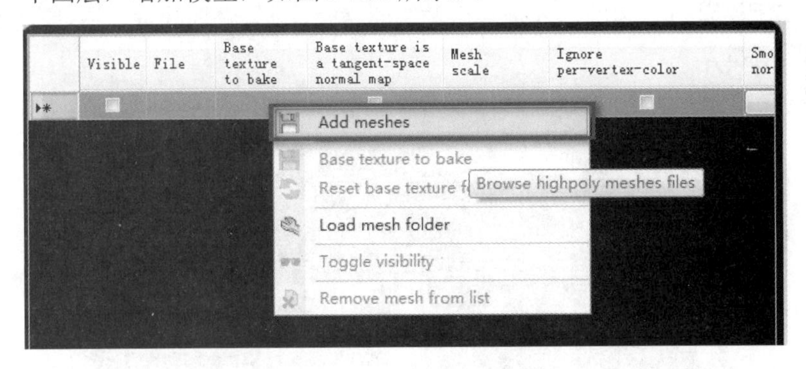

图 5-203　增加模型

导入低模，如图 5-204 和图 5-205 所示。

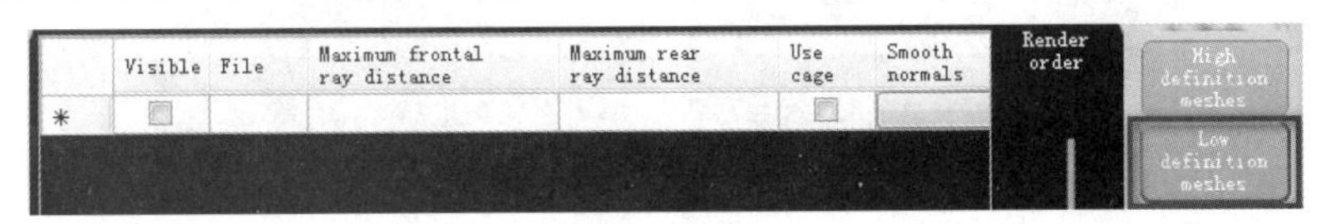

图 5-204　导入低模 1

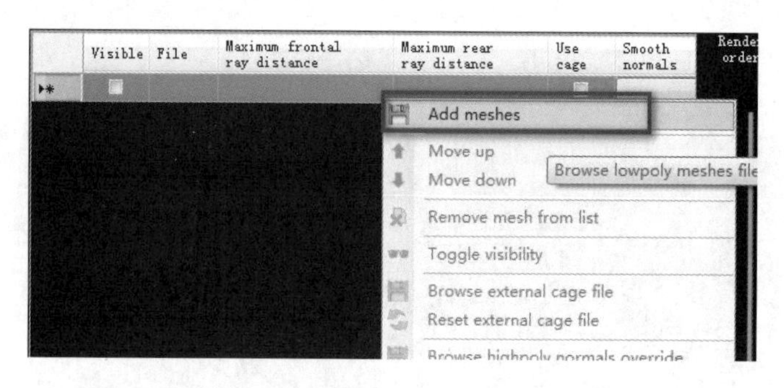

图 5-205　导入低模 2

选择模型后单击右侧的【Baking options】按钮，如图 5-206 所示。

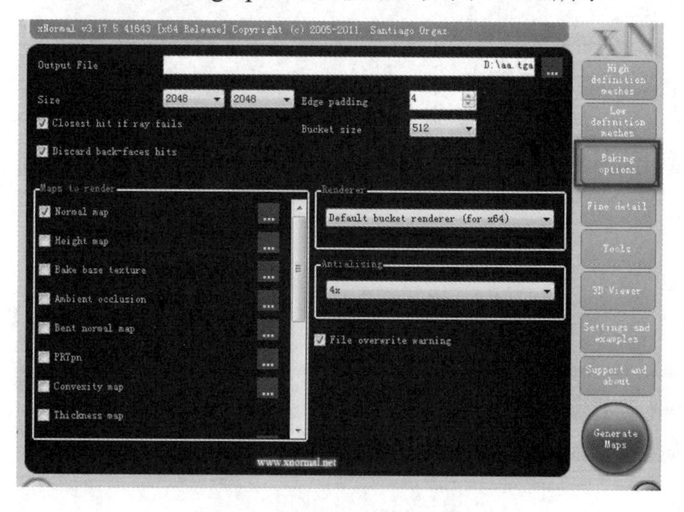

图 5-206　烘焙设置 1

如图 5-207 所示，右上角的框内是导出贴图的路径，设置贴图尺寸，并勾选【Normal map】（法线贴图）复选框。

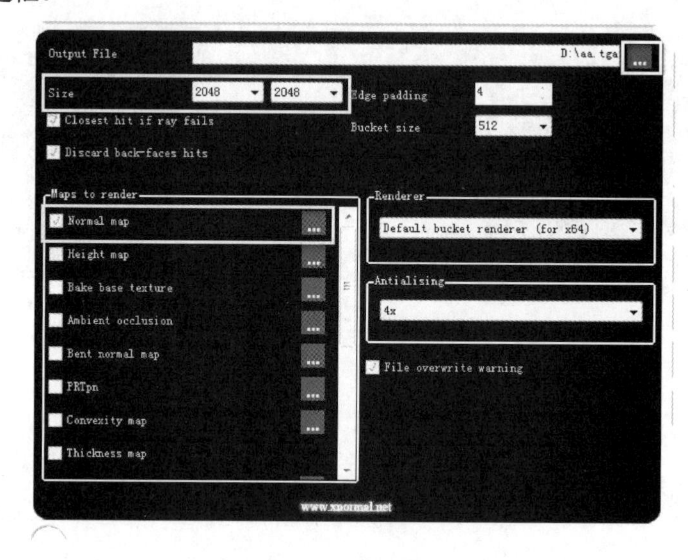

图 5-207　烘焙设置 2

柱子模型部分法线贴图的效果如图 5-208 所示。

使用同样的方法制作完成整个柱子模型的法线贴图，如图 5-209 所示。

法线贴图制作完成后，复制上面的模型放到柱子模型底部，如图 5-210 所示。

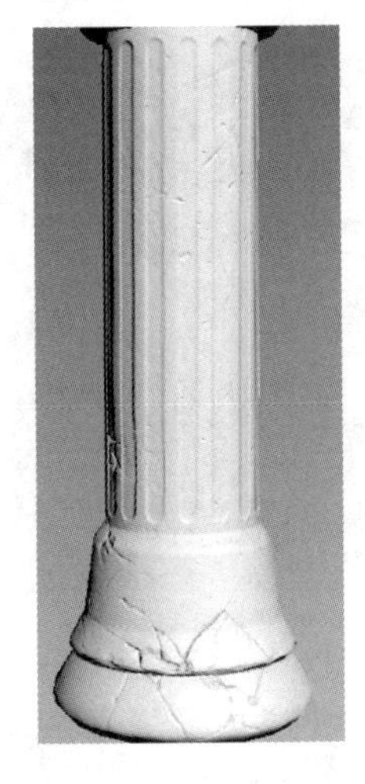

图 5-208　法线贴图的效果 1

图 5-209　法线贴图的效果 2

图 5-210　法线贴图的效果 3

5.5　PBR 道具贴图制作

什么是 PBR 呢？PBR 是 Physical Based Rendering 的缩写，指基于物理过程的渲染，为整个渲染过程搭建了一个能够整合的框架，使更多像素细节有机会在改进算法和物理模型的作用下呈现正确的颜色。

下面是传统做法和 PBR 做法制作的不同类型的贴图，见表 5-1。

表 5-1

传统做法	PBR 做法
Normal Map 法线贴图	Normal Map 法线贴图
Diffuse Map 漫反射贴图	Albedo Map 无光颜色贴图
Specular Map 高光贴图	Metallic Map 金属度贴图
	Roughness Map 粗糙度贴图
	Occlusion AO Map 阴影信息贴图

为了建立更加完备且分辨率更高，同时能够与经过 PBR 修饰的光影效果正确互动的材质库，在使用 PBR 制作贴图时常用软件有 Substance Painter、Quixel SUITE。下面着重使用 Quixel SUITE 讲解贴图的制作过程。

如图 5-211 所示，打开 Quixel SUITE，导入模型和烘焙的法线贴图。

单击图 5-212 中框选的材质球图标，打开如图 5-213 所示的材质库。

选择石头材质，如图 5-214 所示。双击材质球，跳转到如图 5-215 所示界面，此时快速把选择的石头材质赋给模型。

图 5-211　导入模型和烘焙的法线贴图

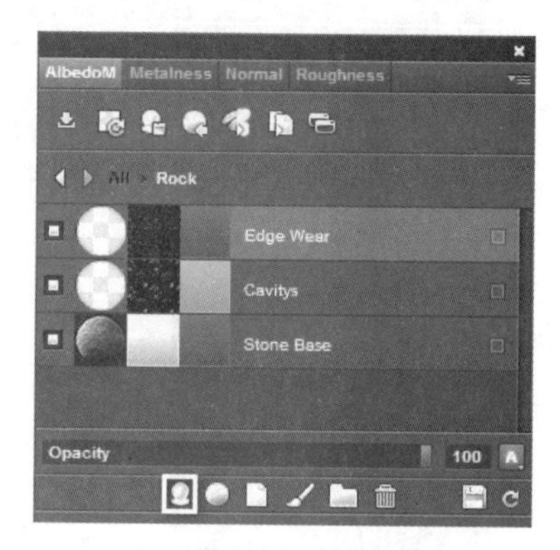

图 5-212　单击材质球图标

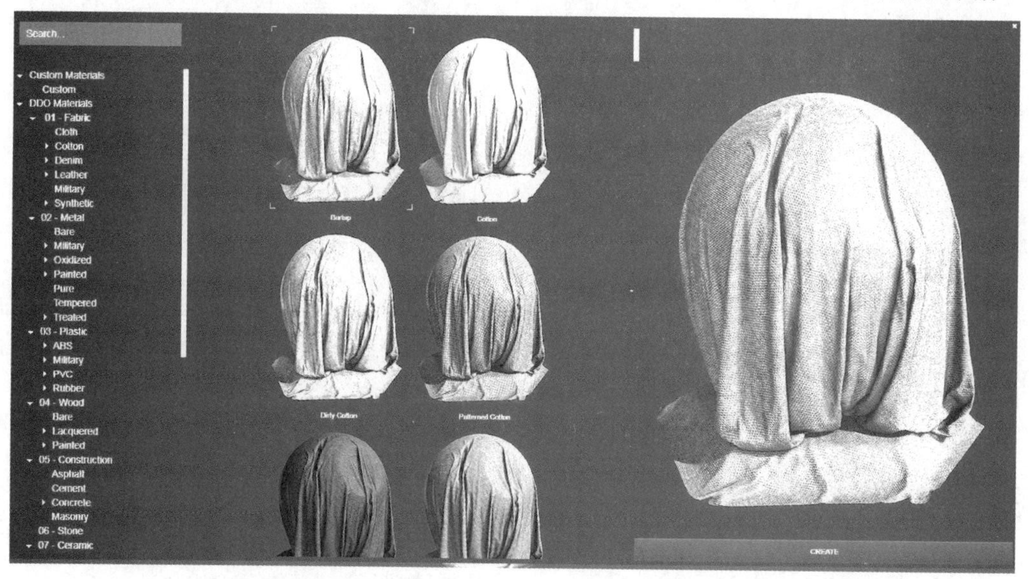

图 5-213　材质库

图 5-214　选择石头材质 1

图 5-215　选择石头材质 2

当然，就一个柱子模型而言，这样的材质过于破旧，需要单击图 5-216 中框选的图标，删除当前材质球，如图 5-216 所示。

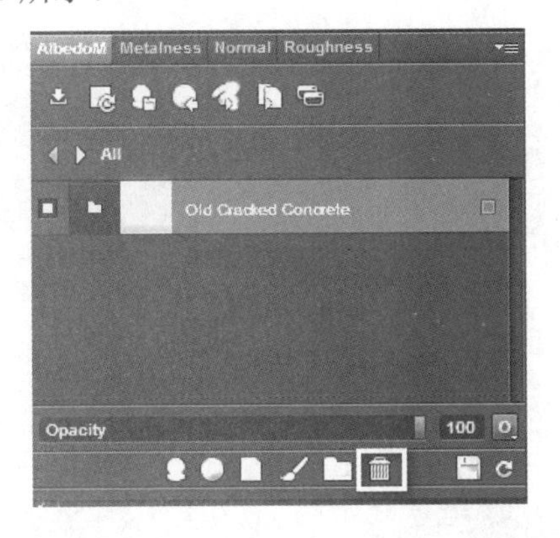

图 5-216　删除材质球

选择一个稍微干净一些的材质球（见图 5-217），并将其赋予模型，如图 5-218 所示。

图 5-217　选择材质球

图 5-218　将材质球赋予模型

双击材质球对应的材质文件夹（见图 5-219），可以看到这个文件夹中对应的两个材质球文件（见图 5-220）。

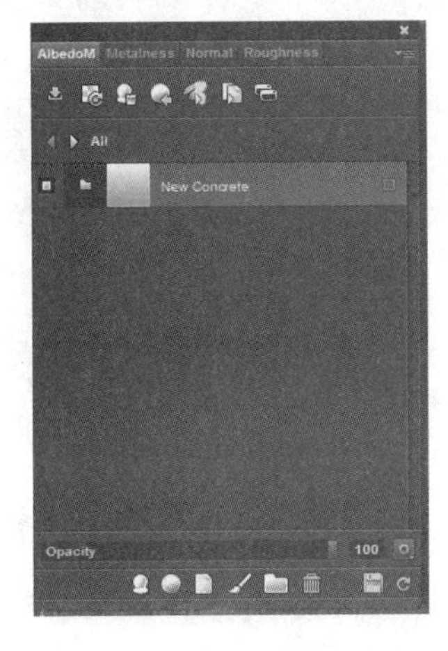

图 5-219　双击材质文件夹

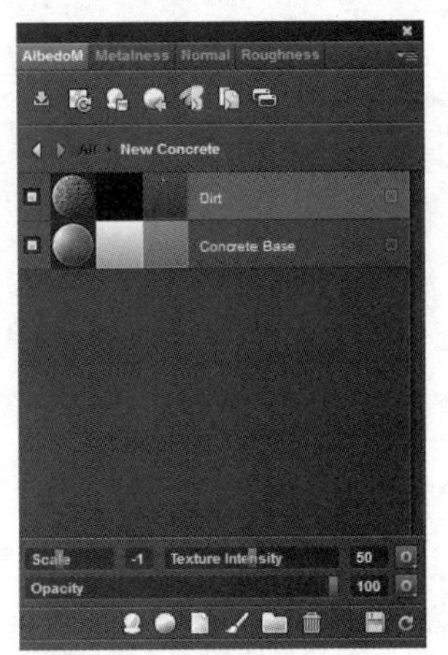

图 5-220　材质球文件

调节图 5-221 中未框选的颜色，改变材质的基础颜色。在改变颜色时，一定要确保是在【AlbedoM】选项卡中进行设置的，如图 5-222 所示。

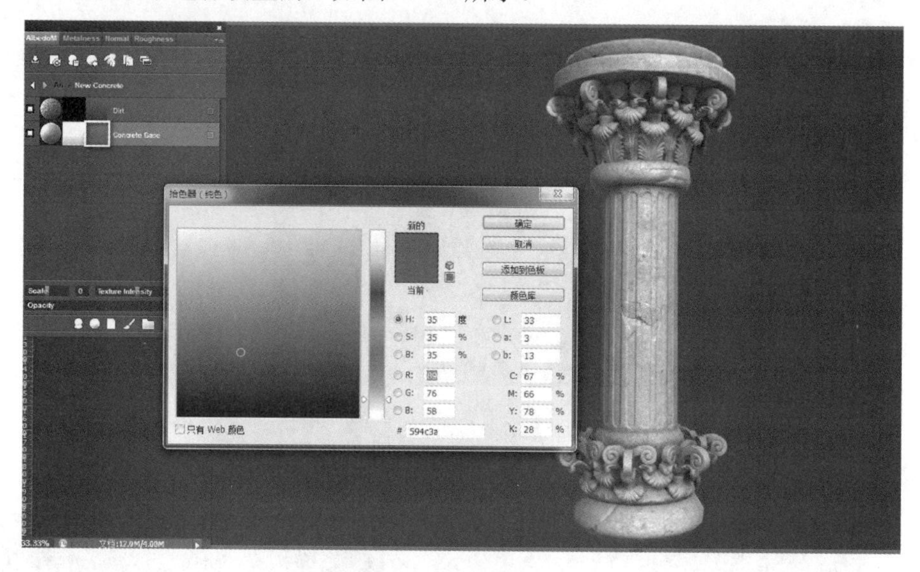

图 5-221　改变颜色 1

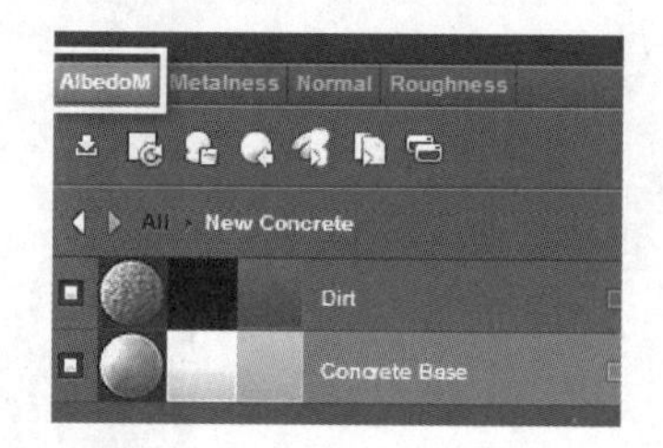

图 5-222　改变颜色 2

上面第一个材质球是贴图上的污渍效果，这个效果的颜色也可以通过后面的颜色面板修改。污渍的范围是通过框选图 5-223 所示的选项确认的。

图 5-223　确认污渍材质

单击【是】按钮，调整遮罩效果，如图 5-224 所示。

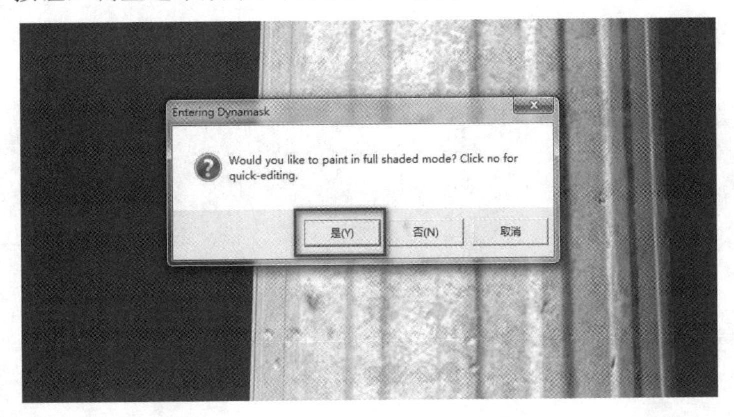

图 5-224　调整遮罩效果

在弹出的遮罩预设效果界面，调整遮罩预设，如图 5-225 所示。

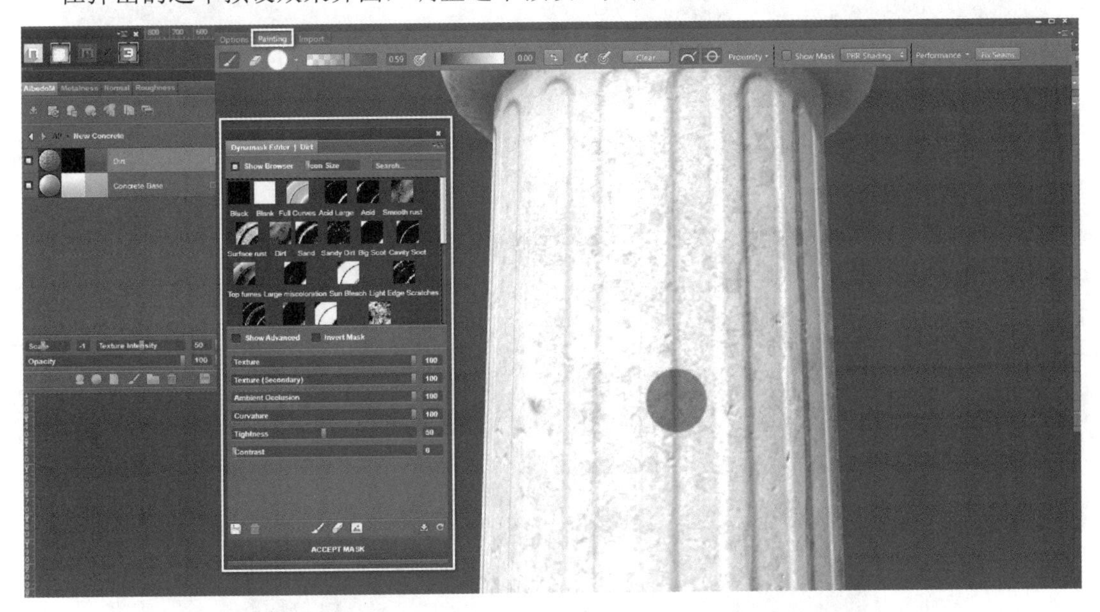

图 5-225　调整遮罩预设

对比一个自带的遮罩效果图修改前和修改后的遮罩效果，如图 5-226 和图 5-227 所示。

图 5-226　修改前的遮罩效果

图 5-227　修改后的遮罩效果

如果不满意修改后的效果，那么可以通过调节图 5-228 所示界面中的一些遮罩参数达到想要的效果。

选择【Painting】选项卡，如图 5-229 所示。选择合适的笔刷，如图 5-230 所示。

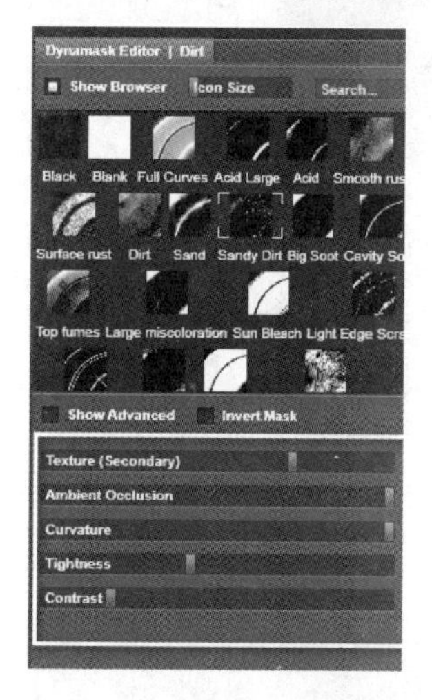

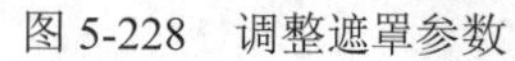
图 5-228 调整遮罩参数

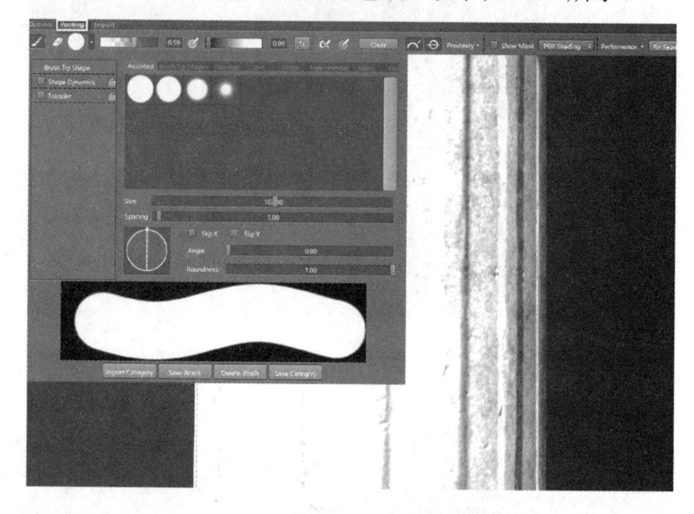

图 5-229 选择【Painting】选项卡

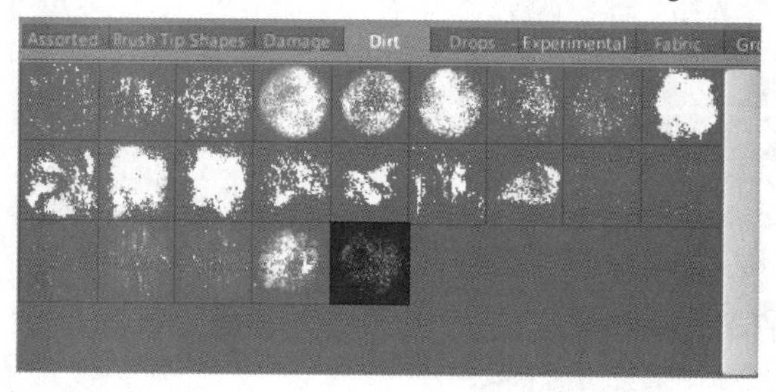

图 5-230 选择笔刷

使用笔刷的效果，如图 5-231 所示。绘制污渍，如图 5-232 所示。

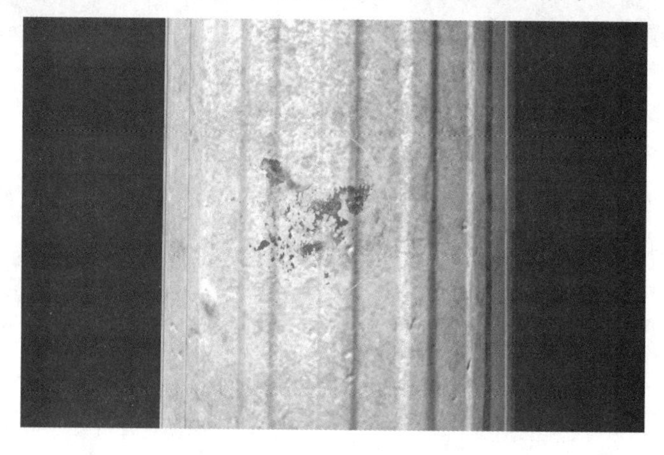

图 5-231 使用笔刷的效果

图 5-232　绘制污渍

在绘制污渍的遮罩时，可以通过调整笔刷的明度和透明度完成需要的效果，如图 5-233 所示。

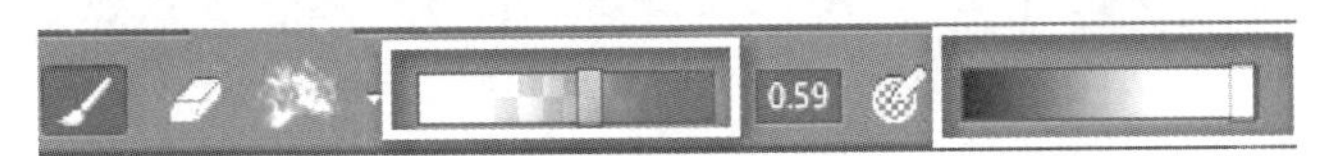

图 5-233　调整笔刷的明度和透明度

图 5-234 所示为制作完成的污渍的整体效果。

绘制出遮罩的效果之后，单击【ACCEPT MASK】按钮，保存绘制的遮罩图，如图 5-235 所示。

图 5-234　污渍的整体效果

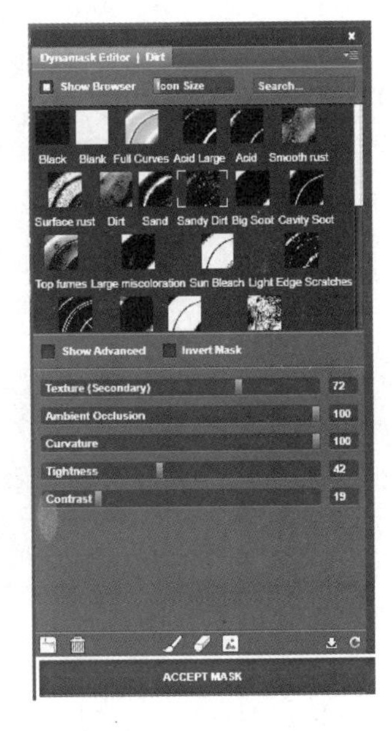

图 5-235　保存遮罩图

制作完成基础材质之后，还需要添加一些边缘磨损的效果。如图 5-236 所示，选择一个石头材质。

图 5-236　石头材质

图 5-237 所示为石头材质赋予了柱子模型后的效果。由于这样的效果不是所要达到的效果，因此需要通过更改材质的遮罩来得到一个边缘磨损的效果。

图 5-237　材质赋予模型后的效果

框选遮罩（见图 5-238），选择一个合适的遮罩类型（见图 5-239），得到如图 5-240 所示效果。因为目前石头的面积太大，所以需要调整整体遮罩的效果，如图 5-241 所示。

参数调整完成后的效果如图 5-242 所示。

图 5-238　遮罩处理 1

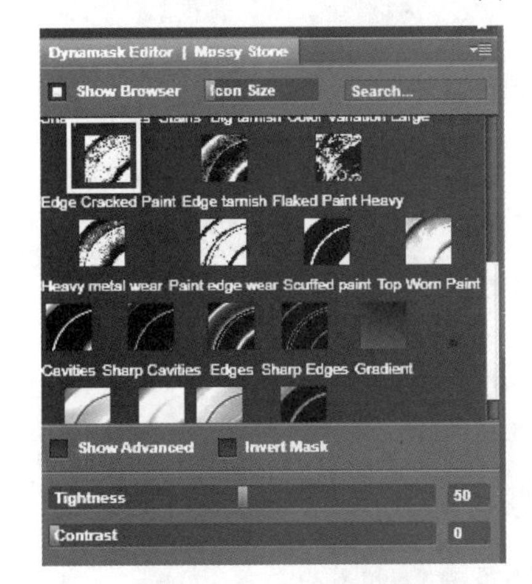

图 5-239　遮罩处理 2

图 5-240　效果展示 1

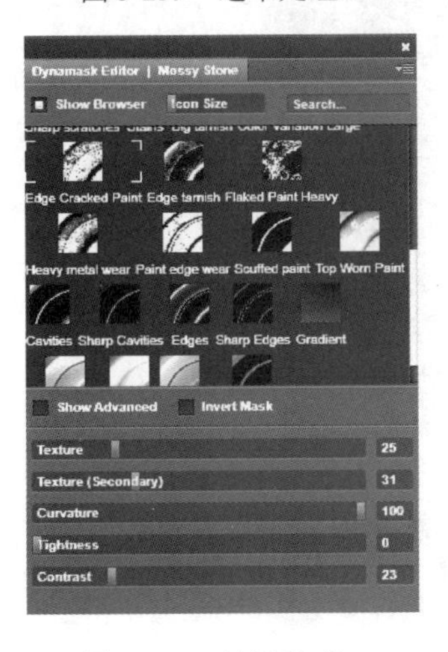

图 5-241　遮罩处理 3

图 5-242　效果展示

此时，还需要手动使用相应笔刷添加一些破损结构，如图 5-243 所示。

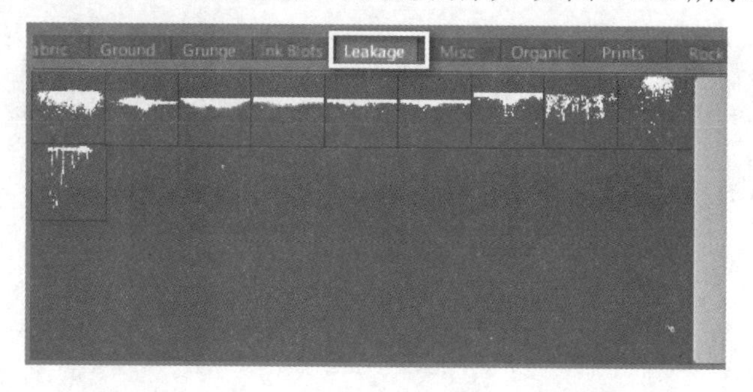

图 5-243　选择笔刷

手动添加一些破损结构后的效果如图 5-244 和图 5-245 所示。

图 5-244　添加破损结构后的效果 1

图 5-245　添加破损结构后的效果 2

给柱子模型添加一些青苔后的效果如图 5-246 所示。

图 5-246　添加青苔后的效果

使用 Mask 笔刷进行绘制，得到如图 5-247 所示效果。

图 5-247　Mask 笔刷绘制效果

图 5-248 所示为制作完成的整个柱子模型上青苔的效果。

图 5-248　青苔的效果

在柱子模型的破损部位完善里面石头的效果如图 5-249 所示。

图 5-249　完善石头的效果

整个柱子模型的最终效果如图 5-250 所示。

图 5-250　最终效果